Kriegsgesellschaften (1914-1918)

Rechtshistorische Reihe

Band 241

Peter Lang
Frankfurt am Main · Berlin · Bern · Bruxelles · New York · Oxford · Wien

Momme Rohlack

Kriegsgesellschaften (1914-1918)

Arten, Rechtsformen und Funktionen in der Kriegswirtschaft des Ersten Weltkrieges

Peter Lang
Europäischer Verlag der Wissenschaften

Die Deutsche Bibliothek - CIP-Einheitsaufnahme

Rohlack, Momme:

Kriegsgesellschaften (1914 - 1918) : Arten, Rechtsformen und Funktionen in der Kriegswirtschaft des Ersten Weltkrieges / Momme Rohlack. - Frankfurt am Main ; Berlin ; Bern ; Bruxelles ; New York ; Oxford ; Wien : Lang, 2001
(Rechtshistorische Reihe ; Bd. 241)
Zugl.: Kiel, Univ., Diss., 2000
ISBN 3-631-37772-X

Die vorliegende Arbeit wurde von
Prof. Dr. Jörn Eckert
zur Aufnahme in die Reihe empfohlen.

Gedruckt auf alterungsbeständigem,
säurefreiem Papier.

D 8
ISSN 0344-290X
ISBN 3-631-37772-X

Printed in Germany 1 2 3 4 6 7
www.peterlang.de

Meinen Eltern

Vorwort

Die Arbeit wurde im Februar 2000 abgeschlossen und lag der Rechtswissenschaftlichen Fakultät der Christian-Albrechts-Universität zu Kiel im Sommersemester 2000 als Dissertation vor. Literatur wurde bis Juni 2000 berücksichtigt.

Allen, die mir mit Rat und Tat zur Seite standen, gilt mein herzlicher Dank.
Prof. Dr. Eckert, Kiel, hat die Arbeit hervorragend betreut. Er stand jederzeit als Gesprächspartner mit wertvollen Anregungen zur Verfügung. Prof. Dr. Schubert, Kiel, danke ich für die Erstellung des Zweitgutachtens.
Staatssekretär a.D. Dr. Kurt Boysen hat in mir die Begeisterung für die Rechtsgeschichte geweckt.
Besonderen Dank für die vielen anregenden Gespräche, Korrekturarbeiten und die Unterstützung schulde ich darüber hinaus Géraldine Wichert, meinem Bruder Dr. Tammo Rohlack und meinem Vater Dr. Dieter Rohlack.

Kiel, im Dezember 2000 *Momme Rohlack*

Inhaltsverzeichnis

Einleitung

Der Erste Weltkrieg brachte neben den militärischen gewaltige wirtschaftliche Belastungen und Herausforderungen des damaligen Deutschen Reichs mit sich. Die Kriegsgesellschaften stellten das zentrale Instrumentarium zur Bewältigung dieser neuartigen Situation dar. Um das Wesen und die Bedeutung dieser Kriegsgesellschaften zu erfassen, muß man neben den juristischen Eigenarten dieser Gebilde ihre Einordnung in die gesamte Kriegswirtschaft und deren Entwicklung untersuchen. Dies ist der Gegenstand der vorliegenden Arbeit.

Vor dem Hintergrund der unzureichenden Kriegsvorbereitungen des Deutschen Reichs in administrativer und wirtschaftlicher Hinsicht und der starken Importabhängigkeiten kam es zunächst darauf an, ein System der staatlichen Zwangswirtschaft unter Beteiligung der Privatwirtschaft aufzubauen. Die effiziente Organisation der Wirtschaft war unabdingbare Voraussetzung für eine erfolgreiche Kriegführung. Dazu wurden in Ergänzung zur neugeschaffenen staatlichen Kriegswirtschaftsverwaltung sog. Kriegsgesellschaften errichtet, die sich mit der Abwicklung und Durchführung der behördlicherseits angeordneten Bewirtschaftungsmaßnahmen zu befassen hatten. Konkret sollten sie im Rahmen des aufgestellten Wirtschaftsplanes die Beschaffung, die Bewirtschaftung und die Verteilung der knappen Rohstoffe und Nahrungsmittel an die verarbeitenden Betriebe und Verbraucher vornehmen. Sie standen damit als eine Art Geschäftsabteilungen der Kriegswirtschaftsverwaltung zwischen den staatlichen Stellen und dem einzelnen industriellen Unternehmen bzw. den industriellen Zentralverbänden. Gleichzeitig wurde auf diese Weise der Privatwirtschaft ermöglicht, sich an der Zwangswirtschaft zu beteiligen und - auch zum eigenen Vorteil - ihren kaufmännischen Sachverstand, ihre Geschäftskontakte und Erfahrungen zur Verfügung zu stellen. Die Kriegsgesellschaften stellten demnach das privat- bzw. gemischtwirtschaftliche Element der Kriegswirtschaft dar. Durch ihre geschäftlich-technische Tätigkeit konnten sie wesentlich zum Gelingen der zwangsweisen Bewirtschaftung beitragen. Als Rechtsform wählte man vor allem die handelsrechtlichen Gesellschaftsformen der AG und GmbH sowie die bürgerlichen Gesellschaftsformen der GbR in Gestalt der Innengesellschaft und den nichtrechtsfähigen Verein.

Infolge der zunehmenden Verknappung der Rohstoffe und Nahrungsmittel kam es im weiteren Verlauf des Krieges zur Intensivierung und Ausdehnung der Kriegswirtschaft auf nahezu sämtliche Lebensbereiche. Zugleich begann man, den Einfluß der Privatwirtschaft in den Kriegsgesellschaften zurückzudrängen, sei es über staatliche Kommissare oder über die Verlagerung von zentralen Kompetenzen auf staatliche Stellen. Anstelle der anfangs selbständigen Geschäftstätigkeit trat so immer häufiger nur noch die bloße Beratung der staatlichen Stellen, bis es sich schließlich bei dem System der Kriegsgesellschaften im Grunde genommen nur noch um eine „Zwangssyndizierung fast der gesamten Industrie in ihren einzelnen Sparten, um einen zwangsweisen Zusammenschluß unter entscheidender Beeinflussung der gesamten Geschäftsgebahrung der einzelnen Unternehmungen durch die öffentliche Gewalt"[1] handelte.

Die Kriegsgesellschaften als institutionelle Neuschöpfung der Kriegswirtschaft waren bereits vereinzelt Untersuchungsgegenstand in der kriegswirtschaftlichen Forschung[2]. Ausgangspunkt der Untersuchung war zumeist die Feststellung des Grundkonflikts der Kriegswirtschaft. Zum einen galt es im Interesse der Rohstoffversorgung und der Steigerung der Rüstungsproduktion, die Mechanismen des freien Marktes mit seinen Leistungsanreizen beizubehalten. Zum anderen mußte der Staat im Interesse der Sicherung des sozialen Friedens und der Begrenzung von Kriegsgewinnen seine Handlungsfähigkeit erhalten. Die Form der Kriegsgesellschaften verband in der Praxis marktwirtschaftliche Elemente mit staatlicher Einflußnahme. Die unterschiedliche Beurteilung der Machtverhältnisse zwischen staatlichen Stellen und Wirtschaftsvertretern in den Gesellschaften und das Verständnis von ihren Funktionen in der Kriegswirtschaft führten dabei zu verschiedenen Einordnungen in der Literatur:

Z.T. wurde in den Kriegsgesellschaften das Ergebnis der „Verschmelzung" von Staat und Monopolkapital zum sog. Staatsmonopolistischen Kapitalismus gesehen[3]. Danach dienten die staatlichen Interventionsmaßnahmen ausschließlich den Interessen des Monopolkapitals. Eine unabhängige staatliche Wirtschaftspolitik fand nicht mehr statt. Die Kriegsgesellschaften stellten lediglich die Organisationsform dar, mittels der die Privatwirtschaft ihren Einfluß ausübte. Andere wiederum hoben die Unterordnung der privatwirtschaftlichen Interessen in Zeiten des nationalen Notstandes unter die staatlichen hervor[4]. Dabei beteiligten sich die Wirtschaftsvertreter gerade über die Kriegsgesellschaften an der unumgänglichen zwangsweisen Bewirtschaftung der Rohstoffe und Nahrungsmittel und stellten auf diese Weise ihre Fähigkeiten in den Dienst der Kriegswirtschaft. Darüber hinaus werden in der Literatur differenzierte Ansichten vertreten. Roth etwa ordnete die Kriegsgesellschaften als „kriegswirtschaftliche Steuerungsinstrumente" ein[5].

---

[1] Heymann, Rechtsformen, S. 134.

[2] Einen detaillierten Überblick über den Stand der Forschung zur Kriegswirtschaft des Ersten Weltkrieges liefert Roth, Kriegsgesellschaften, S. 15ff. Vor allem geht sie in diesem Zusammenhang näher auf die verschiedenen Gesichtspunkte und Ansätze ein, unter denen die Kriegswirtschaft jeweils in der Literatur untersucht wurde (die Auswirkungen des Krieges auf die nationale und internationale Wirtschaftsordnung, die Auswirkungen auf das soziale, politische und wirtschaftliche System in Deutschland und die Auswirkungen auf das Verhältnis von Wirtschaft und Staat sowie die politische Machtverteilung). Trotz der zentralen Bedeutung der Kriegsgesellschaften für die Kriegswirtschaft wurden sie dabei überwiegend nur am Rande thematisiert.

[3] Vgl. vor allem Baudis, Staatsmonopolistischer Kapitalismus; Müller, Kriegsrohstoffbewirtschaftung; Schröter, Krieg, Staat, Monopol.

[4] Huber, Dt. Verfassungsgeschichte, S. 77ff.

[5] Dazu Roth, Kriegsgesellschaften als kriegswirtschaftliche Steuerungsinstrumente.

Der Schwerpunkt der bisherigen Forschungsarbeiten liegt in jedem Fall in der Analyse wirtschafts- und sozialgeschichtlicher Entwicklungen und Zusammenhänge. Die institutionelle Neuschöpfung der Kriegsgesellschaften wird dagegen nur vereinzelt näher beleuchtet. Die wenigen rechtswissenschaftlichen Untersuchungen beschränken sich auf die Analyse von Einzelphänomenen. Darüber hinaus decken die bisherigen Darstellungen jeweils nur einzelne Bereiche der Kriegswirtschaft (zumeist die Rüstungswirtschaft mit der bedeutenden Metall-, Chemie-, Eisen- und Stahlbranche) ab und befassen sich überwiegend ausschließlich mit der Kriegszeit (August 1914 - November 1918). Infolgedessen mangelt es an einer abschließenden begrifflichen und systematischen Erfassung der Kriegsgesellschaften des Ersten Weltkrieges.

Die vorliegende Arbeit versucht, diese Lücken zu schließen. Dazu werden die charakteristischen inneren Strukturen sowie die verschiedenen rechtlichen Ausgestaltungen der vier Typen dargestellt und die Entwicklungen und Umwandlungsprozesse der Kriegsgesellschaften während der vier Kriegsjahre näher beleuchtet. Anhand von typischen Kriegsgesellschaften aus den Bereichen Rüstungswirtschaft (Metall- und Chemiesektor), Ernährungswirtschaft und Bekleidungswirtschaft wird zudem exemplarisch die Bewirtschaftungstätigkeit in der Kriegs- und ersten Übergangswirtschaft aufgezeigt. Damit werden zugleich die Grundlagen für ein Verständnis von Stellung, Funktionen und Entwicklung der Kriegsgesellschaften innerhalb der Kriegswirtschaft gelegt. Abschließend erfolgt ein systematischer Überblick über die verschiedenen Kriegsgesellschaften des Ersten Weltkrieges.

Demgemäß gliedert sich die Arbeit in drei Abschnitte. Zunächst wird im ersten Abschnitt mit den Darstellungen über die Kriegsbereitschaft des Deutschen Reichs (A.), den Aufbau der Kriegswirtschaftsverwaltung und die Grundzüge des Bewirtschaftungsverfahrens (B.) der Hintergrund für eine begriffliche Bestimmung und Einordnung der Kriegsgesellschaften in die Kriegswirtschaft geschaffen (C.). Im zweiten Abschnitt werden die so gewonnenen Erkenntnisse durch die nähere Untersuchung typischer Vertreter der unterschiedlichen Arten von Kriegsgesellschaften erweitert und vertieft. Bei der Auswahl wurden die verschiedenen Rechtsformen, Funktionen, Wirtschaftsgebiete und die unterschiedlichen Stellungen innerhalb der Kriegswirtschaftsverwaltung berücksichtigt. Repräsentativ für die vier Kriegsgesellschaftstypen wurde deshalb die Kriegsmetall AG aus dem Bereich der Rüstungswirtschaft (Metallsektor), die Reichsgetreidestelle Geschäftsabteilung GmbH aus der Ernährungswirtschaft, die Kautschuk-Abrechnungsstelle ebenfalls aus der Rüstungswirtschaft (Chemiesektor) und schließlich der Kriegsausschuß der Deutschen Baumwollindustrie aus der Bekleidungsbranche ausgewählt. Jede dieser Gesellschaften war in besonderem Maße beispielhaft für ihren Typus. Untersuchungsschwerpunkte sind jeweils die Organe der Gesellschaft, der äußere Geschäftsbetrieb sowie die Umstrukturierungsprozesse im Verlauf der Bewirtschaftung. Der dritte Abschnitt faßt abschließend neben einer systematischen Erfassung der Kriegsgesellschaften die gewonnenen Beobachtungen und Erkenntnisse zusammen. Zusätzlich zu einer alphabetischen Zusammenstellung der Kriegsgesellschaften enthält der Anhang die Gesellschaftsverträge sowie Gesellschafterlisten mit - sofern vorhanden - den unterschiedlichen Beteiligungen der untersuchten Gesellschaften.

Die Untersuchungen stützen sich vor allem auf die Aktenbestände der jeweiligen Kriegsgesellschaft. Zudem wurde auf Material des Reichswirtschaftsministeriums zurückgegriffen. Letzteres wurde nach dem Krieg u.a. zuständig für sämtliche die Kriegswirtschaftsorganisationen betreffenden Fragen und übernahm infolgedessen auch die entsprechenden Bestände der aufgelösten Aufsichtsbehörden (Korrespondenz, Sitzungsprotokolle etc.). Die Quellen werden z.Zt. im Bundesarchiv Berlin-Lichterfelde bzw. im Zwischenarchiv Dahlwitz-Hoppegarten verwahrt[6].

[6] Zur wechselvollen Geschichte der Aktenbestände der Kriegsgesellschaften vgl. Schreyer, Kriegswirtschaftsorganisationen im Ersten Weltkrieg, S. 206ff.; Zipfel, Die Akten der Kriegsgesellschaften im Reichsarchiv, ihre Aufbewahrung, Sichtung und Nutzbarmachung. So kam es 1935 erstmals zu einer Grobkassation und damit zu einer beträchtlichen Reduzierung der Bestände. Den Zweiten Weltkrieg überstanden die aus dem Reichsarchiv ausgelagerten Bestände der Kriegswirtschaftsorganisationen weitgehend unbeschadet. Die Akten des Preußischen Kriegsministeriums wurden dagegen zerstört. Es folgten weitere Kassationen durch das Deutsche Zentralarchiv der DDR, so daß im Ergebnis von den ursprünglich ca. 8.000 laufende Meter heute noch etwa 200 erhalten sind.

1. Abschnitt: Die Kriegsgesellschaften als Element der Kriegswirtschaft

A. Die Kriegsbereitschaft des Deutschen Reichs

Über den Stand der deutschen Kriegsvorbereitungen im August 1914 gibt es bereits eine Reihe ausführlicher Abhandlungen, die nicht noch einmal in aller Tiefe aufgegriffen werden sollen[7]. Es ist aber sinnvoll, den unterschiedlichen Grad der Vorbereitungen in den einzelnen relevanten Bereichen kurz darzustellen. Erst vor diesem historischen Hintergrund wird die Notwendigkeit zum schnellen Aufbau einer umfassenden staatlichen Kriegswirtschaftsverwaltung (B.) und damit auch der dieser untergeordneten Kriegsgesellschaften (C.) verständlich.

Zu unterscheiden sind die militärische, die wirtschaftliche und die finanzielle Kriegsbereitschaft. Ausschlaggebendes Moment für den jeweiligen Stand der Vorbereitungen war die Einschätzung über die Dauer und die Qualität eines künftigen Krieges[8].

I. Die militärische Kriegsbereitschaft

Angesichts der Komplexität des Lebens im modernen Industrie- und Handelsstaat und der daraus resultierenden internationalen wirtschaftlichen Verflechtungen verfestigte sich während der Amtszeit von Generalstabschef Schlieffen (1891-1905) in der Militärverwaltung die Ansicht einer nur kurzen Kriegsdauer. Man dachte dabei an einen Zeitraum von vier bis sechs Monaten[9]. Diese Einschätzung wurde von den Zivilbehörden und der Öffentlichkeit geteilt[10]. Seit der Amtszeit des neuen Generalstabschefs Moltke (ab 1906) wurde die mögliche Kriegsdauer zwar zunehmend pessimistischer beurteilt, allerdings konnten sich die Befürworter der für einen mehrjährigen Ermattungskrieg notwendigen Vorar-

---

[7] Vgl. insbesondere Burchardt, Friedenswirtschaft und Kriegsvorsorge, die Veröffentlichungen des Reichsarchivs, Der Weltkrieg (1914-1918) - Kriegsrüstung und Kriegswirtschaft (Band 1), Roth, Kriegsgesellschaften, S. 28ff. und Henning, Der Aufbau der dt. Kriegswirtschaft im Ersten Weltkrieg, S. 49ff.

[8] Burchardt, Friedenswirtschaft und Kriegsvorsorge, bezeichnet in diesem Zusammenhang die Vorstellungen von der Dauer und der Qualität des Krieges als die „zwei Unbekannten", von denen „Art und Umfang der Vorbereitung (...) im wesentlichen (abhingen)", S. 14.

[9] Die Diskussion über die voraussichtliche Kriegsdauer ist dargestellt bei Burchardt, Friedenswirtschaft und Kriegsvorsorge, S. 14ff.

[10] Reichsarchiv, Kriegsrüstung und Kriegswirtschaft, S. 334; Burchardt, Friedenswirtschaft und Kriegsvorsorge, S. 14.

beiten mit ihren Vorstellungen nicht durchsetzen[11]. Dementsprechend konzentrierten sich die zuständigen Stellen zu Friedenszeiten vor allem auf die für einen kurzen Feldzug allein entscheidende Frage der militärischen Kriegsbereitschaft mit dem Erfolg, daß man bei Kriegsausbruch hinsichtlich der Truppenzahl und des Standes der Rüstungstechnik ein günstiges Urteil über den Stand der Vorbereitungen fällen konnte[12].

II. Die wirtschaftliche Kriegsbereitschaft

Ausgehend von den Erfahrungen des Deutsch-Französischen Krieges von 1870/71 verneinte man zunächst nennenswerte Rückwirkungen eines modernen bewaffneten Konflikts auf die Zivilbevölkerung und das Wirtschaftsleben. Krieg war ausschließlich eine Sache des Militärs. Danach war kein entscheidender Wirtschaftskrieg zu erwarten und folglich waren auch keine kriegswirtschaftlichen Vorbereitungen notwendig. Der amerikanische Bürgerkrieg wurde von der kriegsgeschichtlichen Forschung als uneuropäisch und untypisch eingestuft[13].

Um die Jahrhundertwende rechnete erstmals die Marine im Falle eines Zweifrontenkrieges mit Frankreich und Rußland fest mit einer britischen Blockade. In diesem Zusammenhang wies sie auch auf das Problem der zunehmenden Importabhängigkeiten im Rohstoff- und Agrarbereich hin[14]. Praktische Konsequenzen wurden allerdings weder staatlicherseits noch seitens der Wirtschaft aus dieser Erkenntnis gezogen: Zum einen glaubten die zuständigen staatlichen Stellen nicht, daß eine hermetische Abriegelung Deutschlands von auswärtigen Zufuhren überhaupt möglich sei. Vielmehr vertraute man auf die Leistungsfähigkeit des Handels und scheute den Einsatz großer finanzieller Mittel, um die Volkswirtschaft auf eine Importsperre im Kriegsfall einzurichten. Besonders deutlich wurde diese Einstellung durch das Verhalten des Reichsschatzamts, das sich von Anfang an

[11] Der Anfang 1906 zum Nachfolger Schlieffens berufene jüngere Moltke etwa rechnete in einem Schreiben an den Kriegsminister vom 01. November 1912 (Nachweis im Reichsarchiv, Kriegsrüstung und Kriegswirtschaft, S. 329, Fn 1) mit einem „langjährigen Feldzug mit zahlreichen schweren, langdauernden Kämpfen (...) bis wir e i n e n unserer Gegner niederzwingen". Gemeint war damit ein Zeitraum von etwa zwei Jahren (Interpretation Burchardts, Friedenswirtschaft und Kriegsvorsorge, S. 25).

[12] Reichsarchiv, Kriegsrüstung und Friedenswirtschaft, S. 291f.

[13] Burchardt, Friedenswirtschaft und Kriegsvorsorge, S. 29ff. Gerade der Sezessionskrieg wies aber Erscheinungen auf, die nach 1865 erst wieder im Ersten Weltkrieg eine Rolle spielten (Blockade, Stellungskrieg, ungewöhnliche Länge des Krieges, wirtschaftliche Auswirkungen).

[14] Burchardt, Friedenswirtschaft und Kriegsvorsorge, S. 51ff. (55). Das Reichsmarineamt nutzte diese Einschätzung vor allem dazu, um für eine Verstärkung der Flotte zu werben und nicht etwa um wirtschaftliche Vorbereitungsmaßnahmen zu forcieren. Preußische Militärbehörden folgten dieser Ansicht seit etwa 1906.

jeglichen Anfragen bezüglich der Finanzierung einer Vorratspolitik widersetzte und noch nicht einmal für statistische Erhebungen Mittel zur Verfügung stellen wollte[15]. Aber auch die Wirtschaft sah aus Kostengründen von einer auf den Ausnahmefall abgestellten Lagerhaltung ab. Darüber hinaus sprachen innen- wie außenpolitische Rücksichtnahmen gegen umfassende wirtschaftliche Kriegsvorbereitungen.

In der Folgezeit wurden die Frage der Auswirkungen eines Krieges auf die Volkswirtschaft und die Notwendigkeit wirtschaftlicher Vorbereitungsmaßnahmen nur noch vereinzelt diskutiert[16]. Die ersten interministeriellen Besprechungen insbesondere mit dem für die Wirtschaftspolitik zuständigen Reichsamt des Inneren fanden statt. Im Juni 1906 hatte dieses erstmals alle von einer wirtschaftlichen Mobilmachung betroffenen Ressorts zu einer Besprechung eingeladen, ohne daß jedoch verbindliche Entscheidungen getroffen worden waren. Sechs Jahre später im November 1912 wurde sogar eine ständige Kommission für Fragen der wirtschaftlichen Mobilmachung errichtet, in der Kommissare aller beteiligten Ressorts sowie Vertreter des Militärs gemeinsam beraten sollten[17]. Allerdings blieben auch hier die Diskussionen im Ansatz stecken. Staatssekretär Clemens von Delbrück mußte selbst zugeben, daß die Behandlung der Thematik durch sein Amt eher akademisch war und sehr gemächlich vorgenommen wurde[18].

Erst Mitte des Jahres 1914 gestand man sich die Möglichkeit einer Wirtschaftsblockade durch die Alliierten mit den daraus resultierenden Versorgungsengpässen ernsthaft ein. Die Notwendigkeit kriegswirtschaftlicher Maßnahmen in Ergänzung zu den militärischen Vorarbeiten trat nun offen zutage:

„Die Frage der wirtschaftlichen Kriegsbereitschaft hat uns bei unserem letzten großen Kriege in den Jahren 1870/71 sehr viel weniger Kopfzerbrechen gemacht als heute. Die Heere waren damals verhältnismäßig klein, der Krieg von verhältnismäßig kurzer Dauer. Die entscheidenden Schläge folgten im Beginn des Feldzuges rasch aufeinander, der Krieg blieb auf Deutschland und Frankreich lokalisiert. Die Folge davon war, daß sowohl unsere Land- wie unsere Wassergrenze während des ganzen Feldzuges für Ein- und Ausfuhr offen war, (...). (...). Wir müssen für den Fall eines Krieges mit einem Schlagen nach zwei Fronten, mit einem Kriege an unserer West- und an unsere Ostgrenze rechnen, wir müssen auf eine Blockade unserer Seehäfen gefaßt sein. (...) Es liegt auf der Hand, daß unter diesen Verhältnissen ein Krieg unserem gesamten Wirtschaftsleben viel größere Erschütterungen bringen muß, als das im Jahre 1870/71 der Fall gewesen ist, wo

---

[15] Dazu Burchardt, Friedenswirtschaft und Kriegsvorsorge, S. 78ff., 89, 168ff., 233; Roth, Kriegsgesellschaften, S. 30; Delbrück, Wirtschaftliche Mobilmachung, S. 78ff.

[16] So vor allem von Voelcker, Die Dt. Volkswirtschaft im Kriegsfall (1909), und von Neurath, Die Kriegswirtschaft (1910).

[17] Dazu Delbrück, Wirtschaftliche Mobilmachung, S. 71.

[18] Delbrück, Wirtschaftliche Mobilmachung, S. 68.

es im großen und ganzen möglich war, nach den ersten Wochen der Mobilmachung unser Wirtschaftsleben wieder in die Gleichgewichtslage zu bringen."[19]

Diese Erkenntnis kam jedoch nicht mehr rechtzeitig genug, um die Nachlässigkeiten während der fast viereinhalb Friedensjahrzehnte zwischen Reichsgründung und Ausbruch des Ersten Weltkrieges ausgleichen zu können. So kam es, daß der Stand der amtlichen Planungen bei Kriegsbeginn „durchweg ein Bild der Unfertigkeit" bot[20].

III. Die finanzielle Kriegsbereitschaft

Im Gegensatz zu anderen europäischen Staaten verzichtete das Deutsche Reich auf Vorbereitungen für eine Finanzierung der Kriegskosten über direkte Steuern. Die Erfahrungen des Deutsch-Französischen Krieges, innenpolitische Rücksichtnahmen („Burgfrieden") und die nur begrenzte Belastbarkeit der Industrie in Kriegszeiten veranlaßten die Regierung vielmehr zum System der Schuldenfinanzierung[21]:

Zum einen sollten Kriegsanleihen die konsolidierte Schuld des Reiches erhöhen, die Tilgung der Anleihen war erst für die Nachkriegszeit vorgesehen. Insgesamt kam es während des Krieges zu neun Kriegsanleihen, mit denen rund 60% der gesamten Kriegskosten gedeckt werden konnten[22]. Als weiteres Finanzierungsinstrument griff das Reich auf die Ausgabe von Darlehenskassenscheinen und Reichsschatzanweisungen zurück und konnte mit dieser Erhöhung der schwebenden Reichsschuld ein weiteres Drittel der Kriegsausgaben bestreiten. Mangels entsprechender Warendeckung mußte die Methode der Schuldenfinanzierung allerdings auf die Dauer zwangsläufig zu Inflation und Preissteigerung führen[23].

---

[19] Clemens von Delbrück in einer Rede vor dem Wirtschaftlichen Ausschuß am 26. Mai 1914 über den Meinungsstand hinsichtlich der Frage der wirtschaftlichen Kriegsbereitschaft, abgedruckt bei Delbrück, Wirtschaftliche Mobilmachung, S. 81f.

[20] Burchardt, Friedenswirtschaft und Kriegsvorsorge, S. 246.

[21] Vgl. zu den verschiedenen Möglichkeiten der Kriegsfinanzierung die Darstellung des Reichsarchivs, Kriegsrüstung und Kriegswirtschaft, S. 466-469.

[22] Dazu Baudis, Staatsmonopolistischer Kapitalismus, S. 276 (Tabelle 58 - Die Kriegsanleihen des Ersten Weltkrieges). Die erste Anleihe (Sept. 1914) brachte 4.460 Mrd. Mark, die zweite (März 1915) 9.060 Mrd. Mark, die dritte (Sept. 1915) 12.101 Mrd. Mark, die vierte (März 1916) 10.712 Mrd. Mark, die fünfte (Sept. 1916) 10.652 Mrd. Mark, die sechste (März 1917) 13.122 Mrd. Mark, die siebente (Sept. 1917) 12.626 Mrd. Mark, die achte (März 1918) 15.001 Mrd. Mark und die neunte (Sept. 1918) 10.443 Mrd. Mark. Vgl. auch die Denkschrift des Reichskanzlers über wirtschaftliche Maßnahmen aus Anlaß des Krieges, Nr. 26 (Anlage 1), Nr. 74 (Anlage 1), Nr. 162 (Anlage 1), Nr. 403 (Anlage 1) etc.

[23] Zusammenstellung des Papiergeldumlaufs 1914-1918 bei Baudis, Staatsmonopolistischer Kapitalismus, S. 277 (Tabelle 60) und bei Mottek/Becker/Schröter, Wirtschaftsgeschichte

Die erforderlichen gesetzgeberischen Maßnahmen waren bereits zu Friedenszeiten vorbereitet worden und konnten unmittelbar nach Kriegsausbruch in die Tat umgesetzt werden. Es erfolgten die Änderungen des Reichsbankgesetzes[24], des Reichsmünzgesetzes[25], der Reichsschuldenordnung[26], des Darlehnskassengesetzes[27] und des Gesetzes betreffend die Reichskassenscheine und die Banknoten[28]. Diese Maßnahmen legalisierten die Unterschreitung des Limits bei der Golddeckung der Notenausgabe, hoben die Einlöspflicht aller Banknoten in Gold auf und gestatteten die Ausgabe von Banknoten anstelle von Goldmünzen sowie deren Deckung durch Wechsel und Schatzanweisungen über die bisher zugelassene Grenze hinaus.

Insgesamt läßt sich also ein relativ hoher Stand der Vorbereitungen des Deutschen Reiches in finanzieller Hinsicht gemessen an den Erfahrungen des Krieges von 1870/71 beobachten. Allerdings konnte das System der Schuldenfinanzierung nur funktionieren, wenn es sich erstens um einen relativ kurzen Krieg mit überschaubaren Belastungen für die Volkswirtschaft handelte und zweitens die gesamten Kriegskosten nach erfolgreichem Feldzug den unterlegenen Gegnern aufgelastet würden. Vor diesem Hintergrund ist auch die Erklärung des Staatssekretärs des Reichsschatzamtes Helfferich vom 20. August 1915 im Reichstag im Zusammenhang mit einer Vertagung der Verabschiebung des Kriegsgewinnsteuergesetzes zu sehen, in der er forderte, die Regelung der Kriegskosten auf die Zeit nach dem Kriege aufzuschieben, da sie dann von den Gegnern getragen würden[29].

Infolge der unerwarteten Länge des Feldzuges und der Explosion der Kriegskosten[30] war der Staat im Verlauf des Krieges auf zusätzliche Finanzierungsquellen angewiesen. Vor allem versuchte er durch eine Erhöhung der Reichssteuern den außerordentlichen Kriegshaushalt zu finanzieren. Durch das Kriegssteuergesetz vom 21. Juni 1916[31] wurden nach fast zwei Kriegsjahren erstmals die

---

Deutschlands, S. 201 (teilweise Abweichungen). Die Summe der umlaufenden Geldzeichen in Deutschland stieg von 6,3 Mrd. Mark (Juni 1914) über 8,7 Mrd. Mark (Dezember 1914), 18,2 Mrd. Mark (1917), 20,5 Mrd. Mark (Juni 1918) auf schließlich 32,9 Mrd. Mark (Ende 1918).

24 RGBl. 1914, S. 327.

25 RGBl. 1914, S. 326.

26 RGBl. 1914, S. 325.

27 RGBl. 1914, S. 340.

28 RGBl. 1914, S. 347.

29 Verhandlungen des Reichstags (Stenographische Berichte), Band 306 (August 1914-März 1916), S. 223f.

30 Die Entwicklung der Kriegskosten ist dargestellt bei Baudis, Staatsmonopolistischer Kapitalismus, S. 274 (Tabelle 57). So erhöhten sich die Tagesdurchschnittskriegskosten von 36 Mio. Mark (August 1914 bis März 1915) über 67 Mio. Mark (1915/16) und 100 Mio. (1916/17) bzw. 126 Mio. Mark (1917/18) auf schließlich 146 Mio. Mark (April 1918 bis Dezember 1918).

31 RGBl. 1916, S. 561.

rechtlichen Grundlagen für eine solche direkte Steuerfinanzierung des Krieges geschaffen. Von den geschätzten 165 Mrd. Mark Gesamtkriegskosten auf deutscher Seite konnten allerdings nur ca. 3-6 Prozent durch Steuern wie diese abgedeckt werden[32].

IV. Zusammenfassung

Zusammenfassend zeigte sich folgendes Bild der Kriegsbereitschaft des Deutschen Reichs im August 1914: Im militärischen Bereich waren die gedanklichen und organisatorischen Vorarbeiten soweit entwickelt, daß sie mit Kriegsausbruch schnell in die Tat umgesetzt werden konnten. Hinsichtlich der Kriegsfinanzierung gab es zwar aufbauend auf den Erfahrungen des Krieges von 1870/71 ein durchdachtes System, jedoch konnte die Methode der Schuldenfinanzierung infolge ständig steigender Kosten bei unabsehbarer Kriegsdauer allein nicht den Geldbedarf des Staates decken. In wirtschaftlicher Hinsicht fehlte ein vergleichbares konsequentes Mobilmachungskonzept nahezu völlig. Zwar gab es grundsätzliche Überlegungen über die im Kriegsfall notwendige Indienstnahme der Wirtschaft, und auch die Kriegsgesetze vom 04. August 1914 mit den sich daran anschließenden weiteren kriegswirtschaftlichen Maßnahmen[33] zeigten, daß die leitenden Ämter sich der Aufgabe einer den Kriegsnotwendigkeiten entsprechenden Neugestaltung der Wirtschaftsordnung bewußt waren. Zu einer verbindlichen Vorbereitung einer „wirtschaftlichen Mobilmachung"[34] war es jedoch nicht gekommen. „Wir verfügten also - im Gegensatz zu den Verhältnissen auf militärischem und finanziellem Gebiete - über keinerlei durchgreifende Friedensvorbereitungen gegenüber den unendlich schwierigen Aufgaben, die der Krieg unserer wirtschaftlichen Organisation stellen mußte. So war hier bei Kriegsausbruch alles von Grund auf neu zu schaffen."[35]

Mit dem Erstarren der militärischen Fronten in West und Ost und dem folgenden Übergang des klassischen Bewegungskrieges zum Stellungs- und damit Abnutzungskrieg verlagerte sich zudem der Schwerpunkt der Kriegführung.

---

[32] Einnahmen des Reiches aus Steuern (in Mrd. Mark): 1.958 (1913), 2.417 (1914), 1.519 (1915), 1.576 (1916), 7.274 (1917), 6.154 (1918), vgl. Baudis, Staatsmonopolistischer Kapitalismus, S. 276 (Tabelle 59). Auf britischer Seite hingegen begann man mit der Besteuerung von Einkommen und Kriegsgewinnen bereits im Dezember 1915 und erreichte so insgesamt eine Quote von 20% der Kosten. Einzelheiten zur Einführung der Kriegsgewinnsteuer und der Kritik seitens der Industrie auch in Deutschland im Ersten Weltkrieg, Band 2, S. 121-124.

[33] Einzelheiten dazu unter 1. Abschnitt B. III. Die Rechtsgrundlagen.

[34] So die ausdrückliche Forderung des Staatssekretärs des Reichsamts des Innern Clemens v. Delbrück.

[35] Jaffé, Militarisierung, S. 513.

Kriegsentscheidend war nicht mehr allein strategisches und taktisches Können. Vielmehr gewann bei allen Kriegsparteien die zentrale Kriegsbewirtschaftung an Bedeutung. Standen alle Nationen dieser neuen Qualität des Krieges nahezu unvorbereitet gegenüber, so war das Deutsche Reich zusätzlich mit der Besonderheit der Ausschaltung des freien Welthandels infolge der britischen Blockade konfrontiert. Zur erfolgreichen Beendigung dieses neuartigen „Wirtschaftskrieges“ wurde daher die „totale Mobilmachung“, d.h. die Mobilisierung aller wirtschaftlichen und finanziellen Kräfte neben den militärischen, notwendig. Der Krieg verlangte den Aufbau einer zentral organisierten und geführten Kriegswirtschaft unter der Beteiligung der Privatwirtschaft. Die effiziente Organisation der Wirtschaft erwies sich mit anderen Worten als eine unabdingbare Voraussetzung für eine erfolgreiche weitere Kriegführung[36]. Zugleich legten die zahlreichen neuartigen Aufgaben[37] bereits die Funktionen der neuzuerrichtenden Kriegswirtschaftsstellen und -organisationen fest. Infolge der Dringlichkeit des Aufbaus, ungenügender Erfahrungen und unzureichender gedanklicher Vorarbeiten kam man allerdings nicht um Improvisationen und Experimente herum.

B. Der Aufbau der staatlichen Kriegswirtschaftsverwaltung

In seiner Eröffnungsansprache während einer Sitzung des Wirtschaftlichen Ausschusses vom 26.05.1914 sagte der Staatssekretär des Reichsamts des Innern Delbrück vor Angehörigen interessierter Ressorts und Vertretern der Wirtschaft:

„Ich bin der Ansicht, daß es sich hier um eine Fülle von Fragen (der wirtschaftlichen Kriegsbereitschaft, M.R.) handelt, die durch die Regierungen allein und auf bürokratischem Wege gar nicht gelöst werden können. Ich bin überzeugt, daß es sich um Fragen handelt, die Handel und Industrie selbst in die Hand nehmen müssen, die nur zweckentsprechend gelöst werden können, wenn Handel und Industrie ihre großen Organisationen, ihre Handelskammern und Verbände in den Dienst der Sache stellen. Selbstverständlich wird auch die Industrie auf diesem Gebiet nicht allein arbeiten können, sie wird unserer Mitwirkung, sie wird unserer Unterstützung bedürfen.“[38]

In dieser Äußerung Delbrücks vom 26. Mai 1914 kündigt sich bereits die Zusammenarbeit von Staat und Wirtschaft an, wie sie später in den Kriegsgesellschaften ihren Ausdruck fand. Ohne die Unterstützung der Privatwirtschaft schien man die Defizite im Bereich der finanziellen und wirtschaftlichen Kriegsbereit-

---

[36] Dazu Roth, Kriegsgesellschaften, S. 15 mwN in Fn 1.

[37] Gewährleistung der Volksernährung, Rohstoffversorgung der Wirtschaft, Regelung des Arbeitsmarktes, Betriebszusammen- und stillegungen, Fürsorge für die Angehörigen der Soldaten, für die Kriegsopfer und die Kriegshinterbliebenen etc.

[38] Abgedruckt bei Delbrück, Wirtschaftliche Mobilmachung, S. 81ff.

schaft nicht kompensieren zu können. Um die Kriegsgesellschaften in das Gesamtsystem der Kriegswirtschaft einordnen zu können, bedarf es zunächst eines Überblicks über die staatliche Kriegswirtschaftsverwaltung. Dazu muß insbesondere geklärt werden, welche staatlichen Organe (I.) aufgrund welcher Rechtsgrundlagen (III.) tätig wurden und worin die gemeinsamen Strukturen des Bewirtschaftungsverfahrens (II.) bestanden.

I. Die staatlichen Organe

Die Darstellung der staatlichen Organe konzentriert sich auf deren Entstehung, Organisation und Aufgabengebiete. Zu unterscheiden sind die Bereiche der Rüstungs- und der Ernährungswirtschaft als wichtigste Bereiche der Kriegswirtschaft.

1. Die Rüstungswirtschaft[39]

a) Das Königlich Preußische Kriegsministerium (Preuß. K.M.)[40]

Die zentrale Planung und Leitung der Rüstungswirtschaft fiel in die Zuständigkeit des Königlich Preußischen Kriegsministeriums. Wie schon 1870/71 schaltete dieses bei der Wahrnehmung seiner Beschaffungsaufgaben Unternehmen der Privatwirtschaft durch die Vergabe von Lieferungsverträgen ein[41]. Es lag also ein System der „staatlichen Leitung und des privatwirtschaftlichen Vollzugs der Rüstungsaufgaben“[42] vor. Hintergrund dieser Beschaffungsmethode war wie bei den sonstigen Kriegsvorbereitungen die Annahme eines nur kurzen Krieges und die daraus folgende Unterschätzung des gesamtvolkswirtschaftlichen Roh-

---

[39] Die Darstellung beschränkt sich auf das Preußische Kriegsministerium, die Kriegsrohstoffabteilung und das Kriegsamt. Zu dem sonstigen Behördenapparat und -unterbau vgl. Seibt, Organisationswesen, S. 16ff., 33ff. und Heymann, Rechtsformen, S. 34-37. Näher mit den „Akteuren“ der Kriegswirtschaft auf militärischem wie zivilem Gebiet befaßt sich auch Roth, Kriegsgesellschaften, S. 40ff., 52ff., die dabei insbesondere auf die Kompetenzkonflikte und Machverhältnisse zwischen Preußischem Kriegsministerium, Reichsamt des Innern und Reichsschatzamt eingeht. Zur Entwicklung der staatlichen Kriegswirtschaftsverwaltung im allgemeinen vgl. auch Facius, Wirtschaft und Staat, S. 78ff., 81ff., 84ff., sowie Wiedenfeld, Kriegsrohstoffbewirtschaftung, S. 34ff.

[40] Zum Aufbau des Preußischen Kriegsministeriums vgl. Heymann, Rechtsformen, S. 27ff. und Dieckmann, Behördenorganisation, S. 87ff. (Anlage 2). Mit der besonderen Stellung des Preußischen Kriegsministeriums als bürokratische und als militärische Behörde sowie mit seinen Leitern befaßt sich näher Feldmann, Armee, Industrie und Arbeiterschaft, S. 49-52.

[41] Dazu Heymann, Rechtsformen, S. 19.

[42] Huber, Dt. Verfassungsgeschichte, S. 85. Lediglich die Marineverwaltung besaß auch „reichseigene Regiebetriebe“ wie die Kaiserliche Werft und die Marinearsenale.

stoffbedarfs. Man vertraute dem freien Welthandel und glaubte, allein mit Lieferverträgen ausreichend für den Krieg gerüstet zu sein.

Organisatorisch setzte sich das Kriegsministerium zu Kriegsbeginn aus insgesamt fünf Departements zusammen, darunter das bedeutende Zentraldepartement (Z.D.) und das Allgemeine Kriegsdepartement (A.D.). Letzteres war u.a. zuständig für die einzelnen Waffengattungen und die Fabrikenabteilung. Weitere Departements waren das Armeeverwaltungsdepartement (B.D.) mit den angeschlossenen Kassen-, Verpflegungs-, Bekleidungs-, Unterkunfts-, Übungsplatz-, und Bauabteilungen, ferner das Versorgungs- und Justizdepartement (C.D., später erweitert zum Ersatz-, Versorgungs- und Justizdepartement) und schließlich seit Mai 1914 das Unterkunftsdepartement (U.D., abgezweigt vom B.D.). Darüber hinaus existierten noch eine Medizinalabteilung sowie die Remonteinspektion. Während des Krieges wurde die Medizinalabteilung zu einem selbständigen Medizinaldepartement (S.D.) ausgebaut.

Neben dem Preußischen Kriegsministerium mit seinen Departements befaßten sich noch weitere Behörden im Rahmen ihrer speziellen Zuständigkeit mit Rüstungsfragen, so das Reichsmarineamt (zuständig für Fragen der Seerüstung), das Eisenbahnzentralamt (Transportwesen) sowie die preußische Feldzeugmeisterei und das Ingenieur-Komitee, die für den Nachschub des Heeres an Waffen und Munition zuständig waren. Schließlich besaßen die Länder Bayern, Sachsen und Württemberg jeweils eigenständige Kriegsministerien mit dem dazugehörigen Verwaltungsunterbau. Insgesamt war also eine Vielzahl verschiedener Institutionen mit Aufgaben der Kriegsrüstung und Kriegswirtschaft befaßt.

Unmittelbar nach Kriegsausbruch zeigte sich jedoch, daß das System der staatlichen Leitung und des privatwirtschaftlichen Vollzugs der Rüstungsaufgaben auf die Dauer ungeeignet war. Die neue Qualität des Krieges (Blockade, Beginn des „Wirtschaftskrieges“[43], „Abnutzungskrieg“) und der daraus resultierende unerwartet hohe Bedarf an Rohstoffen machten neue Formen der Rohstofferfassung, -beschaffung und -verteilung erforderlich. Zudem gefährdete die teilweise schlechte Koordinierung und Konkurrenz zwischen den verschiedenen an der Beschaffung beteiligten Institutionen die Rohstoffversorgung des Militärs. Infolgedessen sah man sich gezwungen, die Rüstungsaufgaben zu zentralisieren und neuerrichteten Stellen zuzuweisen.

[43] Dazu ausführlich Dix, Wirtschaftskrieg und Kriegswirtschaft.

b) *Die Kriegsrohstoffabteilung des Preußischen Kriegsministeriums (K.R.A.)*[44]

Auf die Notwendigkeit einer zentralen Bewirtschaftung der vorhandenen Rohstoffe wurde zuerst von privater Seite hingewiesen. In einem Schreiben v. Moellendorffs vom 08. August 1914, seinerzeit Direktionsassistent im Kabelwerk Oberspree der AEG in Berlin und als solcher mit der schlechten Rohstoffsituation (insbesondere Kupfer und Blei) vertraut, unterbreitete dieser dem Vorstandsmitglied der AEG Walther Rathenau den Vorschlag, „das Kriegsministerium anzuregen, es möge den Status recherchieren und einen sparsamen Haushalt unter zentraler Gewalt eröffnen“[45]. Moellendorff selbst konkretisierte die Aufgabe dahingehend, „beschränkte Vorräte gegen einen wahrscheinlich überragenden Bedarf abzustimmen“[46]. Dazu sei es u.a. notwendig, „möglichst bald an wenigen, zentral gelegenen Arbeitsstätten die Vorräte und Kräfte (zu vereinen)“.

Rathenau nahm diesen Gedanken auf und unterbreitete dem Kriegsminister v. Falkenhayn am 09. August 1914 in einer Denkschrift den Vorschlag, „eine Stelle für die Kontrolle des Rohmaterials im Kriegsministerium (...) (zu schaffen), die der Kürze halber hier „Rohmaterialamt“ genannt werden soll“[47]. Zu den ersten Aufgaben dieses Amtes sollte eine Umfrage innerhalb der Industrie über den Vorrat und den Bedarf an Rohmaterial für die Kriegsfabrikation zählen. Insgesamt würde diese Zentralisierung der planmäßigen Rohstoffbewirtschaftung dazu führen, „daß keine Überraschung hinsichtlich eines Rohmaterialmangels für die Kriegsfabrikation eintreten kann, daß ein willkürliches Aufbrauchen unentbehrlicher Stoffe verhindert wird und daß die Menge der im Land erzeugbaren Ersatz- und Verbrauchsgegenstände für Kriegszwecke wächst“.

Am 13. August 1914 verordnete daraufhin v. Falkenhayn die Errichtung einer Kriegsrohstoffabteilung (K.R.A.), an deren Spitze er die beiden Initiatoren Rathenau und v. Moellendorff berief. Ihnen wurde Oberst Oehme als militärischer Berater zur Seite gestellt. Stellvertreter Rathenaus wurde Prof. Klingenberg vom AEG Konzern[48]. Auf Anfragen des Preußischen Kriegsministeriums vom 20. Au-

---

[44] Mit der Entstehung und Bedeutung der Kriegsrohstoffabteilung befassen sich näher Burchardt, Rathenau, S. 172f., Feldmann, Armee, Industrie und Arbeiterschaft, S. 52-58, und Goebel, Rohstoffwirtschaft, S. 20ff. Eine graphische Darstellung der Organisation der Kriegsrohstoffabteilung findet sich bei Plesch, Kriegswirtschaftliche Organisation, Anlage III und Diekmann, Behördenorganisation, S. 41ff.

[45] Abschrift des Briefwechsels v. Moellendorff - Rathenau bei Burchardt, Rathenau, Anhang 1 (Seite 194).

[46] Schreiben v. Moellendorffs an Rathenau vom 09. August 1914, Abschrift bei Burchardt, Rathenau, Anhang 2 (Seite 195).

[47] Denkschrift Rathenaus vom 09. August 1914, Abschrift bei Burchardt, Rathenau, Anhang 3 (Seite 195).

[48] Die personelle Zusammensetzung der Kriegsrohstoffabteilung im einzelnen ist näher dargestellt bei Baudis, Staatsmonopolistischer Kapitalismus, S. 263, und bei Müller, Kriegsrohstoffbewirtschaftung, S. 17f.

gust 1914 stimmten die Kriegsministerien Bayerns, Württembergs und Sachsens der Erstreckung der Zuständigkeit der Kriegsrohstoffabteilung auf das ganze Reich zu. Damit wurden nun alle Versorgungsfragen des Heeres während des Krieges zentral bearbeitet; lediglich der Marine verblieb ihre Selbständigkeit.

Die Kriegsrohstoffabteilung war ursprünglich als eigenständige Abteilung des Preußischen Kriegsministeriums gebildet worden. Infolge ihrer stetigen Ausdehnung erlangte die Kriegsrohstoffabteilung mit der Zeit jedoch die Bedeutung eines selbständigen Departements neben den anderen fünf bzw. sechs (s.o.). So wurden etwa aus den zunächst drei Mitarbeitern im August 1914 zur Jahreswende 1914/15 bereits hundert, Mitte 1915 350, am 01.04.1917 1.700 und bei Kriegsende sogar 2.500 (jeweils ohne das Personal der nachgeordneten Organisationen)[49].

Die Aufgabe der neugegründeten Kriegsrohstoffabteilung bestand in der „Regelung der Wirtschaft in solchen Rohstoffen, die der Landesverteidigung dienen und die nicht laufend oder in zulänglichen Mengen im Inland hergestellt werden“[50]. Bei Kriegsbeginn waren damit insbesondere Rohstoffe wie Kupfer, Feinzink, Aluminium und Gummi gemeint. Mit der Zeit stieg die Anzahl der von der zentralen Bewirtschaftung betroffenen Rohstoffarten infolge der zunehmenden allgemeinen Versorgungsproblematik auf mehrere 100 an.

Zunächst hatte sich die Kriegsrohstoffabteilung einen Überblick über die im Lande vorhandenen Rohstoffbestände zu verschaffen und ihre Verwendung der staatlichen Kontrolle zu unterwerfen. Dazu mußten umfangreiche statistische Erhebungen durchgeführt werden. Erst danach konnte die zentrale Verteilung der verfügbaren Vorräte an die verarbeitende Industrie vorgenommen werden. Mit zunehmender Verschlechterung der Rohstoffversorgung rückte darüber hinaus die eigentliche Rohstoffbeschaffung und Produktionsförderung von Rohstoffen und Ersatzstoffen immer mehr in den Mittelpunkt ihrer Tätigkeit. Stets befaßte sich die Kriegsrohstoffabteilung aber ausschließlich mit der Wahrnehmung der hoheitlichen Aufgaben; die eigentliche Umsetzung und Durchführung der angeordneten Maßnahmen überließ sie den unter ihrer Aufsicht stehenden privatrechtlichen Organisationen[51].

Entsprechend dieser Aufgabengebiete gliederte sich die Kriegsrohstoffabteilung in eine Reihe von Fachsektionen, die zum Teil in Unterabteilungen zusammengefaßt waren[52]. Zunächst gab es verschiedene allgemeine Sektionen wie die Chef-Sektion (Z), die Sektion für Rohstofferhebungen, die Auslandsstelle, die

---

[49] Zahlen für 1914, 1915, 1918 bei Goebel, Rohstoffwirtschaft, S. 113 (Fn 18), für 1917 bei Plesch, Kriegswirtschaftliche Organisation, Anlage III.

[50] Kriegsministerium an Rathenau vom 13. August 1914 (Nachweis bei Burchardt, Rathenau, Seite 177f.).

[51] Näheres zum Bewirtschaftungsverfahren unter B.II.

[52] Vgl. bereits Fn 44. Die interne Organisation der Kriegsrohstoffabteilung ist auch dargestellt bei Heymann, Rechtsformen, S. 31ff.

Beschlagnahmesektion (BSt, ASt) und die Buchhaltungssektion (BU), die u.a. für die Organisation der Kriegsrohstoffgesellschaften zuständig war. Daneben bestanden zahlreiche verschiedene Sektionen für die einzelnen Rohstoffe, so für Metalle (M), Eisen (E), Textilien (Unterabteilung W mit den Sektionen Wolle (WI), Baumwolle (WII), Bastfaser (WIII) und Alttextilien (WIV)), für Papier u.a. (P.A.), Leder (L), Kork (Q), Gummi (G), Chemikalien (Ch), Holz (H), Elektrizität (E), Kohlen, Mineralöle und Spiritus (O) sowie Zement (Zt). Spezialaufgaben wurden darüber hinaus durch bei den verwandten Sektionen angegliederte besondere Verwaltungsstellen (Rohstoff-Meldestellen, -Mobilmachungsstellen, -Zuweisungsstellen etc.) erledigt.

c) *Das Kriegsamt (K.A.)*[53]

Die Angelegenheiten der militärischen Kriegswirtschaft im Sinne des Ersatzwesens, der Behandlung der Arbeiterfrage und der Beschaffung von Rohstoffen, Waffen und Munition waren auf verschiedene Ämter, Departements und Abteilungen verteilt[54]. Um dieser Zersplitterung des Beschaffungswesens und der zu Engpässen und Preistreibereien führenden Konkurrenztätigkeit der Beschaffungsstellen entgegenzuwirken, wurde auf Initiative der dritten Obersten Heeresleitung (seit 29. August 1916) im engen Zusammenhang mit den ehrgeizigen Plänen des Hindenburgprogramms durch Kabinettsordre vom 01. November 1916 das Kriegsamt nach dem Vorbild des englischen Munitionsministeriums gebildet[55].

Als Leiter des neuen Amtes berief man zunächst General Gröner von der Obersten Heeresleitung, dem ab Herbst 1917 General Scheuch folgte. Ihm beratend zur Seite standen jeweils ein militärischer und ein technischer Stab. Des weiteren übertrug man ihm die neu geschaffene Befehlsgewalt gegenüber den stellvertretenden Generalkommandos. Hiervon versprach man sich ein Ende der Kompetenzstreitigkeiten zwischen zivilen und militärischen Stellen sowie ein ein-

---

[53] Näheres zur Entstehung und Organisation des Kriegsamtes bei Feldmann, Armee, Industrie und Arbeiterschaft, S. 148ff. (155, 163), 164-169, und bei Baudis, Staatsmonopolistischer Kapitalismus, S. 289-295. Zur Organisation des Kriegsamtes vgl. auch die graphische Darstellung bei Plesch, Kriegswirtschaftliche Organisation, Anlage I, II, und Diekmann, Behördenorganisation, S. 51ff.

[54] Die Kriegsrohstoffabteilung, die dem Kriegsministerium untergeordnete Feldzeugmeisterei (seit 1898), das daraus entwickelte Waffen- und Munitionsbeschaffungsamt (WUMBA, errichtet am 01.10.1916), die einzelnen Departements des Ministeriums, das Ingenieur-Komitee, das Bekleidungsbeschaffungsamt etc. (s.o.).

[55] Das britische „Ministry of Munitions" wurde seit seiner Gründung am 26. Mai 1915 bis Juni 1916 von Lloyd George und von Juli 1917 bis Januar 1919 von Winston Churchill geleitet. Es soll bei Kriegsende 65.000 Mitarbeiter gezählt und 3 Mio. Arbeiter kontrolliert haben. Auf deutscher Seite wurden dem Ministerium die großen Erfolge bei der Mobilisierung der englischen Industrie für den Krieg zugeschrieben.

heitlicheres Vorgehen in allen kriegswirtschaftlichen Fragen. Durch die Bildung von Kriegsamtsstellen und Kriegsamtsnebenstellen in den jeweiligen Armeekorpsbezirken der stellvertretenden kommandierenden Generäle schuf sich das Kriegsamt darüber hinaus einen weitverzweigten Verwaltungsapparat für die Aufgaben vor Ort. Die Kriegsministerien Bayerns, Sachsens und Württembergs richteten im Rahmen der verbliebenen Landeskompetenzen jeweils eigenständige Kriegsämter ein.

Das Aufgabenfeld des Kriegsamtes ergab sich im wesentlichen aus den übernommenen Departements und Abteilungen des Preußischen Kriegsministeriums So war das Kriegsamt insbesondere für die Leitung aller mit der Kriegführung zusammenhängenden Angelegenheiten des Einsatzes, der Verwendung und anfänglich auch der Ernährung der Arbeiter, der Beschaffung von Rohstoffen, Waffen und Munition sowie ferner für die Leitung des personellen Ersatzwesens zuständig. Dementsprechend gliederte es sich in das Kriegs-Ersatz- und Arbeitsdepartement (E.D.), das Waffen- und Munitionsbeschaffungsamt (WUMBA), die Kriegsrohstoffabteilung (K.R.A.), das Bekleidungsbeschaffungsamt (BBA) mit seiner Webstoff- und Lederabteilung, die Abteilung für Ein- und Ausfuhr (A.8) und die Abteilung für Volksernährung (B.6). Letztere wurde im Herbst 1917 aufgelöst, nachdem für die Bearbeitung sämtlicher Fragen der Volksernährung eigenständige Strukturen geschaffen worden waren. Entgegen der ursprünglich Absicht blieb das Kriegsamt jedoch weiterhin dem Kriegsministerium unterstellt und konnte folglich nicht die gewünschte Rolle eines unabhängigen „Rüstungs- und Wirtschaftsdiktators“ wahrnehmen.

2. Die Ernährungswirtschaft

Auch für die Ernährungswirtschaft sollen kurz die Verwaltungsstrukturen zum Zwecke eines besseren Verständnisses der in diesem Bereich tätigen Kriegsgesellschaften aufgezeigt werden. Im Gegensatz zur Rüstungswirtschaft wurden hier zivile Landeszentralbehörden, deren Behördenunterbau und besonders auch die Kommunen zur Unterstützung der Reichszentralbehörden mit herangezogen[56].

a) Die Reichszentralbehörden: Das Kriegsernährungsamt (K.E.A.) und der Preußische Staatskommissars für Volksernährung

Zuständig für die Ernährungswirtschaft war das Reichsamt des Innern unter Staatssekretär v. Delbrück. Wie im Rüstungsbereich, so verließ man sich auch hier zunächst auf das Funktionieren der Kräfte des freien Marktes und vertraute

---

[56] Das gesamte System der öffentlichen Bewirtschaftung und Rationierung der Lebensmittel ist dargestellt bei Skalweit, Kriegsernährungswirtschaft, S. 146ff. und bei Gündell, Ernährungswirtschaft, S. 55ff., 99ff.

darauf, allein durch eine Erhöhung der Lebensmittelimporte und Kontrolle der Exporte für eine ausreichende Verpflegung der Bevölkerung während eines Krieges, von dessen nur kurzer Dauer man fest überzeugt war, sorgen zu können[57]. Sogar auf die Anlegung eines Reichsvorrats zur Überbrückung der heiklen Frühsommermonate meinte man verzichten zu können[58]. So kam es, daß trotz der bekannten fehlenden ernährungswirtschaftlichen Autarkie das Deutsche Reich auch „auf dem Gebiet der Ernährungswirtschaft (...) völlig ungerüstet in den Weltkrieg ein(trat).“[59]

Mit Kriegbeginn kam es jedoch nicht sofort zu einer spürbaren Verschlechterung der Versorgung. Zum einen besaß die deutsche Wirtschaft selbst noch genügend Vorräte, und zum anderen konnte die Blockade in der ersten Kriegszeit den Handel mit neutralen Nachbarstaaten (Dänemark, Holland, Norwegen, Schweiz, Schweden, Rumänien) nicht verhindern. Erst im weiteren Kriegsverlauf führte die zunehmende Abriegelung vom Weltmarkt bei gleichzeitigem Rückgang der landwirtschaftlichen Inlandsproduktion infolge des allgemeinen Mangels an erfahrenen Arbeitskräften, an Gerät, Saatgut, Dünger und Transportkapazitäten zur Notwendigkeit einer ersten Zentralisierung der Bewirtschaftung.

Zu diesem Zwecke wurde im September 1915 die Zentral-Einkaufs-Gesellschaft (ZEG) als Nachfolgeorganisation der Reichseinkaufs GmbH, eine aus der Hamburg-Amerika-Linie entstandene Organisation zwecks Einfuhr von Nahrungsmitteln und Rohstoffen, errichtet und mit dem Monopol für Auslandseinkäufe ausgestattet. Der bislang bestehende Wettbewerb zwischen der Reichseinkauf GmbH, dem freien Handel und den Aufkäufern von Kommunalverbänden, Großbetrieben, Einzelpersonen und der Intendanturen sollte auf diese Weise vermieden werden. Bislang war es durch ihr Verhalten zu unnötigen Preissteigerungen und Engpässen zum Nachteil der Bevölkerung gekommen. Eine zentrale Bewirtschaftungsinstanz auf Reichsebene vergleichbar mit der Kriegsrohstoffabteilung war damit aber noch nicht geschaffen.

Dazu kam es erst gegen Ende des zweiten Kriegsjahres. Hintergrund hierfür war die sich ständig verschärfende Versorgungslage des Deutschen Reichs und die aufkommende Kritik an den bisherigen vereinzelten Maßnahmen auf dem Ge-

---

[57] Vgl. etwa das Gesetz betreffend vorübergehende Einfuhrerleichterungen vom 04.08.1914, RGBl 1914, S. 338. Zur Diskussion über die voraussichtliche Kriegsdauer vgl. bereits A. Die Kriegsbereitschaft.

[58] Schreiben des Reichsschatzsekretärs Kühn an v. Delbrück vom 24.07.1914 (abgedruckt bei Skalweit, Kriegsernährungswirtschaft, S. 17f.).

[59] Skalweit, Kriegsernährungswirtschaft, S. 5. Ähnlich Gündell, Ernährungswirtschaft, S. 1. Einzelheiten zur deutschen Ernährungsbilanz bei Kriegsbeginn bei Skalweit, Kriegsernährungswirtschaft, S. 5-25, und bei Aereboe, Landwirtschaftliche Produktion, S. 24, sowie bei Feldmann, Armee, Industrie und Arbeiterschaft, S. 94-107. Aereboe geht darüber hinaus näher auf die landwirtschaftlichen Produktionsverhältnisse während und nach dem Weltkrieg ein, S. 29ff., 99ff.

biet der Ernährungswirtschaft. Die Regierung reagierte am 22. Mai 1916 mit der Errichtung des Kriegsernährungsamtes (K.E.A.) unter der Leitung des Oberpräsidenten von Ostpreußen v. Batocki[60]. Dieses Amt sollte in Ergänzung zur zentralen Einfuhr durch die ZEG die Aufgaben der Erfassung, Zuteilung, Produktionssteigerung und Preisgestaltung von Nahrungsmitteln im Inland wahrnehmen. Daß es erst im August 1917 auch den formellen Rang eines Reichsamtes erhielt, war sachlich ohne entscheidende Bedeutung. Allerdings unterschied sich die innere Organisation erheblich von sonstigen Reichsämtern[61]: So setzte es sich neben dem Präsidenten noch aus einem vom Reichskanzler zu berufenen Vorstand und einem Beirat mit jeweils beratender Funktion zusammen. Zu diesen waren auch Vertreter der Kommunen, der Wirtschaft und der Verbraucher hinzuzuziehen. Infolge dieser neuartigen „Kollegialverwaltung" konnten die Einzelinteressen der von den Bewirtschaftungsmaßnahmen Betroffenen frühzeitiger berücksichtigt werden.

Eine weitere Zentralinstanz wurde am 17. Februar 1917 durch die Einsetzung des Preußischen Staatskommissars für Volksernährung geschaffen. Hiervon versprach man sich eine einheitlichere Durchführung der Anordnungen auf dem Gebiet der Volksernährung. Zuvor war es wiederholt zu Kompetenzstreitigkeiten zwischen den drei für Ernährungsangelegenheiten zuständigen Preußischen Ministerien für Landwirtschaft, Handel und Gewerbe sowie des Innern gekommen. Infolge des großen Einflusses Preußens auf dem Gebiet der Ernährungswirtschaft erlangte der Staatskommissar faktisch Bedeutung für das gesamte Reich.

b) Die Vollzugsorganisationen

Im Gegensatz zur militärischen Rüstungswirtschaft mit ihrer Bindung an die begrenzten industriellen Standorte und den speziellen fachlichen Anforderungen benötigte man in der Ernährungswirtschaft eine bis auf die unterste lokale Ebene gehende regionale Verwaltungsstruktur. Grundlage des neuen Verwaltungsapparats wurden daher die kommunalen Selbstverwaltungskörper.

---

60 Bekanntmachung des Bundesrats über Kriegsmaßnahmen zur Sicherung der Volksernährung vom 22.05.1916 (RGBl. 1916, S. 401) durch die dem Reichskanzler vom Bundesrat die Verordnungsgewalt auf ernährungswirtschaftlichem Gebiet mit dem Recht der Subdelegation übertragen wurde. Bekanntmachung des Reichskanzlers über die Errichtung des Kriegsernährungsamtes vom gleichen Tag (RGBl. 1916, S. 402). Neben v. Batocki wurden als Vertreter des Staates noch v. Falkenhausen und v. Braun, als Vertreter des Militärs General Groener sowie Vertreter der Arbeitgeber (P. Reusch, Manasse) und Arbeitnehmer (A. Stegerwald, A. Müller) hinzugezogen. Ende August 1917 wurde das Kriegsernährungsamt in das Reichsernährungsamt umgewandelt (RGBl. 1917, S. 823 und 824).

61 Dazu Diekmann, Behördenorganisation, S. 76; Skalweit, Kriegsernährungswirtschaft, S. 184f.; Huber, Dt. Verfassungsgeschichte, S. 79ff.

Die Befugnis zur Wahrnehmung kriegswirtschaftlicher Aufgaben wurde ihnen von den Reichszentralbehörden übertragen. Die entsprechenden Verordnungen des Bundesrates und Bekanntmachungen des Reichskanzlers auf dem Gebiet der Ernährungswirtschaft enthielten regelmäßig Bestimmungen des Inhalts, daß im Rahmen der getroffenen Regelung gewisse Angelegenheiten von der „höheren Verwaltungsbehörde“ oder den „Kommunalbehörden“ wahrzunehmen seien. Die jeweiligen Fachministerien der Länder als die zuständigen Landeszentralbehörden hatten dabei festzulegen, was als zuständige Behörde im Sinne der Verordnung anzusehen war. In Preußen etwa bestimmte man als „höhere Verwaltungsbehörde“ den Regierungspräsidenten und als „Kommunalverband“ die Stadt- und Landkreise[62]. Mit diesem Rückgriff auf bereits bestehende Organisationen sorgte man für den nötigen örtlichen Bezug, nutzte den vorhandenen Erfahrungsschatz und vermied einen völlig neuen Behördenaufbau. Ihre Aufgabe bestand vornehmlich in der Erfassung und Verteilung der Nahrungsmittel, sowie der Förderung der landwirtschaftlichen Produktion vor Ort.

Angesichts der ungleichen Verteilung der Erzeugung und der gesamtwirtschaftlichen Unterversorgung mit Nahrungsmitteln konnte man die Kommunalverbände nicht sich selbst überlassen. Anstelle des freien Marktes mußten staatliche Stellen für einen Ausgleich zwischen den ländlichen Überschußverbänden und den industriellen/städtischen Bedarfsverbänden sorgen. Zu diesem Zweck gründete man den Kommunalverbänden übergeordnete behördliche Zentralstellen, die Reichsstellen bzw. - als Folge des bundesstaatlichen Charakters des Deutschen Reichs - die entsprechenden Landesstellen. Diesen Verwaltungsstellen wurden zur Erledigung der geschäftlichen Aufgaben mit den Kriegsernährungsgesellschaften kaufmännische Hilfsorganisationen an die Seite gestellt[63]. Die durchgreifendste staatliche Autorität gegenüber den Kommunalverbänden wurde dagegen in der Regel eigens dafür eingesetzten Reichskommissaren für einzelne Nahrungsmittel zugewiesen. Insgesamt beteiligten sich demnach Städte und Kommunalverbände, Landes- bzw. Reichsstellen, Reichskommissare und speziell für die geschäftlichen Angelegenheiten die Kriegsernährungsgesellschaften an der Durchführung der Kriegswirtschaft auf dem Ernährungssektor[64].

---

[62] Kriegsbuch Bd. IV, S. 131, 166, 171; Skalweit, Kriegsernährungswirtschaft, S. 146ff.

[63] Näheres zur Stellung und Funktion der Kriegsgesellschaften unter C. Vgl. auch die Darstellung bei Skalweit, Kriegsernährungswirtschaft, S. 162ff., und das Verzeichnis der der Aufsicht des Kriegsernährungsamtes unterstellten Kriegsstellen und Kriegsgesellschaften, ebd. S. 240-246.

[64] Als erster Wirtschaftszweig wurde der des Brotgetreides nach diesem Muster aufgebaut und erlangte eine gewisse Vorbildfunktion für nachfolgende Nahrungs- oder Futtermittel. Zur Bewältigung der Verwaltungsaufgaben wurde die Reichsverteilungsstelle errichtet, in der neben den 16 Bundesratsmitgliedern ein Interessenvertreter der Landwirtschaft, des Handels und des Dt. Städtetages saßen. Die geschäftlichen Angelegenheiten wurden der bereits seit November 1914 bestehenden Kriegsgetreidegesellschaft übertragen. Als Reichskommissar wurde der Unterstaatssekretär im Preußischen Finanzministerium und spätere Reichskanzler

II. Das Bewirtschaftungsverfahren[65]

Im Dezember 1915 äußerte sich Rathenau während eines Vortrags in der Deutschen Gesellschaft rückblickend zur Methode der Rohstofforganisation (auf dem Gebiet der Rüstungswirtschaft):

„Vier Wege waren möglich und mußten beschritten werden, um die Wirtschaft im Lande umzugestalten (...). Erstens: alle Rohstoffe des Landes mußten zwangsläufig werden (...). Jeder Stoff, jedes Halbprodukt mußte so fließen, daß nichts in die Wege des Luxus oder des nebensächlichen Bedarfs gelangte (...). Das war die erste und schwerste Aufgabe. Zweitens: wir mußten alle verfügbaren Stoffe jenseits der Grenzen ins Land hineinzwingen, (...) sei es durch Kauf im neutralen, sei es durch Beitreibung im okkupierten Ausland. (...) Die dritte Möglichkeit (...) war die Fabrikation. Wir mußten Bedacht darauf nehmen, daß alles das im Inland erzeugt wurde, was unentbehrlich und unerhältlich war. Wir mußten auch darauf Bedacht nehmen, daß neue Erzeugungsmethoden gefunden und entwickelt wurden, wo die alte Technik nicht ausreichte. Und nun der vierte Weg: es mußten schwer erhältliche Stoffe durch andere, leichter beschaffbare ersetzt werden."[66]

Dr. Michaelis berufen. Diese drei zentralen Stellen waren durch Personalunion des Reichskommissars, der sowohl in der Reichsverteilungsstelle als auch im Aufsichtsrat der Kriegsgetreidegesellschaft saß, miteinander verbunden. 1915 strukturierte man organisatorisch um und faßte in der neugegründeten Reichsgetreidestelle Verwaltungs- und Geschäftstätigkeit - wenn auch in getrennten Abteilungen - zusammen (dazu näheres im 2. Abschnitt B.).

[65] Näheres zu dem Bewirtschaftungsverfahren auf dem Gebiet der Rüstungswirtschaft bei Heymann, Rechtsformen, S. 73-132, Goebel, Rohstoffwirtschaft, S. 19ff. und S. 104 (graphische Darstellung), Dieckmann, Dt. Rohstoffwirtschaft im Weltkriege, S. 45ff., Koeth, Rohstoffbewirtschaftung, S. 224ff., Römermann, Mittel und Formen der industriellen Kriegswirtschaft, S. 84ff., 87ff., Roth, Kriegsgesellschaften, S. 157ff. und 232ff., und Wiedenfeld, Kriegsrohstoffbewirtschaftung, S. 21ff. Die Ernährungswirtschaft stellt dagegen Skalweit, Kriegsernährungswirtschaft, S. 146ff., dar. Mit den verschiedenen Stadien der Kriegswirtschaft und der Zunahme staatlicher Einflußnahme auf die Wirtschaftsgestaltung befaßt sich näher Seibt, Organisationswesen, S. 3ff. Zu den Wirkungen der verschiedenen Instrumentarien des Bewirtschaftungskonzeptes Neukamp, Die Wirkungen der staatlichen Beschlagnahme, der Enteignung, des Kontrahierungszwangs etc. sowie Buch, Krieg und Vertragsfreiheit.

Jeder Rohstoff und jedes Nahrungsmittel stellte nach Art, Beschaffenheit und Vorkommen spezifische Anforderungen an die konkret erforderlichen Bewirtschaftungsmaßnahmen. Allein die ungefähre Zahl derjenigen unentbehrlichen Rohstoffe (ohne Nahrungsmittel), die im Laufe des Weltkrieges in Deutschland knapp wurden und daher als kriegswichtige Sparstoffe in die öffentliche Bewirtschaftung genommen werden mußten, belief sich auf etwa 300 (Goebel, Rohstoffwirtschaft, S. 10). Die folgende Darstellung muß sich daher auf die Grundzüge und gemeinsamen Strukturen des Systems beschränken.

[66] Rathenau, Rohstoffversorgung, S. 12f.

Zur Lösung der Rohstoffproblematik sollte nach Rathenau also die zwangsweise Bewirtschaftung des vorhandenen Materials, die Erhöhung der Rohstoffimporte, die Innovation neuer Erzeugungsmethoden und das Ausweichen auf Ersatzstoffe erfolgen[67]. Der Schwerpunkt des Bewirtschaftungskonzeptes sollte dabei die eigentliche Zwangsbewirtschaftung des vorhandenen Materials sein, wobei sich in diesem Punkt die Bereiche der Rüstungswirtschaft und der Ernährungswirtschaft zunächst unterschiedlich entwickelten.

Die Rohstoffsituation in der Rüstungswirtschaft zeichnete sich durch eine nahezu völlige Importabhängigkeit bei gleichzeitig ständig steigendem Bedarf aus[68]. Vorrangiges Ziel des Bewirtschaftungsverfahrens auf diesem Gebiet mußte es demnach sein, die noch vorhandenen inländischen Rohstoffe zu erfassen und ihre Verwendung vollständig der staatlichen Kontrolle zu unterwerfen. Die Instrumente der Beschlagnahme und der Enteignung fanden hier ihre besondere Ausprägung (dazu 2. und 3.).

Die volkswirtschaftliche Versorgung mit Nahrungsmitteln konnte hingegen zumindest in der ersten Kriegsphase insgesamt aufrechterhalten werden. Dafür traten hier erhebliche Verteilungsprobleme und witterungsbedingte bzw. jahreszeitabhängige Versorgungslücken auf. Diesen versuchte man anfangs allein durch die Festsetzung von Höchstpreisen entgegenzutreten (dazu 4.). Erst später setzte sich die Erkenntnis durch, daß nicht nur die Preisbildung, sondern - wie in der Rüstungswirtschaft - zusätzlich noch der freie Handel und damit verbunden die freie Verfügbarkeit über die Nahrungsmittel eingeschränkt werden mußten. Auch hier kam es daraufhin zu Beschlagnahmungen und Enteignungen.

Beiden Wirtschaftsgebieten gemeinsam war die Aufstellung eines Wirtschaftsplanes (1.) als notwendige Voraussetzung jeder Form staatlicher Planung und Kontrolle. Dazu bedurfte es umfangreicher statistischer Erhebungen zwecks Erfassung der verfügbaren Vorräte bei Industrie und Handel und möglichst weit vorausreichender Bedarfsanmeldungen der Beschaffungsstellen.

1. Die Aufstellung des Wirtschaftsplanes: Bestandsaufnahme und Bedarfsanmeldungen

Die Aufgabe, die Vorräte und den Verbrauch festzustellen, erwies sich als außerordentlich schwierig. Zum einen unterschätzten die zuständigen Beschaffungsstellen anfangs ihren tatsächlichen Bedarf völlig. So wurde etwa an einem einzigen Tag der Marneschlacht 1914 mehr Munition verschossen als im ganzen Krieg 1870/71 zusammen. Die gesamte Ausrüstung des deutschen Heeres mit

[67] Mit diesen Forderungen wurden gleichzeitig die wichtigsten Funktionen der inzwischen errichteten Kriegswirtschaftsgesellschaften innerhalb der Kriegswirtschaft angesprochen. Näheres dazu unter C. III.

[68] Einzelheiten dazu bei Goebel, Rohstoffwirtschaft, S. 9-19.

Geschützen im Jahre 1914 machte 1918 noch nicht einmal das 3fache einer Monatsproduktion aus[69]. Unklar war darüber hinaus, bei welchen Rohstoffen man zuerst mit den Erhebungen beginnen und wie man die kriegswichtigen gegenüber den entbehrlichen abgrenzen sollte. So kam es, daß die Vorschriften über die Vorratserhebungen erst im Laufe des Krieges immer mehr verschärft wurden und der Kreis der Auskunftspflichtigen und der anzugebenden Tatsachen ständig erweitert wurde[70]. Die Vorschriften beinhalteten im wesentlichen eine Auskunftspflicht verbunden mit dem Recht der anfragenden Behörde, die Vorratsräume zu untersuchen und die Bücher nachzuprüfen. In der Regel wurde den in Betracht kommenden Betrieben daneben eine meist monatliche Meldepflicht verbunden mit einer besonderen Verpflichtung zur Lagerbuchführung auferlegt. Als Folge dieser Verschärfungen entwickelte sich die Auskunftspflicht immer mehr zum „Mittel zur Beherrschung der ganzen Industrie."[71]

2. Die Beschlagnahme

Die aufgrund des Wirtschaftsplanes vorgesehenen Maßnahmen konnten nur dann Wirkung entfalten, wenn die erfaßten Rohstoffe auch der freien Verfügung der Besitzer entzogen und sichergestellt wurde, daß diese ausschließlich im Interesse der Landesverteidigung eingesetzt würden. Zu diesem Zweck bediente man sich der Instrumente der Beschlagnahme und der Enteignung. Gerade die Beschlagnahme wurde zum bedeutendsten hoheitlichen Eingriffsmittel zur Durchsetzung des Wirtschaftsplanes[72]. Rathenau selbst charakterisierte rückblickend die Beschlagnahme folgendermaßen:

„Es mußte der Grundbegriff gefunden werden, der es uns ermöglichte, den wirtschaftlichen Kreislauf umzugestalten. Wir schufen einen neuen Begriff der Beschlagnahme; (...). Dieser Begriff der Beschlagnahme bedeutet nicht, daß eine Ware in Staatseigentum übergeht, sondern nur, daß ihr eine Beschränkung anhaftet, daß sie nicht mehr machen kann, was sie oder ihr Besitzer, sondern was eine höhere Kraft will. Diese Ware darf nur noch für Kriegszwecke verwendet werden; man darf sie verkaufen, verarbeiten, transportieren, in jede beliebige

---

[69] Bei Kriegsbeginn verfügten die mobilen Batterien über insgesamt 6.328 Feldgeschütze, im Juni 1918 während der höchsten Ausstoßquote wurden monatlich 2.489 Feldgeschütze produziert. Einzelheiten zum Ausrüstungsstand der Armee und zum Produktionsniveau der Rüstungsindustrie in Deutschland im Ersten Weltkrieg, Bd. 3, S. 301ff. (311) .

[70] Dazu näheres bei Heymann, Rechtsformen, S. 79-82.

[71] Heymann, Rechtsformen, S. 82.

[72] Vgl. hierzu insbesondere die ausführliche Darstellung Lehmanns, Die Kriegsbeschlagnahme, und Heymann, Rechtsformen, S. 82-93.

Form bringen, aber was sie auch erlebt: immer bleibt sie mit dem Gesetz behaftet, daß sie nur der Kriegführung dienen kann." [73]

Entsprechend konzipiert war auch § 4 der Bundesratsverordnung vom 24. Juni 1915 über die Sicherstellung von Kriegsbedarf[74]: „Die Beschlagnahme hat die Wirkung, daß die Vornahme von Veränderungen an den von ihr bezeichneten Gegenständen verboten ist und rechtsgeschäftliche Verfügungen über sie nichtig sind. (...) Trotz der Beschlagnahme sind alle Veränderungen und Verfügungen zulässig, die mit Zustimmung der beschlagnahmenden Stellen erfolgen." Daneben bestimmte § 4 die positive Verpflichtung zur Verwahrung und pfleglichen Behandlung der beschlagnahmten Gegenstände.

Inhalt und Wirkung der Beschlagnahme bestanden demnach also nicht in einem Eigentumserwerb zugunsten des Staates, sondern „nur" in einer Verfügungsbeschränkung des Berechtigten bei gleichzeitiger Regelung der zugelassenen Verwendungsmöglichkeiten. Mit diesem System konnte die Verwendung der Rohstoffe für Kriegszwecke sichergestellt werden, ohne daß eine tatsächliche Beziehung des Staates zur Sache bestehen mußte. Beschlagnahmt wurden alle „Gegenstände des Kriegsbedarfs" sowie „Gegenstände, die bei der Herstellung oder dem Betriebe von Kriegsbedarfsartikeln zur Verwendung gelangen konnten".

Von der zunächst üblichen Beschlagnahme bei einzelnen Firmen ging man ab Ende 1914 zu allgemeinen Verfügungen für einzelne Rohstoffarten und ganze Rohstoffgruppen über[75]. Als Form reichte die öffentliche Bekanntmachung aus. Als hoheitliches Eingriffsmittel wurde die Beschlagnahme stets von den staatlichen Stellen (in der Regel dem Reichskanzler oder den Militärbefehlshabern) ausgesprochen. Begünstigte Stellen waren dagegen jeweils die privatrechtlichen Kriegsgesellschaften, denen sodann die weitere kaufmännisch-technische Bewirtschaftung nach Maßgabe der staatlichen Anordnungen oblag.

Neben dieser „klassischen Beschlagnahme" von Rohstoffen bedienten sich die staatlichen Stellen weiterer Formen, bei denen auf Umwegen praktisch die gleiche Wirkung wie bei einer Beschlagnahme erreicht werden konnte[76]. Dazu zählten Absatzmonopole von Kriegsorganisationen, Kontrahierungs- und Lieferungszwänge zugunsten von Kriegsorganisationen und Aufforderungen zur käuf-

---

[73] Rathenau, Rohstoffversorgung, S. 21. Lehmann hingegen widerspricht Rathenau in der Behauptung, es handele sich um eine Neuschöpfung. Vielmehr sei die Beschlagnahme „bereits derart in öffentlichen Druckschriften beschrieben und im Inland so offenkundig benutzt, daß ihre Verwendung für die besonderen Kriegszwecke ohne weiteres möglich war. (...) Was also Rathenau dem Begriff der Kriegsbeschlagnahme als neu nachrühmt, ist alt, uralt, gehört zum eisernen Bestand des juristischen Begriffsarsenals. " (Lehmann, Die Kriegsbeschlagnahme, S. 4).

[74] RGBl. 1915, S. 357. Dazu näheres unter B.III.3.

[75] Zusammenstellung bei Heymann, Rechtsformen, S. 78f.

[76] Dazu Lehmann, Die Kriegsbeschlagnahme, S. 17-23.

lichen Überlassung aufgrund des Höchstpreisgesetzes. Jeweils wurde der Berechtigte durch die Maßnahme faktisch in seiner freien Verfügungsgewalt beschränkt und der Rohstoff endgültig der Kriegswirtschaft zugeführt.

3. Die Enteignung

Neben der Beschlagnahme sah die Bundesratsverordnung über die Sicherstellung von Kriegsbedarf vom 24. Juni 1915 die Rohstoffeinziehung in Form der Enteignung vor (§ 1)[77]. Sie erfolgte durch „Übertragung des Eigentums an Gegenständen des Kriegsbedarfs und an Gegenständen, die bei der Herstellung oder dem Betriebe von Kriegsbedarfsartikeln zur Verwendung gelangen können auf eine in der Anordnung zu bezeichnende Person." Die Anordnungen gingen vom Kriegsministerium oder dem Reichsmarineamt oder den von ihnen bezeichneten Behörden (insbesondere den Militärbefehlshaber) aus. Die unmittelbare Eigentumsübertragung erfolgte wieder zugunsten von Kriegsgesellschaften oder anderen Kriegsorganisationen. Ein Zwischenerwerb durch den Staat fand nicht statt.

Wie die Beschlagnahme so konnte die Enteignung durch Einzelanordnung oder durch öffentliche Bekanntmachung erfolgen; an besondere Voraussetzungen war sie nicht gebunden. Der Vorteil der Enteignung im Verhältnis zur Beschlagnahme bestand vor allem darin, daß eine mißbräuchliche Verwendung der Rohstoffe durch die Besitzer weitgehend vermieden werden konnte. Andererseits stieg der Verwaltungsaufwand für die staatlichen Stellen bzw. die Kriegsgesellschaften erheblich an, da sie nun die Rohstoffe von den Besitzern übernehmen und selbst lagern mußten und damit auch für deren Erhalt zuständig waren.

4. Die Höchstpreispolitik

Besondere Bedeutung erlangte im Ernährungsbereich die von der eigentlichen Zwangswirtschaft mittels Enteignungen und Beschlagnahmungen zu unterscheidende Höchstpreispolitik[78]. Zwar griff man auch im Rohstoffbereich vereinzelt

---

[77] Dazu insbesondere Waldecker, Die Kriegsenteignung aufgrund der Bundesratsverordnung vom 24.06.1915. Die Einziehung des Eigentums konnte außer aufgrund der Sicherstellungsbekanntmachung auch noch aufgrund einer Reihe anderer Bestimmungen erfolgen. So wurden etwa Requisitionen aufgrund des Kriegsleistungsgesetzes, Enteignungen unter Berufung auf das Belagerungszustandsgesetz und Anordnungen gestützt auf das Höchstpreisgesetz oder auf die Bekanntmachung gegen übermäßige Preissteigerungen durchgeführt (Heymann, Rechtsformen, S. 96f.) Näheres zu den einzelnen Rechtsgrundlagen unter B. III. 3.

[78] Dazu insbesondere Skalweit, Kriegsernährungswirtschaft, S. 115-146. Einzelheiten zur Höchstpreispolitik während des Krieges bei Le Coutre, Die Grundgedanken der deutschen Preispolitik im Weltkriege 1914-18, bei Thieß, Höchstpreispolitik, und bei Stern, Der Höchstpreis. Mit der staatlichen Preispolitik in der Rüstungswirtschaft unter den Aspekten Preissteigerung, Höchstpreise (Preisbegrenzung) und Gewinnbegrenzung befaßt sich auch Roth, Kriegsgesellschaften, S. 275ff. Die Darstellung von einzelnen Höchstpreisen erfolgt

auf dieses Instrument zurück[79], doch vorwiegend nur deshalb, weil bis zum Inkrafttreten der Sicherstellungsbekanntmachung für Kriegsbedarf am 24. Juni 1915 ein vorläufiger Ersatz für das bis dahin fehlende Mobiliarenteignungsgesetz gesucht und in § 2 des Höchstpreisgesetzes gefunden wurde[80].

Hinsichtlich der Volksernährung befand man sich dagegen in einer vollkommen anderen Ausgangssituation: „Die Läger waren voll. Die in den Mobilmachungstagen auftretenden Störungen waren nicht auf einen tatsächlich vorhandenen Warenmangel zurückzuführen gewesen, sondern auf den sich stoßweise äußernden Andrang der Konsumenten und auf Verkehrsstockungen infolge der Beanspruchung der Eisenbahnen durch die Heeresverwaltung. (...) Die ersten Höchstpreise standen somit nicht im Gegensatz zu der natürlichen Preisbildung, sondern waren eher geeignet, diese zu stützen."[81]

Motiv für die Höchstpreispolitik auf dem Ernährungssektor war also gerade nicht die Vorbereitung von Mobiliarenteignungen (und damit die Ausschaltung des freien Warenverkehrs) aufgrund einer absoluten Versorgungsnotlage wie im Rohstoffbereich, sondern vielmehr die Stärkung der Verteilungs- und Ausgleichsfunktion des freien Marktes. Mit zunehmender Warenknappheit bildeten sich jedoch bald überall Schwarzmärkte, auf denen faktisch die staatlichen Höchstpreise unterlaufen wurden und die die noch verfügbaren Nahrungsmittel vom offiziellen Markt verdrängten. Um eine gleichmäßige und bezahlbare Grundversorgung der Bevölkerung sicherstellen zu können, mußte daher der Staat auch den Ernährungsbereich unter einheitliche staatliche Planung und Kontrolle stellen und die freie Verfügbarkeit über die Nahrungsmittel einschränken. In Ergänzung zur Höchstpreispolitik erfolgten nun auch hier Beschlagnahmungen und Enteignungen.

Eingeleitet wurde die gesamte Höchstpreispolitik mit dem Gesetz betreffend Höchstpreise vom 04. August 1914[82]. Danach waren die Landeszentralbehörden und die von diesen delegierten Stellen befugt, Höchstpreise festzusetzen. In sachlicher Hinsicht war die Befugnis auf die Gegenstände des täglichen Bedarfs beschränkt. Am 28. Oktober 1914 wurde das Höchstpreisgesetz durch die Be-

---

dagegen erst im 2. Abschnitt im Zusammenhang mit der Geschäftstätigkeit der näher untersuchten Kriegsgesellschaften.

[79] Vgl. etwa die sehr früh erfolgte Höchstpreisbestimmung des Bundesrates für Nichteisenmetalle (Bekanntmachung des Bundesrates vom 10. Dezember 1914 (RGBl. 1914 S. 501), die Höchstpreise für Kupfer, altes Messing, alte Bronze, Rotguß, Aluminium, Nickel, Antimon und Zinn festlegte).

[80] „Weigert sich trotz Aufforderung der zuständigen Behörde ein Besitzer der in § 1 genannten Gegenstände, sie zu den festgesetzten Höchstpreisen zu verkaufen, so kann die zuständige Behörde sie übernehmen und auf Rechnung und Kosten des Besitzers zu den festgesetzten Höchstpreisen verkaufen, soweit sie nicht für dessen eigenen Bedarf nötig sind."

[81] Skalweit, Kriegsernährungswirtschaft, S. 117f.

[82] RGBl. 1914, S. 339.

kanntmachung über Höchstpreise[83] dahingehend geändert, daß an Stelle der Landeszentralbehörden der Bundesrat das Recht zur Festsetzung von Höchstpreisen erhielt, während den Landeszentralbehörden eine subsidiäre Befugnis erhalten blieb. Wenige Wochen später erfolgte eine abermalige Abänderung durch die Verordnung vom 17. Dezember 1914[84] wodurch die Preisfestsetzungsbefugnis auch auf „andere Gegenstände als solche des täglichen Bedarfs" (§ 1 II), mithin die Rohstoffe für die Rüstungswirtschaft, ausgedehnt und Einzelheiten des Verfahrens und Zuständigkeitsfragen geregelt wurden. Weitere Bundesratsverordnungen auf dem Gebiet der Höchstpreispolitik waren die Bekanntmachung gegen übermäßige Preissteigerung vom 23. Juli 1915[85], die Bekanntmachung über die Errichtung von Preisprüfungsstellen und die Versorgungsregelung vom 25. September 1915[86], die Bekanntmachung betreffend Einwirkung von Höchstpreisen auf laufende Verträge vom 11. November 1915[87], die Bekanntmachung über Kriegsmaßnahmen zur Sicherung der Volksernährung vom 21. Mai 1916[88] und die Verordnungen gegen Preistreiberei vom 08. Mai 1918[89] sowie über Sondergerichte gegen Schleichhandel und Preistreiberei (Wuchergerichte) vom 27. November 1919[90].

III. Die Rechtsgrundlagen[91]

Zur Umsetzung der Bewirtschaftungsmaßnahmen benötigten die staatlichen Stellen eine entsprechende Kriegswirtschaftsgesetzgebung. Wie bei der ökonomischen Kriegsbereitschaft fehlten jedoch auch hier konsequente Vorarbeiten zu Friedenszeiten. „Der Krieg (war) juristisch vollkommen unzulänglich vorbereitet (...)."[92] „Die kriegswirtschaftliche Gesetzgebung stand (...) auf der Stufe frideri-

---

[83] RGBl. 1914, S. 458.
[84] RGBl. 1914, S. 513 und 516 (Neufassung). Es folgten Änderungen und Ergänzungen vom 21. Januar 1915 (RGBl. 1915, S. 25), vom 23. September 1915 (RGBl. 1915, S. 603), vom 23. März 1916 (RGBl. 1916, S. 183), vom 22. März 1917 (RGBl. 1917, S. 253) und vom 17. Januar 1920 (RGBl. 1920, S. 94).
[85] RGBl. 1915, S. 467. Spätere Berichtigung und Ergänzung vom 22. August 1915 (RGBl. 1915, S. 514) und vom 23. März 1916 (RGBl. 1916, S. 183).
[86] RGBl. 1915, S. 607.
[87] RGBl. 1915, S. 758.
[88] RGBl. 1916, S. 401.
[89] RGBl. 1918, S. 395.
[90] RGBl. 1919, S. 1909.
[91] Dazu Heymann, Rechtsformen, S. 38-73; Goebel, Rohstoffwirtschaft, S. 97-120; Kahn, Rechtsbegriffe, S. 13ff. Zum Abbau der kriegswirtschaftlichen Bestimmungen vgl. Roth, Kriegsgesellschaften, S. 403ff.
[92] Heymann, Rechtsformen, S. 39.

zianischer Wirtschaft."[93] Infolgedessen war man gezwungen, die erste Zeit mit den noch aus der Mitte des letzten Jahrhunderts stammenden Gesetzen zu arbeiten und schuf erst im weiteren Kriegsverlauf ein auf die aktuellen Bedürfnisse zugeschnittenes gesetzliches Regelwerk.

1. Die Rechtsnormen bei Kriegsbeginn: Das Preußische Belagerungszustandsgesetz und das Reichsgesetz über Kriegsleistungen

Bei Kriegsbeginn standen für die ersten Eingriffe im Inland ausschließlich das preußische Gesetz über den Belagerungszustand (BZG) vom 04. Juni 1851[94] und das Reichsgesetz über die Kriegsleistungen (KLG) vom 13. Juni 1873[95] zur Verfügung. Letzteres war allein auf die Bedürfnisse der marschierenden Truppe zugeschnitten. Diese Gesetze gaben den Militärbefehlshabern das Recht, gewisse Leistungen mittelbar, d.h. unter Einschaltung der Gemeinden, von den Einwohnern zu fordern (§ 3 KLG) und im Interesse der öffentlichen Sicherheit Verbote bzw. Anordnungen zu erlassen (§ 9b BZG). Von diesen Möglichkeiten machten die Militärbefehlshaber außerordentlichen Gebrauch[96]. Auch die ersten Beschlagnahmen im Rahmen des Bewirtschaftungskonzeptes faßte man konstruktiv als Verwendungsverbote im Interesse der öffentlichen Sicherheit auf.

Der Nachteil dieser Rechtsgrundlagen bestand zum einen darin, daß die erforderlichen Maßnahmen nur bei einer sehr weiten, an die Grenzen des Gesetzeswortlauts gehenden Interpretation auf sie gestützt werden konnten[97]. Zum an-

[93] Rathenau, Rohstoffversorgung, S. 14.

[94] Ergänzung des Gesetzes am 11.12.1915 (RGBl. 1915, S. 813). Das BZG galt in ganz Deutschland mit Ausnahme von Bayern. Dort ergingen entsprechende Maßnahmen aufgrund des bayerischen Gesetzes über den Kriegszustand vom 05.11.1912.

[95] RGBl. 1873, S. 129. Inhaltlich stellte das KLG eine Weiterentwicklung des preußischen Kriegsleistungsgesetzes vom 11.05.1851 dar.

[96] So regelten sie u.a. das Dienstbotenwesen, die Feldbestellung, den Arbeitsnachweis, die Milchwirtschaft, die Bierversorgung, den Pferdehandel, den Eierhandel, den Verkehr mit Waffen und Uniformen, mit Fahrrädern und mit alkoholischen Getränken. Vgl. im einzelnen Kahn, Rechtsbegriffe, S. 19f. (Fn 34-43).

[97] „Was das Kriegsleistungsgesetz uns freistellte, war, wenn man es seines theoretischen Ausdrucks entkleidet, ungefähr soviel, wie wenn ich sage: Kommt ein Rittmeister in ein Dorf, so kann er sich vom Ortsvorsteher Hafer geben lassen, und macht ihm der Ortsvorsteher Schwierigkeiten durch Säumigkeit, so darf er in gewissen Ausnahmefällen sich den Hafer selbst nehmen. Das war ungefähr der Inbegriff der Gesetzgebung, wie wir sie fanden." (Rathenau, Rohstoffversorgung, S. 14). „Die Beschaffung von Rohstoffen im großen Stil für die Herstellung des Kriegsbedarfs hatte bei Abfassung des Gesetzes (gemeint war das KLG) nicht vor Augen gestanden. (...) Unter diesen Umständen konnte auch das BZG keineswegs als geeignete Unterlage für die militärische Kriegswirtschaft auf die Dauer dienen." (Heymann, Rechtsformen, S. 43, 49) Daß diese Rechtsnormen dennoch fast zwölf Monate lang die rechtlichen Grundlagen sämtlicher Kriegswirtschaftsmaßnahmen darstellten, er-

deren war das Preußische Kriegsministerium gezwungen, jeweils die verschiedenen selbständigen Militärbefehlshaber zu ersuchen, die Beschlagnahme bzw. Enteignung auszusprechen und dann über die Gemeinden umzusetzen. Unterschiedliches praktisches Vorgehen, Rechtsunklarheiten und ein zu umständliches Verfahren waren die Folge. Auch fehlten Einspruchsmöglichkeiten und Entschädigungsregelungen zugunsten der betroffenen Rohstoffinhaber.

2. Das Ermächtigungsgesetz des Bundesrates vom 04. August 1914

Aufgrund der Unzulänglichkeiten der bestehenden Rechtsnormen erließ der Bundesrat eine Vielzahl von Gesetzen und Verordnungen[98]. Seine Befugnis dazu leitete er aus dem Ermächtigungsgesetz vom 04. August 1914[99] ab. „Im letzten Augenblick“[100] fügte man dem Gesetz über die Verlängerung der Wechsel- und Scheckfristen die Bestimmung des § 3 ein, in der „der Bundesrat (...) ermächtigt (wird), während der Zeit des Krieges diejenigen gesetzlichen Maßnahmen anzuordnen, welche sich zur Abhilfe wirtschaftlicher Schädigungen als notwendig erweisen. Diese Maßnahmen sind dem Reichstage bei seinem Zusammentritt zur Kenntnis zu bringen und auf sein Verlangen aufzuheben.“ Nach nur kurzer Aussprache wurde das Gesetz zusammen mit anderen Gesetzesvorlagen einstimmig verabschiedet. Trotz des parlamentarischen Kontrollrechts in Abs. 2 und des Fortbestehens des ordentlichen Gesetzgebungsverfahrens für alle außerwirtschaftlichen Gesetze führte dieses Notverordnungsrecht faktisch zu der gewollten Stärkung des Bundesrates. Der Krone wie dem Parlament war demgegenüber ei-

---

scheint unter Rechtsstaatsgesichtspunkten nachträglich kaum vorstellbar und kann nur mit der Ausnahmesituation des Krieges erklärt werden.

98 Insgesamt ergingen 825 (!) Bundesratsverordnungen zwischen dem 06.08.1914 und dem 07.11.1918 auf dem Gebiet des Bewirtschaftungsrechts, des Währungs- und Finanzrechts, des Zivilrechts, des Arbeits- und Sozialrechts sowie des gerichtlichen Verfahrensrechts (Huber, Dt. Verfassungsgeschichte, S. 69ff.). Roth, Kriegsgesellschaften, S. 35, zählt sogar 2.050 erlassene Gesetze und Verordnungen der Legislative im Krieg, von den mehr als 1.600 und damit fast 80% auf dem Ermächtigungsgesetz basierten. Von diesen beschäftigten sich wiederum über 70% mit Rohstoffen und Lebensmitteln. Dazu auch Arndt, Kriegsverordnungen.

99 Gesetz über die Ermächtigung des Bundesrats zu wirtschaftlichen Maßnahmen im Falle kriegerischer Ereignisse (RGBl. 1914, S. 327). Später ergänzt durch die Bekanntmachung über die Verfolgung von Zuwiderhandlungen gegen Vorschriften über wirtschaftliche Maßnahmen vom 18.01.1917 (RGBl. 1917, S. 58). Eine nähere Darstellung über das Ermächtigungsgesetz vom 04.08.1914 findet sich bei Frehse, Ermächtigungsgesetzgebung, S. 5-36, und bei Huber, Dt. Verfassungsgeschichte, S. 62ff.

100 Heymann, Rechtsformen, S. 50. Trotz einer scheinbar spontanen Anregung seitens des Abg. Gothein handelte es sich tatsächlich um eine geplante Ermächtigung des Bundesrates mit dem Ziel der Einführung eines vereinfachten Rechtsetzungsverfahrens für die Kriegsdauer. Hintergrund dafür war das Fehlen eines exekutivischen Notverordnungsrechts in der Reichsverfassung, dazu Huber, Dt. Verfassungsgeschichte, S. 33ff., 62ff.

ne Mitwirkung beim Zustandekommen der kriegswirtschaftlichen Rechtssätze nunmehr versagt.

3. Die Bundesratsverordnung über die Sicherstellung von Kriegsbedarf, die Preisgestaltung und die Auskunftspflicht

Bedeutung für die Kriegswirtschaft erlangten vor allem die aufgrund des Ermächtigungsgesetzes erlassene Bundesratsverordnung vom 24. Juni 1915 über die Sicherstellung von Kriegsbedarf[101], die Bundesratsverordnungen bezüglich der Preisgestaltung und schließlich die Bekanntmachungen über die Vorratserhebungen vom 24. August 1914[102] und vom 02. Februar 1915[103], erweitert und neu formuliert am 12. Juli 1917[104] als Bekanntmachung über die Auskunftspflicht.

Durch die Verordnung vom 24. August 1914 über die Vorratserhebungen wurde zum ersten Mal für die Landeszentralbehörden die Möglichkeit geschaffen, Unternehmer, Händler und öffentlich-rechtliche Körperschaften zur Auskunft heranzuziehen. Zunächst beschränkte sich diese Regelung nur auf Lebensmittel. Bereits am 15. Oktober 1914 wurde sie aber ganz generell auf Kriegsbedarf jeglicher Art ausgedehnt. Allerdings war es erforderlich, jeden Besitzer von Vorräten einzeln anzusprechen, so daß sich die exakte Erfassung sämtlicher vorhandener Rohstoffbestände als äußerst kompliziert und zeitaufwendig darstellte.

Zur Abwendung dieser Mißstände erließ der Bundesrat im Februar 1915 eine neue Verordnung. Inhaltlich regelte diese (idF vom Juli 1917 als Bekanntmachung über die Auskunftspflicht) zum einen den Fortfall der speziellen Nachfrage, so daß nun auch im Wege öffentlicher Bekanntmachungen die Informationen eingefordert werden konnten. Zum anderen dehnte die Verordnung die Auskunftspflicht auf alle wirtschaftlichen Verhältnisse der Betriebe aus, verschärfte das behördliche Durchsuchungsrecht, schuf die Möglichkeit der Anordnung einer Lagerbuchführung und regelte deren Kontrolle sowie die Festlegung von Strafen bei Zuwiderhandlungen. Die Bekanntmachung über die Auskunftspflicht wurde die rechtliche Grundlage für die von der Verwaltung (insbesondere der Kriegsrohstoffabteilung) in der Folgezeit vorgenommene Erfassung der Rohstoffbestände und schuf damit die Voraussetzungen für ein umfassendes Informations- und Kontrollsystem durch die Behörden.

Weitreichende Bedeutung für das Bewirtschaftungsverfahren kam darüber hinaus der Bundesratsverordnung über die Sicherstellung von Kriegsbedarf vom 24. Juni 1915 zu. Durch sie wurden die bestehenden rechtlichen und praktischen Unzulänglichkeiten des Belagerungszustandsgesetzes und des Kriegsleistungsge-

---

[101] RGBl 1915, S. 357 (mit späteren Änderungen vom 26. April 1917 (RGBl 1917, S. 375) und 17. Januar 1918 (RGBl 1918, S. 37)).
[102] RGBl 1914, S. 382.
[103] RGBl 1915, S. 54.
[104] RGBl. 1917, S. 604.

setzes im Hinblick auf die staatlichen Zwangsmittel korrigiert[105]. Inhaltlich regelte sie ein vereinfachtes Verfahren für Enteignungen, Beschlagnahmen und Übertragungen unmittelbar durch die Kriegsministerien, das Reichsmarineamt oder von ihnen bezeichnete Behörden. Einzelverfügungen wie allgemeine Bekanntmachungen wurden gleichermaßen zugelassen. Damit waren zum einen endlich eine verläßliche Rechtsgrundlage für die Eingriffsmaßnahmen vorhanden und zum anderen der komplizierte Umweg über die selbständigen Militärbefehlshaber beseitigt. Im Falle einer Beschlagnahme oder Enteignung bestand nun zudem die Möglichkeit, ein Schiedsgericht anzurufen, um den Übernahmepreis endgültig klären zu lassen[106]. Beschwerdemöglichkeiten der Unternehmen gegen die Anordnungen an sich waren dagegen nicht vorgesehen. Die Bundesratsverordnung über die Sicherstellung von Kriegsbedarf wurde damit *die* Grundlage der militärischen Kriegswirtschaft. Zwangsmaßnahmen in den besetzten Gebieten hingegen basierten auf der Haager Landkriegsordnung vom 29. Juli 1899 und 18. Oktober 1907, die, wenn auch nicht von allen kriegführenden Staaten unterzeichnet, doch von deutscher Seite gewahrt wurde.

Mit den verschiedenen Bundesratsverordnungen bezüglich der Preisgestaltung versuchte der Staat zum Schutze der Konsumenten, dem infolge der schlechten Versorgungslage aufkommenden Preiswucher entgegenzuwirken. Hierzu bestand insbesondere auf dem Gebiet der Lebensmittel erheblicher Anlaß, wenn der Staat nicht die Unterversorgung und Verarmung der unteren und städtischen Bevölkerungsschichten in Kauf nehmen wollte[107]. Rechtlich basierten die einzelnen Bundesratsverordnungen auf der Höchstpreisgesetzgebung vom 04. August 1914[108].

IV. Zusammenfassung

Infolge des unzureichenden Standes der Kriegsvorbereitungen und der wirtschaftlichen Notsituation aufgrund der Blockade war das Deutsche Reich gezwungen, ein einheitliches Bewirtschaftungsverfahren für Rohstoffe und Nahrungsmittel zu entwickeln. Grundlage dieses Systems wurde ein an den Beständen und dem voraussichtlichen Bedarf orientierter Wirtschaftsplan. Die eigentliche Stütze dieser Planwirtschaft wurde die zwangsweise Bewirtschaftung der in-

---

[105] Dazu bereits oben.

[106] Sog. Reichsschiedsgericht für Kriegsbedarf (RSchG), Anordnung des Bundesrats vom 22. Juli 1915, RGBl. 1915, S. 469. Dazu näheres bei Dhein, Das Verfahren vor dem Reichsschiedsgericht.

[107] Zu den wenigen die Rohstoffe betreffenden Regelungen vgl. Roth, Kriegsgesellschaften, S. 37f.

[108] RGBl. 1914, S. 339. Das Höchstpreisgesetz selbst war keine Verordnung des Bundesrats aufgrund des Ermächtigungsgesetzes, sondern eines der siebzehn Kriegsgesetze vom 04.08.1914. Einzelheiten zur Höchstpreispolitik bereits oben B. II.4.

ländischen Vorräte. Dabei bedienten sich die staatlichen Stellen der Instrumente der Beschlagnahme und der Enteignung zugunsten privatrechtlicher Kriegswirtschaftsorganisationen als Eingriffsmittel und sicherte sich so die ausschließliche Verwendung der verfügbaren Materialien im Interesse der Kriegswirtschaft. Begleitet wurden diese Maßnahmen von staatlich festgesetzten Höchstpreisen, namentlich in der Ernährungswirtschaft. Zunehmende Rohstoff- und Warenverknappung zwangen darüber hinaus zur Förderung der Rohstoffimporte bzw. Ausplünderung der besetzten Gebiete, der Steigerung der inländischen Produktion durch den Bau von staatlich unterstützten Großbetrieben, der Innovation neuer Erzeugungsmethoden und dem Ausweichen auf Ersatzstoffe sowie Streckungsmaßnahmen[109].

Rechtlich wurden diese Bewirtschaftungsmaßnahmen erst im Laufe der Zeit auf sichere Grundlage gestellt, nachdem man sich die erste Zeit noch mit den aus der Mitte des letzten Jahrhunderts stammenden Regelungen (BZG, KLG) beholfen hatte.

Der Übergang von der freien Marktwirtschaft zur öffentlich gelenkten Planwirtschaft erforderte darüber hinaus den Aufbau neuer Verwaltungsstrukturen. Auch in dieser Hinsicht fehlten gedankliche und organisatorische Vorarbeiten. Dennoch wurde gerade auf dem Gebiet der Rüstungswirtschaft mit der Errichtung der Kriegsrohstoffabteilung des Preußischen Kriegsministeriums am 13. August 1914 bereits sehr früh die Grundlage für die späteren Strukturen gelegt. Es folgten zahlreiche Verwaltungsstellen für die einzelnen Rohstoffe sowie angeschlossene spezielle Melde-, Mobilmachungs- und Zuweisungsstellen und schließlich am 01. November 1916 aus Konzentrationserwägungen das Kriegsamt nach dem Vorbilde des englischen Munitionsministeriums. In der Ernährungswirtschaft hingegen, wo die Not zu Beginn des Krieges noch nicht so stark war, kam es zunächst nur zur Errichtung vereinzelter Organisationen zumeist als Reaktion auf eine akute Versorgungsnotlage. Erst, als auch auf diesem Gebiet die zwangsweise Bewirtschaftung auf immer mehr Nahrungs- und Futtermittel ausgedehnt werden mußte, schuf man sich mit dem Preußischen Staatskommissar für Volksernährung und vor allem mit dem Kriegsernährungsamt die für einen planmäßigen Ausbau der Verwaltung und für eine Vereinheitlichung des Bewirtschaftungsverfahrens erforderlichen Zentralinstanzen.

---

[109] Einzelheiten dazu im 2. Abschnitt im Rahmen der Darstellungen über die Geschäftstätigkeit der Kriegsgesellschaften.

C. Die Stellung und Funktion der Kriegsgesellschaften in der Kriegswirtschaft

Während eines Vortrages am 20. Dezember 1915 in der „Deutschen Gesellschaft 1914" über die Organisation der Rohstoffversorgung beschrieb Rathenau die Stellung und Funktion der Kriegsgesellschaften in der Kriegswirtschaft folgendermaßen:

„Der Heeres- und Marineverwaltung mußte die volle Freiheit gewahrt werden, ihre Aufträge dahin zu geben, wo sie wollten; wir konnten keiner Behörde sagen: wir schreiben euch vor, wo ihr eure Bestellung zu machen habt. Auf der anderen Seite mußte derjenige, der nun der Beauftragte der Behörde geworden war, das Material bekommen, das er brauchte. Es mußten Organismen geschaffen werden zum Aufsaugen, Aufspeichern und zum Verteilen dieses Warenstromes, (...). Da mußte abermals ein neuer Begriff entstehen, der Begriff der Kriegswirtschaftsgesellschaften. (...) Auf der einen Seite war ein entschiedener Schritt zum Staatssozialismus geschehen; der Güterverkehr gehorchte nicht mehr dem freien Spiel der Kräfte, sondern war zwangsläufig geworden. Auf der anderen Seite wurde eine Selbstverwaltung der Industrie, und zwar in größtem Umfang durch die neuen Organisationen angestrebt; (...). (...), in den Behördenrahmen war diese Aufgabe (gemeint waren damit Rohstofferwerb und -veräußerung, Finanzierungen, Korrespondenz, Buchführung etc., M.R.) nicht mehr hineinzupressen, sie mußten den wirtschaftlichen Berufskräften und der Selbstverwaltung überlassen werden."[110]

I. Begriffsbestimmung und Abgrenzungen

Der Begriff der „Kriegsgesellschaften" oder „Kriegswirtschaftsgesellschaften" ist juristisch ungenau und zu eng formuliert[111]. Schon für Rathenau standen bei seiner begrifflichen Neuschöpfung nicht die juristischen Rechtsformen im Vordergrund, sondern vielmehr die Notwendigkeit, die wirtschaftlich erfahrenen Berufskräfte zur Unterstützung der Verwaltung heranzuziehen. Nach Möglichkeit

---

[110] Rathenau, Rohstoffversorgung, S. 24f.

[111] So ausdrücklich auch Heymann, Rechtsgrundlagen der Kriegswirtschaft, und Heymann, Rechtsformen, S. 132ff. Allgemein zur Begriffsbestimmung Bruck, Kriegsunternehmung, S. 547ff.; Diekmann, Behördenorganisation, S. 42ff.; Dix, Wirtschaftliche Kriegsorganisationen, S. 282ff.; Geiler, Gesellschaftliche Organisationsformen, S. 36ff.; Hesse, Freie Wirtschaft und Zwangswirtschaft im Kriege; Heymann, Rechtsgrundlagen der Kriegswirtschaft; Heymann, Rechtsformen, S. 132ff.; Kahn, Rechtsbegriffe, S. 46ff.; Krasny, Die gemischt-öffentliche Unternehmung; Nußbaum, Das neue deutsche Wirtschaftsrecht, S. 32ff.; Prenzel, Der Aufsichtsrat bei gemischt-wirtschaftlichen Unternehmungen, S. 55ff.; Wiedenfeld, Die Kriegsrohstoffgesellschaften.

sollten dazu die Unternehmen der Privatwirtschaft die ihnen zugewiesenen Aufgaben in Selbstverantwortung und Selbstverwaltung wahrnehmen und so die staatlichen Stellen entlasten. Die Kriegsgesellschaften waren demnach nur die Bezeichnung für die unterschiedlich konstruierten Hilfsorganisationen, deren sich die Verwaltung zur Unterstützung bei der Bewältigung der zahlreichen kriegsbedingten, insbesondere kaufmännischen Aufgaben bediente oder kurz ausgedrückt die Geschäfts- und Beratungsabteilungen der Kriegswirtschaftsverwaltung.

Dieser funktionale Ansatz in Ergänzung zu einer rein formal-juristischen Begriffsbestimmung deckt sich zudem mit § 1 I des „Gesetzes über die Abwicklung von Kriegsgesellschaften und Kriegsorganisationen" vom 15. Juli 1921[112], wonach „Kriegsgesellschaften im Sinne dieses Gesetzes (...) Gesellschaften oder Organisationen (sind), die während des Krieges oder der Übergangswirtschaft zur Durchführung von Aufgaben der Bewirtschaftung, des Transports oder der Versicherung im Auftrag oder unter Mitwirkung des Reichs errichtet worden sind." Wie offen diese Definition der Hilfsorganisationen dennoch war, zeigt etwa der Abs. 2, wonach die Entscheidung, ob eine Gesellschaft oder Organisation als Kriegsgesellschaft anzuerkennen ist, allein der Reichsregierung oblag[113]. Es empfiehlt sich daher, zur weiteren Konkretisierung zunächst „negativ" an die Begriffsbestimmung heranzugehen und unstreitig nicht erfaßte Kriegswirtschaftsorganisationen im weitesten Sinne auszuschließen. Abzugrenzen sind die Kriegsgesellschaften dabei gegenüber den eigentlichen staatlichen Verwaltungsstellen, den Zwangssyndikaten bzw. -Kartellen und den bereits existierenden industriellen Selbstverwaltungskörpern.

Die Verwaltungsstellen der Rüstungs- und Ernährungswirtschaft[114] unterschieden sich von den Kriegsgesellschaften rechtlich durch ihren öffentlich-rechtlichen Charakter, strukturell durch ihre Eingliederung in die Verwaltungshierarchie und funktional durch die Ausübung der staatlichen Zwangsgewalt. Allerdings lassen sich hier auch eine Vielzahl atypischer Fälle feststellen. So unterstanden beispielsweise dem Reichswirtschaftsamt zahlreiche „Geschäftsstellen",

---

[112] RGBl. 1921, S. 942.

[113] In den Aktenbeständen der Kriegsgesellschaften und des Reichswirtschaftsamts finden sich infolgedessen zahlreiche Anfragen von Organisationen aus dem Grenzbereich dieser funktionalen Begriffsbestimmung über ihre endgültige Einordnung. Eindeutige und verallgemeinerungsfähige Antworten seitens der Ministerien fehlen dagegen.

[114] Gemeint sind damit die den Reichsämtern unterstellten Reichsbehörden, Reichskommissariate, Kriegswirtschaftsämter und -stellen, Kriegsamtsstellen und Kriegsamtsnebenstellen, fachliche Melde-, Mobilmachungs-, Zuweisungs- und Ausgleichsstellen etc. (vgl. im einzelnen das amtliche Verzeichnis der Kriegsorganisationen nach dem Stande vom 01. Februar 1918). Näher zur Rechtsnatur, der Organisation und den Aufgaben der Wirtschaftsstellen Kahn, Rechtsbegriffe, S. 22ff.

die typische Bewirtschaftungs- und Verteilungsaufgaben der Kriegsgesellschaften wahrnahmen[115].

Bei den Zwangssyndikaten und -Kartellen handelte es sich demgegenüber um wirtschaftliche Zwangsvereinigungen, d.h. zwangsweise Zusammenschlüsse der Gesamtheit aller Einzelunternehmen einer Industriesparte zwecks gemeinsamer Durchführung der ihnen eigentümlichen Wirtschaftsaufgaben[116]. Die bedeutendsten Zwangssyndizierungen erfolgten in der Kaliindustrie[117] und im Bereich der Kohlenversorgung[118]. Allmählich wurden auch die Zement-, Aluminium-, Schuh-, Seifen-, Graphit- und die Brauereiindustrie zwangsweise zusammengeschlossen[119]. Die Rechtsgrundlage für die Bildung von Zwangssyndikaten bildete das Ermächtigungsgesetz vom 04. August 1914 sowie die aufgrund dieses Gesetzes ergangene Bundesratsverordnung über die Errichtung von Preisprüfungsstellen und die Versorgungsregeln vom 25. Dezember 1915. Für die Verwaltung bestand durch die organisatorische Zusammenfassung der Einzelbetriebe der Vorteil des erleichterten Verkehrs und der gesicherten und geordneten Mitwirkung der Unternehmer bei den behördlichen Maßnahmen. Darüber hinaus dienten die Zwangssyndizierungen der staatlichen Preiskontrolle und der gerechten Verteilung knapper Rohstoffe. Als nach außen handelnde Organe des Zwangssyndikats traten regelmäßig sog. Überwachungsausschüsse auf[120].

---

[115] Die Geschäftsstelle für Auslandsforderungen, neun amtliche Verteilungsstellen als Geschäftsstellen des Reichskommissars für Kohlenverteilung u.a.

[116] Zur Begriffsbestimmung Passow, Kartelle, S. 100ff. (105) und Passow, Zwangskartelle (Zwangssyndikate), S. 510ff.

[117] Kaligesetz vom 25.05.1910, RGBl. 1910, S. 775.

[118] Bekanntmachung des Bundesrates vom 12.07.1915, RGBl. 1915, S. 427, wodurch die „freiwillige" Fortführung des Rheinisch-Westfälischen Kohlensyndikats faktisch erzwungen wurde. Zur Kritik an der Bezeichnung einiger Zwangsorganisationen der Kriegswirtschaft als Zwangskartelle (Zwangssyndikate) vgl. Passow, Kartelle, S. 137ff.

[119] Dazu Heymann, Rechtsformen, S. 164-169; Kahn, Rechtsbegriffe, S. 42-46; Geiler, Gesellschaftliche Organisationsformen, S. 33ff.; Flechtheim, Zwangssyndikatsgesetz; Hirschfeld, Zwangssyndikat. Neben den Still- und Zusammenlegungsmaßnahmen wurden die zwangsweisen Syndizierungen der Industrie die entscheidenden Mittel zur Beherrschung der Einzelunternehmungen (Heymann, Rechtsformen, S. 169-173). Ein allgemeiner Überblick über den Stand der Konzentration in den einzelnen industriellen Branchen findet sich bei Roth, Kriegsgesellschaften, S. 75ff.

[120] So etwa der Überwachungsausschuß bei den elf Herstellungs- und Vertriebsgesellschaften der Schuhindustrie (Bekanntmachung vom 17. März 1917, RGBl. 1917, S. 236), bei den Herstellungs- und Vertriebsgesellschaften in der Seifenindustrie (Bekanntmachung vom 09. Juni 1917, RGBl. 1917, S. 485) und bei den 18 Schuhhandelsgesellschaften (Bekanntmachung vom 26. Juli 1917, RGBl. 1917, S. 666). Ebenso existierten ein Überwachungsausschuß der Lederindustrie, ein Überwachungsausschuß für Fleischeinfuhr, eine Überwachungsstelle der Tafelglasindustrie GmbH und eine Rohstoffverteilungsgesellschaft der Wachstuch-, Ledertuch- und Kunstlederindustrie GmbH. Näheres dazu bei Kahn, Rechtsbegriffe, S. 33-36, und bei Seibt, Organisationswesen, S. 121ff.

Die Kriegswirtschaftsverwaltung bediente sich darüber hinaus noch der Unterstützung verschiedener Wirtschaftsverbände und industrieller Selbstverwaltungskörper, die wie die Kriegsgesellschaften im Einzelfall beratend und geschäftlich tätig wurden. Allerdings handelte es sich bei ihnen im Gegensatz zu den Kriegsgesellschaften regelmäßig um noch aus der Friedenszeit stammende Zentralverbände der einzelnen Wirtschaftsbranchen[121]. Nur dort, wo vergleichbare Vorkriegsorganisationen fehlten, schlossen sich die Unternehmer auf Anregung der staatlichen Stellen erstmalig zu entsprechenden Verbänden zusammen[122]. Die einzelnen Betriebe versprachen sich durch derartige Zusammenfassungen neben den direkten wirtschaftlichen Vorteilen vor allem eine verbesserte Stellung im Verhältnis zur Staatsgewalt und sahen so die Zentralverbände als ihre Interessenvertretungen an. Die wirtschaftlichen Zentralverbände stellten mit anderen Worten nur die Form dar, in der sich die Industrie selbst organisierte bzw. bereits zu Friedenszeiten organisiert hatte und in der sie der Staatsgewalt einheitlich gegenübertrat. Auf diese Weise konnten sie an der Verteilung der für die Fortführung der einzelnen Betriebe notwendigen Rohmaterialien mitwirken und Einfluß auf die Zwangsmaßnahmen ausüben. Die Geschäfts- und vor allem Beratungstätigkeit erfolgte also vorwiegend im eigenen Interesse. Den staatlichen Stellen wurde auf diese Weise der Verkehr mit den einzelnen Unternehmen erleichtert und der Erfolg der Bewirtschaftungsmaßnahmen gewährleistet. In rechtlicher Hinsicht wurden die Zentralverbände überwiegend in der Form des eingetragenen Vereins oder der Genossenschaft mit beschränkter Haftung errichtet[123].

---

[121] Näheres über die Stellung und Funktion der freien Verbände bei Roth, Kriegsgesellschaften, S. 78ff.

[122] Hierzu zählte etwa auch der bedeutende Kriegsausschuß der Deutschen Industrie, der sogleich zu Beginn des Krieges (am 08. August 1914) aus dem Zentralverband deutscher Industrieller und dem Bund der Industriellen freiwillig gebildet worden war. Er sollte in allen wichtigen Fragen, etwa der Arbeitervermittlung, der Rohstoffbeschaffung, dem Lieferungswesen, dem Außenhandel, dem Kreditbedürfnis oder den Rechtsfragen, Unternehmen wie Behörden beratend zur Seite stehen. Näheres dazu bei Bauer, Der Kriegsausschuß der Deutschen Industrie. Ebenso Gutsche, Die Entstehung des Kriegsausschusses der Deutschen Industrie und seine Rolle zu Beginn des Ersten Weltkrieges.

[123] Bedeutende Vertreter auf dem Gebiet der militärischen Rüstungswirtschaft waren der Verband deutscher Jute-Industrieller, der Zentralverein der deutschen Kautschuk-Fabrikanten e.V., der Verband deutscher Leinen-Webereien, der Verband dt. Ledertreibriemenfabrikanten GmbH, der Arbeitsausschuß deutscher Baumwollspinner, der Verband Schlesischer und Sächsischer Leinenspinner e.V., der Verband der Flachsspinner des westlichen Deutschlands e.V., der Verband der deutschen Putzwoll-Fabrikanten e.V., der Putzlappenhersteller e.V., der deutschen Kunstwollfabrikanten Gen.m.b.H., der deutsche Kunstbaumwollfabrikanten e.V., der deutsche Wattefabrikanten e.V., die Vereinigung der deutschen Verbandwatte-Fabrikanten, die Vereinigung des deutschen Wollhandels e.V. etc. Vergleichbare Organisationen gab es auch auf dem Ernährungssektor, so etwa der Margarineverband GmbH (Verband der Margarine und Speisefettwerke).

Im Gegensatz zu den an der Ausarbeitung und Umsetzung der Maßnahmen beteiligten Kriegsgesellschaften waren die in den Zentralverbänden zusammengeschlossenen Betriebe gerade Adressat bzw. Objekt der Staatsgewalt. Die Übergänge zwischen zentralem Wirtschaftsverband als Selbstverwaltungskörper und Interessenvertretung der Industrie mit beratender Funktion und Kriegsgesellschaft als wirtschaftliche Hilfsorganisation und Geschäftsabteilung der Kriegswirtschaftsverwaltung, in der sich ebenso die wichtigsten industriellen Unternehmen organisierten, waren im einzelnen jedoch sehr fließend. Weder ein juristischer noch ein funktionaler Ansatz führen hier zu einer eindeutigen Abgrenzung.

Weitgehend unstreitig unter den Begriff der Kriegsgesellschaften des Ersten Weltkrieges fallen dagegen die Kriegs-Aktiengesellschaften, die Kriegsgesellschaften mbH, die Kriegs-Abrechnungsstellen und die Kriegsausschüsse. Diese Begriffsbestimmung wird daher auch der näheren Untersuchung typischer Kriegsgesellschaften im 2. Abschnitt zugrunde gelegt[124]. Zunächst sollen aber die charakteristischen Merkmale dieser vier Arten und ihre Funktionen in der Kriegswirtschaft skizziert werden. Gemeinsam war den Kriegsgesellschaften ihr gemischtwirtschaftlicher Charakter[125].

---

[124] Dieses Ergebnis entspricht auch der amtlichen Differenzierung zwischen Kriegsgesellschaften und „kriegswirtschaftlich zusammengeschlossenen Gewerbegruppen" (amtliches Verzeichnis der Kriegsorganisationen). So im Ergebnis auch Heymann, Rechtsgrundlagen der Kriegswirtschaft, und Heymann, Rechtsformen, S. 132-156, der hier unter dem Oberbegriff „Kriegswirtschaftsorganisationen" allerdings auch sonstige Verbände versteht. Vgl. auch Kahn, Rechtsbegriffe, S. 46-51; Geiler, Gesellschaftliche Organisationsformen, S. 36f.; Seibt, Organisationswesen, S. 41ff. Noch weitgehender Bruck, Kriegsunternehmung, S. 548f., der generell nur von Kriegsunternehmungen spricht und darunter beispielsweise auch Kartelle versteht. Wiedenfeld, Kriegsrohstoffgesellschaften, hingegen beschränkt sich bei seinen Betrachtungen auf die AG's, die GmbH's und die Abrechnungsstellen, ohne auf die Kriegsausschüsse näher einzugehen. Nußbaum, Das neue dt. Wirtschaftsrecht, hingegen spricht nur die Kriegsausschüsse und die Handelsgesellschaften an. Insgesamt herrscht hinsichtlich der Begriffsbestimmung in der Literatur erhebliche Unklarheit und Uneinheitlichkeit. Zumeist wird lediglich zwischen den staatlichen Kriegswirtschaftsstellen und den sonstigen Kriegswirtschaftsorganisationen im weitesten Sinne unterschieden.

[125] Zum Begriff der gemischtwirtschaftlichen Unternehmungen vgl. Passow, Gemischt private und öffentliche Unternehmungen, S. 1ff., und Bruck, Kriegsunternehmung, S. 559ff. Allgemein zur Rechtsnatur der Kriegsgesellschaften Seibt, Organisationswesen, S. 56ff.; Bergmann, Einflußnahme, S. 1 (Fn 2); Giesecke, Rechtsverhältnisse, S. 114ff.; Krasny, Gemischt-öffentliche Unternehmung; Bußmann, Rechtsstellung, S. 1ff. (5f.).

II. Arten

1. Die Kriegs-Aktiengesellschaften

Die ersten Kriegsgesellschaften überhaupt wurden unmittelbar nach der Errichtung der Kriegsrohstoffabteilung am 13. August 1914 in der Rechtsform der Aktiengesellschaft gegründet. Diese Handelsgesellschaften nahmen im Grundsatz völlig selbständig die ihnen übertragenen Aufgabenbereiche wahr und wurden bei ihrer Geschäftstätigkeit nur durch staatliche Kommissare des Kriegsministeriums (K.R.A.), des Reichsamts des Innern, des Preußischen Ministeriums für Handel und Gewerbe, des Reichsmarineamts oder anderen Reichsbehörden kontrolliert. Zu diesem Zweck sicherte man diesen in den Statuten regelmäßig ein umfassendes Vetorecht bezüglich sämtlicher Aufgabenbereiche der Gesellschaft zu. Ansonsten galten die zwingenden Vorschriften des HGB (§§ 178ff.). Als Aktionäre kamen typischerweise die wichtigsten Unternehmen der betroffenen Industriesparte und die entsprechenden militärischen bzw. zivilen Stellen in Betracht[126].

Zu den bedeutendsten Kriegs-Aktiengesellschaften auf dem Gebiet der militärischen Rüstungswirtschaft zählten die Kriegsmetall AG (gegr. 02. September 1914), die Kriegswollbedarf AG (gegr. 09. September 1914), die Kriegschemikalien AG (gegr. 23. September 1914), die Kammwoll AG (gegr. 28. Oktober 1914), die Kriegsleder AG (gegr. 09. November 1914), die Kriegsrohhaut AG (gegr. 23. November 1914), die Deutsche Holz-Vertriebs AG (gegr. 12. März 1915), die Kriegshadern AG (gegr. 17. März 1915) und die Kriegsfell AG (gegr. 03. März 1917). Für den Bereich der allgemeinen zivilen Wirtschaft sind an dieser Stelle die Deutsche Seeversicherungs AG (gegr. Herbst 1914) und die Kriegswirtschafts AG (gegr. 27. Januar 1915) zu erwähnen. In der Ernährungswirtschaft war dieser Typus dagegen nicht vertreten[127].

2. Die Kriegs-Gesellschaften mit beschränkter Haftung

Neben den Kriegs-Aktiengesellschaften wählte man bei der Errichtung von Hilfsorganisationen zunehmend die Rechtsform der Gesellschaft mit beschränkter Haftung (GmbH). Dafür sprach bereits die größere Flexibilität, die das GmbHG im Verhältnis zu den §§ 178ff. HGB bot. Vertreten waren die Kriegsgesellschaften mbH vor allem auf dem erst später in die Bewirtschaftung einbezogenen Ernährungssektor, als kleinere Produktionsförderungsgesellschaften in der Rüstungswirtschaft oder allgemein in Industriezweigen mit geringem erwarteten Warenumsatz. In der Ernährungswirtschaft traten die Kriegsgesellschaften zumeist

126 Näheres zu den Besonderheiten der Kriegsaktiengesellschaften im 2. Abschnitt A.

127 Eine genauere Zusammenstellung der Kriegsaktiengesellschaften des Ersten Weltkrieges findet sich im systematischen Überblick zu Beginn des 3. Abschnitts.

als Geschäftsabteilungen neben einer Verwaltungsabteilung unter dem Dach einer Reichsstelle auf. Wie die Kriegs-Aktiengesellschaften nahmen die Kriegs-GmbH die ihnen übertragenen Aufgabenbereiche im Grundsatz in Selbstverantwortung und -verwaltung wahr. Die staatliche Kontrolle der Geschäftstätigkeit erfolgte hier entweder durch einen staatlichen Kommissar oder durch die Verwaltungsabteilung der übergeordneten Reichsstelle. Gesellschafter der GmbH waren wie bei den Kriegsaktiengesellschaften typischerweise die bedeutendsten Vertreter der betroffenen Branche[128].

Zu den wichtigsten Kriegs-GmbH's auf dem Gebiet der militärischen Rüstungswirtschaft zählten die Kriegsschmieröl GmbH (gegr. Januar 1915), die Protol GmbH (gegr. 18. Mai 1916), die Manganerz GmbH (gegr. 14. September 1916), die Eisenzentrale GmbH (gegr. 30. September 1916), und die Kriegsphosphat GmbH (gegr. November 1916). Aus den Bereichen der Ernährungswirtschaft und der allgemeinen zivilen Wirtschaft sind vor allem die Zentral-Einkaufs GmbH (gegr. 25. Januar 1915), die Reichsfuttermittelstelle, Geschäftsabteilung GmbH (gegr. Februar 1915), die Reichsgetreidestelle, Geschäftsabteilung mbH (gegr. 28. Juni 1915), die Reichsfleischstelle (gegr. März 1916) und die Reichssackstelle, Geschäftsabteilung GmbH (gegr. Juli 1916) hervorzuheben[129].

3. Die Kriegs-Abrechnungsstellen

Überall dort, wo ein geschäftliches Zusammenwirken Mehrerer notwendig, die weitere kriegswirtschaftliche Entwicklung jedoch zunächst noch unklar war, griff man auf die flexibleren Normen des Bürgerlichen Rechts mit ihrer weitgehenden Formlosigkeit zurück. In sog. Kriegs-Abrechnungsstellen schlossen sich je eine Großbank, ein Kollegium von Industrievertretern und eine staatliche Stelle (auf dem Rüstungssektor in der Regel das Preußische Kriegsministerium (Kriegsrohstoffabteilung)), vertreten durch staatliche Kommissare, organisatorisch zusammen. Bei der Abrechnungsstelle selbst handelte es sich dabei lediglich um eine besondere Abteilung der beteiligten Großbank. Diese allein trat als handelndes Rechtssubjekt nach außen im Rechtsverkehr auf. Die einzigen gesellschaftsvertraglichen Beziehungen zwischen den Beteiligten bestanden somit im Innenverhältnis. Von der Rechtsform her handelte es sich bei den Abrechnungsstellen demzufolge um Innengesellschaften des Bürgerlichen Rechts iSd §§ 705 ff. BGB. Dabei übernahm typischerweise die Großbank die Finanzierung und die Industrievertreter sowie die staatlichen Kommissare gemeinsam die eigentliche Füh-

---

128 Näheres zu den Besonderheiten der Kriegsgesellschaften mbH im 2. Abschnitt B.

129 Eine genauere Zusammenstellung der Kriegsgesellschaften mbH des Ersten Weltkrieges findet sich im systematischen Überblick zu Beginn des 3. Abschnitts.

rung der Geschäfte (Rohstoffverteilung, Aufstellung eines Wirtschaftsplanes, Bearbeitung der Bestandserhebungen etc.)[130].

Die bedeutendsten Vertreter dieser Rechtsform wurden auf dem Gebiet der Textilwirtschaft errichtet, so etwa die Jute-Abrechnungsstelle bei der Diskonto-Gesellschaft (gegr. 15. September 1914), die Flachs-Abrechnungsstelle bei der Bank für Handel und Industrie (gegr. 20. Oktober 1914), die Kautschuk-Abrechnungsstelle bei der Deutschen Bank (gegr. 28. Oktober 1914), die Leinengarn-Abrechnungsstelle bei der Bank für Handel und Industrie (gegr. 05. November 1914), die Rohbaumwoll-Abrechnungsstelle bei der Diskonto-Gesellschaft (gegr. 08. Januar 1915), die Baumwollgarn-Abrechnungsstelle bei der Deutschen Nationalbank (gegr. 18. Februar 1915) und die Baumwoll-Abrechnungsstelle bei der Dt. Nationalbank Bremen (gegr. 01. Oktober 1916)[131].

4. Die Kriegsausschüsse

Im weiteren Verlauf der Entwicklung der Kriegswirtschaft benötigten die staatlichen Stellen immer weniger kapitalintensive und komplexe Handelsgesellschaften oder Kriegsabrechnungsstellen, sondern vielmehr einfache, zentrale Stellen, die in den bislang noch nicht erfaßten Industriezweigen unterstützend tätig werden und in denen sich die Einzelunternehmer der betroffenen Branche organisieren konnten. Zu diesem Zweck errichtete man sog. Kriegsausschüsse. Ihnen oblag die Mitwirkung bei der Bearbeitung der amtlichen Bestandserhebungen, bei der Aufstellung der Wirtschaftspläne und bei der planmäßigen Verteilung der Heeresaufträge sowie der dafür benötigten Rohstoffe und schließlich bei der Preisfestsetzung.

Die Kriegsausschüsse haben sich von den vier verschiedenen Arten Kriegsgesellschaften am weitesten von dem juristischen Begriff der Gesellschaft entfernt. Bei ihnen handelte es sich streng genommen nur noch um nichtrechtsfähige Kollegien aus Vertrauensmännern des betroffenen Wirtschaftszweiges unter der Kontrolle der staatlichen Stellen. Handelndes Rechtssubjekt war ausschließlich das Reich selbst; die Kriegsausschüsse traten als reine Beratungs- und Informationsstellen nach außen nicht mehr in Erscheinung. Sie ähnelten damit den sonst als Beirat bezeichneten Beratungsstellen von Wirtschaftsbehörden. Rechtlich lassen sich die Kriegsausschüsse lediglich als nichtrechtsfähige Vereine iSd § 21 BGB einordnen. Wie schon bei den Kriegs-Abrechnungsstellen bot die Gesellschaftsform des Bürgerlichen Rechts den Vorteil erhöhter Flexibilität und Formlosigkeit im Verhältnis zu den handelsrechtlichen Bestimmungen[132].

---

[130] Näheres zu den Besonderheiten der Kriegs-Abrechnungsstellen im 2. Abschnitt C.

[131] Eine genauere Zusammenstellung der Kriegs-Abrechnungsstellen des Ersten Weltkrieges findet sich im systematischen Überblick zu Beginn des 3. Abschnitts.

[132] Näheres zu den Besonderheiten der Kriegsausschüsse im 2. Abschnitt D.

Funktional wie rechtlich ähnelten die Kriegsausschüsse damit den bereits oben angesprochenen sonstigen Wirtschaftsverbänden und industriellen Zentralverbänden. Andererseits waren diese typischerweise auf eine andere Gründungsmotivation zurückzuführen. In den Wirtschaftsverbänden schlossen sich die Einzelunternehmen einer gleichen Branche zusammen, um in der Lage zu sein, der Staatsmacht geschlossen entgegenzutreten und für eine ausreichende Berücksichtigung ihrer Interessen zu sorgen. Die Wirtschaftsverbände waren mit anderen Worten nur die Form, in der sich die Industrie selbst organisierte und im eigenen Interesse die staatlich angeordneten Bewirtschaftungsmaßnahmen umsetzte. Die Verbände stellten damit praktisch das Bindeglied zwischen den Einzelunternehmen und der Kriegswirtschaftsverwaltung dar. Bei den Kriegsausschüssen demgegenüber handelte es sich um Hilfsorganisationen, die von der Kriegswirtschaftsverwaltung bewußt und gezielt zur Beratung und Unterstützung herangezogen wurden. Ihre Tätigkeit erfolgte primär im Interesse des Staates und in ihrer Funktion als staatliche Informations- und Beratungsstellen wirkten die Kriegsausschüsse gerade an den gegenüber der Privatwirtschaft (und damit auch den Zentralverbänden) ausgesprochenen Zwangsmaßnahmen mit.

In der praktischen Tätigkeit verwischte allerdings der Unterschied zwischen dem ebenfalls beratend und geschäftlich agierenden industriellen Selbstverwaltungskörper und dem Kriegsausschuß als Hilfsorganisation der Kriegswirtschaftsverwaltung, an der sich regelmäßig auch die bedeutendsten Vertreter der Industriebranche organisierten. Der fließende Übergang zwischen Kriegsgesellschaft und industriellem Selbstverwaltungskörper trat besonders deutlich bei den vor allem in der Textilbranche unter der Aufsicht des Bekleidungsbeschaffungsamts errichteten zentralen Lieferungsverbänden, den „Kriegsverbänden" hervor[133].

Zu den bedeutendsten Kriegsausschüssen auf dem Gebiet der militärischen Kriegswirtschaft zählten der Kriegsausschuß der Deutschen Baumwollindustrie (gegr. 01. Juli 1915), der Kriegsausschuß der Kautschukindustrie (gegr. 17. Dezember 1915), der Kriegsausschuß für Textilersatzstoffe (gegr. 20. April 1916) und der Jute-Kriegsausschuß. Aus der Ernährungswirtschaft und der allgemeinen zivilen Wirtschaft sind darüber hinaus der Kriegsausschuß für Ersatzfutter GmbH (gegr. August 1915), der Kriegsausschuß für Kaffee, Tee und deren Ersatzmittel

---

[133] Zu den Kriegsverbänden zählten der Kriegs-Decken-Verband e.V., der Kriegs-Filz-Verband e.V, der Kriegs-Garn- und Tuchverband e.V., der Kriegs-Wirk- und Strick-Verband e.V., der Kriegs-Woilach-Verband e.V., der Kriegsverband der dt. Flugzeugindustrie und der Kriegswollfachverband. Zur problematischen Begriffsbestimmung vgl. bereits oben. Gerade das Beispiel der Kriegsverbände zeigt, daß eine eindeutige und klare Abgrenzung weder rechtlich noch funktional möglich ist und jede Begriffsbestimmung bei der Vielfalt der an der Kriegswirtschaft des Ersten Weltkrieges beteiligten Kriegswirtschaftsorganisationen zwangsläufig an ihre Grenzen gerät. Praktisch beteiligte sich auf unterschiedlichste Art und Weise die gesamte Privatwirtschaft an der Zwangswirtschaft, und die Kriegsgesellschaften waren dabei nur eine mögliche Organisationsform.

GmbH (gegr. April 1916) sowie der Kriegsausschuß für pflanzliche und tierische Öle und Fette GmbH (gegr. Januar 1915) hervorzuheben[134].

III. Funktionen der Kriegsgesellschaften innerhalb des Bewirtschaftungsverfahrens

Im Gegensatz zur Ausübung der staatlichen Gewalt durch die Kriegswirtschaftsverwaltung befaßten sich die Kriegsgesellschaften stets mit der kaufmännisch-technischen Umsetzung und Durchführung der angeordneten Bewirtschaftungsmaßnahmen. Entsprechend der ihnen zugewiesenen Aufgaben innerhalb des Bewirtschaftungsverfahrens lassen sich im Grundsatz folgende Typen unterscheiden[135]. Dabei ergab sich die Hauptbetätigung der Gesellschaften regelmäßig bereits aus ihrer Bezeichnung.

1. Kaufmännische Bewirtschaftungsgesellschaften

Überwiegend handelte es sich bei den Kriegsgesellschaften um kaufmännische Bewirtschaftungsgesellschaften. Ihnen oblag der Erwerb und die Übernahme der Rohstoffe im Wege des freihändigen Einkaufs oder aufgrund der staatlich angeordneten Beschlagnahmungen und Enteignungen. Daran schloß sich die Lagerung, Verwaltung und später die Verteilung der Rohstoffe an die verarbeitenden industriellen Unternehmen nach Maßgabe der hoheitlichen Bestimmungen an. Daneben dienten sie den staatlichen Stellen als fachkundige Beratungs- und Informationsstellen. Konkret hatten die Kriegsgesellschaften jeweils die Finanzierung der Geschäfte, die Erledigung der umfangreichen Korrespondenz, der Buchführung und der anderen Verwaltungsaufgaben zu übernehmen und für das geeignete Personal zu sorgen. Darüber hinaus mußten sie die Versorgung mit den nötigen Hilfsstoffen und sonstigen sachlichen Produktionsmitteln (Lagerhäuser, Umarbeitungsanlagen etc.) sicherstellen. Die Erledigung der kaufmännischen Angelegenheiten durch die Kriegsgesellschaften zur Unterstützung der staatlichen Wirtschaftsstellen war deren ureigenste Aufgabe und ausschlaggebendes Motiv für die Errichtung der Hilfsorganisationen gewesen[136]. Nahezu jede der im Laufe des Krieges errichteten Kriegsgesellschaften befaßte sich daher auf unterschiedliche Weise mit der Beschaffung, der Verwaltung und der Verteilung knapper Rohstoffe.

---

[134] Eine genauere Zusammenstellung der Kriegsausschüsse des Ersten Weltkrieges findet sich im systematischen Überblick zu Beginn des 3. Abschnitts.

[135] Dazu Heymann, Rechtsformen, S. 135f., und Kahn, Rechtsbegriffe, S. 49f., der allerdings eine etwas andere Klassifizierung vornimmt.

[136] Zum Begriff und den Funktionen der Kriegsgesellschaften Rathenau, Rohstoffversorgung, S. 24f. (vgl. bereits Fn 110).

2. Technische Hilfsgesellschaften

Bei den technischen Hilfsgesellschaften handelte es sich demgegenüber um den kaufmännischen Bewirtschaftungsgesellschaften selbst unterstellte Hilfsorganisationen. Ihnen oblagen typischerweise die rein technischen Aufgaben wie die Sortierung, Umarbeitung und Lagerung der Rohstoffe. Sie wurden überall dort gegründet, wo es um die Verwaltung großer Rohstoffbestände ging und ein Bedarf für die Ausgliederung dieser Aufgaben aus der Geschäftstätigkeit der kaufmännischen Gesellschaft bestand. In den meisten Fällen erledigten die Bewirtschaftungsgesellschaften allerdings ihre technischen Angelegenheiten selbst. Typische Beispiele aus dem Bereich der Rüstungswirtschaft sind die der Kriegsmetall AG angegliederte Metalltreuhand GmbH (gegr. Anfang 1915)[137] und die der Kriegsleder AG angegliederte Kriegsrohhaut AG (gegr. 23. November 1914).

3. Erzeuger-/Produktionsgesellschaften

Von den technischen Hilfsgesellschaften wiederum zu unterscheiden sind die vornehmlich von der Heeresverwaltung errichteten Gesellschaften zur Herstellung und sonstigen Beschaffung kriegswichtiger Rohstoffe, Ausgangsstoffe oder Fabrikate. Mit ihrer Produktionstätigkeit schufen sie oftmals erst die Voraussetzungen für eine weitere kaufmännische Bewirtschaftung durch die Bewirtschaftungsgesellschaften. Ein Bedarf bestand insbesondere in den Fällen, in denen ein Rohstoff/ein Produkt weder im Inland ausreichend vorhanden war noch in großem Umfang aus dem Ausland eingeführt werden konnte.

Typische Beispiele auf dem Gebiet der militärischen Rüstungsindustrie waren etwa die Kriegs-Flachsbau GmbH (gegr. 08. April 1916), die Eisenzentrale GmbH (gegr. 30. September 1916), die Kriegsphosphat GmbH (gegr. November 1916), Kriegsschmieröl GmbH (gegr. Januar 1915), die Manganerz GmbH (gegr. 14. September 1916), die Protol GmbH (gegr. 18. Mai 1916), die Kriegswasserstoff GmbH, die Nesselanbau GmbH (gegr. 24. Februar 1917) und die Seidenverwertung GmbH (gegr. 02. August 1917). Aus den Bereichen der Ernährungswirtschaft und der allgemeinen zivilen Wirtschaft sind beispielsweise die Fischereiförderungs GmbH, die Gesellschaft für dt. Milchkraftfutter mbH (gegr. 26. Juni 1916), die Kriegsgesellschaft für Obstkonserven und Marmeladen GmbH (gegr. August 1916), die Kriegs-Rübensaft GmbH (gegr. 06. Juli 1916), die Landwirtschaftliche Betriebsstelle für Kriegswirtschaft, Geschäftsabteilung GmbH (gegr. Januar 1916), die Reichstrocknungsgesellschaft mbH, der Kriegsausschuß für Ersatzfutter GmbH (gegr. August 1915), die Kriegs-Gemüsebau- und Verwertungsgesellschaft mbH, die Ersatzsohlen GmbH (gegr. 26. Oktober 1916), die

[137] Näheres dazu im 2. Abschnitt A.V.2.

Zellkoll GmbH (gegr. 30. November 1916) und der Kriegsausschuß für pflanzliche und tierische Öle und Fette GmbH (gegr. Januar 1915) hervorzuheben.

4. Außenhandelsgesellschaften und Sonstige

Angesichts der schlechten deutschen Versorgungssituation mit Rohstoffen erforderte die Kriegswirtschaft mit zunehmender Kriegsdauer die verstärkte Einfuhr ausländischer Rohstoffe. Zu diesem Zweck errichtete man spezielle Außenhandelsgesellschaften, die die Aufgabe hatten, trotz der bestehenden britischen Blockade den Import aus dem neutralen oder verbündeten Ausland zu forcieren und damit erst die weitere Bewirtschaftung im Inland zu ermöglichen. Daneben begannen sich auch die bereits bestehenden kaufmännischen Bewirtschaftungsgesellschaften, auf diesem Gebiet zu betätigen.

An erster Stelle ist hier die Reichseinkaufs GmbH (gegr. 03. August 1914) zu nennen, der die Aufgabe oblag, die gesamte Einfuhr aller Massennahrungsmittel in ihrer Hand zentral zu erfassen[138]. Weitere Beispiele aus der Ernährungswirtschaft sind die Zentrale-Einkaufs-Gesellschaft für Belgien mbH, die Kriegskartoffelgesellschaft Ost (gegr. 13. September 1915), die Landwirtschaftliche Betriebsstelle für Kriegswirtschaft, Geschäftsabteilung GmbH (gegr. Januar 1916), die Europäische Handels GmbH (gegr. Mai 1918), die Zigarettentabak-Einkaufsgesellschaft mbH (gegr. 19. April 1916), die Deutsch-orientalische Handelsgesellschaft mbH (gegr. 13.11.1915), die Deutsche Tabakhandels GmbH von 1916 (gegr. Oktober 1916), der Kriegsausschuß für Kaffee, Tee und deren Ersatzmittel GmbH (gegr. April 1916), die Ausfuhr GmbH, die Einfuhrgesellschaft für Getreide und Futtermittel GmbH, die Salzheringseinfuhr GmbH, die Weinhandels GmbH (gegr. März 1918) u.a. Aus dem Bereich der militärischen Rüstungswirtschaft sind hier vor allem die Alse Altstoff-Einfuhr GmbH (gegr. 1918), die Kriegsschmieröl GmbH (gegr. Januar 1915) und die Spinnstoffeinfuhr GmbH zu nennen.

Des weiteren existierten Kriegsgesellschaften für besondere Aufgaben aus den Bereichen Transport und Versicherung (so etwa die Dt. Seeversicherungsgesellschaft von 1914 AG, die Dt. Versicherungsbank GmbH und die Dt. Transportzentrale GmbH).

Eine eindeutige und abschließende Klassifizierung der Kriegsgesellschaften läßt sich allerdings auch mittels der hier dargestellten Funktionen kaum durchführen. Zu verschieden waren die Gesellschaftszwecke im einzelnen und zu häufig die Überschneidungen von Aufgabenbereichen. Gerade bei den großen kaufmännischen Bewirtschaftungsgesellschaften beschränkte sich die Geschäftstätigkeit regelmäßig nicht allein auf die Erfassung und Bewirtschaftung der inländischen

[138] Die Reichseinkaufs GmbH wurde bereits im Januar 1915 in die Zentral-Einkaufs GmbH (ZEG) umgewandelt.

Rohstoffe, sondern erstreckte sich auch noch auf die Wahrnehmung der technischen Aufgaben, die Beschaffung von weiteren Rohstoffen aus dem Ausland sowie die Produktion kriegswichtiger Ausgangsstoffe. Als Beispiele seien an dieser Stelle die Kriegsmetall-Aktiengesellschaft mit ihren Auslandsabteilungen in Bern und Amsterdam und ihren Beteiligungen an Grubenunternehmungen[139] sowie die Kriegswollbedarfs AG aufgrund ihrer Herstellung von Kunstwolle und die Kriegshadern-Gesellschaft wegen ihrer Herstellung von Kunstbaumwolle genannt.

IV. Zusammenfassung

Die Heeresverwaltung und die zivilen Behörden erkannten frühzeitig, daß sie nicht in der Lage waren, die gesamte Kriegswirtschaft selbst unmittelbar durchzuführen. Insbesondere bei den kaufmännischen und technischen Aufgaben bedurfte es zur Entlastung der Verwaltung der Unterstützung des Handels und der Industrie. Nur auf diese Weise meinte man die Defizite bei den wirtschaftlichen und organisatorischen Vorbereitungen ausgleichen zu können[140]. Zu diesem Zweck schufen sich die staatlichen Stellen in den Kriegsgesellschaften die nötigen Hilfsorganisationen, in denen die Privatwirtschaft im Grundsatz eigenverantwortlich, aber stets unter staatlicher Aufsicht und Kontrolle unterstützend tätig werden konnten. Bei den Kriegsgesellschaften handelte es sich also praktisch nur um die privatrechtlich organisierten Geschäfts- und Beratungsabteilungen der Kriegswirtschaftsverwaltung.

Rechtlich wurden sie in Gestalt von Aktiengesellschaften, Gesellschaften mbH, Abrechnungsstellen oder Kriegsausschüssen errichtet. Begrifflich abzugrenzen waren sie von den Zwangssyndikaten, den zentralen Wirtschaftsverbänden und von den staatlichen Stellen selbst. Allerdings ließ sich gerade bei den Kriegsausschüssen als bloße Beratungs- und Informationsgremien des Reichs ein gewisser Übergang in das Halbamtliche und Behördenhafte sowie andererseits eine gewisse Ähnlichkeit mit den Interessenvertretungen der Industrie feststellen.

Die Kriegsgesellschaften waren auf dem Gebiet der Rüstungswirtschaft den entsprechenden Fachsektionen der Kriegsrohstoffabteilung und damit mittelbar dem Kriegsamt bzw. dem Preußischen Kriegsministerium angeschlossen. Auf dem Ernährungssektor unterstanden sie dem Kriegsernährungsamt. Für die mit Aufträgen versorgten Unternehmen bestand in diesem System der Vorteil, daß sie sich nicht mehr selbst mit der schwierigen Aufgabe der Rohstoffbeschaffung auseinandersetzen mußten, sondern sich direkt an die zuständige Fachsektion der

139 Näheres dazu im 2. Abschnitt A. IV.1.

140 Vgl. dazu die bereits oben angeführte Eröffnungsansprache Delbrücks vom 26.05.1914 über die Notwendigkeit einer Zusammenarbeit von Staat und Wirtschaft (Fn 38).

Kriegsrohstoffabteilung bzw. des Kriegsernährungsamtes mit der Bitte um Zuweisung des notwendigen Materials durch eine angegliederte Kriegsgesellschaft wenden konnten. Gleichzeitig hatten sie so die Möglichkeit, durch die Entsendung von Vertretern für eine angemessene Berücksichtigung ihrer Interessen in Bezug auf die Rohstoffverteilung zu sorgen.

Der Schwerpunkt der Geschäftstätigkeit der Kriegsgesellschaften war ursprünglich die kaufmännische Durchführung der behördlicherseits angeordneten Bewirtschaftungsmaßnahmen. Mit zunehmender Verschlechterung der Versorgungssituation kamen weitere Aufgabenbereiche dazu. Zusätzlich zur Beschaffung, Verwaltung und Verteilung von Rohstoffen mußte man sich nun auch mit der Mobilisierung und Ergänzung der im Inland vorhandenen Materialvorräte befassen. Zu diesem Zweck errichtete man staatlicherseits Mobilmachungsstellen, gründete Rohstoffimport- bzw. in den besetzten Gebieten Requisitionsorganisationen und forcierte die inländische Produktion von Rohstoffen und deren Ersatzstoffe durch direkte Einflußnahme auf industrielle Kapazitäten, die Neuerrichtung von Betrieben und die Förderung wissenschaftlicher Entwicklungen[141]. Entsprechend dehnte sich auch das Betätigungsfeld der Hilfsorganisationen auf die technischen Aufgaben (Sortierung, Umarbeitung, Lagerung und Transport der Rohstoffe), die Produktionsförderung und den Außenhandel aus.

Der Erfolg der Zusammenarbeit von staatlichen Stellen und Privatwirtschaft über die Kriegsgesellschaften führte dazu, daß es sich allmählich auf allen Ebenen der Kriegswirtschaft durchsetzte. Bezogen auf die Kriegsgesellschaften der Ernährungswirtschaft urteilte Skalweit abschließend: „So kompliziert dieser Apparat, der sich in seiner Eigenart nur aus seiner historischen Entstehung erklären ließ, auch sein mochte, so stellte er doch eine recht zweckmäßige Lösung der für die Reichsregierung neuen Aufgabe dar, ein großes geschäftliches Unternehmen mit dem Verwaltungskörper organisch zu verbinden."[142]

---

[141] Die Mobilisierungsmaßnahmen konzentrierten sich vor allem auf die für die Sprengstoffherstellung notwendigen Buntmetalle. Als Requisitionsstellen waren die Filialen der Kriegsrohstoffabteilung in Belgien und Polen von großer Bedeutung. Für die Lenkung der Fabrikation bzw. die Erforschung neuer Produktionsmethoden wurde die Entwicklung des Haber-Bosch-Verfahrens zur Gewinnung von Stickstoff als Grundlage der Salpetersäureproduktion vorbildhaft. Zu den betrieblichen Neuerrichtungen zählten insbesondere das Leunawerk bei Merseburg (BASF) und die reichseigenen Stickstoffwerke in Piesteritz und in Chorzow.

[142] Skalweit, Kriegsernährungswirtschaft, S. 170.

2. Abschnitt: Typische Kriegsgesellschaften

A. Die Kriegsmetall-Aktiengesellschaft

Die Kriegsmetall-Aktiengesellschaft wurde zur näheren Untersuchung nicht nur ausgewählt, weil es sich bei dieser Kriegsgesellschaft aus dem Bereich der Rüstungswirtschaft um die erste Kriegsgesellschaft überhaupt und zudem um eine der größten handelte, sondern auch deshalb, weil sie in ihrer rechtlichen Struktur und namentlich auch in der Zunahme des staatlichen Einflusses in vielen Punkten vorbildlich wurde. Darüber hinaus läßt sich das Verhältnis zwischen gemischtwirtschaftlicher Kriegsgesellschaft und den staatlichen Stellen und damit das Zusammenspiel dieser beiden Elemente der Kriegswirtschaft für eine der bedeutendsten Rohstoffgruppe in typischer Weise darstellen. Das im ersten Abschnitt gewonnene Verständnis über das Bewirtschaftungssystem läßt sich so an einer konkreten Wirtschaftsbranche nachvollziehen.

I. Die Gründung der Kriegsmetall AG[143]

Bei Kriegsausbruch zeigte sich folgende Versorgungssituation des Deutschen Reiches auf dem Gebiet der Nichteisenmetalle[144]: Die metallverarbeitende Industrie, insbesondere die für die Kriegswirtschaft unentbehrliche Elektro-Großindustrie, bezog ihre Rohstoffe fast ausschließlich aus Übersee. So betrug etwa die Friedenseinfuhr des zentralen Rohstoffs Kupfer in den letzten Jahren vor dem Krieg jährlich 200.000 bis 225.000t, die Inlandserzeugung dagegen nur 40.000 bis 45.000t, davon aus eigenem Erz nur 24.000t. Selbst wenn man berücksichtigt, daß im Krieg die deutsche Ausfuhr von Kupferfabrikaten in Höhe von jährlich 60.000 bis 80.000t wegfiel, so blieb doch bei völliger Unterbrechung

---

[143] Im folgenden wird die Kriegsmetall AG entsprechend der historisch üblichen Abkürzung mit „K.M.A." bezeichnet. Paragraphenangaben ohne weiteren Zusatz beziehen sich auf den Gesellschaftsvertrag der K.M.A. in der Fassung der Gründungsversammlung vom 02. September 1914 (abgedruckt im Anhang). Die angesprochenen aktienrechtlichen Vorschriften beziehen sich auf die Fassung des Handelsgesetzbuches vom 10. Mai 1897.

[144] Die K.M.A. befaßte sich ausschließlich mit Nichteisenmetallen. Eisen, Stahl etc. wurden dagegen von der Sektion Eisen (E) der Kriegsrohstoffabteilung, dem Kommissariat der Eisenzentrale der Kriegsrohstoffabteilung, der Rohstahl-Ausgleichstelle und als Kriegsgesellschaften von der Eisenzentrale GmbH, der Manganerz GmbH und der Braunsteinversorgungs GmbH bewirtschaftet (dazu Cron, Kriegseisenwirtschaft, und Müller, Kriegsrohstoffbewirtschaftung, S. 99ff.). Zahlen über die Versorgungssituation aus dem Statistischen Jahrbuch für das Deutsche Reich (1915), S. 118, 236f. und bei Müller, Kriegsrohstoffbewirtschaftung, S. 31.

der Einfuhr eine jährliche Differenz von 130.000t. Hierbei war der zu erwartende erhöhte militärische Bedarf (Zünder, Kartuschen) noch nicht einmal berücksichtigt[145]. Ähnlich stellte sich die Situation bei Blei dar. Hier stand der jährlichen Vorkriegserzeugung von 160.000t eine jährliche Einfuhr von 200.000t gegenüber. 1915 fiel diese auf lediglich 22.000t und sackte später weiter ab. Im Branchendurchschnitt deckten die Metallimporte vor dem Krieg etwa 90% des Bedarfs. Da davon der größte Teil aus den USA gekommen war, konnte die britische Blockade hier ihre volle Wirkung entfalten.

In Anbetracht der dargestellten Importabhängigkeit auf dem Metallsektor veranstaltete Rathenau bereits am 15. August 1914 bei etwa 900 Firmen aus Industrie und Handel eine Umfrage über die Gattungen der für Kriegslieferungen benötigten Rohstoffe, Halb- und Fertigfabrikate aus dem Bereich der Metalle sowie deren aktuelle Bestände und voraussichtlichen Verbrauch bis zum 01. Dezember 1914. Ziel diese Maßnahme war die Zusammenstellung des nötigen statistischen Materials für die Ausarbeitung eines Wirtschaftsprogrammes. Die Auswertungen ergaben eine durchschnittliche Eindeckung mit Metallen für nur 3-4 Monate (vereinzelt sogar noch weniger), so daß noch nicht einmal die Versorgung eines nur sechsmonatigen Feldzuges gewährleistet zu sein schien[146].

Diese ungünstige Importabhängigkeit bei gleichzeitigem Fehlen einer rechtzeitigen inländischen Vorratswirtschaft veranlaßte Rathenau, eine einheitliche und zentral geführte Kriegsmetallwirtschaft mit den damit verbundenen Bewirtschaftungsmaßnahmen zu fordern. Die Gefahren für den Feldzug aus einer unregulierten Metallwirtschaft unter den Bedingungen erhöhter militärischer Nachfrage bei gleichzeitiger Materialverknappung und Preissteigerungen mußten unter allen Umständen vermieden werden.

Zunächst einmal kam es darauf an, die für eine Planwirtschaft erforderlichen speziellen Verwaltungsstellen unter der Aufsicht der erst seit kurzem bestehenden Kriegsrohstoffabteilung zu schaffen. Ergänzend bedurfte es angesichts der erwarteten erheblichen Rohstoffmengen einer separaten Geschäftsstelle, die sich mit der kaufmännischen Abwicklung der angeordneten Bewirtschaftungsgeschäfte zu befassen hatte und auf diese Weise die staatlichen Stellen unterstützten konnte. Diese letzte Forderung deckte sich mit dem Verlangen der von den in Aussicht gestellten Beschlagnahmungen betroffenen Rohstoffinhabern, die Metalle, die sie aufgrund der Verfügungsbeschränkung selbst nicht mehr verwenden konnten, einer entsprechenden Stelle gegen Entgelt zukommen zu lassen. Zudem waren die mit Rüstungsaufträgen versehenden Unternehmen daran interessiert,

[145] Eine Statistik des Preußischen Kriegsministeriums aus der Friedenszeit wies für den Heeresbedarf einen monatlichen Verbrauch von 6.000t Kupfer auf. Tatsächlich stieg der Kupferverbrauch bereits im Oktober 1914 auf 30.000t monatlich an.

[146] Was beispielsweise den Kupfer betraf, so standen dem monatlichen Verbrauch von 30.000t nur ein Gesamtbestand von 90.000t in den Händen der Privatwirtschaft gegenüber. Zur Frage der voraussichtlichen Kriegsdauer vgl. bereits den 1. Abschnitt A.

sich nicht mehr mit der schwierigen Aufgabe der Rohstoffbeschaffung auseinandersetzen zu müssen, sondern sich mit ihren Belegscheinen direkt an die Sektion M der Kriegsrohstoffabteilung mit der Bitte um Zuweisung des notwendigen Materials wenden zu können.

Vor diesem Hintergrund machte Rathenau am 26. August 1914 in einer Besprechung im Preußischen Kriegsministerium den Vertretern der Metallindustriellen und Händlern den Vorschlag, für die Dauer des Krieges eine Gesellschaft zu gründen mit der Aufgabe, „die heute schon knappen Metalle Kupfer, Feinzink, Aluminium, Nickel, Quecksilber und die etwa später knapp werdenden Metalle im Interesse der Landesverteidigung zweckmäßig zu bewirtschaften." Die daraufhin stattfindenden Vorverhandlungen gipfelten in der Gründungsversammlung vom 02. September 1914 im Verwaltungsgebäude der A.E.G. Berlin[147]. Anwesend waren neben 27 Vertretern der Metallindustrie für das Handelsministerium Unterstaatssekretär Göppert und als Vertreter des Kriegsministeriums in seiner Funktion als Chef der Kriegsrohstoffabteilung der Hausherr Walther Rathenau selbst[148]. Die eigentliche Eintragung der K.M.A. in das Handelsregister und damit die Entstehung der juristischen Person[149] erfolgte dagegen erst am 06. Oktober 1914 nach der gerichtlichen Kontrolle der Gründungs- und Prüfungsberichte. Ihre Firma lautete entsprechend der zu bewirtschaftenden Rohstoffe „Kriegsmetall"[150], ihr Sitz war Berlin-Mitte (§ 1). Hierarchisch war die K.M.A. der Fachsektion M

---

[147] Sitzungsprotokoll vom 02. September 1914 (BA R 8737 Bd. 1 Bl. 18-27 (Abschrift der Verhandlungen) und BA R 8737 Bd. 2 Bl. 3f. (Protokoll Nr. 1)). In einem Schreiben vom 04. September 1914 teilte die K.M.A. den Abschluß des Gesellschaftsvertrages dem Kgl. Preußischen Kriegsministerium (Kriegsrohstoffabteilung) mit (BA R 8737 Bd. 1 Bl. 154f.).

[148] Tatsächlich wurden dagegen „nur" 22 Unternehmen der Privatwirtschaft Gründungsmitglied der K.M.A. (Mitgliederliste im Anhang). Die Differenz resultierte daraus, daß die Bergmann Elektrizitätswerke, das Hüttenwerk Niederschöneweide, die Kupferwerke Deutschland, die Firma Loewe & Co und die Frankfurter Metallgesellschaft jeweils zwei Vertreter entsandt hatten. Näheres über die Zusammensetzung der K.M.A. auch bei Roth, Kriegsgesellschaften, S. 122ff., die vor allem die Aktienverteilung nach Industriesparten analysiert und auf die Größe sowie Verflechtungen der beteiligten Unternehmungen eingeht.

[149] § 200 I 1 HGB.

[150] Der grundlegende Begriff „Kriegsmetall" wurde am 14. Oktober 1914 von der K.M.A. wie folgt definiert: Unter Kriegsmetall soll verstanden werden alles dasjenige Metall, das dem direkten und indirekten Bedarf des Heeres und der Marine dient. Zu der ersten Gruppe sollten gehören der Bedarf der staatlichen und privaten Waffen- und Munitionsfabriken, der Marinebehörden und der Privatwerften, der letzteren, soweit sie mit Reparaturen von Kriegsschiffen, Neubauten von Torpedos und Unterseebooten, und der Fabriken, die mit Ergänzungsbauten und Neubauten von Luftschiffen und Aeroplanen befaßt sind. Ferner der Bedarf derjenigen Werke, die den elektro-technischen Konsum des Heeres und der Marine zu decken haben, wie Schwach- und Starkstromleitungen, Motoren usw. In die zweite Gruppe sollten gehören derjenige Bedarf, der sich auf die Instandhaltung und Komplettierung des rollenden Eisenbahn- und Automobilmaterials bezieht, und der Bedarf der Zubehörfabrikation.

der Kriegsrohstoffabteilung und damit letztlich dem Kgl. Preußischen Kriegsministerium untergeordnet[151].

II. Der Unternehmensgegenstand der Kriegsmetall AG

Die Bestimmung des Unternehmensgegenstandes war notwendiger Bestandteil des Gesellschaftsvertrages[152]. Nach § 2 I der Satzung befaßte sich die K.M.A. mit der „Beschaffung, Verteilung und Verwertung von Metallen und Metallfabrikaten, soweit sie zur Sicherstellung des industriellen Bedarfs für Heer und Marine erforderlich sind." Dabei durfte die Gesellschaft alle Geschäfte tätigen, die diesen weit gefaßten Gesellschaftszweck zu fördern geeignet waren (§ 2 II). Der Betrieb der K.M.A. war nicht auf Erwerb gerichtet; die Gesellschaft verfolgte vielmehr ausschließlich gemeinnützige Zwecke (§ 2 III).

Entgegen den noch in den Vorverhandlungen diskutierten zehn Millionen Mark, einigten sich die Vertreter in der Gründungsversammlung vom 02. September 1914 auf die Ausstattung der K.M.A. mit einem Grundkapital iHv sechs Millionen Mark[153], aufgeteilt auf 6.000 Aktien zu je 1.000 Mark (§ 3 I[154]). Die Aktien wurden zum Nennbetrag ausgegeben (§ 4 III[155]) und vollständig von den Gründern übernommen (sog. Simultangründung). Die 22 privaten Gründungsfirmen zeichneten dabei in Beträgen von 100.000, 200.000, 400.000 und 500.000 Mark[156]. Auf jede Aktie waren 25% sofort bar einzuzahlen (§ 4 I[157]); die Einfor-

---

[151] Neben der K.M.A. unterstanden der Sektion M der Kriegsrohstoffabteilung noch die Metall-Mobilmachungsstelle, das Zuweisungsamt, die Metallmeldestelle sowie die Metall-Freigabestelle (dazu näheres unter V.). Die Sektion M selbst gliederte sich in die Untersektion a (Auslandsangelegenheiten einschließlich besetzter Gebiete), die Untersektion b (Bergbau) und die Untersektion c für wirtschaftliche Angelegenheiten, diesen unterstanden wiederum insgesamt zehn Fachsektionen für die einzelnen Metalle und Aufgaben (M1-M10). Vgl. auch die graphische Darstellung der Organisation der Sektion M bei Plesch, Kriegswirtschaftliche Organisation, Anlage IV.

[152] § 182 II Nr. 2 HGB.

[153] Entwurf eines Rundschreibens vom Ende August 1914 an die in Betracht kommenden Unternehmen seitens der Initiatoren der K.M.A. (BA R 8737 Bd. 1 Bl. 210f.). Die Entscheidungsfrist war jedoch zu kurz, so daß in der Gründungsversammlung noch nicht alle Antworten vorlagen. Um die Errichtung der K.M.A. und damit den Beginn der Metallbewirtschaftung jedoch nicht weiter hinauszuzögern, einigte man sich unter den anwesenden Unternehmensvertretern auf das Grundkapital iHv 6 Mio. und behielt sich die spätere Aufnahme der übrigen Interessenten im Rahmen einer Kapitalerhöhung (zu der es allerdings nie kam) bzw. der Abtretung von „reservierten Anteilen" vor.

[154] Vgl. § 180 I HGB. Von der Möglichkeit der Beschränkung des Mindestnennbetrages im Falle vinkulierter Namensaktien auf bis zu 200 Mark (§ 180 III HGB) haben die Vertreter offenbar keinen Gebrauch gemacht.

[155] Vgl. § 184 I HGB.

[156] Aktionärsliste vom 02. September 1914 mit den jeweiligen Anteilen im Anhang.

derung weiterer Beträge war dem Vorstand nach einem entsprechenden Beschluß des Aufsichtsrates vorbehalten (§ 4 II).

Bei den Aktien handelte es sich ausschließlich um sog. vinkulierte Namensaktien (§ 3 II 1, 2[158]). Die zur Übertragung erforderliche Genehmigung konnte nur der Aufsichtsrat erteilen (§ 3 II 3). Bis zur Ausgabe der Aktienurkunden hatten sich die Aktionäre durch Bezugnahme auf die Eintragung im Aktienbuch auszuweisen (§ 3 III).

III. Die Organe der Kriegsmetall AG

Um als juristische Person handlungsfähig zu sein, benötigte die K.M.A. verschiedene Organe. Neben den zwingend vorgeschriebenen Organen (dem Vorstand (§§ 231-242 HGB), dem Aufsichtsrat (§§ 243-249 HGB) und der Hauptversammlung (§§ 250-259 HGB)) sah der Gesellschaftsvertrag weiterhin die Bildung einer Schätzungs- und Verteilungskommission beim Aufsichtsrat (§ 13), sowie die Bestellung von staatlichen Kommissaren vor (§ 9). Diese zusätzlichen Organe kamen in unterschiedlicher Ausgestaltung bei fast allen Kriegsgesellschaften vor und prägten gerade deren besonderen Charakter im Verhältnis zum jeweiligen gesetzlichen Idealfall. An ihrer Tätigkeit und Entwicklung läßt sich die Zunahme des staatlichen Einflusses und damit verbunden der Wandel der Kriegsgesellschaften hin zu staatlich kontrollierten und weisungsgebundenen Hilfsorganisationen der Verwaltung aufzeigen.

1. Der Vorstand

Der Vorstand ist das eigentliche Leitungs- und Führungsorgan der Aktiengesellschaft. Er vertritt die AG nach außen und leitet die Geschäfte im Innenverhältnis, hat also Vertretungsmacht und Geschäftsführungsbefugnis, § 231 I HGB[159]. Seine Vertretungsmacht konnte nicht durch Satzungsbestimmungen entzogen oder mit Wirkung gegenüber Dritten beschränkt werden (§ 235 II HGB).

---

[157] Vgl. § 195 III 2 a.E. HGB.

[158] Vgl. § 179 III 1 sowie § 183 I HGB. Das HGB bevorzugte die Namensaktie, indem es bei ihr die Ausgabe vor Vollzahlung zuließ. Der Gesellschaftsvertrag konnte darüber hinaus die Bindung der grds. freien Übertragbarkeit von Anteilsrechten an die Zustimmung der Gesellschaft bestimmen (vgl. dazu § 222 Abs. 2 HGB sowie Makower, § 182 Anm. V Nr.1, § 179 Anm. II c 2 und § 222 Anm. V., Hachenburg HGB, § 222 Anm. 5, 6 und Staub-Pinner, § 222 Anm. 2, 3).

[159] Das HGB selbst gebrauchte teilweise noch eine andere (uneinheitliche) Terminologie und verstand die Geschäftsführungsbefugnis als „Vertretungsbefugnis im Verhältnis zur Gesellschaft“ und die Vertretungsmacht als „Vertretungsbefugnis im Verhältnis zu Dritten“ (Makower, § 235 Anm. I, II, III).

Die Geschäftsführungsbefugnis unterlag dagegen den Beschränkungen, „welche im Gesellschaftsvertrag oder durch Beschlüsse der Generalversammlung (...) festgesetzt sind“ (§ 235 I HGB). Die Satzung der K.M.A. band darüber hinaus den Vorstand in zulässiger Weise auch an die Weisungen des Aufsichtsrats, § 7[160].

Das HGB setzte sich einzig in § 231 II mit der Besetzung des Vorstandes auseinander. Im übrigen überließ es die Art der näheren Bestellung und Zusammensetzung dem Gesellschaftsvertrag[161]. Dieser wiederum übertrug bei der K.M.A. dem Aufsichtsrat die Bestimmung über die Anzahl der Vorstandsmitglieder sowie das Recht der Ernennung und Abberufung derselben, § 6 I 1, 2.

In seiner ersten Sitzung am 02. September 1914 unmittelbar im Anschluß an die Gründungsversammlung bestellte der Aufsichtsrat daraufhin Direktor Dr. Ernst Busemann (Metallgesellschaft) und Kaufmann Siegfried Hirsch (Hirsch Kupfer- & Messingwerke) zu ordentlichen Vorstandsmitgliedern und Dr. Theodor Vogelstein und Kaufmann Felix Strauß (Dt. Bank Berlin) zu stellvertretenden Vorstandsmitgliedern[162]. Die Unterteilung zwischen ordentlichen Mitgliedern und Stellvertretern wurde jedoch bald aufgehoben. Mit ihren vier Direktoren stellte die K.M.A. von Anfang an den größten aller Vorstände der Kriegsgesellschaften. Jeweils zwei Vorstandsmitglieder oder ein Vorstandsmitglied in Gemeinschaft mit einem Prokuristen vertraten die Gesellschaft nach außen, § 6 III 1. Mit dieser echten bzw. unechten Gesamtvertretung wich die Satzung vom gesetzlichen Regelfall der Vertretung durch sämtliche Mitglieder ab[163]. Einen Vorsitzenden gab es nicht[164].

Die Arbeitsgebiete wurden auf die Vorstandsmitglieder zunächst wie folgt verteilt[165]: Hirsch, der bereits 1915 durch Gustav Bredt abgelöst wurde, hatte sich

---

[160] Zur damaligen Rechtslage vgl. RG v. 25. Mai 1897 (in Holdheim 1898 S. 86f.) und OLG Hamburg v. 14. April 1887 (i. ZHR 35, S. 247) sowie Fischer, Aktiengesellschaft, S. 231, 244, Staub-Pinner, § 235 Anm. 3ff. mwN und Makower, § 235 Anm. II. Unzulässig wäre es dagegen, dem Aufsichtsrat die Vertretung der Gesellschaft ganz allgemein zu übertragen, wenn auch unter äußerlicher Beibehaltung eines Vorstandes.

[161] Vgl. § 182 II Nr. 4 HGB.

[162] Protokoll der ersten Aufsichtsratssitzung vom 02. September 1914 (BA R 8737 Bd. 2 Bl. 3f.). Bis Dezember 1918 stieg die Zahl der Vorstandsmitglieder auf acht an (G. Bredt (Eintritt Juni 1915), Dr. E. Busemann, R. Flatow (Eintritt Juni 1915), M. v. Görbitz (Eintritt Frühjahr 1918), W. Maass (Eintritt Frühjahr 1918), E. Simon (Eintritt Juli 1917), Th. Vogelstein, Dr. F. Berolzheimer (Eintritt Frühjahr 1918)).

[163] Vgl. dazu § 232 I 1, II 1 HGB.

[164] Mit der Zusammensetzung des Vorstandes der K.M.A. unter besonderer Berücksichtigung der beteiligten privaten Unternehmer befaßt sich näher Roth, Kriegsgesellschaften, S. 141ff. Zusammenstellung der Mitglieder des Vorstandes zudem in Tabelle 5, S. 142f.

[165] Abschrift einer Aktennotiz für Strauß vom 17. September 1914, in welcher die zwischen den ordentlichen und stellvertretenden Mitgliedern des Vorstandes unter Zustimmung des

ursprünglich allein mit der schwierigen Frage der Kupferbewirtschaftung auseinanderzusetzen. Der Arbeitsschwerpunkt von Felix Strauß - an seine Stelle trat bereits 1915 Richard M. Flatow - lag auf dem Gebiet der Aluminium-, Feinzink- und Zinnbewirtschaftung sowie der inneren Organisation einschließlich der Finanzen. Dr. Busemann übernahm die Bewirtschaftung der Erze sowie aller Metalle, soweit sie nicht bereits in die Zuständigkeit von Hirsch oder Strauß fielen. Der Verkehr mit den Behörden (insbesondere mit dem Kriegsministerium) sowie die Bearbeitung der Beschlagnahmungen und der Freigaben erfolgte durch Vogelstein. Im Zusammenhang mit der personellen Neubesetzung kam es jedoch bereits im Herbst 1915 zu einer umfassenden Umstrukturierung in der Geschäftsverteilung, die dann bis Kriegsende beibehalten wurde[166].

Die Vorstandsmitglieder übten ihre Tätigkeit während der gesamten Zeit ehrenamtlich ohne einen Anspruch auf Vergütung aus, § 6 II.

2. Der Aufsichtsrat

In der Gründungsversammlung vom 02. September 1914 wurde zugleich der erste Aufsichtsrat der K.M.A. bestellt[167]. Er bestand aus 14 Vertretern der Industrie, vgl. § 8 I[168]. Ihre Wahl galt nur bis zur Beendigung der ersten Generalver-

---

Aufsichtsratsvorsitzenden vereinbarte Geschäftsverteilung widergegeben wird (BA R 8737 Bd. 3 Bl. 148).

[166] Antwortschreiben der K.M.A. vom 4. Oktober 1915 auf ein Ersuchen der Kriegsrohstoffabteilung vom 28. September 1915 auf Übersendung einer Liste, aus der die neue organisatorische Einteilung der K.M.A. ersichtlich wurde (BA R 8737 Bd. 3 Bl. 94-101). Übersicht über die Arbeitsgebiete der einzelnen Vorstandsmitglieder vom 22. Februar 1917 (BA R 8737 Bd. 3 Bl. 81-86). Danach war E. Busemann für die Metalle Antimon, Blei, Erze, Kupfervitriol, Neusilber, Nickel, Platin, Schwefelkiesabbrände, Umarbeitung und Verhüttung (Abteilungen Balkan, Bergbau, N, O, U, Vi) und G. Bredt für die Metalle Braunstein, Chrom, Eisen, Stahl und Legierungen, Graphit, Molybdän, Vanadium, Wolfram, die Lagerverwaltung, Polen, das Speditionswesen und die Verrechnung mit der Kriegsrohstoffabteilung, (Abteilungen E (inkl. FRK), G, L, S, SE, SN) zuständig. Aufgrund der großen Bedeutung der Aluminiumproduktion war dieser Bereich inkl. der notwendigen Vorprodukte T. Vogelstein als Arbeitsschwerpunkt zugewiesen. Daneben hatte er sich nur noch mit den Ausfuhr-, Einfuhr- und Kompensationsgeschäften zu beschäftigen (Abteilungen C, FZ, H, W). Das gesamte Bank- und Finanzwesen, die Buchhaltung und Abrechnung, die Einkaufsabteilung für inländisches Kupfer und Legierungen, die Kupferzuweisungen, die Personaloberleitung, Quecksilber, Requisitionskäufe, Zink, Zinn, Weißblech (Abteilungen Abrechnung, Bankabteilung, Buchhaltung, DT, KE, KV, Ri, Sekretariat, Statistik, Z) oblag hingegen F. Strauß.

[167] Vgl. § 190 I HGB.

[168] Generaldirektor Wilhelm Ashoff (Basse und Selve Altena i. W.), Generaldirektor Theodor Berliner (Bergmann Elektrizitätswerke AG Berlin), Dr. Hugo Cassirer (Dr. Cassirer & Co Charlottenburg), Kaufmann August Ehrhardt (Chemische Fabrik Hönningen und vorm. Messingwerk Reinickendorf R. Seidel AG Hönningen), Direktor Carl von der Herberg

sammlung, welche nach Ablauf eines Jahres seit der Eintragung der Gesellschaft in das Handelsregister zur Beschlußfassung über die Jahresbilanz abgehalten wurde (§ 8 IV[169]). Mit dieser zeitlichen Begrenzung wollte man den Einfluß der Gründer auf die Zusammensetzung des Aufsichtsrates beschränken. In dieser ersten Generalversammlung war dann der gesamte Aufsichtsrat neu zu wählen, der dann - abgesehen vom vorzeitigen Ausscheiden einzelner Mitglieder und dadurch bedingter Ersatzwahl (§ 8 III) - bis zur Beendigung der Generalversammlung, die über die Bilanz für das vierte Geschäftsjahr nach der Ernennung beschließt, bestehen sollte (§ 8 II)[170]. Das Geschäftsjahr, in welchem die Ernennung erfolgte, sollte dabei nicht mitgerechnet werden, mit der Folge daß während des gesamten Krieges keine Neuwahlen erforderlich wurden[171].

Die Mitglieder, die ihre Tätigkeit während der gesamten Zeit ehrenamtlich ohne einen Anspruch auf Vergütung ausübten (§ 12 V), wählten in ihrer ersten Sitzung Direktor H. Peierls von der AEG zu ihrem Vorsitzenden sowie A. Hirsch von Hirsch, Kupfer und Messing AG zu dessen ersten und H. Natalis von den Siemens-Schuckertwerken zu dessen zweiten Stellvertreter[172]. Peierls behielt dieses Amt während des ganzen Krieges bei.

Im weiteren Verlauf der ersten Sitzung bestellte der Aufsichtsrat E. Busemann und S. Hirsch zu Vorstandsmitgliedern und T. Vogelstein und F. Strauß zu stellvertretenden Vorstandsmitgliedern, vgl. § 6 I 2. Darüber hinaus erfolgten die Wahlen für die Schätzungs- und Verteilungskommission und die Arbeitskommission[173].

(Felten & Guilleaume Carlswerk AG Köln-Mühlheim), Kaufmann Aron Hirsch (Hirsch & Sohn und Hirsch, Kupfer- und Messingwerke AG Halberstadt), Kommerzienrat Norbert Levy (N. Levy & Co Berlin), Direktor Hugo Natalis (Siemens-Schuckertwerke GmbH Siemensstadt b. Berlin), Direktor Heinrich Peierls (A.E.G Berlin), Landesrat a.D. Richard Thewes (Mansfeldsche Kupferschieferbauende Gewerkschaft Eisleben), Direktor Georg Schwarz (Metallgesellschaft Frankfurt a.M.), Dr. Fritz Warburg (M.M. Warburg & Co Hamburg), Kommerzienrat Philipp Wieland (Wieland & Cie. Ulm), Kaufmann Leo Wreschner (Beer, Sondheimer & Co Frankfurt a.M.). Protokoll der Gründungsversammlung vom 02. September 1914 (BA R 8737 Bd. 2 Bl. 3f.). Vgl. auch Roth, Kriegsgesellschaften, S. 133ff. (Tabelle 3), die sich dort näher mit der Vertretung der einzelnen Industriesparten im Aufsichtsrat befaßt.

[169] Vgl. § 243 II HGB.

[170] In der ersten Generalversammlung der K.M.A. vom 24. Februar 1916 wurden insgesamt 22 Herren in den Aufsichtsrat gewählt (BA R 8737 Bd. 20 Bl. 1ff. (1, 46)), dessen personelle Zusammensetzung sich jedoch im weiteren Verlauf der Geschäftstätigkeit der K.M.A. ständig infolge Tod, der Übernahme anderer Funktionen in der Kriegswirtschaft oder des Eintritts in den Militärdienst veränderte.

[171] Vgl. dazu § 243 III HGB.

[172] Protokoll Nr. 1 der Aufsichtsratssitzung vom 02. September 1914 (BA R 8737 Bd. 2 Bl. 3f.). H. Natalis wurde später durch Generaldirektor Wilhelm Ashoff abgelöst.

[173] Dazu näheres unter 5. bzw. 6.

Der Aufsichtsrat setzte seine Geschäftsordnung selbst fest, § 12 I. In der Regel hielt er in Abständen von zwei bis vier Monaten seine Sitzungen ab[174]. Insgesamt fanden 22 Sitzungen statt. Außer den eigenen Mitgliedern nahmen an den Sitzungen des Aufsichtsrates auch die Mitglieder des Vorstandes, sowie die von den Behörden bestellten Vertreter (die Kommissare) teil.

Nach der gesetzlichen Konzeption kam dem Aufsichtsrat der Aktiengesellschaft (§§ 243-249 HGB) die Aufgabe der Überwachung und Beaufsichtigung der Verwaltung durch den Vorstand zu: „Der Aufsichtsrat hat die Geschäftsführung der Gesellschaft in allen Zweigen der Verwaltung zu überwachen und sich zu dem Zwecke von dem Gange der Angelegenheiten der Gesellschaft zu unterrichten. Er kann jederzeit über diese Angelegenheiten Berichterstattung von dem Vorstande verlangen und selbst oder durch einzelne von ihm zu bestimmende Mitglieder die Bücher und Schriften der Gesellschaft einsehen, sowie den Bestand der Gesellschaftskasse und die Bestände an Wertpapieren und Waren untersuchen. Er hat die Jahresrechnungen, die Bilanzen und die Vorschläge zur Gewinnverteilung zu prüfen und darüber der Generalversammlung Bericht zu erstatten."[175]

Die Wahrnehmung von Verwaltungsbefugnissen, sofern dies die gesetzlich vorgesehene Kompetenzverteilung zwischen Vorstand und Aufsichtsrat überhaupt zuließ, setzte dagegen eine entsprechende gesellschaftsvertragliche Vereinbarung voraus[176]. Gerade von dieser letzten Bestimmung wurde in der Praxis in erheblichem Umfang Gebrauch gemacht[177]. So sah auch bei der K.M.A. der Gesellschaftsvertrag die Zuständigkeit des Aufsichtsrats vor 1. für die Erteilung der Genehmigung für die Übertragung einer Aktie (§ 3 II 1), 2. für die Einforderung weiterer Beträge durch den Vorstand auf Beschluß des Aufsichtsrats (§ 4 II), 3. für die Ernennung und Abberufung der Vorstandsmitglieder (§ 6 I 2) und 4. eine Anwesenheitspflicht des Vorstandes auf Veranlassung des Aufsichtsrats bei dessen Sitzungen (§ 11 II). Wenn auch diese Bestimmungen vom gesetzlichen Normalfall abwichen, so stellten sie doch nicht die grds. Machtverteilung zwischen Vorstand und Aufsichtsrat in Frage[178].

---

[174] Einzelheiten dazu in §§ 10, 11, 12 der Satzung.

[175] § 246 I HGB. Vgl. darüber hinaus §§ 238, 247 HGB, wonach der Vorstand zur Bestellung eines Prokuristen der Zustimmung des Aufsichtsrats bedurfte bzw. dieser befugt war, die Gesellschaft bei der Vornahme von Rechtsgeschäften mit den Vorstandsmitgliedern zu vertreten und gegen die letzteren die von der Generalversammlung beschlossenen Rechtsstreitigkeiten zu führen.

[176] Vgl. § 246 III HGB.

[177] Zur Rechtswirklichkeit Passow, Aktiengesellschaft, S. 430ff. (433ff.).

[178] Zur Zulässigkeit vgl. statt aller Makower, § 179 II.c.2 (Nr.1 - typischerweise wäre die Erteilung der Zustimmung zur Übertragung eines Anteils eine Aufgabe des Vorstandes als dem gesetzlichen Vertreter der AG (§ 231 I HGB)), Makower, § 218 II b. (Nr. 2 - auch die Einforderung weiterer Beträge gehört zum eigentlichen Aufgabenbereich des Vorstandes), Makower, § 231 II a. (Nr. 3 - maßgebend für Art der Bestellung und Zusammensetzung des

Besondere Bedeutung muß dagegen § 7 beigemessen werden[179]. Er statuierte nicht nur die Bindung des Vorstandes an die Vorschriften der Satzung und die Beschlüsse der Generalversammlung, sondern darüber hinaus ein Weisungsrecht des Aufsichtsrats gegenüber den Direktoren. Das Kontrollorgan machte mit anderen Worten nicht nur ganz bestimmte Geschäfte und Fragen im Innenverhältnis von seiner Zustimmung abhängig, sondern sicherte sich selbst einen direkten und unmittelbaren Einfluß auf die Geschäftstätigkeit der AG durch den Vorstand. Unabhängig vom tatsächlichen Gebrauch dieses umfassenden und voraussetzungslosen Rechts stand dem Aufsichtsrat damit ein erhebliches Macht- und Druckmittel zu. Eine unabhängige Geschäftsführung durch den Vorstand war so kaum noch möglich. Die Beherrschung des Aufsichtsrates entschied faktisch über die Kontrolle der gesamten K.M.A.

3. Die Hauptversammlung und die Rechtsstellung der Aktionäre

Nach der gesetzlichen Konzeption des HGB war den Aktionären und besonders der in der Hauptversammlung verkörperten Gesamtheit der Aktionäre (§§ 250-259 HGB) eine sehr einflußreiche und maßgebende Stellung zugewiesen. Die ordentliche Generalversammlung, in der jeder Aktionär Sitz und Stimme hatte, beschloß über alle wichtigen Fragen, insbesondere über die Genehmigung der Jahresbilanz und die Gewinnverteilung, die Entlastung des Vorstandes und des Aufsichtsrates (§ 260 HGB), die Wahl von Mitgliedern des Aufsichtsrats sowie eventuell deren Abberufung (§ 243 I-IV HGB), die Erhöhung oder Verringerung des Grundkapitals und sonstige Änderungen des Gesellschaftsvertrages (§§ 274 I 1, 275 HGB) und die Auflösung der Gesellschaft (§ 292 Nr.2 HGB)[180]. Damit war die Generalversammlung von ihrer rechtlichen Stellung her das oberste Organ der Aktiengesellschaft.

Eine ordentliche Generalversammlung hatte der Vorstand alljährlich, und zwar in den ersten drei Monaten, spätestens jedoch innerhalb von sechs Monaten nach Abschluß des Geschäftsjahres, einzuberufen (§§ 260 II, 253 I HGB). Darüber hinaus verpflichtete das HGB, Vorstand und Aufsichtsrat eine außerordentliche Generalversammlung immer dann einzuberufen, wenn es das Interesse der Gesellschaft erfordert (§§ 246 II, 253 II HGB) oder ein entsprechender Gesellschafterbeschluß vorlag (§ 256 III HGB).

Dieser gesetzgeberischen Intention entsprach die damalige Praxis dagegen in den meisten Fällen nicht[181]. Davon, daß „der Wille der Aktiengesellschaft als der

---

Vorstandes ist allein die Satzung; typischerweise bestimmte diese die Bestellung durch den Aufsichtsrat). Die Anwesenheitspflicht (Nr.4) greift ebenfalls nicht in die Kompetenzverteilung ein.

[179] Zur Zulässigkeit vgl. bereits oben Fn 160.

[180] Zusammenstellung der Kompetenzen bei Makower, § 250 Anm. V.b.2.

[181] Zur Rechtswirklichkeit Passow, Aktiengesellschaft, S. 323f. und 470ff. (479, 490).

organisierten Gesamtheit der Aktionäre seinen Ausdruck allein in der Generalversammlung der Aktionäre (findet)“[182], konnte keine Rede sein. Tatsächlich beschränkte sich die Bedeutung der Generalversammlung regelmäßig vielmehr auf eine relativ zügige Erledigung der Pflichtbeschlüsse und Pflichtaufgaben, ohne daß diese zuvor Gegenstand einer gründlichen Erörterung oder Diskussion gewesen wären. Die eigentliche Leitung des Unternehmens erfolgte dagegen durch Vorstand und Aufsichtsrat.

Bei der K.M.A. wurde die Stellung der Aktionäre und die der Aktionärsgesamtheit durch den Gesellschaftsvertrag darüber hinaus noch in weiteren Punkten modifiziert bzw. beschränkt. Dieses erscheint um so erstaunlicher, als die K.M.A. eine kleine, homogene und gleichgerichtete Aktionärsstruktur (22 bzw. seit 1915 32 Großaktionäre mit in etwa gleichen Beteiligungen aus dem Bereich der Metallgroßindustrie) aufwies und damit an sich die besten Voraussetzungen für eine starke Aktionärsstellung im Verhältnis zu Vorstand und Aufsichtsrat vorlagen. Daß tatsächlich eine andere Entwicklung zu beobachten war, läßt sich letztlich nur aus der Eigenart, aus dem Charakter der K.M.A. als gemischtwirtschaftliche Kriegsgesellschaft erklären.

Folgende Bestimmungen der Satzung der K.M.A. entsprachen noch weitgehend dem gesetzlichen Idealbild einer Aktiengesellschaft: § 14 wies - in Erweiterung des § 253 I HGB - das Recht der Einberufung der Generalversammlung nicht nur dem Vorstand, sondern auch dem Aufsichtsrat zu. Wenn auch dieser tatsächlich davon keinen Gebrauch machte, so zeigt sich doch hier wieder die Tendenz, die Rechtsstellung des Aufsichtsrats im Verhältnis zum Vorstand zu stärken und ihn an den typischen Verwaltungsaufgaben zu beteiligen (s.o.). Die Einberufung erfolgte grds. durch einmalige Bekanntmachung im Reichsanzeiger (§ 14 a.E.[183]). Gegenstand der ordentlichen Generalversammlung (§ 15) waren bei der K.M.A. nur die ihr nach der gesetzlichen Konzeption zugewiesenen Berichterstattungen, Beschlüsse (§ 260 HGB) und Wahlen (§ 243 I HGB) sowie die Befassung mit sonstigen rechtzeitig angekündigten Verhandlungsgegenständen (§ 15 Nr. 5). Beschlüsse faßte die Generalversammlung grds. durch einfache Mehrheit der abgegebenen Stimmen (§ 17 I[184]). Für Wahlen verlangte das Statut dagegen eine absolute Mehrheit und ließ erst, wenn diese nicht erreicht wurde, im zweiten Wahlgang eine einfache Mehrheit bzw. bei Stimmengleichheit einen Losentscheid ausreichen, § 17 II[185]. Als Sitz der Generalversammlung bestimmte das Statut Berlin oder einen Vorort davon (§ 18 S.1). Den Vorsitz führte der Vorsitzende des Aufsichtsrates (§ 16 I). Jeder Beschluß der Generalversammlung

[182] Begründung zur Novelle des Aktienrechts von 1884, S. 293 (Nachweis bei Passow, Aktiengesellschaft, S. 471).
[183] Vgl. §§ 255, 182 II Nr. 5 HGB.
[184] Vgl. § 251 I HGB.
[185] Vgl. § 251 II HGB.

bedurfte zu seiner Gültigkeit der Beurkundung durch ein über die Verhandlung gerichtlich oder notariell aufgenommenes Protokoll, § 18 S.2[186].

Besondere Aufmerksamkeit verdienen dagegen §§ 5, 20, 22 des Gesellschaftsvertrages.

Nach § 5 I traf die Aktionäre neben der primären Pflicht zur Leistung ihrer Kapitaleinlage weiterhin die Verpflichtung, auf Verlangen des Preußischen Kriegsministeriums aus ihren „gesamten Beständen von Metallen und eventuell Metallfabrikaten den direkten und indirekten Bedarf von Heer und Marine zu sichern", soweit nicht bestimmte Mengen für privatindustrielle Zwecke freigegeben würden. Darüber hinaus verpflichteten sich die Aktionäre, „der Gesellschaft während der Dauer des Feldzuges auf Verlangen jederzeit Angaben über die Mengen ihrer Bestände zu machen, die für die Zwecke der Gesellschaft in Frage kommen", § 5 II. Die Zulässigkeit der Begründung derartiger Nebenleistungspflichten richtete sich nach § 212 I HGB, wonach „neben den Kapitaleinlagen im Gesellschaftsvertrage den Aktionären die Verpflichtung zu wiederkehrenden, nicht in Geld bestehenden Leistungen auferlegt werden (kann), sofern die Übertragung der Antheilsrechte an die Zustimmung der Gesellschaft gebunden ist."

Diese Verpflichtung der Aktionäre prägte das Verhältnis zwischen der K.M.A. und ihren Anteilseignern. Entscheidend für die Gesellschaft war nicht allein die breite, anonyme Streuung des Aktienbesitzes mit der damit verbundenen Möglichkeit der Beschaffung großer Kapitalmengen durch lediglich kapitalistisch interessierte Anleger. Stattdessen rückte der einzelne Aktionär, der durch seine Metallieferungen unter Umständen erst einen ordnungsgemäßen Geschäftsbetrieb der Gesellschaft ermöglichte, in den Vordergrund. Die Aktionäre wurden auf diese Weise ganz persönlich mit dem Schicksal der Gesellschaft verbunden. Gleichzeitig setzte die Satzung mit dieser Bestimmung faktisch den freien Metallmarkt außer Kraft. Metallieferungen der Aktionäre an die Gesellschaft waren nicht mehr privatautonome Geschäfte der Beteiligten, sondern die Erfüllung einer Pflicht, die sich auf die Aktionärsstellung stützte. Die Bestandsmeldepflicht (§ 5 II) zeigte darüber hinaus, mit welcher Selbstverständlichkeit die Metallvorräte der Aktionäre in den Wirtschaftsplan der Kriegsrohstoffabteilung einbezogen wurden. Insgesamt führte die Begründung von Nebenpflichten in § 5 zu einer Begrenzung des potentiellen Aktionärskreises und zu einer viel stärkeren Bindung des einzelnen an das Unternehmen. Wesentliche Merkmale der Rechtsform Aktiengesellschaft (breites Anlegerpublikum, freie Übertragbarkeit der Anteile, rein kapitalmäßige Beteiligung) fehlten damit bei der K.M.A.

Nach § 20 sollte der sich bei der Aufstellung der Bilanz (§ 261 HGB) ergebende Reingewinn zu 5% dem gesetzlichen Reservefonds zugeschlagen werden, bis dieser den zehnten Teil des Grundkapitals erreichte. Der verbleibende Rest

---

[186] Vgl. § 259 I HGB.

sollte dem Rückstellungskonto zugeführt werden[187]. Entsprach die erste Bestimmung noch vollkommen der Konzeption des HGB[188], so beschränkte die zweite Aussage des § 20 die Aktionäre in ihrem ureigensten Recht auf eine Gewinnausschüttung am Geschäftsjahresende. Zwar überließ auch hier im Grundsatz das Gesetz den genaueren Verteilungsschlüssel dem Gesellschaftsvertrag und ermöglichte so, daß Teile des Reingewinns dauerhaft für die Gesellschaftszwecke zurückbehalten werden konnten[189], der hinter dieser Regelung stehende Gedanke, eine zu starke alljährliche Kapitalentziehung und damit Schwächung der Gesellschaft zu vermeiden, änderte aber nichts daran, daß typischerweise Aktionäre wie auch Aktiengesellschaften ein Interesse an der Ausschüttung einer Dividende haben (angemessene Verzinsung des eingesetzten Kapitals bzw. Werbung um zukünftiges Anlegerkapital).

Bei der K.M.A. zeigte sich aber eine andere Interessenlage. Angesichts der zeitlichen Begrenzung der Gesellschaft (§ 21), der nicht beabsichtigten breiteren Streuung des Aktienbesitzes sowie der Gemeinnützigkeit (§ 2 III) kam eine Dividendenausschüttung aufgrund der damit verbundenen Verminderung des für die Gesellschaftszwecke zur Verfügung stehenden Vermögens nicht in Betracht. Darüber hinaus waren die Aktionäre nicht primär an einer möglichst gewinnbringenden Kapitalanlage interessiert. Vielmehr organisierten sich Großindustrielle wie Großhändler der Metallbranche in der K.M.A. vornehmlich mit dem Ziel, an den staatlichen kriegswirtschaftlichen Entscheidungsprozessen und deren Umsetzung mitzuwirken. Nicht die eigentliche Stellung als Kapitalanleger, sondern die Aussicht in Vorstand, Aufsichtsrat und vor allem in der für die Rohstoffverteilung zuständigen Schätzungs- und Verteilungskommission Verantwortung zu übernehmen waren die eigentlichen Motive für den Beitritt zur K.M.A. Diese Einstellung der Aktionäre zur Gesellschaft zeigte sich besonders deutlich in ihrem Verhalten in der S- und V-Kommission[190]. Auf eine Dividende konnten sie angesichts dieser viel bedeutenderen Vorteile verzichten.

Vor diesem Hintergrund muß auch die Bestimmung des § 22 gesehen werden, der die Verteilung des verbleibenden Vermögens der Gesellschaft nach deren Auflösung (§ 21) auf die Aktionäre über den auf die Aktien bar eingezahlten Betrag hinaus verbot. Nicht einmal eine Zinsvergütung war vorgesehen. Das nach der Auflösung verbleibende Vermögen war vielmehr dem Preußischen Kriegsministerium zu überweisen[191]. Auch an dieser Vorschrift zeigt sich, daß finanzielle

[187] Für das Geschäftsjahr 1914/1915 betrugen die Rückstellungen 4,0 Mio. bei einem Reingewinn von 4,3 Mio., 1915/1916 5,0 Mio. bzw. 5,6 Mio., 1916/1917 6,5 Mio. bzw. 7,1 Mio. und 1917/1918 4,5 Mio. bzw. 5,0 Mio. Mark.

[188] Vgl. § 262 Nr. 1 HGB.

[189] Vgl. § 213 HGB.

[190] Dazu näheres unter 5.

[191] Durch einen Satzungsänderungsbeschluß der ersten ordentlichen Generalversammlung vom 24. Februar 1916 erhielt § 22 S. 3 folgenden Wortlaut (BA R 8737 Bd. 20 Bl. 1, 43): „Ein

Motive bei der Errichtung der K.M.A. für die Aktionäre keine entscheidende Rolle gespielt haben.

Der begrenzte Aktionärskreis (§ 3), die damit zusammenhängende enge Bindung der einzelnen Aktionäre an die Gesellschaft (§ 5), fehlende finanzielle Interessen derselben (§§ 20, 22) und deren direkte Beteiligung an der Verwaltung durch Funktionen in Vorstand und Aufsichtsrat führten im Ergebnis dazu, daß faktisch bei der K.M.A. der Generalversammlung nicht die vom Gesetz vorgesehene zentrale Bedeutung zukam[192].

4. Die staatlichen Kommissare

Die staatliche Kontrolle und Aufsicht in der K.M.A. wurde durch staatliche Kommissare, und zwar des Königlich Preußischen Kriegsministeriums (§ 9 I) und des Ministeriums für Handel und Gewerbe (§ 9 II) gewährleistet. Als erster Kommissar des Kriegsministeriums wurde der Chef der Kriegsrohstoffabteilung und eigentliche Initiator der K.M.A. W. Rathenau ernannt. Im Sommer 1915 kamen zwei weitere Kommissare der Kriegsrohstoffabteilung hinzu, einmal Tröger, der Leiter der Sektion Metalle bei der Kriegsrohstoffabteilung und Max von der Porten, Direktor der zum Konzern Metallgesellschaft gehörenden Otavi Minen- und Eisenbahn-Gesellschaft und zugleich Leiter der Metall-Meldestelle und des Metall-Zuweisungsamtes der Kriegsrohstoffabteilung. Zwischen der Kriegswirtschaftsverwaltung und der Kriegsgesellschaft bestanden also erhebliche personelle Verflechtungen. Rathenau, Tröger und von der Porten waren auf diese Weise sowohl an der Ausarbeitung und Anordnung der staatlichen Zwangsmaßnahmen als auch an der eigentlichen Umsetzung derselben durch die K.M.A. beteiligt. Die Konzentration von Entscheidungsbefugnissen auf wenige Persönlichkeiten stärkte insgesamt die Position des Staates im Verhältnis zu den in den Kriegsgesellschaften organisierten und von den Bewirtschaftungsmaßnahmen betroffenen Privatunternehmern[193].

Zum Kommissar des Ministeriums für Handel und Gewerbe bei der K.M.A. wurde drei Tage nach Errichtung der Gesellschaft am 05. September 1914 der

---

etwa verbleibender Rest wird dem Königlich Preußischen Kriegsministerium *zwecks Abführung an die Reichskasse* überwiesen."

[192] Insgesamt kam es zu fünf ordentlichen Generalversammlungen der K.M.A. (24. Februar 1916, 28. März 1917, 30. April 1919, 25. November 1920 und am 10. August 1921, BA R 8737 Bd. 20-24)).

[193] Gerade die personellen Verflechtungen zwischen Staat und Großindustrie und die damit verbundenen Gefahren des Machtmißbrauchs sind Schwerpunkt der Untersuchungen von Müller, Kriegsrohstoffbewirtschaftung, Schröter, Krieg, Staat, Monopol und Baudis, Staatsmonopolistischer Kapitalismus. Allerdings kommen dort die Verfasser regelmäßig zu dem Schluß, daß sich auf diese Weise die Großindustriellen eine entscheidende Einflußnahme auf staatliche Entscheidungen zur eigenen Gewinnmaximierung sicherten und nicht umgekehrt der Staat im Interesse der Gemeinschaft die Privatwirtschaft zu steuern versuchte.

Geheime Regierungsrat Walther Römhild ernannt (§ 9 II). Daneben lud die Gesellschaft regelmäßig noch Vertreter des Reichskanzlers bzw. des Reichsamts des Innern (Geheimrat Schlegelberger), des Reichsmarineamts (Geh. Oberbaurat B. Schulz), des Königlichen Ministeriums für öffentliche Arbeiten (Geh. Regierungsrat Holtze) und der Königlichen Feldzeugmeisterei (Major Steinhausen) zu den Sitzungen des Aufsichtsrates ein. Sie bildeten die Anlaufstellen für Klagen und Beschwerden von Unternehmen gegen die K.M.A. in den jeweiligen Ministerien bzw. staatlichen Stellen und sorgten für eine Berücksichtigung ihrer Fachinteressen in der Gesellschaft. Mangels Vetorechts war ihre Stellung in der K.M.A. jedoch nicht mit der der „Kommissare" zu vergleichen. Das Reichsschatzamt erhielt demgegenüber durch einen Satzungsänderungsbeschluß der zweiten ordentlichen Generalversammlung vom 28. März 1917 in § 9 III[194] die Möglichkeit eingeräumt, neben dem Preußischen Kriegsministerium und dem Ministerium für Handel und Gewerbe auch einen staatlichen Kommissar in die K.M.A. zu entsenden.

Nach der gesellschaftsvertraglichen Konzeption kam den staatlichen Kommissaren eine überaus bedeutende Funktion zu. Sämtliche Beschlüsse des Aufsichtsrates, die sich auf die Beschaffung, Verteilung oder Verwertung von Metallen bezogen, durften nicht ausgeführt werden, „solange eine der drei bezeichneten Persönlichkeiten der Ausführung aus Gründen des Interesses von Heer und Marine oder von Handel und Gewerbe oder aus finanziellen Gründen" widersprach (§ 9 IV[195]). Damit sicherte der Gesellschaftsvertrag den Vertretern des Staates ein umfassendes Vetorecht hinsichtlich sämtlicher den äußeren Geschäftsbetrieb der K.M.A. betreffenden Entscheidungen zu. Gestärkt wurde diese Position durch die Zuständigkeit des Reichskanzlers in Fragen der Aufrechterhaltung des Widerspruchs (§ 9 V) und durch das Anhörungsrecht der Kommissare vor der Schätzungs- und Verteilungskommission mit der Möglichkeit, eine Entscheidung des von ihnen dominierten Aufsichtsrates einzuholen, § 13 S.3,4. Faktisch hatte sich damit die gesamte Metallbewirtschaftung vollkommen den staatlichen Interessen unterzuordnen. Rein äußerlich drückte sich die Aufsichts- und Kontrollfunktion des Staates in der ständigen Anwesenheit eines der Kommissare (von der Porten) in den Räumen der K.M.A. aus.

5. Die Schätzungs- und Verteilungskommission des Aufsichtsrates

Das bedeutendste atypische Organ der K.M.A. war die Schätzungs- und Verteilungskommission. Von ihrer Tätigkeit, inneren Ausgestaltung und dem

---

194 „Falls nicht eine von dem Reichsschatzamt bezeichnete Persönlichkeit dem nach § 8 gewählten Aufsichtsrat angehört, ist eine von dem Reichsschatzamt zu bezeichnende Persönlichkeit zu allen Sitzungen des Aufsichtsrats und seiner Kommissionen einzuladen."

195 Fassung nach der Satzungsänderung durch Beschluß der zweiten ordentlichen Generalversammlung vom 28. März 1917 (BA R 8737 Bd. 21 Bl.1, 42).

Verhältnis zu den anderen Organen hing praktisch der gesamte Charakter der K.M.A. und damit auch ihre Stellung und Funktion in der Kriegswirtschaft ab.

Der Gesellschaftsvertrag der K.M.A. befaßte sich ausschließlich mit der Zusammensetzung der S- und V- Kommission und der Stellung der staatlichen Kommissare im Verhältnis zur Kommission. Nach § 13 bestand die vom Aufsichtsrat zu wählende S- und V- Kommission der K.M.A. aus mindestens vier Mitgliedern, von denen eines Mitglied einer Handelskammer oder Metallbörse sein mußte. Letzteres Mitglied durfte nicht zugleich Mitglied des Aufsichtsrates sein. Die in § 9 des Gesellschaftsvertrages angesprochenen staatlichen Kommissare mußten auf ihren Wunsch von der Kommission gehört werden. Auf den Antrag eines von ihnen war die Entscheidung des Aufsichtsrates einzuholen. Die Mitglieder der Kommission faßten ihre Beschlüsse grds. mit Stimmenmehrheit; bei Stimmengleichheit entschied die Stimme des Vorsitzenden.

In der ersten Aufsichtsratssitzung vom 02. September 1914 wurden M. Steinthal (Deutsche Bank, Mitglied der Handelskammer), C. L. Netter (Wolf, Netter & Jacoby), A. Hirsch (Hirsch-Konzern), N. Levy (N. Levy & Co) und H. Natalis (Siemens-Schuckert-Werke) zu Kommissionsmitgliedern und T. Berliner (Bergmann-Elektrizitätswerke AG), H. Cassirer (Dr. Cassirer & Co) und A. Ehrhardt (Chemische Fabrik Hönningen) zu Stellvertretern gewählt[196]. Den Vorsitz übernahm M. Steinthal.

Die nähere Bestimmung des Aufgabenbereichs und der inneren Ordnung der S- und V-Kommission wurde einer vom Aufsichtsrat zu erlassenden Geschäftsordnung vorbehalten[197]. Danach oblag ihr zum einen der Ausgleich zwischen den im Interesse der Landesverteidigung zur Sicherung verfügbarer Metallbestände crforderlichen Maßnahmen und den berechtigten Interessen der Friedensindustrie (Punkt 1). Ergänzt wurde diese Kompetenz durch eine Bestimmung, wonach unter Verwertung der von der K.M.A. getroffenen Feststellungen Gutachten für die Militärbehörden über die Frage zu erstatten waren, ob Anträge auf Freigabe beschlagnahmter Metalle oder Überweisung verfügbarer Bestände zum Zwecke von Friedensarbeit anzunehmen oder abzulehnen seien (Punkt 4) und durch Punkt 5, der der Kommission das Entscheidungsrecht bei Zweifeln über die Einstufung bestimmter Arbeiten als Kriegs- oder Friedensarbeiten zugestand. Mit diesem ersten Aufgabenbereich kam der Kommission die Schlüsselfunktion bei der wichtigen Entscheidung über das Ausmaß der Kriegswirtschaft im Bereich der Metallwirtschaft zu. Ihr allein oblag es, ob Metalle unter das strenge System der Zwangswirtschaft gestellt wurden oder weiterhin dem freien Markt verblieben.

---

[196] Protokoll der ersten Aufsichtsratssitzung vom 02. September 1914 (BA R 8737 Bd. 2 Bl. 3f.). Später traten noch Direktor C. Döpke, Direktor W. Meng, Direktor H. Peierls und Direktor R. Werner hinzu.

[197] Abgedruckt im Anhang.

Eine weitere bedeutsame Funktion wies Punkt 2 der Kommission diesmal im Verhältnis zwischen den Besitzern von Metallbeständen und denjenigen Firmen zu, die diese Metalle zur Erledigung ihrer Kriegsaufträge brauchten. Auch hier war es wieder Aufgabe der Kommission, für einen angemessenen Ausgleich der gegenläufigen Interessen zu sorgen. Zu diesem Zweck hatte sie insbesondere die zur Verrechnung notwendigen Preise festzusetzen und konnte so erheblichen Einfluß unmittelbar auf die privatwirtschaftlichen Unternehmen ausüben.

Der dritte Punkt der Geschäftsordnung befaßte sich weniger mit einem konkreten Aufgabenbereich der Kommission, sondern stellte vielmehr in Ergänzung zu Punkt 2 die Interessen der Aktionäre in den Vordergrund: ihren Wünschen sollte nach Möglichkeit bei der Aufteilung der von der K.M.A. gekauften Metalle in erster Linie entsprochen werden. Diese Bestimmung stellte insofern eine Besonderheit dar, als damit die Gesellschaft hinsichtlich der Rohstoffverteilung die Funktion einer Interessenvertretung der Großindustriellen wahrnahm und so in krassen Widerspruch zu der in § 2 des Gesellschaftsvertrages statuierten Gemeinnützigkeit geriet[198].

Ein dritter wichtiger Aufgabenbereich der Kommission bestand in der Überprüfung der von den Rohstofflieferanten den Behörden berechneten Preise (Punkt 6) bzw. der erstmaligen Preisfestsetzung gegenüber den Inhabern beschlagnahmter Rohstoffe (Punkt 7). Darüber hinaus hatte sie Anträge auf Ausfuhr bestimmter Metallquantitäten nach Österreich-Ungarn oder das neutrale Ausland zu begutachten, sowie die von der Metalldeputation der Korporation der Kaufmannschaft von Berlin in der Presse veröffentlichten Notierungen einer Nachprüfung zu unterziehen (Punkt 8 bzw. 9).

Zusammenfassend lassen sich die Aufgaben der S- und V-Kommission demnach folgendermaßen charakterisieren: Abgesehen von den beiden zuletzt genannten Punkten bestand die Funktion der Kommission darin, gegensätzliche Interessen möglichst zu einem Ausgleich zu bringen, sei es im Verhältnis von Friedensindustrie und Kriegswirtschaft, sei es im Verhältnis zwischen den Besitzern von Metallen und denjenigen Firmen, die diese Metalle zur Erledigung ihrer Kriegsaufträge brauchten oder sei es im Verhältnis zwischen den Behörden und den Rohstofflieferanten bzw. -inhabern.

---

[198] In der Praxis äußerte sich diese innere Einstellung der Aktionäre bereits sehr früh. So wurden am 23. September 1914 laut Protokoll der S- und V-Kommission folgende Mengen Elektrolyt-Kupfer verkauft: AEG (150t), Siemens (250t), Bergmann (200t), Felten-Carlswerk (100t), Hirsch (150t) und an weitere Aktionäre der K.M.A. 325t. Damit erhielten die Aktionäre der K.M.A. 1.175t von insgesamt 1.330t. Nur der Rest von 155t wurde an andere Firmen verkauft. Ähnlich stellte sich die Situation bei anderen Rohstoffzuteilungen dar. Zu dem ganzen Problem der bevorzugten Belieferung der Großaktionäre mit Rohstoffen Müller, Kriegsrohstoffbewirtschaftung, S. 38ff. und S. 68ff. wo er sich ganz allgemein mit dem „skrupellosen Geschäftsgebaren der Monopolherren der Kriegsmetall AG" befaßt.

Diese Konzentration der Entscheidungsbefugnisse in der S- und V-Kommission führte zwangsläufig dazu, daß die Kommissionsmitglieder immer mehr zu reinen Interessenvertretern wurden. Dabei prallten insbesondere das staatliche Interesse an einer möglichst umfassenden Bewirtschaftung der Metallbestände bei gleichzeitigem Niedrighalten des Preisniveaus (der Staat wurde während des Krieges zum größten Rohstoffkäufer) und das Interesse der Privatindustrie an der Erhaltung der Marktwirtschaft mit den damit verbundenen nachfragebedingten Preissteigerungen aufeinander. Mit zunehmender Rohstoffverknappung verlagerte sich dieser Konflikt auf die eigentliche Verteilung der wenigen Rohstoffe, da diese einerseits für die Privatunternehmer Grundlage der Fortführung ihres Geschäfts waren, andererseits der Staat auf eine ausschließliche Verwendung für Kriegszwecke achten mußte.

Für die Vertreter der Privatwirtschaft war Voraussetzung für eine Einflußnahme auf die Rohstoffverteilung eine entsprechende Stimmenmehrheit in der Kommission. Als problematisch erwies sich in diesem Zusammenhang häufig, die oft gegensätzlichen Interessen der verschiedenen Einzelunternehmen aufeinander abzustimmen. Die Staatsinteressen wurden dagegen einheitlich durch die Kommissare vertreten. Auf ihren Wunsch mußten sie von der Kommission gehört werden und konnten daraufhin eine Entscheidung des von ihnen selbst dominierten Aufsichtsrats beantragen, vgl. § 13 S. 3, 4 und § 9 IV, V. Faktisch konzentrierte sich die Macht in der S- und V-Kommission also bei den Vertretern des Staates.

Im Rahmen der Umstrukturierung der Metallbewirtschaftung 1915 brachte man diese tatsächlichen Machtverhältnisse dann auch rein äußerlich durch die Verlagerung der zentralen Rohstoffverteilungsbefugnis auf eine staatliche Stelle (dem Metall-Zuweisungsamt) zum Ausdruck. Die in der Kriegsgesellschaft organisierten Privatunternehmer verloren auf diese Weise ihre bedeutendste Einflußmöglichkeit auf die Kriegsmetallwirtschaft, und die K.M.A. begann sich zu einer unselbständigen, lediglich unterstützend tätig werdenden und ausführenden Hilfsorganisation der Kriegsrohstoffabteilung umzuwandeln[199].

6. Sonstige Kommissionen der Kriegsmetall AG

Neben der bedeutenden Schätzungs- und Verteilungskommission bestanden bei der K.M.A. noch weitere Kommissionen zur Erledigung besonderer Aufgaben, die vorwiegend als Beratungs- und Koordinationsgremien in der Gesellschaft agierten.

---

[199] Näheres zur Umstrukturierung unter V.1.

Die sog. Arbeitskommission wurde sogleich nach Gründung der K.M.A. aus sieben Mitgliedern des Aufsichtsrates und Vertretern der Behörden gebildet[200]. Ihre Aufgabe bestand vor allem in der Durchführung der ersten Arbeiten nach Gründung der Gesellschaft. An den wöchentlichen Sitzungen nahm regelmäßig auch der Vorstand teil, bis dieser faktisch die Aufgaben der Kommission übernahm.

Anfang Oktober 1914 wurde durch den Aufsichtsrat noch eine technische Kommission errichtet, welche sich mit der Klärung technologischer Fragen der Metallwirtschaft aber auch der Organisation der Produktion auseinanderzusetzen hatte[201]. Für das Spezialgebiet der Elektrotechnik wurde ihr eine elektrotechnische Kommission (bis Ende 1914) angegliedert. Sie hatte Maßnahmen auszuarbeiten und umzusetzen, um diejenigen eingebauten, aber entbehrlichen Kupfermengen in Elektrizitätswerken, Leitungs- und Maschinenanlagen zu beschaffen und für deren Ersatz zu sorgen. Auch die Aufgaben der technischen Kommission wurden seit 1915 faktisch von der Geschäftsführung mitbehandelt.

Schließlich sei der Vollständigkeit halber noch die der S- und V-Kommission angegliederte Aluminium-Verteilungskommission (seit 15. Januar 1915) erwähnt.

---

[200] Direktor H. Peierls (Vorsitzender, AEG Kabelwerk Oberspree, Berlin-Oberschönweide), A. Hirsch (A. Hirsch & Sohn, Kupfer & Messingwerk AG, Berlin/Halberstadt), H. Natalis, Generaldirektor Th. Berliner (Bergmann Elektrizitätswerke AG, Berlin), Dr H. Cassirer (Dr. Cassirer & Co, Charlottenburg), Direktor A. Ehrhardt (Chem. Fabrik Hönningen und vorm. Messingwerk Reinickendorf R. Seidel AG, Berlin) und Kommerzienrat N. Levy (N. Levy & Co, Berlin). Protokoll Nr. 1 der Aufsichtsratssitzung vom 02. September 1914 (BA R 8737 Bd. 2 Bl. 3f.). Später traten noch Direktor C. v.d. Herberg (Felten & Guilleaume, Carlswerk AG, Cöln-Mühlheim) und Dr. F. Warburg (M.M. Warburg & Co, Hamburg) hinzu. Vertreter der Behörden waren Dr. W. Rathenau (Kriegsministerium), Geh. Regierungsrat Römhild (Ministerium für Handel und Gewerbe), Oberbaurat Schulz (Reichsmarineamt) und Tröger (Kriegsministerium).

[201] Mitglieder der Kommission waren A. Hirsch (Vorsitzender, A. Hirsch & Sohn, Hirsch, Kupfer & Messingwerke AG, Halberstadt/Berlin), Dr. Adler (Kabelwerk Oberspree, Oberschönweide), Dr. E. Busemann (Kriegsmetall AG, Berlin), Dr. Cassirer (Dr. Cassirer & Co., Berlin-Charlottenburg), Dr. E. Noah (Hüttenwerk C. Wilh. Kayser & Co, Berlin), Direktor von der Ropp (Kupferwerke Deutschland, Niederschönweide), Direktor Zapf (Felten & Guilleaume, Carlswerk AG, Cöln-Mühlheim), Direktor Zintgraff (Metallurgische Gesellschaft, Berlin). Vertreter der Behörden waren Dr. W. Rathenau (Kriegsministerium), Geh. Regierungsrat Römhild (Ministerium für Handel und Gewerbe) und Oberbaurat Schulz (Reichsmarineamt).

IV. Der äußere Geschäftsbetrieb und die innere Organisation der Kriegsmetall AG

1. Der äußere Geschäftsbetrieb: Die Metallbewirtschaftung[202]

Nach § 2 II „darf (die Gesellschaft) alle Geschäfte tätigen, die den Gesellschaftszweck zu fördern geeignet sind." Entsprechend der Bestimmung des Unternehmensgegenstandes in § 2 I konzentrierte sich der Geschäftsbetrieb der K.M.A. auf die Beschaffung der Metalle und Metallfabrikate, deren Sortierung und Lagerung (ggf. nach vorangegangener Umarbeitung) und der sich daran anschließenden Verteilung der Rohstoffe an die metallverarbeitenden Betriebe nach Maßgabe der hoheitlichen Anordnungen seitens des Kriegsministeriums (Kriegsrohstoffabteilung). Die Geschäftstätigkeit der K.M.A. war dabei nicht auf Erwerb gerichtet, sondern verfolgte vielmehr ausschließlich gemeinnützige Zwecke, § 2 III.

Hinsichtlich der Rohstoffbeschaffung lassen sich im folgenden die Bewirtschaftung der inländischen Metalle (a), der Rohstoffimport aus dem Ausland (b) und der Bereich der Urproduktion/des Bergbaus (c) auseinanderhalten.

a) Die Bewirtschaftung der inländischen Metalle und Metallfabrikate

Der Schwerpunkt der Geschäftstätigkeit bestand in der Beschaffung der verfügbaren inländischen Metallbestände und deren Nutzbarmachung für Zwecke der Kriegswirtschaft. Die der K.M.A. in diesem Zusammenhang zur Verfügung stehenden Beschaffungsmöglichkeiten waren der freihändige Ankauf, der Ankauf nach vorangegangener Beschlagnahme, die Enteignung, sowie die Metallmobilisierung in Betrieben und Haushalten[203].

Der freihändige Ankauf der Metalle, der sich ursprünglich auf die bei der K.M.A. einlaufenden Angebote beschränkte, mußte von Zeit zu Zeit besonders angeregt werden. Zu diesem Zweck setzte sich die K.M.A. mit den Verbänden der verschiedenen metallverarbeitenden Industrien in Verbindung und veranlaßte diese, ihre Mitglieder zur Überlassung der Vorräte an die K.M.A. zu bewegen[204].

---

[202] Dazu Demeter, Kriegsmetall AG, S. 24ff. und eine Denkschrift von Anfang 1918 über die Organisation und Geschäftstätigkeit der K.M.A. (BA R 8737 Bd. 3 Bl. 31-52). Allgemein zum zeitlichen Ablauf der Rohstoffbewirtschaftung auf dem Metallsektor Goebel, Rohstoffwirtschaft, S. 41-51.

[203] Die Mobilisierungsmaßnahmen erfolgten dabei seit Mai 1915 in Zusammenarbeit mit der sog. Metallmobilmachungsstelle bei der Sektion M der Kriegsrohstoffabteilung (dazu näheres unter V.1.).

[204] Es handelte sich dabei um den Verein der Berliner Metall-Industriellen, den Reichsverband der Deutschen Metall-Industrie, den Verein zur Wahrung gemeinsamer Wirtschafts-Interessen der deutschen Elektrotechnik, den Verband Deutscher Gas- und Wasser-

Mit zunehmender Rohstoffknappheit wurden jedoch die eigenen betrieblichen Vorräte für das Fortbestehen des Unternehmens von entscheidender Bedeutung, so daß die bloßen Aufforderungen zur freiwilligen Überlassung derselben nicht mehr den gewünschten Erfolg versprachen.

Stattdessen ging man dazu über, mittels Beschlagnahmungen die ausschließliche Verwendung der Rohstoffe für Kriegsaufträge sicherzustellen. Handelte es sich dabei anfangs noch um vereinzelte Maßnahmen gegenüber vereinzelten Betrieben, so erfolgte bereits am 31. Januar 1915 die allgemeine Bestandsmeldepflicht und Beschlagnahme von Kupfer, Nickel, Zinn, Aluminium, Antimon und Blei, der später die aller anderen „Sparmetalle“ folgte. Die mit der Beschlagnahme verbundene Verfügungsbeschränkung für andere als Kriegsaufträge[205] führte dabei in der Regel dazu, daß die Inhaber beschlagnahmter Rohstoffe ihre Bestände der K.M.A. „freiwillig“ zum Ankauf anboten, um sich so von ihrem „toten Kapital“ unter Vermeidung der Härten einer Enteignung zu trennen. Die K.M.A. konnte auf diese Weise die Metalle schnell und unkompliziert beschaffen und den verarbeitenden Betrieben zuteilen. Auch hier suchte die K.M.A. wieder die Nähe zu den Industrieverbänden mit dem Ziel, Verständnis für die notwendigen Maßnahmen zu wecken und eine möglichst konfliktfreie Zusammenarbeit zu ermöglichen.

Bei sämtlichen Metallankäufen der K.M.A., sei es als freihändiger Ankauf oder notgedrungen als Folge der Beschlagnahme, war die K.M.A. an die gesetzlichen Höchstpreise gebunden. Preisverhandlungen zwischen den Rohstoffinhabern, der K.M.A. und den verarbeitenden Betrieben fanden also grds. nicht statt[206]. Eine Ausnahme bildeten zunächst nur die Halb- und Fertigfabrikate, bei denen in jedem einzelnen Fall der Grad der Bearbeitung und damit auch der Preis festzustellen war. Allerdings setzte das Preußische Kriegsministerium kurze Zeit später auch Höchstpreise für die verschiedenen Verarbeitungsstufen und Fabrikate der Metalle fest, um so die aufkommenden Umgehungsgeschäfte zu vermeiden[207]. In der Praxis wurden die gesetzlichen Höchstpreise zunehmend weniger

---

Armaturen, die Metallberatungsstelle für das Graphische Gewerbe u.a. Zunehmend gewann auch die Zusammenarbeit mit dem Kriegsausschuß der Deutschen Industrie an Bedeutung. Regelmäßig errichteten die Vereine besondere „Geschäftsstellen für freiwillige Angebote in Kriegsmetall“, die mit der Zusammenstellung, Bearbeitung und Weiterleitung der Rohstoffangebote an die K.M.A. beschäftigt waren.

[205] Zur Wirkung der Beschlagnahme vgl. bereits den ersten Abschnitt B. II. 2.

[206] Vgl. etwa die Bundesratsverordnung über Höchstpreise für Metalle vom 10. Dezember 1914, RGBl. 1914, S. 501. Erfaßt wurden die Nichteisenmetalle Kupfer, altes Messing, alte Bronze, Rotguß, Aluminium, Nickel, Antimon und Zinn.

[207] Bekanntmachung vom 28. Dezember 1914, RGBl. 1914, S. 551, ergänzt durch die Bekanntmachung vom 15. Juni 1915, RGBl. 1915, S. 340, aufgehoben durch Bekanntmachung vom 13. August 1915, RGBl. 1915, S. 501. Neue Bekanntmachung über Höchstpreise für Metalle und Bekanntmachung über Preisbeschränkungen bei metallischen Produkten vom 31. Juli 1916, RGBl. 1916, S. 865, 868.

beachtet (Ausnahmetatbestände), durch Anhebungen in ihrer Bedeutung beschränkt oder sogar später vollkommen aufgehoben. Die Erhaltung von Leistungsanreizen zwecks Sicherung der Rohstoffversorgung erschien vorrangig vor der Begrenzung von Preisen und Gewinnen der Industrie trotz der damit verbundenen Gefahren für den sozialen Frieden[208].

Komplizierter gestaltete sich der Ankauf von Altmetallen, die bei Händlern und Fabrikanten über ganz Deutschland in jeweils nur geringen Mengen verstreuten waren und deren zentrale Erfassung infolge des damit verbundenen Verwaltungsaufwandes unmöglich schien. Hier schaltete die K.M.A. nach Rücksprache mit der Kriegsrohstoffabteilung private Altmetallhändler gegen eine 3%ige Provision auf die Höchstpreise ein, um auch diese geringen Quantitäten der Kriegswirtschaft zuzuführen.

Als letztes Mittel der Rohstoffbeschaffung blieb schließlich die Möglichkeit einer Enteignung zugunsten der K.M.A. aufgrund der Bekanntmachung über die Sicherstellung von Kriegsbedarf vom 24. Juni 1915[209]. Wie die Beschlagnahme so wurde auch die Enteignung von der Verwaltung (Kriegsrohstoffabteilung) ausgesprochen und der K.M.A. nur zur weiteren Bearbeitung und Ausführung übergeben. Sie nahmen im Laufe des Krieges an Anzahl außerordentlich zu (durchschnittlich ca. 1.400 Enteignungen im Monat) und erfaßten schließlich sogar die Metalle in den privaten Haushalten und Kirchen[210]. Ständiges Bemühen der K.M.A. um eine gütliche Einigung mit den betroffenen Rohstoffinhabern führte dazu, daß letztlich in weniger als 5% der Fälle das Reichsschiedsgericht eingeschaltet werden mußte. Als Entgelt wurden auch hier die jeweiligen Metall-Höchstpreise gezahlt.

Zur örtlichen Erfassung und Sammlung der enteigneten Rohstoffe sicherte sich die K.M.A. die Unterstützung der über 2.700 Gemeinden und Kommunalverbände. Diese erhielten zwecks Vorfinanzierung der Geschäfte teilweise erhebliche Geldbeträge zur Verfügung gestellt (insgesamt waren zeitweise mehrere hundert Mio. Mark für Enteignungen investiert). Wegen des Umfanges dieser Geschäfte wurde der Lagerabteilung der K.M.A eine besondere Abteilung für den Haushaltskupfer (H.K.) angegliedert.

Gerade die zu letzt angesprochenen Haushalts-Metallbestände, sowie die sonstigen der K.M.A. zur Verfügung gestellten Metall-Abfälle, Halbfabrikate,

---

208 Zur Handhabung der Höchstpreise in der Praxis vgl. Roth, Kriegsgesellschaften, S. 287ff. (291ff.).

209 Vgl. dazu bereits den ersten Abschnitt B. III. 3.

210 Vor allem Kupfer- und Messingkessel, Aluminiumgeräte, Ofentüren und sogar die Tür- und Fenstergriffe mit der eigenen Abteilung T der K.M.A., die in Zusammenarbeit mit der behördlichen Metallersatzstelle den geeigneten Ersatz für ca. 70 Mio. Stück Türdrücker und 150 Mio. Fensterdrücker der unterschiedlichsten Typen zu besorgen hatte. In den Gotteshäusern wurden insbesondere die Orgelpfeifen und Bronzeglocken in den „Dienst" der Kriegsmetallwirtschaft gestellt.

Legierungen und Zwischenprodukte konnten als solche oftmals nicht unmittelbar dem weiteren Produktionsprozeß zugeführt werden. Zu ihrer Nutzbarmachung für Heereszwecke bedurfte es vielmehr zunächst einer Umarbeitung in speziell dafür errichteten oder auf vertraglicher Grundlage in bereits vorhandenen Raffinationsanlagen (insbesondere für Kupfer, Nickel und Aluminium). Mit dieser Aufgabe wurde die neue Geschäftsabteilung U bei der K.M.A. betraut[211].

Zwecks Lagerung und Sortierung der eingehenden Metalle unterhielt die K.M.A. anfangs eigene Lager in Hamburg (2), Berlin (3), Köln (2), Duisburg, Leipzig, Nürnberg, Ludwigshafen, und Karlsruhe. Später übernahm die Metalltreuhandgesellschaft mbH, die der K.M.A. als technische Hilfsgesellschaft angegliedert wurde, die Aufgabe der Lagerung und Sortierung[212].

Aus den Lagern der K.M.A bzw. Metalltreuhand wurden sodann den mit Heeresaufträgen versehenen metallverarbeitenden Betrieben nach Vorlage ihrer Belegscheine die benötigten Mengen zugeteilt. In diesen Belegscheinen hatten die Unternehmer zu versichern, daß die angeforderten Materialien in dem angegebenen Umfang zur Ausführung eines vorliegenden Kriegsauftrages gebraucht wurden. Für Zuweisungen an die verbliebene Friedensindustrie griff man dagegen zum System der sog. Freigaben. Der private Konsum wurde durch die Ausgabe von Bezugsscheinen geregelt[213].

---

[211] Weitere Einzelheiten zu den Umarbeitungsmaßnahmen bei Poll, Die Abteilung Bern der K.M.A., S. 13f., und über die staatlichen Zuschüsse zu den Raffinationsanlagen bei Müller, Kriegsrohstoffbewirtschaftung, S. 54-59, 132ff. Vgl. auch einen Bericht der K.M.A. über die Tätigkeit der Abteilung U vom 17. Februar 1916 mit einer systematischen Zusammenstellung der wichtigsten Verträge zwischen der K.M.A. und den Umarbeitungsanlagen, sowie den jeweiligen Beteiligungen der K.M.A. an den Baukosten (bis zu 1,4 Mio. Mark (Norddeutsche Affinerie, Hamburg, Genehmigung des Kriegsministeriums mit Schreiben vom 08. September 1915), bzw. sogar über 15 Mio. Mark (Bau zweier Aluminium-Anlagen aufgrund eines Vertrages mit der Chem. Fabrik Griesheim, der Metallbank und der Metallurgischen Gesellschaft, Genehmigung des Kriegsministeriums vom 02. Dezember 1915), BA R 8737 Bd. 127 Bl. 30-52 und Bd. 169 Bl. 211-215 (Verzeichnis der Beteiligungen). Eine Zusammenstellung der finanziellen Beteiligungen der K.M.A. befindet sich zudem in BA R 8737 Bd. 170 Bl. 24f. Allmonatlich war eine aktualisierte Aufstellung über die Verpflichtungen der K.M.A. zur Abnahme von Materialien und über die Beteiligungen an denjenigen Geschäften, aus denen der K.M.A. Verluste entstehen konnten, auszuarbeiten und der Kriegsrohstoffabteilung sowie dem Reichsschatzamt zu übermitteln. Für sonstige nicht erfaßte Verluste wurde keine Garantie übernommen (Schreiben der Kriegsrohstoffabteilung vom 20. Mai 1916 (BA R 8737 Bd. 169 Bl. 216) und Mitteilung des Vorstandes vom 05. Dezember 1916 (BA R 8737 Bd. 169 Bl. 146)).

[212] Näheres unter V. 2.

[213] Eine detaillierte Darstellung der Verteilungsmechanismen, der Möglichkeiten der Einflußnahme von Behörden und Kriegsgesellschaften und der Grundsätze der Vergabe findet sich bei Roth, Kriegsgesellschaften, S. 232ff.

b) *Die Metallimporte*

Die Möglichkeit, die sinkenden bzw. fehlenden inländischen Rohstoffvorräte durch eine intensive Metalleinfuhr aus dem Ausland zu ergänzen bzw. zu kompensieren, drängte sich den Verantwortlichen bereits unmittelbar nach Kriegsbeginn auf. So schilderte etwa W. Rathenau wenige Tage nach dem deutschen Einmarsch in Belgien in einem Schreiben vom 08. August 1914 an v. Möllendorff den Gedanken, „daß in den eroberten (belgischen) Landesteilen Requisitionen nach den uns unentbehrlichen Rohmaterialien stattfinden sollten". Träger der Zwangsmaßnahmen wurden, wie bei den inländischen Beschlagnahmungen und Enteignungen, die staatlichen Stellen. Angesichts der großen vorgefundenen Bestände an Metallen und den damit verbundenen Erfassungs-, Transport-, Lagerungs- und Verteilungsproblemen war die Verwaltung aber auch in dieser Hinsicht auf die Unterstützung der K.M.A. angewiesen.

Die andere Möglichkeit des Metallimports bestand in dem freihändigen Ankauf von Metallen im neutralen Ausland. Dabei trat seit dem 02. September 1914 die K.M.A. als zentraler Aufkäufer des Deutschen Reiches auf. Eigene Rohstoffprobleme, der Druck der Alliierten sowie ständiger Devisenmangel zwangen die neutralen Staaten allerdings dazu, Rohstoffexporte nur gegen die entsprechende Einfuhr anderer Materialien aus dem Deutschen Reich zuzulassen. Dabei erfolgte dieser sog. Kompensationsverkehr hauptsächlich zwischen dem Deutschen Reich und der Schweiz, Holland, Schweden, der Türkei und gegen Kriegsende auch Rußland und konzentrierte sich auf die Einfuhr von Kupfer und Kupferlegierungen, Aluminium (Schweiz), Zinn und Blei gegen die Lieferung deutscher Kohle. Zwecks einheitlicher und zentraler Abwicklung des Kompensationsverkehrs mit den Neutralen errichtete die K.M.A. eine besondere Abteilung (C bzw. für den Verkehr mit Rußland die Abteilung M.E.R.[214]) und außerdem die beiden auswärtigen Geschäftsstellen in Bern und Amsterdam sowie für die Ankäufe in den Balkangebieten in Konstantinopel und Budapest[215]. Durch die Zentralisierung des Metalleinkaufs gelang es der K.M.A., die ausländischen Märkte zu kontrollieren und so die früheren Preistreibereien zu unterbinden.

Insgesamt konnten während des Krieges aus den besetzten Gebieten im Osten und Westen allein an Beutemetallen 51.504t Kupfer, 88.659t Kupferlegierungen, 1.840t Aluminium, 877t Nickel, 1.013t Zinn und 228.459t an sonstigen Nichteisenmetallen, Erzen etc. beschafft werden[216].

---

[214] „Metall-Einkauf-Rußland".
[215] Dazu Poll, Die Abteilung Bern der Kriegs-Metall AG.
[216] Zahlen bei Müller, Kriegsrohstoffbewirtschaftung, S. 54.

c) Die Urproduktion

Eine weitere, angesichts der sinkenden Metallvorräte zunehmend an Bedeutung gewinnende Rohstoffbeschaffungsmethode der K.M.A. war der Rohstoffabbau in den Minen Deutschlands, des verbündeten und neutralen Auslands und der besetzten feindlichen Gebiete sowie die Produktionsförderung im weitesten Sinne[217]. Dabei konzentrierten sich die Bemühungen auf die Beschaffung von Kupfer und dessen Ersatzstoffe (vor allem Aluminium) sowie die Stahlhärtungsmetalle Molybdän und Wolfram.

Zwei unterschiedliche Möglichkeiten boten sich in diesem Zusammenhang der K.M.A. an. Einmal konnte sie bereits vorhandene Betriebe dergestalt unterstützen, daß sie sich vertraglich verpflichtete, deren Produktion zu hohen Preisen zu übernehmen (Abnahme- und Preisgarantien). Auf diese Weise war es den Eigentümern möglich, ihre Investitionen zu amortisieren und darüber hinaus einen annehmbaren Gewinn zu erzielen, so daß genügend Anreiz zu weiterer und verstärkter Initiative bestand[218]. Dort, wo noch hinreichende Trockenlegungs- und Aufschlußarbeiten zur Aufnahme bzw. Ausdehnung der Förderung fehlten, half die K.M.A. bei günstiger Sachverständigenprognose sogar mit direkten finanziellen Mitteln weiter[219]. Vor allem auf dem Gebiet der erst im Entstehen begriffenen Aluminiumherstellung regten K.M.A. wie Kriegsrohstoffabteilung überdies die Errichtung neuer Werke und Fabriken zur Produktionsförderung mit Subventionen oder Darlehen an[220].

Der andere von der K.M.A. seit Mitte 1916 beschrittene Weg bestand in der Übernahme der gesamten Verwaltung einzelner Bergwerke auf Anregung der neugeschaffenen Bergbaukommission bei der Kriegsrohstoffabteilung. Zu diesem

---

[217] Mit der Produktionsförderung als Mittel der Beschaffungspolitk innerhalb der Kriegswirtschaft im allgemeinen befaßt sich näher Roth, Kriegsgesellschaften, S. 193ff. Neben einem Überblick über die betriebenen Projekte in den einzelnen Branchen und den beteiligten Institutionen setzt sich Roth dort auch mit der Finanzierungsproblematik, der Preisfestsetzung und der Absatzreglementierung auseinander.

[218] So z.B. bei der Gewinnung von Kupfererzen durch die Antweiler Gesellschaft in der Eifel und von Nickelerzen aus dem Vorkommen von Sohland/Schlickenau an der sächsisch-böhmischen Grenze sowie bei der Tonerdeproduktion.

[219] So z.B. die Unterstützung der Nickelgruben bei Horbach/Wittenschwand im Schwarzwald und die bergmännischen Expeditionen in die Türkei.

[220] Als Beispiel für die Förderung der Erzeugung von Aluminium sei auf das bereits oben (Fn 211) angesprochene Abkommen vom 15. Mai 1915 mit der Chemischen Fabrik Griesheim-Elektron sowie der Metallbank und Metallurgischen Gesellschaft, die bereits vor dem Krieg Verfahren zur Herstellung entwickelt hatten, hingewiesen. So konnten zwischen Dezember 1915 und April 1916 Aluminiumwerke in Rummelsburg, Horrem und Bitterfeld in Betrieb genommen werden. Neben späteren Erweiterungen dieser Werke wurden im Juli 1916 noch die Erftwerk AG in Grevenbroich und im April 1917 die Bayerische Aluminium AG errichtet (dazu Roth, Kriegsgesellschaften, S. 194f.).

Zweck richtete die K.M.A. im Mai 1916 eine eigene Bergbauabteilung ein, an die nun auch die bisher von der Abteilung U mitbesorgten Bergbauangelegenheiten übergingen. Das Tätigkeitsfeld der neuen Abteilung erstreckte sich hauptsächlich auf die Balkanbergwerke in Bor (Serbien, Kupferbergwerk) und Plakalnitza (Bulgarien, Kupfer und Blei) sowie auf die Türkei (Balia, Bulgar-Maden, Arghana-Maden, Kutahia). Insgesamt befaßte sich die Abteilung Bergbau bis zum 1. Januar 1918 mit 335 Bergwerksobjekten, von denen sich allerdings ein großer Teil als ungeeignet für die Bewirtschaftung im Krieg erwies oder bei denen die Verhandlungen bei Kriegsende noch nicht zum Abschluß gekommen waren[221].

Mit der Leitung ganzer Bergwerke änderte sich aber auch der Charakter der K.M.A. Zwar ließ die weite Bestimmung des Gesellschaftszweckes in § 2 I, II eine derartige Betätigung unproblematisch zu, allerdings beschränkte sich der äußere Geschäftsbetrieb nun nicht mehr allein auf die kaufmännische Bewirtschaftung von in- und ausländischen Metallen, sondern umfaßte zudem noch den Betrieb von Gruben und Hüttenwerken, Aufbereitungsanlagen etc. Dieser neue Aufgabenbereich wurde nicht wie der technische einer selbständigen Gesellschaft (der Metall-Treuhand GmbH) übertragen, sondern durch eine Abteilung der K.M.A. wahrgenommen. Die K.M.A. nahm damit Züge einer Produktionsgesellschaft an[222].

d) Bilanz der Geschäftstätigkeit

Mit Hilfe der verschiedenen Beschaffungsmethoden gelang es der K.M.A. während der mehr als vier Jahre ihrer Geschäftstätigkeit, große Mengen zum Teil unentbehrlicher Metalle in den Dienst der Kriegswirtschaft zu stellen[223].

Der Gesamtwarenumsatz der K.M.A. betrug von Herbst 1914 bis Herbst 1918 insgesamt 1.444.562 Tonnen Metalle zum Gesamtwert von 2.381.524.662 Mark. Davon entfielen 76.140 Tonnen bzw. 131 Mio. Mark auf das erste Ge-

---

[221] Von den 31 tatsächlich betriebenen Bergwerken sollen lediglich 20 produziert und insgesamt eine Menge von 48.620t Erz (entspricht ca. 7.000t Metall) gefördert haben (Müller, Kriegsrohstoffbewirtschaftung, S. 68).

[222] Vgl. bereits die Systematisierung der Kriegsgesellschaften nach ihren Funktionen im ersten Abschnitt (C. III.). Die K.M.A. mit der ihr untergeordneten Metalltreuhand GmbH ist damit gerade ein Beispiel dafür, daß die Kriegsgesellschaften oftmals nebeneinander die Aufgaben der kaufmännischen und technischen Bewirtschaftung der Rohstoffe, des Außenhandels und der Urproduktion, kurz sämtliche Fragen der Beschaffung, Verwaltung und Verteilung nach den Anordnungen der staatlichen Stellen wahrnahmen.

[223] Vgl. dazu die „Statistischen Zusammenstellungen über die Tätigkeit der Kriegsmetall A.G. (1.-4. Geschäftsjahre September 1914-August 1918)“ in BA R 8737 Bd. 4 sowie die entsprechenden Geschäftsberichte über die Tätigkeit der Kriegsmetall AG in BA R 8737 Bd. 127 Bl. 61ff., 69ff., 77ff., 85ff., 93ff. und Bde. 128ff. Die Geschäftsjahre liefen jeweilig bis zum 31. August des Jahres, § 19. Zahlen auch bei Baudis, Staatsmonopolistischer Kapitalismus, S. 266 (Tabelle 53) und bei Müller, Kriegsrohstoffbewirtschaftung, S. 44.

schäftsjahr (1914/15). Verdreifachte sich der Umsatz bereits auf 237.808 Tonnen im Wert von 406 Mio. Mark im zweiten Geschäftsjahr (1915/16) und blieb dann im dritten und vierten Geschäftsjahr nach einer Verdoppelung auf hohem Niveau bestehen (541.209 bzw. 589.405 Tonnen zu jeweils ca. 922 Mio. Mark).

Die Bewirtschaftungstätigkeit verteilte sich unterschiedlich auf die einzelnen Metalle entsprechend der kriegswirtschaftlichen Eigenarten. So machten etwa Kupfer und Kupferlegierungen zusammen mehr als ein Viertel des mengenmäßigen Warenumsatzes und sogar knapp 53% des Warenwertes aus, wohingegen beispielsweise die Nickelbewirtschaftung mit 4.646 Tonnen (0,32%) im Gesamtwert von 38,5 Mio. Mark (1,6%) weniger bedeutend wenn auch notwendig war[224]. Im einzelnen bewirtschaftete die K.M.A. im ersten Geschäftsjahr 1914/15 etwa 35.552t Kupfer, 3.667t Aluminium und 1.852t Zinn, im zweiten Geschäftsjahr 1915/16 68.094t Kupfer, 11.554t Aluminium, 1.835t Zinn, 4.006t Zink, 10.097t Blei und 1.327t Nickel, im dritten Geschäftsjahr 1916/17 139.782t Kupfer, 26.074t Aluminium, 2.205t Zinn, 180.617t Zink, 21.137t Blei, 2.299t Nickel und im vierten Geschäftsjahr 1917/18 78.313t Kupfer, 23.952t Aluminium, 2.664t Zinn, 20.736t Zink, 75.118t Blei und 1.020t Nickel. Starke monatliche Umsatzschwankungen erschwerten zudem eine gleichmäßige Arbeit der K.M.A.

Die Rohstoff-Durchschnittspreise blieben wenn auch auf hohem Niveau relativ konstant; einzig Aluminium war zum Teil erheblichen Preisschwankungen unterworfen. Die allg. Geschäftskosten[225] betrugen in den vier Geschäftsjahren insgesamt 14.970.921,21 Mark und damit nur 0,6% des Gesamtwarenumsatzes. Hinzu kamen noch die Kosten für die Unterhaltung und den Betrieb der Lager (ca. 13 Mio. Mark).

2. Die innere Organisation[226]

Von zentraler Bedeutung war das Sekretariat unter der Leitung von Dr. Levin. Dort wurde vor allem die tägliche Korrespondenz (allein 2.000-3.000 Briefeingänge) mit den metallverarbeitenden Betrieben, Rohstoffinhabern, Reichs- und Landesbehörden etc. bearbeitet. Darüber hinaus fielen hier die Entscheidungen in Angelegenheiten der inneren Organisation (Personal, Bau- und Mietsachen, Fernsprecher u.a.), die Verwaltung des Sitzungs- und Protokollwesens sowie der Mo-

---

[224] Anteil der einzelnen Metalle am Gesamtumsatz (To/Mk): Kupfer (17,8%/42,4%), Kupferlegierungen (7,5%/10,3%), Aluminium (4,4%/17,2%), Nickel (0,32%/1,6%), Zinn (0,8%/3,1%), Sonstige Metalle, Erze usw. (69,2%/25,4%).

[225] Porti, Telephon, Bürobedarf, Miete, Gehälter, Spesen und andere Kosten.

[226] Vgl. die bereits oben (Fn 202) angesprochene Denkschrift von Anfang 1918 über die Organisation und Geschäftstätigkeit der K.M.A. (BA R 8737 Bd. 3 Bl. 31-52), sowie die graphische Darstellung der Organisation bei Plesch, Kriegswirtschaftliche Organisation, Beilage VII. Entsprechende Übersichten über die Abteilungen finden sich in den Aktenbeständen der K.M.A. (etwa BA R 8737 Bd. 3 Bl. 81-88 oder Bd. 3 Bl. 94-101).

natsberichte und Statistiken. Das Sekretariat war dem Gesamtvorstand unmittelbar untergeordnet.

Der eigentliche äußere Geschäftsbetrieb der K.M.A. dagegen verteilte sich auf die verschiedenen einzelnen Sachabteilungen, die meist nach dem Anfangsbuchstaben ihres Hauptarbeitsgebietes benannt wurden. Zu unterscheiden sind danach einmal die Allgemeinen Metallabteilungen, die Allgemeinen Abteilungen für die Abwicklung der Geschäfte und die Abteilungen für die einzelnen Metalle.

Zu den Allgemeinen Metallabteilungen zählten die Abteilung Ri (Übernahme sämtlicher zu Gunsten der K.M.A. enteigneten Metalle), die Abteilung U (Metallgewinnung durch Umarbeitung und Verhüttung, Ankauf von Erzen und Zwischenprodukten) sowie die Abteilung C bzw. M.E.R. (Beschaffung von Metallen im Ausland einschließlich des dazu erforderlichen Kompensationsverkehrs[227]).

Die Allgemeinen Abteilungen für geschäftliche Abwicklung wiederum unterteilten sich in die Abteilung E (Spedition und Versicherungswesen), die Abteilung L (Lagerbewirtschaftung und -verwaltung, Verkehr mit der Metalltreuhand GmbH), die Abteilung A (Abrechnung aller ein- und ausgehenden Warenlieferungen) und V (Verrechnung der der K.M.A. von der Kriegsrohstoffabteilung überwiesenen Beutemetalle), die Buchhaltungsabteilungen für Fragen der Frachtenkontrolle und Statistik sowie die Abteilungen der Haupt- und Bilanz - Buchhaltung (BU) und des Bankwesens (BA).

An einzelnen Metallabteilungen sind vor allem die Abteilungen N (Nickel, Weichblei und Hartblei, Antimon, Platin, Silber), Kupfer (mit den Unterabteilungen für den Balkan, den Kupferein- (KE) und -verkauf (KV) und das Kupfervitriol (Vi)), H bzw. Fz (Aluminium), Z (Zinn, Zink, Cadmiun, Quecksilber, Weissmetall und -blech), S (Stahlhärtungsmetalle[228]), G (Graphit) und Bergbau zu erwähnen.

Insgesamt verfügte die K.M.A. also über mehr als 25 allgemeine und spezielle Sachabteilungen (Stand Frühjahr 1917).

Der Personalbestand der K.M.A. stieg von 301 (August 1915) über 686 (August 1916) und 1.333 (August 1917) auf 1.796 Beamte (August 1918) im Berliner Büro. Der überwiegende Teil waren weibliche Angestellte (gegen Ende 70%). Hinzu kamen weitere knapp 7.500 Beamte und Arbeiter auf den auswärtigen Geschäftsstellen, Lagerplätzen, Bergwerken und Betrieben.

---

[227] S.o. Für die in den besetzen Gebieten requirierten Vorräte war dagegen überhaupt keine eigene Abteilung vorgesehen. Sie wurden der K.M.A. direkt vom Kriegsministerium zugewiesen und von der Abteilung Ri bewirtschaftet.

[228] Vor allem Wolfram, Chrom, Molybdän, Vanadium und Kobald.

V. Die Stellung und Entwicklung der Kriegsmetall AG in der Kriegswirtschaft

Die Kriegsmetall-Aktiengesellschaft unterstand der Sektion M der Kriegsrohstoffabteilung unter der Leitung des Kriegsreferenten Tröger, zugleich Kommissar des Kriegsministeriums bei der K.M.A.[229] Entscheidend für die weitere Entwicklung der Gesellschaft, insbesondere ihren Aufgabenbereich, wurde ihr Verhältnis zu den anderen staatlichen und privatwirtschaftlichen Kriegswirtschaftsorganisationen auf dem Gebiet der Metallwirtschaft. Dabei läßt sich in der ersten Hälfte des Jahres 1915 eine erhebliche Umstrukturierung der Metallbewirtschaftung und eine Verlagerung von Kompetenzen der K.M.A. zu den staatlichen Stellen beobachten.

1. Das Verhältnis der Kriegsmetall AG zu den staatlichen Stellen unter der Aufsicht der Sektion M der Kriegsrohstoffabteilung

Bereits am 01. Januar 1915 - also gerade vier Monate nach der Gründung der K.M.A. - wurde die Metallmeldestelle (M.St.)[230] als eine Unterabteilung der Kriegsrohstoffabteilung errichtet. Ihre Aufgabe bestand in der Sammlung und Bearbeitung der zweimonatlichen Bestandsanmeldungen, der Vorbereitung der Beschlagnahme der mobilen Bestände an Sparmetallen, der Überwachung der Gewinnung und Ablieferung von in Metallhütten, Raffinerieanstalten und Elektrolysen sowie Bergwerken gewonnenen Metallen - kurz die Erfassung sämtlicher im Inland verfügbaren und der Kriegswirtschaft zuzuführenden Bestände. Ziel war es, der Kriegsrohstoffabteilung die Unterlagen für die zu treffenden Maßnahmen zu geben.

Dieser Aufgabenbereich der neuen Metallmeldestelle schränkte zwangsläufig den der S- und V-Kommission der K.M.A. in zentralen Punkten ein[231]. Diese verlor durch die Errichtung der Metallmeldestelle aber nicht nur einzelne Kompetenzen hinsichtlich der Rohstofferfassung, sondern mit dem Entzug des gesamten statistischen Materials über die verfügbaren Metallbestände vor allem auch die Grundlage für jegliche weitere, selbständige Tätigkeit auf dem Gebiet der Metallwirtschaft. Damit trat erstmals ein grundlegender Wandel im Verhältnis zwischen Heeresverwaltung und K.M.A. ein. War diese zu Beginn der Metallbewirtschaftung noch maßgeblich an der Vorbereitung und Ausarbeitung der Bewirtschaftungsmaßnahmen beteiligt gewesen und beschränkte sich die Rolle der staatlichen Stellen im wesentlichen auf die Kontrolle der Kriegsgesellschaft und

[229] Eine graphische Darstellung der Organisation der Sektion M der Kriegsrohstoffabteilung findet sich bei Plesch, Kriegswirtschaftliche Organisation, Anlage IV. Die einzelnen Metalluntersektionen sind dargestellt bei Dieckmann, Behördenorganisation, S. 42f.

[230] Dazu Plesch, Kriegswirtschaftliche Organisation, Beilage VI.

[231] Vgl. dazu die Punkte 1, 4-7 der Geschäftsordnung.

die eigentliche Anordnung der Zwangsmittel, so erstreckten sich die staatlichen Zuständigkeiten nun auch auf die Vorbereitungstätigkeit.

Ebenfalls im Januar 1915 wurde die sog. Vertrauenskommission als Unterkommission der S- und V-Kommission und damit formal der K.M.A. angegliedert vom Preußischen Kriegsministerium zur besseren Wahrnehmung der Interessen der Allgemeinheit bei der Rohstoffverteilung errichtet. Damit wollte man vor allem die in der Geschäftsordnung der S- und V-Kommission vorgesehene Bevorzugung der Interessen der Aktionäre bei der Aufteilung der verfügbaren Rohstoffe begrenzen[232]. In die Vertrauenskommission wurden zu diesem Zweck je ein Beamter des Preußischen Kriegsministeriums, der Metallmeldestelle, des Reichsmarineamtes, des Ministeriums für öffentliche Arbeiten, des Preußischen Handelsministeriums und der Feldzeugmeisterei entsandt[233]. Der S- und V-Kommission verblieb damit faktisch nur noch eine beratende und formelle Funktion. Die mit der Errichtung der Metallmeldestelle begonnene Verlagerung von Zuständigkeiten von der K.M.A. hin zu staatlichen Stellen setzte sich mit anderen Worten durch die Errichtung der Vertrauenskommission fort.

Die Vertrauenskommission selbst ging ein halbes Jahr später in dem durch Verfügung vom 27. Juli 1915 neu gegründeten Zuweisungsamt (Zuw. Amt) bei der Metallmeldestelle des Kriegsministeriums auf. Nun hatte sich allein diese Stelle (die Metallmeldestelle) mit der Feststellung des von der Heeresverwaltung benötigten Bedarfs, der Erfassung der verfügbaren Bestände und der sich daran anschließenden Erarbeitung des Metallverteilungsschlüssels zu beschäftigen. Demzufolge setzte es sich auch aus den Vertretern der Beschaffungsbehörden der verschiedenen Kriegsministerien, des Reichsmarineamts, des Eisenbahnzentralamtes etc. sowie den Vertretern derjenigen Behörden, die als Wirtschaftszentralstellen für die Organisation der Verteilung in Betracht kamen (vor allem die Kriegsrohstoffabteilung, aber auch das Reichsamt des Innern, das Reichsschatzamt und das Preußische Handelsministerium) zusammen. Den Vorsitz übertrug man den beiden ehemaligen Vorsitzenden der S- und V-Kommission. Mit der Errichtung des Zuweisungsamtes wurde die bedeutende Rohstoffverteilung nun auch formal aus der K.M.A. ausgegliedert und einer Behörde zugeordnet.

Zuvor war am 01. Mai 1915 mit der Bildung der Metallmobilmachungsstelle (M.Mob.St.)[234] ein neues, zunehmend an Bedeutung gewinnendes Aufgabengebiet der Kriegsmetallwirtschaft unter die Zuständigkeit der Sektion M gestellt worden. Ziel dieser Stelle war die Beschaffung von Metallen aus Fertigfabrikaten, d.h. denjenigen Gegenständen, in denen das benötigte Metall nicht unmittelbar verwendbar enthalten war, sondern erst durch besondere Maßnahmen „mobil"

---

232 Vgl. Punkt 3 der Geschäftsordnung.

233 Rathenau, v.d. Porten, Schulz, Holtze, Römhild und Steinhausen (dazu bereits oben III. 4.). Vorsitzender blieb Geh. Kommerzienrat M. Steinthal, Stellvertreter Kommerzienrat C. L. Netter.

234 Dazu Beilage V bei Plesch, Kriegswirtschaftliche Organisation.

gemacht werden mußte. Hierzu sammelte sie die Bestandsmeldungen über das jeweilige Metall aus den Bereichen allgemeiner Maschinenbau und Chemie, Elektrotechnik, Gärungsgewerbe, Verkehrsunternehmen und industrielle Anlagen, Haushalt, Dachkupfer und Blitzableiter. Dabei handelte es sich auch hier um eine Aufgabe, die nach der ursprünglich Konzeption der Kriegsmetallwirtschaft der K.M.A. zugedacht war[235]. Ihr verblieb wiederum nur die kaufmännisch-technische Abwicklung und Durchführung der behördlicherseits angeordneten Bewirtschaftungsmaßnahmen. Mit der Errichtung der Metallmobilmachungsstelle dehnte sich der Umfang der Zwangsbewirtschaftung auf immer mehr Lebensbereiche der Zivilbevölkerung aus[236].

Mit zunehmender „Metallmobilisierung" infolge des fortschreitenden Metallmangels gewann auch die Beschaffung der entsprechenden Ersatzstoffe an Bedeutung, so daß man sich im Mai 1917 zur Errichtung einer selbständigen Metallersatzstelle zwecks Entlastung der bis dahin auch hierfür zuständigen Mobilmachungsstelle entschloß.

Der letzte der K.M.A. noch verbliebene eigenständige Aufgabenbereich war die Gutachtertätigkeit hinsichtlich der Anträge auf Freigabe für Friedenszwecke zur Vorbereitung der Entscheidungen durch die Kriegsrohstoffabteilung. [237] Hier vollzog sich die Umstrukturierung der Metallbewirtschaftung jedoch in anderer Weise als bei den zuvor genannten Aufgabenbereichen. Zwar war man sich einig, daß die gemischtwirtschaftliche K.M.A. auch diese letzte Kompetenz abzugeben hatte. Man befürchtete wohl, daß die Vertreter der Großindustrie auch hinsichtlich dieser Frage ihre Aktionärsstellung einseitig zugunsten der Privatwirtschaft ausnutzen würden. Allerdings hielt man offenbar gleichfalls die Kriegsrohstoffabteilung als Vertreterin der Heeresverwaltung nicht für geeignet, die zivilen Bedürfnisse des Landes angemessen zu beurteilen, bestand die Besonderheit dieser Aufgabe doch gerade darin, die Interessen der zivilen Wirtschaft mit ihrer erheblichen sozialen, volkswirtschaftlichen und dadurch auch politischen Bedeutung und ihren empfindlichen, langsam gewachsenen Strukturen gegen die Kriegswirtschaft sorgsam abzuwägen. Diesbezüglich traute man der Kriegsrohstoffabteilung keine ausreichende Objektivität zu. Daher errichtete man im August 1915 die Metall-Freigabestelle für Friedenszwecke nicht beim Preußischen Kriegsministerium, sondern beim Reichsamt des Innern.

Zusammenfassend läßt sich in der ersten Hälfte des Jahres 1915 demnach folgende Umstrukturierung in der Metallwirtschaft feststellen: Ursprünglich erstreckte sich die Zuständigkeit der gemischtwirtschaftlichen Kriegsmetall AG auf

---

[235] „Gegenstand des Unternehmens ist die Beschaffung, Verteilung und *Verwertung* von Metallen und *Metallfabrikaten*, soweit sie zur Sicherstellung des industriellen Bedarfs für Heer und Marine erforderlich sind. Die Gesellschaft darf *alle* Geschäfte tätigen, die den Gesellschaftszweck zu fördern geeignet sind", vgl. § 2 I, II.

[236] Vgl. bereits IV. 1. a).

[237] Punkte 4 und 5 der Geschäftsordnung der S- und V-Kommission.

die Erfassung und Beschaffung der Metalle, den Transport, die Umarbeitung, Sortierung und die Lagerung der Materialien sowie die sich daran anschließende Verteilung an die verarbeitenden Betriebe. Hierbei arbeitete die K.M.A. zwar unter staatlicher Aufsicht und Kontrolle, aber im Grundsatz völlig selbständig. Mit zunehmender Errichtung von staatlichen Stellen verlagerten sich die meisten dieser Aufgaben. So verlor die K.M.A. innerhalb weniger Monate die Zuständigkeit für die Bestandsmeldungen und damit die Erfassung der Metalle, die Rohstoffzuweisung und damit die Entscheidung über die Rohstoffverteilung, die Metallmobilmachung und die Gutachtertätigkeit hinsichtlich der Anträge auf Freigabe für Friedenszwecke. Ihr verblieb lediglich die eigentliche Umsetzung und Durchführung der staatlicherseits beschlossenen Maßnahmen, so vor allem die kaufmännische Abwicklung der Rohstoffgeschäfte (Abschluß der Verträge, Übernahme bzw. Abgabe des Materials) und die Abrechnung mit den Firmen und dem Reichsschatzamt. Die K.M.A. wandelte sich damit von einer an der Kriegswirtschaft verantwortlich beteiligten in eine lediglich ausführende Hilfsorganisation der Heeresverwaltung. Die in ihr organisierten Vertreter der Privatindustrie waren infolgedessen an immer weniger Entscheidungsprozessen der Metallbewirtschaftung beteiligt.

2. Das Verhältnis der Kriegsmetall AG zu der Metalltreuhand GmbH

Vollkommen anders gestaltete sich das Verhältnis der K.M.A. zu der Metalltreuhand GmbH. Ihre organisatorische Stellung entsprach der eines vertraglich verpflichteten Unterorgans der K.M.A.[238]. Anfang 1915 gegründet bestand ihre Aufgabe vor allem in der Transportierung, Sortierung, Lagerung und Abschätzung der an die K.M.A. gelieferten Rohmetalle, Metallfabrikate, Legierungen und Altmaterialien. In Ergänzung zur kaufmännischen Abwicklung seitens der K.M.A. nahm die Metalltreuhand GmbH also ausschließlich die technischen Aufgaben

[238] Vertrag zwischen der K.M.A. und der Metall Treuhand GmbH vom 24. März 1915 mit Nachtrag vom 17. Juli 1916 (BA R 8737 Bd. 21 Bl. 2-4). Dieser sah neben der Festlegung des Aufgabenbereichs der Metall Treuhand Gesellschaft und der Kostenregelungen in § 2 a.E. eine Haftung der Metall Treuhand „für Schäden, welche der K.M.A. durch Verstöße der MT gegen den vorliegenden Vertrag direkt oder indirekt erwachsen, sowie für die vollinhaltliche Erfüllung sämtlicher der MT aufgrund dieses Vertrages obliegender Verpflichtungen (...) nicht nur mit ihrem Gesellschaftsvermögen, sondern sie verpflichtet sich auch, die selbstschuldnerische Bürgschaft jedes einzelnen Gesellschafters der MT, welcher von ihr mit der vorbezeichneten Tätigkeit betraut wird, für diese Tätigkeit zu beschaffen und das diesbezügliche Bürgschaftsbekenntnis der K.M.A. einzureichen." Die Abhängigkeit der MT verdeutlichen aber auch andere Vertragsbestimmungen, wonach etwa „ (...) der KRA und der K.M.A. das Recht jederzeitiger Überwachung der Tätigkeit der MT (zugestanden wird).", § 9.

wahr[239]. Hintergrund für diese Errichtung war zum einen die arbeitsmäßige Entlastung der K.M.A. und zum anderen die notwendige Hinzuziehung besonderen Sachverstandes hinsichtlich der technologischen Fragen (insbesondere Preisbemessung und Bearbeitungsmöglichkeiten). Entsprechend setzte sich die Metalltreuhand GmbH aus Vertretern des deutschen Metall- bzw. Altmetallhandels zusammen. Damit gab man gleichzeitig diesen Personen die Möglichkeit, sich trotz der staatlichen Zwangswirtschaft ihre Beschäftigung und Verdienstmöglichkeit zu erhalten[240]. Vertrauensmänner und Revisoren auf den zahlreichen Lagerplätzen sowie buchhalterische Prüfungen seitens der K.M.A. sorgten für die nötige Kontrolle der Metalltreuhand GmbH.

VI. Zusammenfassung und Beendigung der Kriegsmetall AG

Der gesamte Aufbau der K.M.A. im Herbst 1914, ihre Stellung und Funktion innerhalb der gerade erst im Entstehen begriffenen Kriegswirtschaft war noch wesentlich vom Denken ihres Initiators geprägt. W. Rathenau erkannte die volkswirtschaftliche Versorgungssituation und versuchte, vor dem Hintergrund einer drohenden staatlich gelenkten Rohstoffbewirtschaftung, die Großunternehmen der Metallbranche in einer zentralen Organisation zusammenzuführen[241]. Die beabsichtigte Gesellschaft sollte die Form sein, mittels der die Privatwirtschaft die Sicherstellung des industriellen Bedarfs an Metallen für Heer und Marine (§ 2) selbst in die Hand nahm. Die staatlichen Interessen sollten dabei durch je einen Vertreter des Preußischen Kriegsministeriums und des Preußischen Ministeriums für Handel und Gewerbe ausreichend berücksichtigt werden (§ 9 I, II); eine weitere Beteiligung des Staates an der Gesellschaft war nicht vorgesehen. Die Industrie selbst war an vergleichbare Zusammenschlüsse bereits aus Friedenszeiten

---

239 Zur Systematisierung der Kriegsgesellschaften nach ihren Funktionen vgl. bereits den ersten Abschnitt (C. III.).

240 „Mit der Gründung der Metall-Treuhand-Gesellschaft wurde gleichzeitig der Nebenzweck verfolgt, dem deutschen Metallhandel während der schwierigen Kriegszeiten eine legitime Beschäftigung und Verdienstmöglichkeit zu sichern." (Entwurf des Geschäftsberichts zum ersten Geschäftsjahr der K.M.A. vom 24. Januar 1916, BA R 8737 Bd. 20 Bl. 4-10 (9)).

241 „Widerspruchslos wurde beschlossen, ein gemeinsames Vorgehen aller beteiligten Kreise herbeizuführen und unter dem Schutz der staatlichen Behörden eine ausreichend starke Organisation zu schaffen, um dieser im nationalen Interesse uns auferlegten Aufgabe gerecht zu werden. (...) Es gilt nicht nur, geeignete Maßnahmen im Interesse unserer Landesverteidigung zu treffen, sondern auch die Gefahren zu beseitigen, die aus einer ungeregelten Metallwirtschaft unter dem Drange starker militärischer Bedürfnisse entstehen können. Alle Kräfte müssen zusammenwirken, um das erstrebte Ziel zu erreichen." (Rundschreiben vom Ende August 1914 an die in Frage kommenden Großunternehmen, BA R 8737 Bd. 1 Bl. 210f.).

gewöhnt[242]. Auch bei der Wahl der Aktiengesellschaft als Rechtsform knüpfte man an bewährte Vorkriegsorganisationen an.

Entsprechend dieser Einstellung zur K.M.A. versuchten fast alle Großunternehmen der Metallbranche, Gründungsmitglied zu werden. Auf diese Weise erhofften sie sich einen entscheidenden Einfluß auf die Geschäftsführung ihrer „Interessenvertretung" und drückten ihre Verwunderung über eine Nichtaufnahme mit dem Wunsch auf spätere Zuteilung eines Anteils wiederholt gegenüber der K.M.A. aus[243]. Wer bereits Anteile übernommen hatte, strebte weitere Funktionen in Aufsichtsrat, Vorstand und vor allem der für die Rohstoffverteilung zuständigen Schätzungs- und Verteilungs-Kommission an. Faktisch kam dem einzelnen beteiligten Privatunternehmer so ein erhebliches Mitsprache- und Entscheidungsrecht in sämtlichen Fragen der Metallbewirtschaftung zu. Durch Bestimmungen wie die §§ 9 und 13 des Statuts waren andererseits bereits die rechtlichen Grundlagen für eine spätere Zunahme des staatlichen Einflusses in der Gesellschaft gelegt.

In der ersten Hälfte des Jahres 1915 erfolgte eine umfassende Umstrukturierung der Metallwirtschaft und damit verbunden ein Bedeutungsverlust für die K.M.A. Nacheinander nahm man der K.M.A. die Kompetenzen für die Rohstofferfassung (inkl. Rohstoffmobilmachung), die Rohstoffzuweisung und -verteilung und hinsichtlich der Gutachtertätigkeit bezüglich der Anträge auf Freigabe für Friedenszwecke ab. Diese Aufgaben wurden neugegründeten staatlichen Stellen der Sektion M der Kriegsrohstoffabteilung und dem Reichsamt des Innern zugewiesen[244]. Gleichzeitig verlor die K.M.A. mit der Höchstpreisgesetzgebung die Möglichkeit der Preisfestsetzung[245]. Zudem sicherte die Verfügungsbefugnis über die beschlagnahmten und enteigneten Rohstoffe der Verwaltung auch faktisch die Macht über den Geschäftsgang der Gesellschaft. Dieses galt um so mehr, als der freihändige Einkauf und sonstige Beschaffungsmöglichkeiten im Verhältnis zu den Zwangsmitteln Beschlagnahme und Enteignung zunehmend an Bedeutung verloren. Im Ergebnis verblieben der K.M.A. nur noch die kaufmännisch-technische Abwicklung und Abrechnung der von der Verwaltung angeordneten

---

[242] Rheinisch-Westfälisches Kohlensyndikat, Stahlwerksverband AG, Kalisyndikat etc. Vgl. dazu bereits den 1. Abschnitt C. I.

[243] Exemplarisch sei an dieser Stelle das Schreiben der Osnabrücker-Kupfer- und Drahtwerke AG Osnabrück vom 18. September 1914 an die K.M.A. angeführt (BA R 8737 Bd. 1 Bl. 10). Tatsächlich erhielt die K.M.A. jedoch im Laufe des Septembers und Oktobers eine ganze Fülle von Anfragen auf Aufnahme in die Gesellschaft. Offenbar im Bewußtsein einer derartigen späteren Nachfrage hatte die K.M.A. einigen Gründungsmitgliedern vorab größere Geschäftsanteilen mit der Abrede zugestanden, Teile davon an spätere Interessenten abzutreten (sog. reservierte Anteile, vgl. bereits oben II.).

[244] Die Metallmeldestelle, die Vertrauenskommission, das Metall-Zuweisungsamt, die Metallmobilmachungsstelle, die Metallersatzstelle und die Metall-Freigabestelle für Friedenszwecke (dazu bereits oben V.1.).

[245] Punkt 6 und 7 der Geschäftsordnung der S- und V-Kommission.

Geschäfte. Aus der ursprünglich selbständig und eigenverantwortlich handelnden K.M.A. wurde zunehmend eine unselbständige Hilfsorganisation der Heeresverwaltung, die auf die zentralen Entscheidungen keinen Einfluß mehr ausüben konnte. Die aktive Beteiligung der Privatwirtschaft an der Kriegswirtschaft war damit zwangsläufig erheblich reduziert.

Formell wurde diese Entwicklung der Verlagerungen von Kompetenzen auf staatliche Stellen durch den Aufsichtsratsbeschluß der K.M.A. vom 13. August 1915 bestätigt, wonach die S- und V-Kommission, das für die Bewirtschaftungsmaßnahmen bedeutendste Organ der Gesellschaft, mangels tatsächlicher Entscheidungsbefugnisse nicht mehr einberufen werden sollte.

Die neuen Strukturen und Funktionen der Gesellschaft faßte der Geschäftsbericht des ersten Geschäftsjahres vom 24. Januar 1916 lapidar wie folgt zusammen: „Als die Kriegsmetall-Aktiengesellschaft am 02. September 1914 als erste der großen wirtschaftlichen Kriegsorganisationen halböffentlichen Charakters gegründet wurde, standen Tätigkeit und Organisation natürlich nicht endgültig fest. Sie haben dann auch im Laufe der Zeit starke Wandlungen erfahren. (...) Der leitende Gedanke der Gründung blieb jedoch unangetastet, daß nämlich die K.M.A. den staatlichen Zwecken Dienste leisten sollte, zu denen sie mit den beweglichen Formen einer kaufmännischen Organisation geeigneter ist als eine offizielle Verwaltungsbehörde. (...) Eine Reihe von Aufgaben wurde der K.M.A. mit der Zeit entzogen. (...) Somit blieben als Haupttätigkeit der K.M.A. die Beschaffung der Metalle, ihre Lagerung, Sortierung und - soweit nötig - Umarbeitung und somit endlich die tatsächliche Zuführung der vom Zuweisungsamt verteilten Mengen an die einzelnen Verbraucher.“[246] Von der ursprünglich von Rathenau entwickelten Konzeption der K.M.A. als einer selbständigen und unabhängigen Organisation mit dem Zweck zentraler Bewirtschaftung der Metalle war zu diesem Zeitpunkt bereits keine Rede mehr.

Am 30. April 1919 wurde die K.M.A. durch Beschluß der Generalversammlung aufgelöst. Gleichzeitig wurde vereinbart, die Gesellschaft erst mit Eintragung des Auflösungsbeschlusses im Handelsregister in die Liquidation treten zu lassen. Ohne eine derartige Willensäußerung wäre die Gesellschaft automatisch „ein Jahr nach dem Friedensschluß, der den zur Zeit schwebenden Krieg beendigt, in Liquidation (getreten)“, § 21. Die K.M.A. erhielt den Zusatz „in Liquidation“, behielt aber ansonsten die Firma „*Kriegs*-Metall-Aktiengesellschaft“ bei[247]. Zu Li-

---

[246] Entwurf des Geschäftsberichts über das erste Geschäftsjahr vom 24. Januar 1916 (BA R 8737 Bd. 20 Bl. 4-10 (4, 5)).

[247] Infolge der veränderten politischen Verhältnisse und im Interesse der Firmenwahrheit sprachen sich einige Herren für einen Fortfall des Zusatzes „Krieg“ aus (Schreiben des Reichsschatzministeriums vom 23. Mai 1919, Antwortschreiben der K.M.A. vom 28. Mai 1919 sowie die Forderung des Direktors Goldkuhle vom 27. Mai 1919 (BA R 8737 Bd. 13 Bl. 19, 6f. und 24-26)). Letztlich fand diese Idee jedoch in Vorstand, Aufsichtsrat und General-

quidatoren wurden Dr. F. Berolzheimer, M. v. Görbitz, W. Maass, E. Simon und A. Werther ernannt. Ihre Aufgabe bestand nun darin, in möglichst kurzer Zeit den gesamten organisatorischen Unterbau der K.M.A. (Lagerstätten, Bergwerke, Personal, Büroräume, Warenbestände etc.) aufzulösen sowie die noch offenen Geschäfte abzuwickeln[248]. Dabei klagten die Liquidatoren wiederholt über die geringe Bewegungsfreiheit der K.M.A. im Verhältnis zu anderen Privatunternehmen und über die politisch motivierte Verlangsamung der Liquidation aufgrund von sozialpolitischen oder volkswirtschaftlichen Rücksichtnahmegeboten[249]. Selbst in der Auflösungsphase der K.M.A. schien der Staat nicht von seiner grds. Einordnung der Kriegsgesellschaft als bloße unselbständige Hilfsorganisation der Wirtschaftsverwaltung abzukehren.

Am 27. September 1921 schließlich konnten die Liquidatoren ihre Arbeit beenden und die Löschung der Gesellschaft im Handelsregister veranlassen. Damit hörte die K.M.A. als juristische Person auf zu existieren. Insgesamt war die Gesellschaft über sieben Jahre auf dem Gebiet der Metallwirtschaft tätig (davon 15 Monate in Liquidation).

Der Geschäftsbericht des viertes Jahres, der am 30. April 1919 der Generalversammlung vorgelegt wurde, faßte die Metallbewirtschaftung durch die K.M.A. vor dem Hintergrund des verlorenen Krieges folgendermaßen zusammen: „Das letzte eigentliche Kriegsjahr, mit dem das Geschäftsjahr ungefähr zusammenfällt, wird allen Deutschen als eine Zeit unerhörter Kraftanstrengung in der Überwindung zahlloser Schwierigkeiten in Erinnerung bleiben; es war für unsere Gesellschaft eine Zeit intensivster Arbeit und - wie wir auch heute noch sagen dürfen - ein Jahr eines unzweifelhaften Erfolges.

Wenn auch die zunehmende Erschöpfung der deutschen Metallvorräte, Kohlennot und Arbeitermangel in einzelnen Fällen schwere Sorge bereiteten, so kön-

---

versammlung keine Mehrheit, da man u.a. befürchtete, in der Industrie könne man aus der Änderung des Namens in so spätem Stadium den Schluß ziehen, daß ein noch längeres Bestehen der Kriegsmetall AG beabsichtigt sei und darüber hinaus die Einberufung einer Generalversammlung nur zum Zwecke der Satzungsänderung in diesem einen Punkt völlig unangebracht sei (Aktennotiz vom 23. Mai 1919, BA R 8737 Bd. 13 Bl. 17f.).

248 Das Ausmaß dieser Arbeiten läßt sich anhand einiger Zahlen verdeutlichen: So wies die Liquidations-Eröffnungsbilanz (§ 299 HGB) vom 31. Mai 1919 (BA R 8737 Bd. 12 Bl. 5f.) beispielsweise noch einen Gesamtwarenbestand von 350.039 Tonnen verteilt auf insgesamt 3.306 Lagerstätten und 150 verschiedene Umarbeitungsfabriken auf, 5.485 offene Kontokorrentkonten waren zu bearbeiten, 290 Mio. Mark an Bankschulden mußten getilgt werden, allein der fakturierte Umsatz von Mai 1919 bis Oktober 1920 betrug 1.250.976.000 Mark.

249 Etwa das Kontingentscheinverfahren zur Sicherstellung des Industriebedarfs an Materialien während der Übergangswirtschaft (also faktisch die Fortführung der zentralen Metallbewirtschaftung nach Kriegsende), die vorzugsweise Berücksichtigung des Bedarfs der Eisenbahn und Post etc. Bericht über den Fortschritt der Liquidation vom 15. Oktober 1920 S. 5 (BA R 8737 Bd. 12 Bl. 38ff. (42)).

nen wir doch im Rückblick auf das vergangene Geschäftsjahr und die folgenden Monate erklären, daß ein Mangel an Metallen für den unglücklichen Ausgang des Krieges nicht maßgebend gewesen ist, und daß wir bis zuletzt in der Lage waren und, wenn nötig, noch länger in der Lage gewesen wären, diejenigen Mengen Kupfer, Zinn, Nickel, Aluminium, Chrom und Wolfram, die nach Einführung der verschiedenen Ersatzmetalle noch benötigt wurden, der Munitionsindustrie zur Verfügung zu stellen. - Viele unserer Betriebe, z.B. die serbische Kupferproduktion, die deutschen Aluminiumwerke usw. erreichten im letzten Geschäftsjahr die Höchstleistung. Neue Werke, die mit unserer Unterstützung errichtet waren und die für uns arbeiteten, kamen in Tätigkeit, z.B. eine Vanadium-Fabrik, die aus Thomas-Schlacken und Bauxit-Rückständen dieses sonst nicht beschaffbare Metall herstellte."[250]

Allerdings darf aus heutiger Sicht ernsthaft bezweifelt werden, ob die dt. Volkswirtschaft wie die Unternehmen und privaten Haushalte auf Dauer weitere Eingriffe folgenlos überstanden hätten. Die Auslandsabhängigkeit des Deutschen Reiches auf dem Gebiet der Metallwirtschaft war zu groß, als daß eine zentrale Bewirtschaftung durch die Sektion M der Kriegsrohstoffabteilung und die gemischtwirtschaftliche K.M.A. jede Versorgungsnotlage hätte kompensieren können.

---

[250] Geschäftsbericht der K.M.A. über das Geschäftsjahr September 1917-August 1918 (BA R 8737 Bd. 127 Bl. 61ff. (64)).

B. Die Reichsgetreidestelle, Geschäftsabteilung GmbH

Die Reichsgetreidestelle, Geschäftsabteilung GmbH repräsentiert einen vollkommen anderen Typus von Kriegsgesellschaft. Hervorgegangen aus der Kriegsgetreidegesellschaft mbH befaßte sie sich mit der kaufmännischen Abwicklung und Durchführung der von der Reichsgetreidestelle, Verwaltungsabteilung angeordneten Bewirtschaftungsmaßnahmen. Sie war also das privatwirtschaftliche Element der Kriegswirtschaft auf dem Gebiet der für den zivilen wie den militärischen Bedarf zentralen Getreidewirtschaft. Darüber hinaus war die Reichsgetreidestelle, Geschäftsabteilung GmbH die erste Kriegsgesellschaft in der Rechtsform der GmbH und zugleich eine der größten dieser Art. Ihr Verhältnis zur Reichsgetreidestelle, Verwaltungsabteilung und damit die Zweiteilung der Kriegswirtschaftsorganisationen in ein behördliches und ein privatwirtschaftliches Element unter dem „Dach" einer Reichsstelle wurde vorbildlich für die innere Struktur nachfolgender Organisationen, vornehmlich auf dem Gebiet der Ernährungswirtschaft.

I. Die Gründung der Reichsgetreidestelle, Geschäftsabteilung GmbH[251]

Die Versorgungssituation des Deutschen Reiches bei Kriegsausbruch mit Brotgetreide und Mehl läßt sich anhand folgender Zahlen verdeutlichen[252]: Die Gesamteinfuhr betrug 1913 an Roggen 364.572t im Wert von 42,2 Mio., an Weizen 2.780.323t im Wert von 417,3 Mio., an Gerste 3.123.019t im Wert von 390,4 Mio., an Hafer 575.783t im Wert von 60,4 Mio., an Roggenmehl 1.035t und an Weizenmehl 22.952t (zusammen im Wert von 4,9 Mio. Mark). Diesen Importen standen Gesamtausfuhren iHv 937.607t im Wert von 132,9 Mio. (Roggen), 759.469t im Wert von 87,6 Mio. (Weizen), 35.613t im Wert von 1,0 Mio. (Gerste), 751.006t im Wert von 93,1 Mio. (Hafer) und 225.193t Roggenmehl sowie 193.630t Weizenmehl (zusammen im Wert von 84,5 Mio. Mark) gegenüber. Daraus errechnete sich ein Ausfuhrüberschuß an Roggen iHv 573.035t, an Hafer iHv 175.223t und an Roggen- und Weizenmehl iHv 394.835t bzw. ein Einfuhrüberschuß an Weizen iHv 2.020.854t und an Gerste iHv 3.087.406t.

---

[251] Paragraphenangaben ohne weiteren Zusatz beziehen sich auf den Gesellschaftsvertrag der Kriegsgetreidegesellschaft mbH (K.G.) bzw. der Reichsgetreidestelle, Geschäftsabteilung GmbH (R.G., beide abgedruckt im Anhang). Die angesprochenen Vorschriften des GmbHG vom 20. April 1892 beziehen sich auf die Fassung des Gesetzes vom 20. Mai 1898.

[252] Statistisches Jahrbuch für das Deutsche Reich von 1915, S. 249f., 307, Anhang S. 66f. Zahlen über die zurückgehenden Lebensmitteleinfuhren während der Kriegsjahre bei Baudis, Staatsmonopolistischer Kapitalismus, S. 272f. und bei Skalweit, Kriegsernährungswirtschaft, S. 235ff. Danach sanken etwa die Einfuhren an Brotgetreide 1916 auf 240.750t, 1917 auf 37.066t und 1918 (bis November) auf 42.598t (Skalweit).

Der inländische Verbrauch bezifferte sich dabei für das Wirtschaftsjahr 1913/14 auf 10.321.543t Roggen, 6.455.220t Weizen, 7.282.185t Gerste und 8.645.547t Hafer. Insgesamt resultierte daraus für das Deutsche Reich zwar nicht hinsichtlich sämtlicher Getreidearten, wohl aber im Hinblick auf Weizen sowie Gerste eine erhebliche Auslandsabhängigkeit (31,3% bei Weizen und sogar 42,4% bei Gerste).

Darüber hinaus bestand die Schwierigkeit, im Falle einer Isolierung vom freien Weltmarkt für einen gerechten Ausgleich zwischen den ländlichen Überschußgebieten des Ostens und den dicht besiedelten Industrieregionen und damit Zuschußgebieten im Westen sorgen zu müssen[253]. Insgesamt machten also die Importabhängigkeit und die inländischen Versorgungsunterschiede die Errichtung einer zentralen Beschaffungs-, Lagerungs- und Verteilungsorganisation für das unersetzliche Brotgetreide auf Reichsebene erforderlich:

„Da es nicht feststand, und zur Zeit auch noch nicht feststeht, ob die Getreidevorräte innerhalb der Grenzen des Deutschen Reiches bis zur nächsten Erntezeit reichen, falls der Krieg bis dahin nicht sein Ende gefunden hat, wurde der Gedanke schon längere Zeit erwogen, ob nicht eine Stelle zu schaffen sei, die ausreichende Getreidemengen lagern und für die letzten Monate des Erntejahres aufheben kann. Es würde als der Erfolg der Lagerung grösserer Getreidevorräte anzusehen sein, dass die Bevölkerung sich von der bestehenden Knappheit überzeugte und sparsamer würde. Die angekauften Mengen könnten auch, wenn sich bei der demnächst anzustellenden Statistik ergibt, dass die Vorräte in der Tat sehr knapp sind und womöglich bei eingeschränktem Konsum nicht ausreichen, dazu dienen, eine Zwangsverteilung herbeizuführen und den Verbrauch künstlich einzuschränken."[254]

Angesichts dieses Handlungsbedarfs fanden bereits Anfang November 1914 Vorverhandlungen zwischen Vertretern der Großindustrie (Krupp, Rheinisch-Westfälisches Kohlensyndikat, Rottweiler Pulverfabriken u.a.), der Landwirtschaft (insbesondere Freiherr von Wangenheim), sämtlicher Städte über 100.000 mit Ausnahme von Mülhausen i/Elsaß und Preußen statt, die dann am 25. November 1914 in der Gründungsversammlung der „Kriegsgetreidegesellschaft

---

[253] Die Verteilung der von der Kriegsgetreidegesellschaft im ersten Geschäftsjahr aufgekauften Getreidemengen nach Herkunftsgebieten ergab z.B., daß im Osten Deutschlands rund 675.000, in der Mitte 470.000 und im Westen nur 155.000 Tonnen Getreide erworben werden konnten, der Verbrauch an Getreide jedoch 360.000, 340.000 bzw. rund 600.000 Tonnen betrug. Die entsprechenden notwendigen Verschiebungen - auch innerhalb der erwähnten drei Gebiete - stellten angesichts der knappen freien Transportkapazitäten ein erhebliches Problem für die Gesellschaft dar.

[254] Mitteilung des Unterstaatssekretärs Dr. Michaelis vom 28. November 1914 an die Vertreter der Bundesregierungen über die Gründung der Kriegsgetreidegesellschaft, in der zugleich rückblickend noch einmal die wesentlichen Motive der Gründung angeführt werden (Abschrift, BA R 8835 Bd. 1 ohne Paginierung).

mbH“ mit Sitz in Berlin gipfelten. Die eigentliche Eintragung der Kriegsgetreidegesellschaft in das Handelsregister und damit die Entstehung der Gesellschaft als solche erfolgte am 07. Dezember 1914[255].

Zweck der Gesellschaft sollte angesichts der Versorgungssituation „der Erwerb und die Lagerung inländischen Roggens, zwecks Veräußerung nach Mitte Mai 1915, sowie Maßnahmen zur Sicherung der deutschen Volksernährung und Aufrechterhaltung des deutschen Wirtschaftslebens im Kriege (sein)“, § 2. In diesem Zusammenhang erwartete man allein bis zur nächsten Ernte Getreideeinkäufe in der Größenordnung von etwa 2 Mio. Tonnen zu einem geschätzten Preis von 500 Millionen Mark. Das dazu nötige Fremdkapital sollte sich die Gesellschaft dadurch verschaffen, daß sie ihre sämtlichen eingelagerten Getreidevorräte gegen Kredite an die Darlehenskasse zu Berlin, die Preußische Zentralgenossenschaftskasse und die Reichsbank verpfändete (System der Lombardierung der Getreidevorräte)[256]. Regelmäßig übernahmen dabei das Deutsche Reich und der Preußische Staat zur Sicherheit Bürgschaften gegenüber den Kreditinstituten.

Das eigene Kapital der Gesellschaft von 50 Millionen Mark wurde zu 21 bzw. 20 Mio. Mark von Preußen und den Städten und zu 9 Mio. Mark von den Großgewerbetreibenden gezeichnet und sofort iHv 25% eingefordert[257]. Andere Bundesstaaten waren an der Gründung der Gesellschaft nicht beteiligt, zum einen, weil der Beitritt außerpreußischer Staaten für die Zuständigkeit der Gesellschaft auch über den Rahmen von Preußen hinaus ohne Belang sein sollte und zum anderen, weil „es nicht möglich gewesen (wäre), mit der erforderlichen Beschleunigung zu handeln, wenn vorher die Bundesstaaten hätten mit uns unter einen Hut gebracht werden sollen.“[258] Diese sollten vielmehr erst nach Abschluß sämtlicher Verhandlungen mit dem Reich insbesondere über die Fragen der Risikoverteilung und der Gewinnverwendung im Rahmen einer Umstrukturierung an der Gesellschaft beteiligt werden. So war etwa Preußen von Anfang an bereit, von den gezeichneten 21 Mio. Mark bis zu 6 Mio. später an andere Bundesstaaten abzugeben[259].

---

[255] Vgl. § 11 I GmbHG.

[256] Zahlen für die Reichsgetreidestelle, Geschäftsabteilung GmbH: Im 2. Geschäftsjahr (1915/1916 - das erste Geschäftsjahr für die R.G.) hatte die Gesellschaft ca. 66 Mio. Mark Schulden, wogegen ein Lagerbestand im Wert von 106 Mio. Mark verpfändet war. Die entsprechenden Zahlen für die folgenden Geschäftsjahre lauten: ca. 444 Mio. Mark Schulden gegenüber einem Lagerbestand im Wert von 327 Mio. (1916/1917) und ca. 311 Mio. Schulden gegenüber einem Lagerbestand im Wert von 301 Mio. Mark (1917/1918). Vgl. im einzelnen die Geschäftsberichte der R.G. für die einzelnen Wirtschaftsjahre.

[257] Vgl. § 7 II 1 GmbHG. Liste der Gesellschafter der K.G. mit ihren jeweiligen Beteiligungen im Anhang.

[258] Mitteilung Michaelis vom 28. November 1914 (Abschrift, BA R 8835 Bd. 1 ohne Paginierung, vgl. Fn 254).

[259] Näheres dazu im Anhang.

Die Dividende der Gesellschafter wurde auf höchsten 5% des eingezahlten Kapitals beschränkt. Der darüber hinausgehende Gewinn bei Auflösung der Gesellschaft sollte ausschließlich der Reichskasse zufließen (§ 5 I 2, II). Im Gegenzug dafür übernahm das Reich gegenüber der Kriegsgetreidegesellschaft vertraglich die Verpflichtung, einen etwaigen Verlust des Stammkapitals bei Auflösung der Gesellschaft zu erstatten, sofern dieser dadurch herbeigeführt wurde, daß die Gesellschaft inländisches Getreide oder die Erzeugnisse daraus unter dem Höchstpreis, ausländisches Getreide oder die Erzeugnisse daraus unter dem Einstandspreis zu verkaufen genötigt gewesen ist[260]. Schäden, die der Gesellschaft durch höhere Gewalt (z.B. Bombenwurf usw.) zugefügt werden könnten und für die es keine Versicherung gab, sollten dagegen vom jeweiligen Bundesstaat getragen werden.

Bereits wenige Wochen nach ihrer Errichtung trat für die Gesellschaft eine erste, wesentliche Erweiterung des Aufgabenkreises durch die Bekanntmachung des Bundesrates über die Regelung des Verkehrs mit Brotgetreide und Mehl vom 25. Januar 1915[261] ein. Neben dem ursprünglich Zweck der Gesellschaft, dem selbständigen Ankauf und der Lagerung inländischen Roggens zwecks Veräußerung nach Mitte Mai 1915 (s.o.), fiel der K.G. nunmehr auch die Aufgabe zu, das gesamte durch § 1 Satz 1 der BRVO zu ihren Gunsten beschlagnahmte Brotgetreide aufzunehmen, zu lagern, vermahlen zu lassen und mit Hilfe der neu geschaffenen Reichsverteilungsstelle (§§ 31ff. BRVO) die Mehlvorräte dann an die Kommunalverbände zu verteilen. Hierzu kam noch die Aufgabe der Schaffung einer Nationalreserve für die erste Zeit nach Beginn des folgenden Erntejahres sowie die Sicherung des Heeresbedarfs. Gleichzeitig dehnte die K.G. ihre Geschäftstätigkeit auf das gesamte Reichsgebiet mit Ausnahme von Bayern und Elsaß-Lothringen aus. Aus der ursprünglich als reine vorübergehende „Lagerungsgesellschaft" (Michaelis) konzipierten K.G. zur Überwindung eines konkreten drohenden Versorgungsengpasses ab Mai 1915 wurde so bereits nach wenigen Wochen eine Kriegsgesellschaft mit der zentralen Zuständigkeit für die gesamte geschäftliche Abwicklung und Durchführung der staatlichen Zwangsmaßnahmen auf dem Gebiet der Getreidebewirtschaftung.

Mit dieser ersten grundlegenden Erweiterung des Aufgabenkreises der Gesellschaft nahmen zwangsläufig auch die Verwaltungsaufgaben zu. Insbesondere mußte die K.G. im Einkaufsgeschäft wie auch bei der Verteilung des Mehles

---

260 Erklärung des Reiches, vertreten durch Unterstaatssekretär Michaelis, über die Bereitschaft, einen entsprechenden Vertrag mit der Gesellschaft abzuschließen (vermutlich Mitte/Ende November 1914, also noch vor der Gründung der Gesellschaft), BA R 8835 Bd. 1 ohne Paginierung. Allerdings wurde mit einem Fallen der Preise angesichts des erwarteten Nachfrageüberhanges aufgrund der Ausfälle in der Anbaufälle, der geringen Düngung, der Einfuhrschwierigkeiten des Deutschen Reichs und der schlechten Ernteprognosen in den Nachbarstaaten von keiner Seite ernsthaft gerechnet.

261 RGBl. 1915, S. 35.

ständig mit den Behörden aller deutschen Bundesstaaten in Verbindung treten. Dabei erschwerte die mangelnde Einbindung der Gesellschaft in die Behördenhierarchie den Verkehr mit den staatlichen Stellen erheblich. Darüber hinaus konnten die Eingriffe in das Wirtschaftsleben immer erst nach entsprechenden Verhandlungen zwischen Gesellschaft und Verwaltung ergehen.

Zur Erleichterung und Vereinheitlichung des Verkehrs bestellte daraufhin der Reichskanzlers durch Erlaß vom 04. März 1915 den Vorsitzenden des Aufsichtsrats der Kriegsgetreidegesellschaft, Unterstaatssekretär Dr. Michaelis, zum „Reichskommissar für die Durchführung der BRVO über die Regelung des Verkehrs mit Brotgetreide und Mehl vom 25. Januar 1915". Die Aufgabe des unmittelbar dem Reichsamt des Innern unterstellten Reichskommissars bestand fortan darin, sämtliche Verwaltungsaufgaben der Gesellschaft zu koordinieren und zu erledigen. Dazu wurde ihm u.a. die durch die BRVO vom 25. Januar 1915 errichtete Reichsverteilungsstelle unterstellt.

Mit zunehmender Ausdehnung und Intensivierung der Getreidezwangsbewirtschaftung ab Mai 1915 wurde der Ruf nach weiterer Zentralisierung und Vereinheitlichung immer stärker. Die gesamte Regelung des Verkehrs mit Brotgetreide und Mehl während des neuen Erntejahres sollte dazu einer neu zu gründenden „Reichsgetreidestelle" (RGSt.) übertragen werden[262]. In ihr sollten dann unter Aufsicht des Reichskanzlers die bereits bestehenden öffentlich-rechtlichen Behörden (der Reichskommissar zur Ausführung der Bundesratsverordnung vom 25. Januar 1915 und die Reichsverteilungsstelle) und die Kriegsgetreidegesellschaft mbH vereinigt werden. Behörden wie K.G. sollten dabei jeweils eine selbständige Abteilung der Reichsgetreidestelle bilden[263]. Der mit der Einsetzung des Reichskommissars begonnene Aufbau einer eigenen Verwaltungsstruktur auf dem Gebiet der Getreidewirtschaft neben der kaufmännisch arbeitenden Gesellschaft sollte damit auch für die innere Struktur der Reichsgetreidestelle übernommen werden.

Die eigentliche Errichtung der Reichsgetreidestelle erfolgte wenig später durch eine neue Brotgetreideverordnung für das Erntejahr 1915 vom 28. Juni 1915[264]. In dieser wurde gleichzeitig der neue Aufgabenbereich und damit der veränderte Charakter der K.G. nochmals explizit statuiert sowie ausdrücklich die zeitliche Beschränkung der Geschäftstätigkeit auf das Erntejahr 1914/15 aufgehoben, nachdem eine längerfristige Getreidebewirtschaftung bereits im Anschluß an die BRVO vom 25. Januar 1915 diskutiert und gefordert worden war[265].

---

[262] Die Errichtung einer Reichsgetreidestelle wurde in der K.G. erstmals ernsthaft diskutiert in der 10. Sitzung des Aufsichtsrates vom 29. Mai 1915 (Sitzungsprotokoll S. 12ff., BA R 8835 Bd. 6 ohne Paginierung).

[263] Näheres zum Verhältnis der beiden Abteilungen zueinander unter V.

[264] RGBl. 1915, S. 363 (§§ 10ff.).

[265] Bereits in einem Rundschreiben vom 27.01.1915 hatte sich die K.G. mit der Frage der Dauer einer Getreidebewirtschaftung auseinandergesetzt (BA R 8835 Bd. 6 ohne Paginierung).

Rein äußerlich zeigte sich die Umstrukturierung der K.G. vor allem durch die Umfirmierung in „Reichsgetreidestelle, Geschäftsabteilung Gesellschaft mbH" (R.G.). Darüber hinaus beschloß eine Gesellschafterversammlung vom 07. Juli 1915 unter Berücksichtigung der Vorgaben der neuen Bundesratsverordnung vom 28. Juni 1915 weitere Änderungen des Gesellschaftsvertrages, von denen an dieser Stelle lediglich die Erhöhung des Stammkapitals um 20 Mio. Mark auf 70 Mio. und die Übernahme dieses Anteils durch das Reich erwähnt werden soll[266].

Zusammenfassend stellte sich demnach die Reichsgetreidestelle, Geschäftsabteilung GmbH als *die* zentrale kaufmännische Bewirtschaftungsorganisation auf dem Getreidesektor dar, die sich aus der K.G. als ursprünglich befristeter „Lagerungsgesellschaft" entwickelt hatte und die zusammen mit der Verwaltungsabteilung die im Juli 1915 errichtete, von der inneren Struktur wie dem äußeren Geschäftsbetrieb für nachfolgende Kriegsgesellschaften vorbildliche, Reichsgetreidestelle bildete.

II. Der Unternehmensgegenstand der Reichsgetreidestelle, Geschäftsabteilung GmbH

Wie bereits dargestellt verfolgte die im November 1914 errichtete Kriegsgetreide GmbH den Zweck, inländischen Roggen zwecks Veräußerung nach Mitte Mai 1915 zu erwerben und zu lagern. Darüber hinaus oblag es ihr, sich an Maßnahmen zur Sicherung der deutschen Volksernährung und Aufrechterhaltung des deutschen Wirtschaftslebens im Kriege zu beteiligen, § 2.

Infolge der Gesetzgebung vom 25. Januar 1915 und vom 28. Juni 1915 dehnte sich der Unternehmensgegenstand aus und umfaßte schließlich im Juli 1915 nach der Umwandlung der K.G. in die Reichsgetreidestelle, Geschäftsabteilung GmbH, ganz allgemein „die Sicherung der Ernährung des Heeres und der Marine sowie der deutschen Zivilbevölkerung während der Dauer des gegenwärtigen Krieges, soweit die Ernährung auf der Verwertung von Brotgetreide beruht" (§ 2). Dazu hatte die Gesellschaft nach den Anordnungen der Verwaltungsabteilung alle zur Erfüllung ihrer Aufgaben erforderlichen Rechtsgeschäfte vorzunehmen, insbesondere für die rechtzeitige Abnahme, Bezahlung und Unterbringung des aus den Kommunalverbänden abzuliefernden Brotgetreides[267] zu sorgen, das

---

§ 13 der BRVO bestimmte nunmehr, daß die Reichsgetreidestelle mit Hilfe der Kommunalverbände zumindest für die Zeit bis zum 15. August 1916 für die Verteilung und zweckmäßige Verwendung der vorhandenen Vorräte zu sorgen hatte.

[266] Die einzelnen Bestimmungen der BRVO und des neugefaßten Gesellschaftsvertrages werden dagegen näher in den jeweiligen Kapitel angesprochen.

[267] Roggen, Weizen, Spelz (Dinkel, Fesen) sowie Emer und Einkorn. Später kam noch Saatgetreides (BRVO vom 13. Januar 1916, RGBl. S. 36) und Grünkern (BRVO vom 03. Juli. 1916 und 15. Juli 1916, RGBl. S. 649 bzw. 753) dazu.

von den Heeresverwaltungen und der Marineverwaltung beanspruchte Brotgetreide und Mehl durch Vermittlung der Zentralstellen zur Beschaffung der Verpflegung rechtzeitig zu liefern, den Kommunalverbänden das erforderliche Mehl rechtzeitig zu liefern, für die ordnungsmäßige Verwaltung ihrer Bestände zu sorgen und den getreideverarbeitenden Betrieben die festgesetzten Mengen zu liefern[268]. Die Vorschriften über den Verkehr mit Brotgetreide aus dem Erntejahr 1915 wurden für das Erntejahr 1916 beibehalten[269].

Eine weitere wesentliche Erweiterung der Aufgaben der Reichsgetreidestelle trat durch die Reichsgetreideordnung für das Erntejahr 1917 vom 21. Juni 1917 ein[270]. Danach wurden der Reichsgetreidestelle vom Beginn der Ernte 1917 an außer der Bewirtschaftung des Brotgetreides noch die Bewirtschaftung von Gerste, Hafer, Hülsenfrüchten, Buchweizen und Hirse übertragen[271]. Alle diese Bodenfrüchte wurden einheitlich nach dem bisherigen System bewirtschaftet. Die Reichsgetreidestelle übernahm damit Aufgaben, die zuvor noch durch verschiedene andere Stellen wahrgenommen worden waren[272]. Die Reichsgetreideordnung vom 21. Juni 1917 führte daneben zu weiteren für den Geschäftsbetrieb der Reichsgetreidestelle bedeutsamen Änderungen, wie den Ausbau der Erfassungs- und Verteilungsorganisation im Lande bis auf die Gemeindeebene, die gesetzliche Regelung der Organisation der Getreidewirtschaft in den Kommunalverbänden und Gemeinden, die Einführung der Wirtschaftskarte für jeden einzelnen landwirtschaftlichen Betrieb u.a.[273] Insgesamt wurde durch diese Reichsgetreideordnung erstmals eine umfassende Kodifikation der gesamten Getreidebewirtschaftung des Deutschen Reiches aufgestellt.

---

[268] §§ 26, 27 der BRVO vom 25. Januar 1915 und §§ 1, 13, 15 der BRVO vom 28. Juni 1915.

[269] Artikel 1 der BRVO vom 29. Juni 1916, RGBl. 1916, S. 613. Vgl. auch die Neufassung der BRVO über Brotgetreide und Mehl vom 24. Juli 1916, RGBl. 1916, S. 782.

[270] RGBl. 1917, S. 507.

[271] §§ 1, 2 der BRVO. Die entsprechende Neufassung des § 2 der Satzung erfolgte erst am 11. Mai 1918 durch Beschluß der Gesellschafterversammlung (BA R 8835 Bd. 4 ohne Paginierung).

[272] Gerste wurde ursprünglich seitens der Zentralstelle zur Beschaffung der Heeresverpflegung, ab 1916 seitens der Reichsfuttermittelstelle (Verwaltungsangelegenheiten) und der Reichsgerstengesellschaft mbH (geschäftliche Angelegenheiten) bewirtschaftet; die Haferbewirtschaftung erfolgte ebenso durch die Reichsfuttermittelstelle (Verwaltungsangelegenheiten) bzw. die geschäftlichen Angelegenheiten durch die Zentralstelle zur Beschaffung der Heeresverpflegung, später abgelöst durch die Hafereinkaufsgesellschaft mbH; Erbsen, Bohnen und Linsen übernahm anfänglich noch die Zentral-Einkaufsgesellschaft, bis 1916 deren Bewirtschaftung von der Reichshülsenfruchtstelle wahrgenommen wurde; Wicken wurden zuvor seitens der Bezugsvereinigung der Deutschen Landwirte GmbH bewirtschaftet; die Bewirtschaftung von Buchweizen und Hirse erfolgte wie schon die von Erbsen, Bohnen und Linsen ursprünglich durch die Reichshülsenfruchtstelle (vgl. im einzelnen die Geschäftsberichte der R.G., insbesondere für das dritte Wirtschaftsjahr 1916/17 (S. 3f.)).

[273] Vgl. im einzelnen §§ 20-41 und §§ 56-68 der BRVO.

Die folgende Reichsgetreideordnung vom 29. Mai 1918 für die Ernte 1918[274] beinhaltete dagegen keine grundsätzlichen Änderungen. Die Bewirtschaftung dehnte sich lediglich auf Mais und Lupine aus. Darüber hinaus wurde zwecks besserer Kontrolle und der Vermeidung von Mißbräuchen das System der Brotkarte auch für die Selbstversorger eingeführt und zur Entlastung der R.G. sämtlichen Kommunalverbänden die Verpflichtung auferlegt, eine kaufmännisch geführte Geschäftsstelle zu errichten.

Die ersten Lockerungen der Zwangsbewirtschaftung auf dem Getreidesektor traten durch die Reichsgetreideordnung vom 18. Juni 1919 für die Ernte 1919 vor dem Hintergrund des ständig zunehmenden Schleichhandels ein[275]. Angesichts gleichbleibender Versorgungsnotlage wurde die zentrale Bewirtschaftung des Brotgetreides dagegen im Grundsatz beibehalten[276].

III. Die Organe der Reichsgetreidestelle, Geschäftsabteilung GmbH

1. Die Geschäftsführung

Nach der Konzeption des GmbHG war die Geschäftsführung neben der Gesellschafterversammlung das zweite notwendige Organ der Gesellschaft mbH. Als eigentliches Handlungsorgan oblag ihr - wie dem Vorstand bei der Aktiengesellschaft - die Vertretung der Gesellschaft nach außen und die Führung der Geschäfte im Innenverhältnis, §§ 35 I, 37 I GmbHG.

Gemäß § 7 I 1 sollte die Kriegsgetreidegesellschaft einen oder mehrere Geschäftsführer erhalten[277]. Deren Bestellung hatte nach Maßgabe des GmbHG grds. im Gesellschaftsvertrag oder durch einen Beschluß der Gesellschafterversammlung zu erfolgen, §§ 6 II 2, 46 Nr. 5 GmbHG. Allerdings konnte der Gesellschaftsvertrag auch eine andere Bestellung der Geschäftsführer anordnen, § 45 II GmbHG. Nach der Satzung der K.G. war der Aufsichtsrat sowohl für die Bestellung der Geschäftsführer als auch für deren Abberufung zuständig, § 7 I 2.

---

[274] RGBl. 1918, S. 425 und 434 (Neufassung).

[275] RGBl. 1919, S. 525 und 535 (Neufassung): Lockerung der Zwangswirtschaft für Hülsenfrüchte, Hafer und Buchweizen, Aufgabe der Bewirtschaftung von Mais, Wicken und Hirse.

[276] Vgl. die Neufassung des § 2 gemäß Beschluß der Gesellschafterversammlung vom 4. Juni 1920, wonach der Zweck der Gesellschaft weiterhin die Sicherung der Versorgung der Bevölkerung des Deutschen Reiches mit *Getreide*, bis zum 15. August 1920 auch mit Hülsenfrüchten (außer frischem Gemüse) und Buchweizen, sowie mit den aus diesen Bodenfrüchten hergestellten Erzeugnissen war (BA R 8835 Bd. 4 ohne Paginierung). Am Beispiel der Reichsgetreidestelle wird also deutlich, daß die Kriegsgesellschaften nicht nur zur Bewältigung der kaufmännischen Angelegenheiten während der Dauer des Krieges herangezogen wurden, sondern daß in ihnen auch die Organisationsform zur Unterstützung der Verwaltung für die Kriegs-, Übergangs- und erste Friedenszeit gesehen wurde.

[277] Vgl. § 6 I GmbHG.

Die Form der Bestellung regelte § 7 III, wonach „die Bestellung sowohl in einer ordnungsmäßigen Aufsichtsratssitzung, als auch in derselben Weise, wie rechtsgültige Beschlüsse des Aufsichtsrates durch Einholung schriftlicher Äußerungen zustande kommen, erfolgen (kann)." Einzig die ersten Geschäftsführer sollten von der Gesellschafterversammlung gewählt werden, § 7 II.

Die Gesellschaft mbH wurde durch die Geschäftsführer gerichtlich und außergerichtlich vertreten; sie waren das vom Gesetz geforderte ordentliche Organ für die Vertretung der Gesellschaft, § 35 I GmbHG. Im Grundsatz war dabei für die aktive Stellvertretung Gesamtvertretung erforderlich, wohingegen für die passive Einzelvertretung ausreichte, § 35 II 2, 3 GmbHG. Die Satzung ließ vorliegend für die rechtsverbindliche Zeichnung die Unterschrift von zwei Geschäftsführern oder von einem Geschäftsführer und einem Prokuristen oder von zwei Prokuristen ausreichen, § 7 V[278]. Für den Fall, daß nur ein Geschäftsführer bestellt wurde (§ 7 I), sollte entweder dieser allein oder aber auch zwei Prokuristen zur rechtsverbindlichen Zeichnung befugt sein, § 7 VI[279].

Die Geschäftsführer waren auch das ordentliche geschäftsführende Organ der Gesellschaft im Innenverhältnis. Im Gegensatz zur Vertretung der Gesellschaft im Außenverhältnis und anders als bei der AG war diese Tätigkeit allerdings nicht unentziehbar. Vielmehr unterlagen die Geschäftsführer im Innenverhältnis sämtlichen Beschränkungen, die ihnen der Gesellschaftsvertrag oder Beschlüsse der Gesellschafterversammlung auferlegte, § 37 I GmbHG. So konnte im Gesell-

---

[278] Vgl. § 35 II 1 GmbHG. Die gesellschaftsvertraglich zulässigen Ausnahmen von dem Grundsatz der Kollektivvertretungsbefugnis sind dargestellt bei Hachenburg GmbHG, § 35 Anm. 20-28.

[279] Letztere Bestimmung - obwohl in der Praxis üblich - sah sich immer wieder erheblicher Kritik ausgesetzt, die hauptsächlich an die „irreführende Formulierung" anknüpfte: danach könne man der Ansicht sein, die Gesellschaft dürfe durch zwei Prokuristen schlechthin sich vertreten lassen. Das sei rechtlich aber nicht angängig, denn Prokuristen könnten nicht ohne spezielle Ermächtigung Grundstücksgeschäfte abschließen, § 49 II HGB. Auch könne man aus der Eintragung der Klausel die Auffassung bekommen, die Gesellschaft dürfe vielleicht überhaupt von der Bestellung von Geschäftsführern absehen und sich nur mit Prokuristen behelfen. Eine derartige Auslegung verstoße aber gegen § 35 GmbHG, wonach die Gesellschaft allein durch das gesetzlich dafür vorgesehene Organ der Geschäftsführung vertreten wird. Aufgrund dieser „Irreführungen" müsse das Registergericht die Eintragung der Gesellschaft ablehnen.
Allerdings ist zu bedenken, daß der Grundsatz der Vertretung durch die Geschäftsführer (§ 35 GmbHG) durch die Zulassung von gewillkürten Vertretern, die ihre Befugnis dazu nur von der Geschäftsführung erhalten können, niemals dann verletzt ist, wenn die Möglichkeit der Vertretung der Gesellschaft durch die Geschäftsführer allein erhalten bleibt (so auch hier). Dafür spricht bereits der Sinn und Zweck des § 35 GmbHG, der zwar die Geschäftsführer zwingend zu den gesetzlichen Vertretern der Gesellschaft macht, nicht aber daneben die Bestellung gewillkürte Stellvertreter verbieten will. Der bloße Verdacht von „Irreführungen" könne allein die Wirksamkeit der Formulierungen nicht in Frage stellen. Zum ganzen Problem Hachenburg GmbHG, § 35 Anm. 24 (mit Formulierungsempfehlungen).

schaftsvertrag etwa bestimmt sein, daß der Aufsichtsrat in allen wichtigen Angelegenheiten zu befragen war, oder es konnte dem Aufsichtsrat ein Widerspruchsrecht gegen jedes Handeln des Geschäftsführers eingeräumt werden. Selbst ganz konkrete Weisungen und Instruktionen an die Geschäftsführung wurden für zulässig erachtet. Im Ergebnis konnten diese Beschränkungen sogar soweit gehen, daß die Geschäftsführer zu bloßen „Vollzugsbeamten" der übergeordneten Organe wurden[280]. Aufgrund der umfassenden Gestaltungsfreiheit (§ 45 I GmbHG) konnte das Statut darüber hinaus grds. auch die Bindung der Geschäftsführung an Anordnungen des Aufsichtsrates begründen.

Bei der K.G. wurde in § 7 IV der Satzung von dieser Möglichkeit dergestalt Gebrauch gemacht, daß die Geschäftsführer an Weisungen des Aufsichtsrats gebunden wurden. Die Unbeschränkbarkeit der Vertretungsmacht der Geschäftsführer mit Wirkung gegenüber Dritten blieb von den Beschränkungen der Geschäftsführungskompetenzen unberührt, vgl. § 37 II GmbHG.

Der Gesellschaftsvertrag der Reichsgetreidestelle, Geschäftsabteilung mbH sah folgende Änderungen in Bezug auf die Geschäftsführung vor: zum einen war in § 7 I a.E. zwingend vorgeschrieben, daß einer der Geschäftsführer ein Landwirt sein sollte[281]. Damit wurde die für eine längere Bewirtschaftung erforderliche Sachkenntnis in die Geschäftsführung geholt und gleichzeitig für eine ausreichende Vertretung der Interessen des von der Zwangswirtschaft betroffenen Wirtschaftssektors gesorgt. Der neu hinzugefügte Satz 3 des § 7 I verlangte darüber hinaus für die Wirksamkeit der Bestellung der Geschäftsführer durch den Aufsichtsrat die Bestätigung des Reichskanzlers[282].

In der Gründungsversammlung der K.G. vom 25. November 1914 wählten die vertretenen Gesellschafter Direktor H. Meyer aus Düsseldorf und Direktor G. Scipio aus Bremen zu Geschäftsführern. Geheimer Finanzrat Dr. H. Meydenbauer, Vortragender Rat im Königlich Preußischen Finanzministerium, der sich schon vorher um die Gründung und Einrichtung der Kriegsgetreidegesellschaft große Verdienste erworben hatte, trat Anfang Februar 1915 zusätzlich in die Geschäftsführung ein, wechselte jedoch bereits im Juli 1915 aus beruflichen Gründen in den Aufsichtsrat.

---

280 Hachenburg GmbHG, § 37 Anm. 3 unter Berufung darauf, daß der Geschäftsführer schlicht dem Willen der Gesellschaft unterworfen sei. Ders. § 35 Anm. 6 und § 52 Anm. 39. Nur soweit das Gesetz in zwingender Weise den Geschäftsführern bestimmte Pflichten auferlegte, konnte die Satzung ihnen die zu deren Erfüllung erforderliche Stellung nicht entziehen (§ 41 - Buchführung, § 40 - Einreichung der Gesellschafterlisten, § 64 - Beantragung des Konkurses).

281 Zur Zulässigkeit einer derartigen Regelung vgl. Hachenburg GmbHG, § 35 Anm. 38 a.E.

282 Zur Zulässigkeit der Abhängigkeit der Bestellung von Geschäftsführern von einem Dritten vgl. Hachenburg GmbHG, § 35 Anm. 42 a. Wenn sogar die Ernennung der Geschäftsführer gänzlich einer Staatsbehörde übertragen werden konnte, so mußte erst recht die Abhängigkeit von einer Bestätigung desselben zulässig sein.

Durch Beschluß des Aufsichtsrats vom 19. Juli 1915 wurden anläßlich der Errichtung der Reichsgetreidestelle Geheimer Regierungsrat Dr. Cuno, Vortragender Rat im Reichsschatzamt, Oberamtmann H. Goerg aus Gimritz b. Halle, Rechtsanwalt Dr. A. Oppenheimer aus Düsseldorf und Bankdirektor M. Koepke aus Bremen zu weiteren Geschäftsführern bestellt[283].

Eine völlige personelle Umbesetzung erfolgte dann nach Friedensschluß aufgrund der Rückkehr der meisten Geschäftsführer in ihre Friedenstätigkeit. So sah sich am 31. März 1919 die gesamte Geschäftsführung, bestehend aus den Direktoren Scipio, Dr. Oppenheimer, Oberamtmann Goerg und Koepke veranlaßt, ihr Amt niederzulegen und aus der Reichsgetreidestelle auszuscheiden. Der Aufsichtsrat wählte daraufhin Ende April 1919 rückwirkend zum 01. des Monats den Geheimen Justizrat Weiling, Regierungsassessor Dr. Löser[284], Rechtsanwalt Dr. Kühling[285] und Konsul Dr. Grouven zu neuen Geschäftsführern. Die neuen Aufgaben und Funktionen der Reichsgetreidestelle für die Übergangs- und Friedenszeit kamen also auch in einer kompletten personellen Neubesetzung zum Ausdruck.

2. Der Aufsichtsrat

Nach der Konzeption des GmbHG von 1892 war ein Aufsichtsrat als drittes Organ der Gesellschaft zwar zulässig, aber nicht notwendig, sog. fakultativer im Gegensatz zum obligatorischen Aufsichtsrat etwa bei der Aktiengesellschaft[286]. Die Entscheidungsfreiheit über die Errichtung eines Aufsichtsrats führt dabei im Grundsatz auch zur Freiheit der näheren Ausgestaltung desselben im Gesellschaftsvertrag. Nur bei Fehlen besonderer Anordnungen des Gesellschaftsvertrages sollten nach § 52 GmbHG ergänzend die aktienrechtlichen Bestimmungen des HGB gelten. Unanwendbar waren aber das Verbot, den ersten Aufsichtsrat auf länger als für die Zeit bis zur Beendigung der Generalversammlung, welche über die Bilanz für das vierte Geschäftsjahr beschließt, zu wählen (§ 243 III HGB), und zum anderen die unmittelbaren Ansprüche der Aktionäre bei bestimmten Pflichtverletzungen (§ 249 III HGB). Trotz der umfassenden Gestaltungsfreiheit

---

283 Cuno war bis dahin Vertreter des Reichsschatzamts im Aufsichtsrat der Gesellschaft gewesen und dadurch bereits mit den Geschäften der Gesellschaft vertraut. Allerdings schied er Ende Mai 1916 wieder aus seiner Tätigkeit bei der Gesellschaft aus, um als Referent für die Brotgetreidewirtschaft in das neu gegründete Kriegsernährungsamt einzutreten. Oppenheimer war schon seit Anfang Dezember 1914, Goerg und Koepke seit Anfang Februar 1915 als stellvertretende Geschäftsführer in der Kriegsgetreidegesellschaft tätig gewesen. Im Spätsommer 1915 wechselte Meyer zur Unterstützung des Osmanischen Reiches bei der Errichtung eines Ernährungsamtes nach Konstantinopel.

284 Bereits am 01. April 1920 abgelöst durch Direktor Kozuszek.

285 Bereits am 01. Juli 1920 abgelöst durch Rechtsanwalt von Falkenhayn.

286 Näheres zur Stellung und Funktion des Aufsichtsrats in der Gesellschaft mit beschränkter Haftung im allgemeinen bei Korten, Aufsichtsrat, §§ 1, 2, 6, 9-12.

bezüglich der Zusammensetzung und Funktion des Aufsichtsrates in der Gesellschaft hatte dieser als selbständiges Organ der Verwaltung und der Kontrolle seinem Wesen nach die Aufgaben der Überwachung und Aufsicht über die Geschäftsführung wahrzunehmen. Im Zweifel waren die gesellschaftsvertraglichen Vereinbarungen oder Lücken dahingehend auszulegen[287].

Im einzelnen wurden bei der K.G. folgende Regelungen getroffen: Die Bestellung und Zusammensetzung des Aufsichtsrates regelte § 8 I, wonach der Staat und die Städte in den zu bildenden Aufsichtsrat je fünf und das Großgewerbe drei ordentliche Mitglieder entsenden sollten[288]. Zusätzlich dazu waren sechs Stellvertreter vorgesehen (vier stellvertretende Mitglieder für die Städte und zwei für das Großgewerbe). Die Stellvertreter waren zu allen Sitzungen hinzuzuziehen, § 8 II[289]. Insgesamt umfaßte der Aufsichtsrat demnach neunzehn Mitglieder[290].

Der Vorsitzende und dessen Stellvertreter wurden aus der Mitte des Aufsichtsrats gewählt. Die Wahl des Vorsitzenden bedurfte der Bestätigung durch den Finanzminister, § 8 V. Als erster bekleidete der eigentliche Initiator der Getreidebewirtschaftung, Unterstaatssekretär im Königlich Preußischen Finanzministerium Dr. Michaelis, dieses Amt. Als Vorsitzender des Direktoriums behielt er diese Position auch nach der Errichtung der Reichsgetreidestelle bei. Infolge seiner Ernennung zum Königlich Preußischen Staatskommissar für Volksernährung

---

[287] Vgl. § 246 HGB.

[288] Vgl. auch § 243 I HGB. Im Gegensatz zur gesetzlichen Zweifelsregelung sah die Satzung allerdings nicht die Wahl der Mitglieder, sondern deren Entsendung seitens der Gesellschaftergruppen vor (zur Zulässigkeit eines derartigen Ernennungsrechts aufgrund der Gestaltungsfreiheit vgl. Hachenburg GmbHG, § 52 Anm. 9).

[289] Zur Zulässigkeit von Stellvertretern bei der GmbH und der nur beschränkten Zulässigkeit bei der Aktiengesellschaft (§ 246 IV HGB) vgl. Hachenburg GmbHG, § 52 Anm. 40f.

[290] Vertreter des Staates wurden Unterstaatssekretär Dr. Michaelis, Unterstaatssekretär Dr. Göppert, Geheimer Regierungsrat v. Krosigk, Geheimer Finanzrat Dr. Meydenbauer und der Geheime Regierungsrat Dr. Cuno. Die Städte entsandten Wermuth, Wirklicher Geheimer Rat und Oberbürgermeister der Königlichen Haupt- und Residenzstadt Berlin, Dr. von Borscht, Königlich Bayerischer Geheimer Rat und Oberbürgermeister von München, Dr. Beutler, Geheimer Rat und Oberbürgermeister von Dresden, Voigt, Oberbürgermeister von Frankfurt am Main und Manasse, Kommerzienrat aus Stettin als ordentliche Mitglieder und Dr. Luther, Stadtrat a. D. aus Berlin, Dr. Simonsohn, Stadtrat aus Berlin, Dr. Maier, Bürgermeister aus Charlottenburg und Dr. Kutzer, Oberbürgermeister aus Mannheim als Stellvertreter in den Aufsichtsrat. Die großgewerblichen Unternehmen und die Landwirtschaft wurden vertreten durch Hugo Stinnes, Mülheim a. d. Ruhr, Dr. Hugenberg, Geheimer Finanzrat a.D. und Vorsitzender des Direktoriums der Friedrich Krupp AG, Freiherr v. Wangenheim zu Klein-Spiegel, Dr. Hagen, Geheimer Kommerzienrat aus Köln am Rhein (Stellvertreter) und Hoffmann, Generaldirektor, Bergmeister a.D. aus Halle a.d. Saale (Stellvertreter). Vgl. die Niederschrift über die 1. Sitzung des Aufsichtsrats der K.G. vom 30. November 1914 und über die 2. Sitzung des Aufsichtsrats vom 14. Dezember 1914 (BA R 8835 Bd. 6 ohne Paginierung).

schied Michaelis allerdings im Mai 1917 aus dem Aufsichtsrat der Gesellschaft aus[291].

Der Aufsichtsrat unterstand grds. der Gesellschafterversammlung als dem obersten Willensorgan der GmbH. Er hatte ihre Beschlüsse auszuführen. Dieses ergab sich bereits aus der Tatsache, daß ein Aufsichtsrat bei der GmbH nach der gesetzlichen Konzeption nicht vorgesehen war und seine Existenz allein auf dem Willen der Gesellschafter beruhte. Andererseits erledigte er die ihm nach dem Statut überlassenen Angelegenheiten selbständig und eigenverantwortlich. § 8 VI a-e der Satzung der K.G. wies dem Aufsichtsrat im einzelnen folgende Befugnisse zu:

Zum einen übte er die gesamte Aufsicht und Kontrolle über die Geschäftsführung bis hin zu konkreten Dienstanweisungen aus. Darüber hinaus nahm er die Bestellung der Geschäftsführer sowie der leitenden Angestellten vor. Die Bestellung eines Geschäftsführers war zusätzlich an die Einwilligung des Finanzministers gebunden. Im Verhältnis zur Gesellschafterversammlung war der Aufsichtsrat für die Beschlußfassung über alle Vorlagen zuständig. Schließlich sollten weitere Einzahlungen auf die Stammeinlagen einer Einforderung durch den Aufsichtsrat vorbehalten bleiben. Insgesamt wies der Gesellschaftsvertrag der K.G. dem Aufsichtsrat im Verhältnis zu den anderen Gesellschaftsorganen also eine erhebliche Machtposition zu. Damit ähnelte seine Stellung innerhalb der Gesellschaft der des Aufsichtsrates bei der Kriegsmetall AG.

Seinen inneren Geschäftsgang regelte der Aufsichtsrat selbständig durch eine Geschäftsordnung (§ 8 IV 1). Bezüglich der Beschlußfähigkeit des Aufsichtsrates ordnete die Satzung grds. die Anwesenheit von mindestens sieben stimmführenden Mitgliedern einschließlich des Vorsitzenden sowie die einfache Stimmenmehrheit an (§ 8 IV 2, 3). Zur Erleichterung der Beschlußfassung sollte die Einholung schriftlicher Äußerungen stimmführender Mitglieder ausreichen, sofern von keinem Mitglied Widerspruch erhoben wurde. Die Geschäftsordnung konnte darüber hinaus dem Vorsitzenden oder einzelnen Mitgliedern besondere Befugnisse zuweisen.

Mit der Errichtung der R.G. kam es zu einigen bedeutenden Änderungen in der Bestimmung über den Aufsichtsrat[292]. So modifizierte etwa § 8 I 2 die Zusammensetzung dahingehend, daß der Aufsichtsrat zwingend aus dem Vorsitzen-

---

[291] An seine Stelle wurde der Königlich Sächsische Geheime Rat und Referent des Direktoriums der Verwaltungsabteilung der Reichsgetreidestelle Dr. Wach zum Vorsitzenden des Aufsichtsrats bestellt. Dieser wiederum wurde bereits im Januar 1918 durch den Unterstaatssekretär von Grävenitz abgelöst. Infolge des Friedensschlusses und der neuen Aufgaben und Funktion der Reichsgetreidestelle innerhalb der Volkswirtschaft legte v. Grävenitz sein Amt als Vorsitzender des Direktoriums der Reichsgetreidestelle mit Ablauf des 31. Oktober 1919 nieder. Es folgten Dr. Kleiner (Geheimer Regierungsrat, bis 30. April 1921) und danach Paul Merz vom Reichsministerium für Ernährung und Landwirtschaft.

[292] Gegenüberstellung des § 8 der Satzung der K.G. und der R.G. im Anhang.

den des Direktoriums der neugeschaffenen Verwaltungsabteilung der Reichsgetreidestelle als dem Vorsitzenden und 24 ordentlichen Mitgliedern besteht. Die ordentlichen Mitglieder verteilten sich dabei auf das Reich und die Bundesstaaten (7), die Städte (7), die Landwirtschaft (7) und das Großgewerbe (3). Insgesamt kam es also - neben der Berücksichtigung des Reiches aufgrund der Beteiligung iHv 20 Mio. Mark - zu einer Stärkung der Landwirtschaft als dem von der Zwangswirtschaft unmittelbar betroffenen Wirtschaftssektor und zu einer relativen Schwächung der ohnehin nur kapitalmäßig beteiligten Industrie[293]. Zahl und Stellung der Stellvertreter änderte sich nicht (§ 8 I 3, 4, II). Der Vorsitzende erhielt bei Stimmengleichheit ausdrücklich das Entscheidungsrecht (§ 8 IV 3). Die Amtsdauer der Aufsichtsratsmitglieder sollte grds. drei Jahre betragen (Beschluß der 1. Generalversammlung)

Das bei der K.G. vorgesehene Entsendungsrecht der einzelnen vertretenen Gruppen wurde bei der R.G. nur bezüglich der Gruppe der Städte und der Gruppe des Großgewerbes beibehalten (§ 8 III 1). Die übrigen Mitglieder des Aufsichtsrates (Vertreter des Reiches, der Bundesstaaten und der Landwirtschaft) wurden durch den Reichskanzler ernannt. Wie auch hinsichtlich des Vorsitzes entschieden damit immer häufiger staatliche Stellen über die personelle Zusammensetzung der Organe der Kriegsgesellschaft. Einzig dessen Stellvertreter wurde nach wie vor vom Aufsichtsrat aus dessen Mitte gewählt (§ 8 V).

Bezüglich der Befugnisse des Aufsichtsrates und damit dessen Verhältnis zu den anderen Gesellschaftsorganen trat keine Änderung ein (§ 8 VI).

3. Die Gesellschafterversammlung und die Rechtsstellung der Gesellschafter

Neben der Geschäftsführung war die Gesamtheit der Gesellschafter das zweite notwendige Organ jeder Gesellschaft mbH. Der Gesellschafterversammlung (§§ 45ff. GmbHG) kam ähnlich wie der Hauptversammlung bei der Aktiengesellschaft nach der gesetzlichen Konzeption des GmbHG die Funktion der obersten Willensbildung in der Gesellschaft zu. Wie bei der AG wies auch das GmbH-Recht der in der Versammlung verkörperten Gesamtheit der Gesellschafter eine einflußreiche und maßgebende Stellung in der Gesellschaft zu[294]. Ihr standen neben der Satzungs- und sonstigen Grundlagenkompetenz (§§ 26, 53, 60 I Nr.2 GmbHG) zahlreiche weitere Befugnisse insbesondere auch auf dem Gebiet

[293] Gemäß Beschluß der Gesellschafterversammlung vom 4. Juni 1920 wurde die Zahl der ordentlichen Mitglieder um zwei weitere (auf insgesamt 26) aus dem Kreis der Arbeitnehmer erhöht und damit auch dieser Gesellschaftsgruppe eine Beteiligung an der R.G. zugestanden (BA R 8835 Bd. 4 ohne Paginierung).

[294] „Es ist davon auszugehen, daß die Mitglieder als solche die oberste Instanz in den Gesellschaftsangelegenheiten bilden" (Motive S. 18).

der laufenden Geschäftsführung zu[295]. Selbst eine weitgehende Weisungsgebundenheit der Geschäftsführer wurde aufgrund der umfassenden gesellschaftsvertraglichen Gestaltungsfreiheit (§§ 37 I, 45 I,II GmbHG) wie jede andere Regelung der Kompetenzverteilung auch grds. für zulässig erachtet[296]. Die Gesellschafterversammlung konnte alle Zuständigkeiten an sich ziehen, soweit nicht Gesetz oder Satzung entgegenstanden[297].

§ 9 II der Satzung der K.G. wies der Gesellschafterversammlung ausdrücklich die Kompetenz bezüglich der Bilanzen und der Gewinnverteilung sowie bezüglich der Entlastung der Geschäftsführung und des Aufsichtsrats zu. Darüber hinaus oblag ihr das Recht der Wahl der ersten Geschäftsführung (§ 7 II). Hinsichtlich der Aufgaben und Stellung der Gesellschafterversammlung in der Gesellschaft ergaben sich durch die Errichtung der R.G. keinerlei Änderungen.

Die Willensbildung der Gesellschafter erfolgt grds. in den Versammlungen mittels entsprechender Beschlüsse (§§ 47, 48 GmbHG). Eine ordentliche Gesellschafterversammlung hatte in den ersten sechs Monaten nach Ablauf eines jeden Geschäftsjahres stattzufinden[298]. Das Abhalten von außerordentlichen Gesellschafterversammlungen richtete sich einmal nach der Einschätzung des Aufsichtsrates oder der Geschäftsführung (vgl. § 9 III) sowie zum Schutze von Gesellschafterminderheiten nach einem Einberufungsverlangen von mindestens 10% des Stammkapitals (§ 9 IV iVm § 50 GmbHG). Darüber hinaus blieben die vom Gesetz ausdrücklich bestimmten Fälle bestehen[299]. Die Versammlung selbst, welche stets am Ort des Firmensitzes (Berlin) stattfand, wurde durch den Vorsitzenden des Aufsichtsrats einberufen und geleitet (§ 10 I 1, II 1)[300]. Mangels entgegenste-

---

[295] Dazu im einzelnen § 46 GmbHG (Feststellung des Jahresabschlusses, die Ergebnisverwendung, die Bestellung und Abberufung der Geschäftsführer, Maßnahmen zur Prüfung und Überwachung der Geschäftsführung, die Bestellung von Prokuristen und Generalbevollmächtigten, die Rechtsbeziehungen zwischen Gesellschaft und Gesellschaftern u.a.).

[296] Hachenburg GmbHG, § 46 Anm. 1.

[297] Hachenburg GmbHG, § 45 Anm. 46.

[298] Vgl. § 49 II, III GmbHG. Tatsächlich wurden bei der Reichsgetreidestelle, Geschäftsabteilung GmbH jedoch nur sehr unregelmäßig Gesellschafterversammlungen abgehalten. Hintergrund hierfür war zum einen die Überlastung der Gesellschaft, zum anderen die insgesamt geringen Kompetenzen, die der Gesellschafterversammlung insbesondere im Verhältnis zum Aufsichtsrat noch verblieben waren. Die relativ geringe Bedeutung der Versammlungen drückte sich etwa auch in der schlechten Anwesenheitsmoral der Gesellschafter bzw. Stellvertreter aus. Oftmals waren lediglich die (bevollmächtigten) Herren Dr. Luther als Geschäftsführer des Deutschen Städtetages, Semper als Vertreter der hohen Bundesstaaten und Hagen als Vertreter der Großindustrie anwesend und nahmen die gesetzlichen Pflichtaufgaben wahr (Vgl. im einzelnen die Niederschriften vom 31. März 1916, 11. Mai 1918, 25. April 1919 und 04. Juni 1920 in BA R 8835 Bd. 4 ohne Paginierung).

[299] Vgl. §§ 46, 53, 60 I Nr. 2, 26, 66 III GmbHG.

[300] Anders die gesetzliche Regelung in § 49 I GmbHG. Danach wurde die Versammlung der Gesellschafter grds. durch die Geschäftsführer einberufen. Allerdings billigte das Gesetz im Falle eines im Gesellschaftsvertrag bestellten Aufsichtsrats auch diesem das Recht und die

hender gesellschaftsvertraglicher Regelungen faßte die Gesellschafterversammlung ihre Beschlüsse mit der Mehrheit der abgegebenen Stimmen, wobei grds. die einfache Mehrheit genügte[301]. Je 50.000 Mark eines Geschäftsanteils gewährten eine Stimme (§ 10 II 2). Hinsichtlich der Willensbildung in den Gesellschafterversammlungen ergaben sich durch die Errichtung der R.G. keinerlei Änderungen.

Das Mitgliedschaftsrecht des Gesellschafters gewährte ihm Vermögens- und Mitwirkungsrechte[302]. Das wichtigste Vermögensrecht war der Anspruch auf den erzielten Reingewinn, der grds. nach dem Verhältnis der Geschäftsanteile zu verteilen war, § 29 GmbHG. Allerdings konnte aufgrund der umfassenden Gestaltungsfreiheit der Gesellschaftsvertrag sowohl das „ob" als auch den Maßstab der Verteilung frei regeln[303]. § 5 I 2 der Satzung der K.G. beschränkte ausdrücklich die Dividende der Gesellschafter auf 5%. Darüber hinaus sollten die Gesellschafter im Falle der Auflösung der Gesellschaft nicht mehr als den Nennwert ihrer Anteile erhalten. Vielmehr fiel der etwaige Rest des Gesellschaftsvermögens dem Reich zur Verwendung für gemeinnützige Zwecke zu, insbesondere zugunsten der Kriegs- und Hinterbliebenenversorgung (§ 5 II 1,2). Diese von den gesetzlichen Bestimmungen abweichenden Regelungen entsprachen dem gemeinnützigen Charakter der Gesellschaft (§ 5 I 1).

Der Geschäftsanteil des Gesellschafters stellte die vermögensrechtliche Beteiligung am Gesellschaftsvermögen dar. Von Gesetzes wegen war der Geschäftsanteil prinzipiell frei übertragbar. Die Übertragung war nur an einen in gerichtlicher oder notarieller Form geschlossenen Vertrag gebunden (§ 15 I, II GmbHG). Von der grds. freien Verfügbarkeit über den Geschäftsanteil machte jedoch die Satzung der K.G. dergestalt eine Ausnahme, daß sie die Abtretung an die Zustimmung des Preußischen Staates band, sog. vinkulierte Geschäftsanteile (§ 4 Satz 1 iVm § 15 V GmbHG)[304]. Darüber hinaus verbot § 4 Satz 2 eine Teilung der Geschäftsanteile im Falle einer Abtretung unter den Betrag von 50.000

Pflicht zur Berufung der Gesellschafterversammlung und zur Herbeiführung von Gesellschafterbeschlüssen zu (vgl. § 52 GmbHG iVm § 246 II HGB). Zur Ladungsfrist, -form und Beschlußfähigkeit trotz Verstößen hiergegen vgl. im einzelnen den die gesetzliche Regelung in § 51 GmbHG modifizierenden § 10 I 2, 3, 4; hinsichtlich der Form der Beschlußfassung vgl. § 11 (Niederschrift).

[301] Vgl. § 47 I GmbHG sowie § 251 HGB. Qualifizierte Mehrheiten waren nur dort erforderlich, wo sich dies aus dem Gesellschaftsvertrag oder dem Gesetz ergab (etwa § 53 II 1 GmbHG - Satzungsänderungen oder § 60 Nr. 2 GmbHG - Auflösung der Gesellschaft).

[302] Zum bedeutendsten Mitwirkungsrecht - dem Recht der Minderheit der Gesellschafter, die Einberufung der Gesellschafterversammlung zu verlangen (§ 50 GmbHG) - vgl. bereits oben.

[303] § 29 I a.E., II 2 GmbHG. Vgl. dazu auch Hachenburg GmbHG, § 29 Anm. 4.

[304] Zur Zulässigkeit der Zuweisung der Zustimmung an einen Dritten vgl. Hachenburg GmbHG, § 15 Anm. 52 und 59ff. AA Brodmann § 15 Anm. 5 c. allerdings ohne Begründung für seine einengende Auslegung des Abs. V.

Mark. Durch diese beiden Bestimmungen ließen sich ungewollte Beteiligungen Dritter an der Gesellschaft sowie eine den Geschäftsgang unnötig erschwerende, zu breite Streuung der Anteile verhindern. Die Gesellschaft verstand sich eben nicht als eine werbende, an das Anlegerpublikum gerichtete Kapitalgesellschaft, sondern einzig als die juristische Organisationsform, die für die beabsichtigten Zwecke auf dem Gebiet der Ernährungswirtschaft am geeignetsten schien. Hierfür bedurfte es aber nur einer überschaubaren Zahl von an der Sache interessierten und sachverständigen Gesellschaftern. Der Gesellschaftsvertrag der R.G., Geschäftsabteilung mbH sah hinsichtlich der Abtretung von Geschäftsanteilen keinerlei Änderungen vor.

Insgesamt läßt sich demnach feststellen, daß die typischen Unternehmer- und Gesellschafterinteressen an einer Vermehrung des eingesetzten Kapitals aufgrund der maximal 5%igen Verzinsung der Anteile und der Gewinnverwendungsabsprachen mit dem Reich nach Beendigung der Gesellschaft vollkommen fehlten. Für die Beteiligten trat vielmehr (wie schon bei der K.M.A.) eine gesamtwirtschaftliche Verantwortung und die Möglichkeit, an der zwangsweisen Bewirtschaftung des Brotgetreides mitwirken zu können, als Beitrittsmotiv in den Vordergrund.

IV. Der äußere Geschäftsbetrieb und die innere Organisation der Reichsgetreidestelle, Geschäftsabteilung GmbH

1. Der äußere Geschäftsbetrieb: Die Regelung des Getreideverkehrs[305]

a) Das Einkaufsgeschäft

Nach dem Willen ihrer Gründer sollte die K.G. als eine Art „Lagerungsgesellschaft" die deutsche Volksernährung vor allem dadurch sichern, daß sie inländisches Getreide erwarb, lagerte und dann in der Notzeit nach Mitte Mai 1915 wieder veräußerte. Der Schwerpunkt ihrer Tätigkeit bestand also darin, ausgleichend in den grds. freien Getreidemarkt einzugreifen, mit dem Ziel, für ein dauerhaftes Getreideangebot auch für die Zeit vor der nächsten Ernte zu sorgen. Darüber hinaus oblag der K.G. die Aufgabe, einen gerechten Ausgleich zwischen Überschuß- und Bedarfsregionen herbeizuführen und im Falle einer allgemeinen Versorgungskrise Verbrauchsreglementierungen und -kontingentierungen umzusetzen. Der Einsatz von Zwangsmitteln wie der Beschlagnahme und der Enteig-

[305] Vgl. dazu im einzelnen die bereits oben (II.) angesprochenen Reichsgetreideordnungen für die verschiedenen Erntejahre 1915 (RGBl. 1915, S. 35ff., 363ff.), 1916 (RGBl. 1916, S. 782ff.), 1917 (RGBl. 1917, S. 507ff.), 1918 (RGBl. 1918, S. 434ff.) und 1919 (RGBl. 1919, S. 535ff.).

nung war dagegen nach der ursprünglich Konzeption der Getreidebewirtschaftung nicht vorgesehen[306].

Entsprechend ihrer statutarischen Aufgabe der „Aufrechterhaltung des deutschen Wirtschaftslebens im Kriege" (§ 2) bemühte sich die Gesellschaft bei ihrer Einkaufstätigkeit darum, den freien Getreidehandel personell, aber auch mit seinen bestehenden Friedensstrukturen und Geschäftsverbindungen soweit wie möglich zu beteiligen. Diese Beteiligung drückte sich vor allem dadurch aus, daß die K.G. grds. jedem Getreidehändler ermöglichte, als Kommissionär bei der Vermittlung und Durchführung ihres Einkaufsgeschäfts tätig zu werden.

Das Verhältnis zwischen Kommissionär und der Gesellschaft wurde in „Allgemeinen Geschäftsbedingungen für den Verkehr zwischen der Reichsgetreidestelle, Geschäftsabteilung GmbH in Berlin und den Kommissionären" von 1916 einheitlich geregelt[307]. Danach hatten die Kommissionäre das Getreide in den ihnen zugewiesenen Bezirken im eigenen Namen und für Rechnung der R.G. zu kaufen (§ 1 I)[308]. Nach § 3 der AGB erfolgte der Einkauf in der Weise, daß „entweder der Kommissionär das Getreide endgültig beim Besitzer abnimmt und diesem gleichzeitig den mit ihm vereinbarten Preis bezahlt, oder der Kommissionär mit dem Getreidebesitzer zum Höchstpreis einen schriftlichen Kaufvertrag nach dem von der R.G. zur Verfügung gestellten Muster schließt, laut dessen sich der Besitzer denselben Bedingungen unterwirft, nach denen der Kommissionär an die R.G. liefert". Die zweite Form des Einkaufs hatte den Vorteil, daß der Kommissionär vor Verlusten geschützt wird, die ihm bei der Abnahme des Getreides durch die R.G. erwachsen könnten. Zudem wurde vermieden, daß dem Besitzer wegen der Gefahr solcher Verluste zu hohe Abzüge gemacht wurden. Auf Anfragen der Gesellschaft hatte der Kommissionär sodann das erworbene Getreide in Mengen von nicht unter einem Eisenbahnwaggon (mind. 10t) an die angegebenen Adressen zu versenden (§ 4 I). Die R.G. zahlte dafür den am Tag der Verladung geltenden Höchstpreis (§§ 16 I, II, 18)[309]. Bei Lieferungen an Heeresverwaltungen und an die Marineverwaltung sowie an Kommunalverbände erfolgte die Abrechnung direkt mit diesen und nicht über die R.G. (§19 I, II)[310].

---

306 Vgl. bereits Fn 254.

307 Die folgenden Paragraphen beziehen sich auf diese Allgemeinen Geschäftsbedingungen.

308 Die näheren Bestimmungen über den Umfang und Fristen der Einkaufstätigkeit der Kommissionäre richteten sich nach der Bundesratsverordnung vom 29. Juni 1916, vgl. § 1 II 1 der AGB iVm §§ 14 I f, 20 I 2, 22, 24, 66 III der Bekanntmachung vom 29. Juni 1916, RGBl. 1916, S. 613 und 782.

309 Bekanntmachung über die Höchstpreise für Getreide und Kleie vom 28. Oktober 1914 (RGBl. 1914, S. 462) mit späteren Änderungen und Ergänzungen. Allgemein zur Höchstpreispolitik vgl. bereits den 1. Abschnitt B. II. 4.

310 Bei Lieferungen an die militärischen Stellen galten die „Grundsätze für die Beschaffung der Heeresverpflegung". Im Verhältnis zu den Kommunalverbänden waren die gleichen Bedingungen maßgebend wie für Lieferungen an die R.G.

Für jeden Kommunalverband sollten ein bis zwei Kommissionäre bestellt und im Grundsatz auf unbestimmte Zeit verpflichtet werden. Die konkrete Auswahl wurde zwar den Kommunalverbänden selbst überlassen[311], allerdings sollten von vornherein nur solche Personen in Betracht kommen, die die „Allgemeinen Geschäftsbedingungen für Kommissionäre" anerkannten und darüber hinaus nach den „Erläuterungen für das Einkaufsgeschäft" zu verfahren bereit waren und die die finanzielle Leistungsfähigkeit, kaufmännische Zuverlässigkeit und Organisation für die Ausübung einer derartigen Aufgabe vorweisen konnten. Die R.G. empfahl den Kommunalverbänden dabei in der Regel, je einen Händler und eine landwirtschaftliche Organisation als Kommissionär zu bestellen. Die Hinzuziehung weiterer Unterkommissionäre, mit denen die Gesellschaft dann aber nicht mehr in direktem Kontakt stand, war grds. möglich (§ 2). In Gemeinden mit einer eher kleinbäuerlichen Struktur sollten darüber hinaus vereinzelt die Ortsvorsteher die Einsammlung des Getreides vorbereiten.

Als Entgelt für ihre Kommissionstätigkeit zahlte die Gesellschaft grds. die zulässige Höchstkommission von 4 Mark je Tonne, wobei die Kommissionäre vertraglich veranlaßt werden konnten, hiervon bis 1,50 Mark an die Ortsvorsteher für deren Tätigkeit abzugeben. Im Einzelfall wurden Zuschläge für jede Tonne gewährt, etwa wenn es sich um die mühselige Einsammlung kleiner und kleinster Mengen handelte oder die Gesellschaft ein besonderes Interesse an der Aufstokkung ihrer Bestände hatte. Faktisch betrug deshalb das Entgelt durchschnittlich im ersten Jahr 4,05 Mark je Tonne, im zweiten 6,61 Mark. je Tonne, im dritten 6,07 Mark. etc.[312] Der Kommissionär erhielt die Vergütung für seine gesamte Tätigkeit einschließlich aller Aufwendungen (§ 21). Einzig zahlte ihm die R.G. darüber hinaus für die Bereitstellung seiner Säcke eine Leihgebühr iHv 10 Pfennig für den Doppelzentner Getreide (§ 8 I, II).

Innerhalb kürzester Zeit wurde das Kommissionärnetz über ganz Deutschland ausgedehnt und die Behörden sowie die Kommissionäre mit den erforderlichen Anweisungen und Vordrucken versehen. Die notwendige Kontrolle und Übersicht erfolgte mittels von der R.G. geführte Ein- und Verkaufsbüchern. Bereits im ersten Geschäftsjahr erstreckte sich dieses „kommissionärgestützte Einkaufsgeschäft" der R.G. auf 985 Kommunalverbände[313]. Das Einkaufsgeschäft der R.G. bildete damit den Ausgangspunkt und die Grundlage ihrer gesamten Geschäftstätigkeit.

---

[311] § 21 II BRVO vom 28. Juni 1915 (RGBl. 1915, S. 363ff.).

[312] Näheres dazu in den Geschäftsberichten der R.G. für die einzelnen Wirtschaftsjahre (Geschäftsbericht für 1914/15 S. 4, 1915/16 S. 9, 1916/17 S. 19 etc.).

[313] Zahlen für die folgenden Geschäftsjahre s. f), dort allerdings unter Berücksichtigung der selbstwirtschaftenden Kommunalverbände.

b) Die Beschlagnahmungen

Nur wenige Wochen nach der Aufnahme der Geschäftstätigkeit mußten die Verantwortlichen erkennen, daß die Gesellschaft ihr Ziel allein mit einem Getreideeinkauf auf freiwilliger Basis nicht erreichen konnte. Zum einen verhinderten die langjährigen Geschäftsbeziehungen zwischen Getreidebesitzern, Händlern, Mühlen und Kommunen, deren jeweiliges Gewinnstreben und deren Skepsis gegenüber der neuen „Konkurrenzgesellschaft" eine problemlose Durchführung des Einkaufsgeschäfts. Daran änderte auch die Höchstpreisverordnung vom 28. Oktober 1914 angesichts der mannigfaltigen Umgehungsmöglichkeiten nichts. Des weiteren hatte die Bestandsaufnahme vom Anfang des Monats Dezember 1914 ergeben, daß die deutschen Brotgetreidevorräte bis zur nächsten Erntezeit ohne rechtzeitige Beschränkungen des Konsums nicht reichen würden und daher große Teile der noch vorhandenen Bestände möglichst schnell zurückgelegt werden mußten.

Angesichts dieses Handlungsbedarfs konnte also „nicht mehr abgewartet werden, ob der Versuch durch freihändigen Ankauf oder durch die von Kommissionären, Genossenschaften usw. vermittelte Zwangsüberlassung ausreichende Mengen aus dem Verkehr zu ziehen, gelingt oder nicht. Es ist vielmehr unvermeidlich geworden, durch Einsetzung der staatlichen Organe, besonders der Landräte (...), die erforderlichen Mengen nötigenfalls aufgrund der Verfügung vom 4. August in der Fassung der Bekanntmachung vom 17.12.1914 RGBl. S. 516 zu erwerben und der K.G. zur Verfügung zu stellen."[314] Neben dem freihändigen Getreideeinkauf sollten also wie auf anderem Gebiet auch die Zwangsmittel der Beschlagnahme und Enteignung die völlig Erfassung und Verfügbarkeit über die vorhandenen Vorräte gewährleisten. Dabei dachte man ursprünglich daran, lediglich 60% der Getreidebestände nach der Bestandsaufnahme vom 01. Dezember 1914 zugunsten der K.G. zu sichern. Abzüge hiervon waren nur vorgesehen, wenn der dem Produzenten zu belassende Rest den Bedarf der eigenen Landwirtschaft nicht deckte oder wenn glaubhaft nachgewiesen werden konnte, daß der Landwirt seit dem 01. Dezember 1914 von seiner Erzeugung bestimmte Mengen an Händler oder an die Organe der Heeresversorgung verkauft und bereits abgeliefert hatte. Damit sollte das Ziel der Gesellschaft, genügend Vorräte

---

[314] Entwurf eines Erlasses des Finanzministers, des Ministers des Innern und des Ministers für Landwirtschaft, Domänen und Forsten vom 12. Januar 1915 an die Landräte, Regierungspräsidenten und Oberpräsidenten in den Provinzen Westpreussen, Pommern, Brandenburg, Posen, Schlesien und Sachsen (BA R 8835 Bd. 1 ohne Paginierung). Die am 17. Dezember 1914 erlassene Änderung des Gesetzes betreffend Höchstpreise vom 04. August 1914 (RGBl. 1914, S. 339ff. bzw. 513ff. und 516ff. (Neufassung)) schaffte für die Gesellschaft erstmals die Möglichkeit, bestimmte Getreidemengen, die sie erwerben wollte, auf ihren Antrag hin und zu ihren Gunsten von den zuständigen Behörden beschlagnahmen bzw. enteignen zu lassen (§ 2 I, II).

für die kritische Zeit nach Mitte Mai 1915 zurückzulegen, bei gleichzeitiger größtmöglichster Schonung des freien Getreidemarktes erreicht werden.

Dieser Plan stieß jedoch auf erhebliche praktische Bedenken[315]: Zum einen hätten die Landwirte zu dieser Zeit typischerweise den größten Teil ihrer Brotgetreidemengen bereits an Händler und Mühlen abgegeben und wären so tatsächlich gar nicht mehr in der Lage, 60% der Bestände der K.G. zur Verfügung zu stellen. Zudem würde der Erlaß nichts an der faktisch noch immer verbreiteten Verschwendung von Brotgetreide (insbesondere aufgrund von Verfütterungen) ändern. Darüber hinaus bestünde die Gefahr, daß der Bedarf der nicht landwirtschaftlichen Bevölkerung allein durch die verbleibenden Mengen nicht gedeckt werden könnte und daher mit einer Flut von Anforderungen an die K.G. zu rechnen sei. Allein eine allgemeine Beschlagnahme sämtlicher bei Landwirten, Händlern, Müllern und Bäckern befindlichen Vorräte an Brotkorn und Mehl mit einer sich daran anschließenden Kontingentierung (5 Pfund Brotgetreide pro Woche und Kopf wurde als das Existenzminimum angesehen und sollte sogleich in den Kommunen verbleiben) könne diese Probleme vermeiden. Allerdings sei zur Durchführung des Planes eine Übergangszeit von 2-3 Wochen erforderlich und entsprechende Vorräte an Mehl und Brotgetreide von der Beschlagnahme auszuschließen.

Am 25. Januar 1915 erließ daraufhin der Bundesrat mit Wirkung vom 01. Februar 1915 die allgemeine Beschlagnahme des gesamten inländischen Brotgetreides zugunsten der K.G. und des gesamten Mehls zugunsten der Kommunalverbände[316]. Um die völlige Erfassung der vorhandenen Vorräte sicherzustellen, sollten die Beschlagnahmewirkungen einzig mit der Enteignung oder mit der freihändigen Veräußerung des beschlagnahmten Getreides an die K.G. enden (§§ 4 III, 5). Der Beschlagnahme von Weizen und Roggen folgten nach und nach alle weiteren Getreidearten[317], ab Juli 1915 dann zugunsten der neuerrichteten Reichsgetreidestelle[318]. Bei der Umsetzung der Zwangsmittel vor Ort bediente sich die Gesellschaft wiederum der Unterstützung der Kommissionäre.

---

315 Reaktion vom 15. Januar 1915 auf den Entwurf des Ministerialerlasses (BA R 8835 Bd. 1 ohne Paginierung, ohne Verfasser).

316 § 1 der Bekanntmachung des Bundesrates über die Regelung des Verkehrs mit Brotgetreide und Mehl vom 25. Januar 1915, RGBl. S. 35ff.

317 Dazu bereits oben II.

318 § 1 I der BRVO vom 28. Juni 1915 sah eigentlich vor, daß das gesamte Brotgetreide (neben dem Mehl, § 1 II) mit der Trennung vom Boden *für den Kommunalverband* beschlagnahmt wurde, in dessen Bezirk es gewachsen war. Allerdings konnte die Reichsgetreidestelle selbständig bestimmen, wieviel Brotgetreide oder Mehl jedem Kommunalverband für seine Zivilbevölkerung zustand (sog. Bedarfsanteil, § 14 e), und wieviel Brotgetreide aus den einzelnen Kommunalverbänden an sie abzuliefern war (§ 14 f). Des weiteren bedurften Getreidetransporte, -Lieferungen und -Verfütterungen stets einer Genehmigung der Reichsgetreidestelle (§ 19). Faktisch blieb sie also die allein entscheidende Stelle.

c) *Die Enteignungen*

Die Bekanntmachung über die Regelung des Verkehrs mit Brotgetreide und Mehl vom 25. Januar 1915 sah neben der kraft Gesetzes eintretenden allgemeinen Beschlagnahme des vorhandenen inländischen Brotgetreides und Mehles in den §§ 14ff. die Möglichkeit der Enteignung vor. Dabei handelte es sich in der Sache um nichts anderes als die schon nach der bisherigen Gesetzeslage mögliche Enteignung[319]. Der praktische Unterschied lag darin, daß die Enteignung nun auch bezirksweise und nicht nur durch Verfügung an einzelne Personen erfolgen konnte. So bestand die Möglichkeit eines erleichterten und pauschaleren Einsatzes des Zwangsmittels im Interesse des Unternehmensziels (§ 15). Allerdings konnte die K.G. selbst die Enteignung nicht aussprechen, sondern nur dessen Anordnung seitens der zuständigen Behörde beantragen (§ 14)[320]. Es blieb also auch bei der K.G. bei der grds. Trennung der Wahrnehmung von Hoheitsaufgaben durch die staatlichen Stellen und deren Umsetzung durch die gemischtwirtschaftlichen Kriegsgesellschaften. Vor Ort bediente sie sich wie schon bei ihrer Einkaufstätigkeit und den Beschlagnahmungen der Unterstützung durch die Kommissionäre[321].

Über die Durchführung des Enteignungsverfahrens äußerte sich ein Preußischer Ministerialerlaß vom 23. Dezember 1914 u.a. folgendermaßen: „Würde insbesondere der Übernahmepreis für die Gegenstände in derselben Höhe festgesetzt werden, die bei freihändigem Verkehr der Verkaufspreis erreicht, so würde das Verfahren seinen Zweck verfehlen."

Damit war aber nicht gemeint, daß im Interesse eines niedrigen Erwerbspreises und damit hohen Verkaufsgewinns der Gesellschaft das Zwangsmittel der Enteignung Vorrang vor dem freihändigen Ankauf oder der in den praktischen Wirkungen sehr ähnlichen allgemeinen Beschlagnahme zukommen sollte. Dieses Gewinnstreben widerspräche zudem der statutarisch festgelegten Gemeinnützigkeit der K.G. (§ 5 I 1). Die Androhung einer unter dem jeweiligen Höchstpreis liegenden Enteignungsentschädigung sollte vielmehr den einvernehmlichen freihändigen Verkauf an die Gesellschaft anregen und damit die zwangsweise Enteignung überhaupt entbehrlich werden lassen. Dieses stellte die K.G. in einem Rundschreiben an die preußischen Landräte ausdrücklich klar: „Nur im Notfalle,

---

[319] Vgl. dazu 1. Abschnitt B. II. 3.

[320] Daß die K.G. tatsächlich kein Interesse an Enteignungen *ohne* entsprechenden Antrag oder Einverständnis hatte, folgte letztlich daraus, daß von dem Zeitpunkt der Enteignung an der Besitzer nicht mehr die Gefahr des Verderbs und des Gewichtsschwunds trug und nur noch verantwortlich gemacht werden konnte, soweit ihm eine Verletzung der nach § 17 erforderlichen Sorgfalt (Verpflichtung zur pfleglichen Verwahrung und Behandlung) nachzuweisen war.

[321] § 3 II der AGB für den Verkehr zwischen der Reichsgetreidestelle und den Kommissionären.

bei böswilligen oder unverständigen Besitzern wollen wir von dem Mittel der Enteignung Gebrauch machen. Die allgemeine Enteignung bei allen Besitzern des Bezirks oder eines Teiles des Bezirks im Sinne des § 15 der Bekanntmachung vom 25. d. M. wird nur in solchen Bezirken in Betracht kommen, in denen eine große Zahl von Besitzern kein Verständnis für unsere Bestrebungen zeigt. Natürlich wird es sich empfehlen, daß allen Getreidebesitzern in geeigneter Form die Bedeutung der gesetzlichen Beschlagnahme zugunsten der „Kriegsgetreide-Gesellschaft" sowie die Vorteile des alsbaldigen freiwilligen Verkaufs ihrer Vorräte an die Vertreter der KG zur Kenntnis gebracht wird. Wir verweisen noch auf die Ausführungsanweisung zu § 4, wonach darauf hinzuwirken ist, daß die Besitzer den Verkauf an die KG freihändig vornehmen." [322]

Vor diesem Hintergrund ist auch die Vorschrift des § 16 der Bekanntmachung vom 25. Januar 1915 zu sehen, wonach der Erwerber der enteigneten Gegenstände für die Überlassung stets einen *angemessenen* Preis zu zahlen hatte, der von der höheren Verwaltungsbehörde unter Berücksichtigung des Höchst- und Durchschnittspreises endgültig festgesetzt wurde[323].

Zusammenfassend läßt sich somit feststellen, daß von den drei Erwerbsmöglichkeiten der R.G. (der freihändige Einkauf (a.), die Beschlagnahme (b.) und die Enteignung (c.)) der Schwerpunkt beim freihändigen, kommissionärgestützten Einkaufsgeschäft lag. Zwar ordnete die BRVO vom 25. Januar 1915 in § 1 die allgemeine Beschlagnahme des Brotgetreides mit Wirkung vom 01. Februar 1915 an, jedoch konnten sich die Besitzer beschlagnahmter Vorräte stets durch die Veräußerung an die R.G. zu den festgelegten Höchstpreisen den Beschlagnahmewirkungen entziehen (§ 5). Zudem sollte auch die Enteignungsmöglichkeit nach § 14 nach dem Willen des Gesetzgebers lediglich als Druckmittel einen Anreiz zur Erfüllung der Anzeigepflicht (§ 8) und der freiwilligen Veräußerung an die R.G. geben.

d) *Die Lagerung, Vermahlung und das sich daran anschließende Veräußerungsgeschäft*

Der Erfolg des Unternehmensziels der R.G., die Sicherung der Ernährung des Heeres und der Marine sowie der deutschen Zivilbevölkerung während der Dauer des Krieges hing im weiteren davon ab, ob es gelang, ausreichend für die Erhaltung des erworbenen Getreides zu sorgen und damit die große Gefahr des Verderbens zu vermeiden. Dieses galt wegen des verhältnismäßig hohen Feuchtigkeitsgehalts in besonderem Maße für das deutsche Getreide.

---

[322] Rundschreiben der K.G. an die Landräte in Preußen vom 27. Januar 1915 unter Bezugnahme auf die Bekanntmachung des Bundesrates vom 25. Januar 1915 (BA R 8835 Bd. 6 ohne Paginierung).

[323] Allerdings konnte der Übernahmepreis im Einzelfall auch gänzlich entfallen, so etwa nach § 16 II 1 im Falle der Verletzung der Anzeigepflicht (§§ 8ff.) für die enteigneten Vorräte.

Zur Bewältigung dieser Aufgabe bediente sich die R.G. im wesentlichen der Unterstützung der Mühlen. Diese sollten durch den Abschluß von Lager- und Mahlverträgen verpflichtet werden, das Getreide für die Gesellschaft zunächst zu lagern, später selbst zu erwerben und dann zu vermahlen. Lediglich kleinere Mengen sollten bei den erzeugenden Landwirten verbleiben. Auf diese Weise konnten zum einen große zentrale Lager mit der entsprechender Bürokratie und den damit verbundenen langen Transportwegen vermieden, zum anderen der Sachverstand der Müller für den Gesellschaftszweck gewonnen und gleichzeitig diesen die volle wirtschaftliche Verantwortung für die Beschaffenheit und damit das Risiko des Verderbens bis zum Schluß der Lagerzeit übertragen werden.

Um die Rechtsbeziehungen zwischen der R.G. und den Mühlen einheitlich zu regeln, stellte die Gesellschaft entsprechende Allgemeine Geschäftsbedingungen auf[324]. Die Müller mußten sich angesichts der Monopolstellung der R.G. mit derartigen Vorgaben einverstanden erklären, wollten sie nicht ihre wirtschaftliche Existenz aufs Spiel setzen. Andererseits rückte die Gesellschaft bereits Ende Januar 1915 aus beschäftigungspolitischen Gründen und im Interesse einer möglichst gleichmäßigen Verteilung der Aufträge von ihrer ursprünglich Vorstellung, nur mit Mühlen von mehr als 20 Tonnen Tageskapazität in Kontakt zu treten, ab und bezog auch die kleineren Mühlen mit in das Bewirtschaftungskonzept ein[325].

Eine wesentliche Änderung in den Rechtsbeziehungen zwischen Gesellschaft und den Müllern trat im Frühsommer 1915 im Anschluß an die Erweiterung der Aufgaben der Gesellschaft aufgrund der BRVO vom 25. Januar ein. Von der ursprünglich Verpflichtung der Mühlen, das gelagerte Getreide von der Gesellschaft käuflich zu erwerben, wurde Abstand genommen. Vielmehr sollten die Müller nun das abgenommene und gelagerte Getreide gegen festen Lohn vermahlen und das gewonnene Mehl nach den Weisungen der Gesellschaft an deren Abnehmer liefern (System der Lohnmüllerei)[326]. Gleichzeitig wurden sie, wo nötig, zusätzlich mit der Trocknung des überfeuchten Getreides beauftragt. Die vormals selb-

---

[324] „Allgemeine Geschäftsbedingungen für den Verkehr zwischen der Reichsgetreidestelle und den deutschen Mühlen" von Anfang Januar 1915.

[325] Vgl. die „Allgemeinen Vorschriften für den Anschluß kleinerer Mühlen an die Kriegsgetreidegesellschaft" vom 20. Januar 1915. Die Pflicht zur Berücksichtigung beschäftigungspolitischer Aspekte bei ihrer Geschäftstätigkeit ergab sich letztlich auch aus § 2 der Satzung der K.G., wonach sie auch Maßnahmen zur Aufrechterhaltung des deutschen Wirtschaftslebens im Krieg zu treffen hatte. Bereits während des ersten Geschäftsjahres arbeitete die Gesellschaft infolgedessen mit über 2.600 Mühlen zusammen.

[326] Vgl. §§ 38ff. der BRVO vom 28. Juni 1915. RGBl. 1915, S. 363ff. Der ausbezahlte Mahllohn betrug im 1. Geschäftsjahr ca. 20,- Mark pro Tonne Getreide (11-16,- Mark als Grundmahllohn, je nach Größe, technischem Stand, Auslastungsgrad der Mühlen wurden faktisch aber höhere Sätze bis zu 36,- Mark pro Tonne bezahlt). Daneben erhielten die Müller noch ein Lagergeld iHv pauschal 5,- Mark pro Tonne. Mahllohn wie Lagergeld fielen jedoch bereits im 2. Geschäftsjahr auf durchschnittlich 12,65 Mark bzw. 1,50 pro Tonne herab (Geschäftsberichte für 1914/15 S. 9 und für 1915/16 S. 13f.).

ständigen Müller wurden damit faktisch zu abhängigen und weisungsgebundenen Arbeitnehmern der Gesellschaft[327].

Neben der Abnahme, Lagerung und Verwaltung sowie Vermahlung des aus den Kommunalverbänden gelieferten Brotgetreides mit Unterstützung der Müller hatte die Gesellschaft auch für die rechtzeitige Verteilung desselben zu sorgen. Dieses Veräußerungsgeschäft umfaßte die Lieferung von Brotgetreide und Mehl an die Heeres- und Marineverwaltungen, die Lieferung von Mehl an die Kommunalverbände sowie die Lieferung von Brotgetreide und Mehl an ausgesuchte Nahrungsmittelbetriebe[328]. Anforderungen der Kommunalverbände - mit Abstand die bedeutendsten - mußten wegen der notwendigen Kontrollen des Verbrauchs an den Reichskommissar gerichtet werden, der seinerseits die Anweisungen über die Mengen und den Zeitpunkt der Lieferung der Gesellschaft übermittelte.

Wie für das Einkaufsgeschäft so galten auch für das Verkaufsgeschäft allgemein gültige Geschäftsbedingungen[329]. Die R.G. berechnete den Abnehmern für ihre Lieferungen im Grundsatz den staatlich festgesetzten Höchstpreis. Gerade zu Beginn ihrer Geschäftstätigkeit hielt sie den Mehlpreis dennoch künstlich über dem Höchstpreis, um so die Bedarfskreise zu motivieren, erst das in ihren eigenen Bezirken vorhandene, für sie beschlagnahmte Mehl heranzuziehen oder sich anderweitig einzudecken (Mehlpreis als „Abwehrpreis“). Darüber hinaus war zu diesem Zeitpunkt eine exakte Preiskalkulation nach Selbstkosten noch nicht möglich[330].

e) Bilanz der Geschäftstätigkeit

Den Umfang ihrer Geschäftstätigkeit und damit die Bedeutung der Geschäftsabteilung für die Kriegsernährungswirtschaft verdeutlichen folgende Zahlen[331]:

---

[327] Die dominierende Stellung der R.G. im Verhältnis zu den Mühlen wird insbesondere durch § 1 I (Lagerpflicht), § 8 (Behandlung der Vorräte, Haftung der Mühle), § 10 (Untersuchungspflicht der Mühle), § 11 (Trocknungspflicht der Mühle), § 18 (Gegenleistung der R.G.), § 20 (Mahlverpflichtung der Mühle), § 21 (Eigentum an Getreide, Mahlerzeugnissen und Abfällen), § 25 (Mahllohn), § 33 (Auskunftspflicht der Mühle, Prüfungsrecht der R.G.), § 40 (Pflicht der Mühle zur Sicherheitsleistung) und § 42 (einseitiges Recht der R.G., das Vertragsverhältnis aufzulösen) der AGB in der Fassung von 1916 deutlich.

[328] § 15 b), c), e) iVm § 14 I d) der BRVO vom 28. Juni 1915. RGBl. 1915, S. 363ff.

[329] So vor allem die „Allgemeinen Geschäftsbedingungen der Reichsgetreidestelle für den Verkauf von Mühlenerzeugnissen“.

[330] Ihren ersten Mehlpreis setzte die Gesellschaft am 13. Februar 1915 fest. Der Mehlpreis vom Februar ermäßigte sich jedoch bereits wieder im März und Mai, nachdem die Gesellschaft die für ein ruhigeres und sicheres Arbeiten notwendigen größeren Getreidebestände zusammengetragen hatte (Herabsetzungen vom 24. März 1915 und vom 15. Mai 1915).

[331] Vgl. die Geschäftsberichte für das Wirtschaftsjahr 1915/14 (S. 5), für 1915/16 (S. 7f.), für 1916/17 (S. 7) und für 1917/18 (S. 5f.). Zur Versorgungssituation des Deutschen Reichs bei Kriegsausbruch mit Brotgetreide und Mehl und dem inländischen Verbrauch s. bereits I.

Zu Beginn ihrer Bewirtschaftungstätigkeit Ende 1914 verfügte die Gesellschaft noch über keine Getreidebestände. Acht Monate später am Ende des ersten Geschäftsjahres (31. Juli 1915)[332] hatte sie dagegen schon insgesamt über 1,3 Mio. t Getreide erworben, wovon 860.000t nach Weisung der Verwaltungsabteilung an die Bevölkerung verteilt worden waren. Der Lagerbestand am Ende des ersten Wirtschaftsjahres belief sich demnach noch auf etwa 450.000t. Zusätzlich hierzu hatte die Gesellschaft für die Heeresversorgung 520.000t Getreide beschafft und nach den Anweisungen der Zentralstelle zur Beschaffung der Heeresverpflegung an die in Betracht kommenden Empfangsstellen, Proviantämter usw. verschickt. Die Gesellschaft erhielt dafür einen Unkostenbeitrag iHv 1 Mark pro Tonne. Insgesamt wurden also über 1,8 Mio. t Getreide von der Reichsgetreidestelle Geschäftsabteilung GmbH im ersten Geschäftsjahr bewirtschaftet.

Im zweiten Geschäftsjahr (1915/16) erwarb die Gesellschaft zusätzlich zu ihrem Lagerbestand aus dem Vorjahr (450.000t) insgesamt knapp 4 Mio. t Getreide, davon allein 200.000t aus dem Ausland (Rumänien). Das Verteilungsgeschäft umfaßte ebenfalls ca. 4 Mio. t Getreide, so daß die Gesellschaft am Ende des Wirtschaftsjahres einen in etwa gleich großen Lagerbestand aufweisen konnte (434.000t). Der zusätzliche Heeresbedarf belief sich auf 586.000t Getreide, so daß insgesamt über 4,5 Mio. t Getreide von der Gesellschaft umgesetzt worden waren.

Auf diesem Niveau verlief auch die Geschäftstätigkeit während des dritten Geschäftsjahres (1916/17): der Lagerbestand von 434.000t wurde durch 4,55 Mio. t (davon 390.000t ausländisches Getreide) aus dem Einkaufsgeschäft ergänzt. Ähnlich wie im Vorjahr belief sich die Verteilung auf ca. 3,9 Mio. t Getreide mit der Folge, daß die Gesellschaft mit einem Lagerbestand iHv 1,1 Mio. t in das neue Geschäftsjahr eintreten konnte. Der zusätzliche Heeresbedarf halbierte sich 1916/17 auf 300.000t, so daß insgesamt rund 4,2 Mio. t Getreide der zwangsweisen Bewirtschaftung durch die Reichsgetreidestelle unterlegen hatten.

Im letzten Kriegs- und vierten Geschäftsjahr der Gesellschaft (1917/18) traten hinsichtlich des Umfangs der Bewirtschaftungstätigkeit keine wesentlichen Änderungen ein. Der Getreideeinkauf umfaßte ähnlich wie im Vorjahr 4,4 Mio. t (davon 200.000t aus dem Ausland). Zusammen mit dem Lagerbestand von 1,1 Mio. t standen der Gesellschaft demnach 5,5 Mio. t Getreide zur Verfügung, von denen 4,5 Mio. t an die Verbraucher veräußert werden konnten. Der Heeresbedarf belief sich auf nur noch 63.000t, so daß insgesamt fast 4,6 Mio. t Getreide umgesetzt werden konnten. Die Gesellschaft verfügt am Ende des Wirtschaftsjahres folglich noch über einen Lagerbestand von ca. 1 Mio. t Getreide.

Trotz des mit dieser Geschäftstätigkeit verbundenen enormen Verwaltungsaufwands hielten sich die allgemeinen Geschäftsunkosten der Gesellschaft zu-

---

[332] § 7 VII 1, 2 der Satzung der K.G. Die folgenden Geschäftsjahre liefen dagegen stets vom 16. September bis zum 15. September (§ 7 VII der Satzung der R.G.).

nächst noch in Grenzen, stiegen allerdings im Verlauf des Krieges ständig an[333]. Im ersten Geschäftsjahr etwa beliefen sich die Ausgaben für die Gründung, die der Geschäftsführung und des Aufsichtsrats, Gehälter, Löhne, Spesen, Mieten, sonstige Anschaffungen, Porto, etc. auf insgesamt knapp 1,8 Mio. Mark bzw. 0,97 Mark pro Tonne Getreide. Den Hauptposten bildeten dabei die Gehälter an die Angestellten mit über eine Million Mark. Infolge der Zunahme der Geschäftstätigkeit stiegen die Kosten für das zweite Wirtschaftsjahr auf insgesamt 4,1 Mio. Mark, davon allein ca. 2,8 Mio. für Gehälter und Löhne. Auf das umgesetzte Getreide verteilt blieb es mit 0,95 Mark pro Tonne aber auf dem Vorjahresniveau. Eine erhebliche Steigerung der allgemeinen Geschäftsunkosten trat dagegen erstmals im folgenden dritten Geschäftsjahr aufgrund der Zunahme des Schleichhandels und der damit verbundenen notwendigen Kontrolltätigkeit der Gesellschaft ein. Der Tonnenaufwand erhöhte sich auf 1,28 Mark, die Gesamtunkosten auf 5,8 Mio. Mark, wovon allein über 800.000 an zusätzlichen Ausgaben durch die Überwachungsbeamten entstanden waren[334]. Insgesamt betrugen die Ausgaben für Gehälter und Löhne fast 4 Mio. Mark. Im letzten Kriegs- und vierten Geschäftsjahr beliefen sich die Ausgaben sogar auf zusammen 20,5 Mio. Mark, darunter 10,3 Mio. an allgemeinen Generalunkosten und 10,2 Mio. an Gehältern und Spesen für die Überwachungsbeamten. Auf die Tonne Getreide verteilt betrugen die Kosten damit 2,36 Mark.

f) Selbstwirtschaftende Kommunalverbände

Ausgenommen von der zwangsweisen Regelung des Getreideverkehrs durch die R.G. waren die sogenannten selbstwirtschaftenden Kommunalverbände[335]. Nach § 26 I der BRVO vom 28. Juni 1915 hatte sich jeder Kommunalverband der Landeszentralbehörde gegenüber bis zum 15. Juli 1915 zu erklären, ob er mit

---

333 Vgl. die Geschäftsberichte für das Wirtschaftsjahr 1915/14 (S. 12), für 1915/16 (S. 26), für 1916/17 (S. 25) und für 1917/18 (S. 21).

334 Wegen der zunehmenden Warenverknappung und der in Aussicht gestellten höheren Preise, die die Großstädter zu zahlen bereit waren, begann der Schleichhandel gegen Ende des Krieges immer mehr aufzublühen und zu einem ernsten Beschaffungs- und Erfassungsproblem für die Gesellschaft zu werden. Die einsetzenden Kontrollen führten beispielsweise im 3. Wirtschaftsjahr zu dem erschreckenden Ergebnis, daß sich bei den 34.537 Mühlenprüfungen in 22.307 Fällen (65%) - überwiegend schwere - Verfehlungen gegen die gesetzlichen Vorschriften ergaben. Die Quote reduzierte sich auch im folgenden Jahr bei insgesamt 97.387 Nachprüfungen nur leicht auf 55.564 Verstöße (57%).

335 Als Selbstwirtschaftsverbände kamen in der Regel die preußischen Landkreise und diejenigen außerpreußischen Kommunalverbände, die diesen Landkreisen etwa entsprachen, in Betracht, aber auch größere wirtschaftlich zusammengehörige Gebiete, insbesondere größere Städte mit umliegenden ländlichen Überschußkreisen, namentlich wenn sich bei ihrer Zusammenlegung Überschuß- und Zuschußbedarf ungefähr ausglichen, vgl. dazu § 61 BRVO vom 28. Juni 1915.

dem für ihn beschlagnahmten Brotgetreide bis zur Höhe seines Bedarfsanteils selbst wirtschaften wollte[336]. Die Landeszentralbehörden hatten die Selbstwirtschaft zu gestatten, wenn der Kommunalverband nachweisen konnte, daß er zu ihrer Durchführung, insbesondere zur geeigneten Finanzierung und zur Lagerung der Vorräte in der Lage war[337]. Die R.G. unterstützte die selbstwirtschaftenden Kommunalverbände auf Verlangen bei der Lagerung ihrer Vorräte und bei der Finanzierung ihrer Geschäfte (§ 26 II BRVO). Ansonsten nahmen diese selbständig und eigenverantwortlich die Bewirtschaftung des Brotgetreides und des Mehls in ihrem Bezirk vor[338].

Zunehmende Kritik an den selbstwirtschaftenden Verbänden, insbesondere aufgrund des verbreiteten Mißbrauchs des Selbstwirtschaftsrechts und der damit verbundenen Behinderung der Bewirtschaftungstätigkeit der R.G. führten jedoch in den folgenden Wirtschaftsjahren zu immer stärkeren Einschränkungen: so gewährte etwa die BRVO für 1916 nur noch solchen Kommunalverbänden das Recht, deren Ernte zur Versorgung der Bevölkerung für mindestens drei Monate ausreichte[339]. Für das Erntejahr 1917 wurde diese Frist sogar auf neun Monate ausgedehnt. Darüber hinaus verlangte § 62 der RGO 1917 für das Recht einzelner Personen auf Selbstversorgung eine Sicherung der Versorgung über das gesamte Wirtschaftsjahr. Flankiert wurden diese Einschränkungen durch eine erhebliche Verschärfung der Überwachungsvorschriften (§ 63 a)-f) RGO 1917) und ein Einspruchsrecht der R.G. gegen die Übertragung der Selbstwirtschaft (§ 31 II 2 RGO 1917).

---

[336] Ähnlich bereits schon § 26 a) der BRVO vom 25. Januar 1915, wonach die K.G. verpflichtet war, „Getreide, das in ihrem Eigentume stand oder zu ihren Gunsten beschlagnahmt war, dem Kommunalverband, in dessen Bezirk es sich befindet, auf sein Verlangen bis zur Höhe des auf ihn entfallenden Bedarfsanteils zu übereignen oder die Enteignung zu seinen Gunsten herbeizuführen". Diese Bestimmung bereitete vorübergehend der Durchführung der Aufgaben der Gesellschaft ernsthafte Schwierigkeiten, hinderten entsprechende Anträge der Bezirke doch die Einkaufstätigkeit der Gesellschaft gerade zu Beginn ihrer Geschäftstätigkeit erheblich. So mußten etwa die Eigenbedarfsätze von der neugeschaffenen Reichsverteilungsstelle überhaupt erst noch festgesetzt werden. Um dennoch das Einkaufsgeschäft der Gesellschaft im Interesse der zahlreichen Lieferungsanfragen aus dem Westen nicht allzu sehr zu behindern, wurde § 26 a) bis zur Feststellung der Bedarfsanteile schlicht für unanwendbar erklärt.

[337] Darüber hinaus hatte der Kommunalverband den Vorschriften des § 48 der BRVO zu genügen (Erlaß eines Verbotes, Mehl und Backwaren außerhalb des Bezirkes zu vertreiben, Einrichtung einer Mehlverteilungsstelle für den Bezirk, Einführung einer Verbrauchsregelung durch Ausgabe von Brotkarten oder Brotbüchern, Kontrolle der Selbstversorger).

[338] Vgl. im einzelnen §§ 27-29, 39 BRVO.

[339] § 26 der Brotgetreideverordnung vom 29. Juni 1916. Die entsprechende Verordnung aus dem Vorjahr sah eine derartige Beschränkung noch nicht vor, mit der Folge verbreiteter sog. Teilselbstwirtschaft für einige Monate. Die R.G. konnte unter diesen Verhältnissen aber weder ihre zentrale Einkaufstätigkeit konsequent durchführen noch für eine exakte Bedarfskalkulation oder entsprechende Vorratswirtschaft sorgen.

Einige Zahlen mögen die Bedeutung der Selbstwirtschaft für die Getreidewirtschaft des Deutschen Reichs und damit die Grenzen der Geschäftstätigkeit der R.G. verdeutlichen[340]: von den insgesamt 1.139 Kommunalverbänden im 2. Geschäftsjahr kamen aufgrund des Sonderabkommens mit Bayern 215 bayerische Kommunalverbände für die Reichswirtschaft nicht in Betracht. Vielmehr trat Bayern gegenüber der Reichsgetreidestelle als ein einziger selbstwirtschaftender Verband auf. Weitere 278 Kommunalverbände waren zu 83 selbstwirtschaftenden Versorgungsverbänden zusammengeschlossen, die ebenso wie die 484 einzelnen selbstwirtschaftenden Kommunalverbände nicht von der Reichsgetreidestelle bewirtschaftet wurden. Den insgesamt 977 - direkt oder indirekt - selbstwirtschaftenden Kommunalverbänden standen lediglich 162 nicht selbstwirtschaftende gegenüber.

Diese Zahlen relativieren sich allerdings wieder, wenn man sich die unterschiedliche Struktur der Kommunalverbände gerade im Hinblick auf ihre Bevölkerungsziffern vergegenwärtigt. Von den 62,8 Mio. Einwohnern des Deutschen Reiches im Wirtschaftsjahr 1915/16 (ohne Heer und Gefangene) waren 13,7 Mio. Selbstversorger, 31,1 Mio. lebten in selbstwirtschaftenden Verbänden, aber immer noch über 18 Mio. Zivilpersonen mußten von der Reichsgetreidestelle täglich mit dem nötigen Brotgetreide bzw. Mehl versorgt werden. Zusätzlich dazu oblag ihr auch noch die Versorgung des Heeres und der Marine (einschließlich der Kriegsgefangenen) und der Nahrungsmittelbetriebe[341].

2. Die innere Organisation

Nach dem Organisationsplan der Reichsgetreidestelle, Geschäftsabteilung GmbH, unterstanden Direktor K. Kozuszek die Abteilungen für die Organisation, die Privatregistratur, den Einkauf, die Buchhaltung, die Buchhaltungsüberwachung, die Buchhaltungsabrechnung, die Bücherverwaltung, die Kalkulation, Revision und Bilanzen, für Drucksachen und Materialien, die Fabrikation und die Statistische Abteilung. Die Zuständigkeit des Direktors Konsul Dr. Grouven hin-

---

340 Geschäftsbericht der Reichsgetreidestelle, Geschäftsabteilung mbH über das 2. Geschäftsjahr 1915/16, S. 4f.

341 Entsprechende Zahlen für das 3. Geschäftsjahr (Geschäftsbericht der Reichsgetreidestelle, Geschäftsabteilung mbH 1916/17, S. 6): 1.140 Kommunalverbände insgesamt, davon 215 bayerische Kommunalverbände, 309 Kommunalverbände, die sich zu 95 selbstwirtschaftenden Versorgungsverbänden zusammengeschlossen hatten, 451 selbstwirtschaftende Kommunalverbände und 165 nichtselbstwirtschaftende, die durch die R.G. versorgt werden mußten. Entsprechende Zahlen für das 4. Geschäftsjahr (Geschäftsbericht der Reichsgetreidestelle, Geschäftsabteilung mbH 1917/18, S. 4): 1.136 Kommunalverbände insgesamt, davon 215 bayerische Kommunalverbände, 183 Kommunalverbände, die sich zu 59 selbstwirtschaftenden Versorgungsverbänden zusammengeschlossen hatten, 497 selbstwirtschaftende Kommunalverbände und 241 nichtselbstwirtschaftende, die durch die R.G. versorgt werden mußten.

gegen erstreckte sich auf die Abteilungen Mühlenbetrieb, Getreide- und Mehluntersuchung sowie die Abteilung für den Einkauf im Ausland. Das Arbeitsgebiet von Direktor Geheimrat Weiling umfaßte schwerpunktmäßig die Juristische Abteilung sowie die Abteilungen Hausinspektion, Presse und Schiedsgericht bei der Reichsgetreidestelle. Direktor Georg v. Falkenhayn schließlich beaufsichtigte die Personalabteilung, die Abteilung Außendienst, die Abteilung Saatgutverkehr und die Abteilung Frühdrusch. Insgesamt gliederte sich die Gesellschaft also in über 20 verschiedene allgemeine Abteilungen, denen wiederum spezielle Sachabteilungen für die einzelnen Nahrungsmittel und Früchte sowie entsprechende Überwachungsabteilungen für die Kontrolle der Verbände, der Mühlen, der Selbstversorger etc. angeschlossen waren. Gerade letzteren kam infolge des zunehmenden Schleichhandels eine erhebliche Bedeutung zu. Ihre Anzahl wurde im weiteren Verlauf der Kriegswirtschaft ständig erhöht.

Der Personalbestand der Gesellschaft stieg von 60 im Dezember 1914 über 182 (01/1915), 513 (02/1915) und 801 (04/1915) auf insgesamt 865 Angestellte am Ende des 1. Geschäftsjahres. Dieser Bestand wurde im wesentlichen auch während des 2. Geschäftsjahres beibehalten (859 Angestellte, davon 453 männlich und 406 weiblich, darunter 48 Überwachungsbeamte). Erst das 3. und 4. Geschäftsjahr führten jeweils zu erheblichen Erhöhungen des Personals: unter den insgesamt 2.162 Angestellten 1916/17 befanden sich 1.000 männliche und 1.162 weibliche sowie 469 Überwachungsbeamte. 1917/18 stieg die Gesamtzahl sogar auf 3.858 Angestellte (1.665 m, 2.193 w) mit 985 Überwachungsbeamten und damit fast einen für jeden ländlichen Kommunalverband.

V. Die Stellung der Reichsgetreidestelle, Geschäftsabteilung GmbH innerhalb der Kriegswirtschaft

Die Reichsgetreidestelle, Geschäftsabteilung GmbH unterstand der Aufsicht des für die gesamte Ernährungswirtschaft des Deutschen Reichs zuständigen Kriegsernährungsamtes (K.E.A.)[342]. Entscheidend für ihre Stellung innerhalb der Kriegswirtschaft wurde ihr Verhältnis zur übergeordneten Reichsgetreidestelle sowie zu deren Verwaltungsabteilung. Darüber hinaus arbeitete die Gesellschaft aufgrund ihrer zentralen Funktion innerhalb der Ernährungswirtschaft ständig mit anderen Kriegsgesellschaften zusammen.

Durch die Brotgetreideverordnung vom 28. Juni 1915[343] wurde mit der Reichsgetreidestelle (RGSt.) *die* zentrale Bewirtschaftungsorganisation des Deutschen Reichs auf dem Gebiet des Getreideverkehrs geschaffen (§ 10,1). Ihre Aufgabe bestand darin, den Verkehr mit Brotgetreide und Mehl zu regeln und dazu

---

[342] Dazu bereits im ersten Abschnitt B. I. 2.a).

[343] RGBl. 1915, S. 363ff. Die folgenden Paragraphenangaben beziehen sich auf diese BRVO.

insbesondere mit Hilfe der Kommunalverbände für die Verteilung und zweckmäßige Verwendung der beschlagnahmten Vorräte zu sorgen (§ 13). Sie gliederte sich in die aus der Kriegsgetreidegesellschaft mbH hervorgegangene Reichsgetreidestelle, Geschäftsabteilung Gesellschaft mbH und die Reichsgetreidestelle, Verwaltungsabteilung[344]. An der Spitze der Reichsgetreidestelle stand ein vom Reichskanzler zu ernennender Präsident, dem die Leitung der Verwaltungsabteilung und der Vorsitz im Aufsichtsrat der Geschäftsabteilung zustand. Diese personelle Verbindung sollte ein erfolgreiches und reibungsloses Zusammenarbeiten der beiden Abteilungen gewährleisten. Als erster Präsident wurde Unterstaatssekretär Michaelis bestellt. Die Reichsgetreidestelle unterstand bis zur Errichtung des Kriegsernährungsamtes im Mai 1916 direkt der Aufsicht des Reichskanzlers (vgl. § 10,2).

Die Verwaltungsabteilung der Reichsgetreidestelle war im Gegensatz zu der Geschäftsabteilung eine Behörde (§§ 11 I, 12 I). Ihr oblag die Erledigung der öffentlich-rechtlichen Angelegenheiten einschließlich der statistischen Aufgaben im Zusammenhang mit der Bewirtschaftung des Brotgetreides und die Erteilung entsprechender Anweisungen an die Geschäftsabteilung sowie an die Kommunalverbände (§§ 13, 16). Zu den Verwaltungsangelegenheiten zählten insbesondere die Anordnung der Zwangsmittel auf Antrag der Gesellschaft, die Ausscheidung von Selbstwirtschaftsgebieten aus dem Zuständigkeitsbereich der Geschäftsabteilung, die Überwachung der Erzeuger- und Verbraucherbezirke und alle anderen Aufgaben des früheren Reichskommissars zur Ausführung der BRVO vom 25. Januar 1915 und der Reichsverteilungsstelle. Darüber hinaus wies die BRVO vom 28. Juni 1915 in § 14 der Verwaltungsabteilung die Kompetenz hinsichtlich der Festsetzung der Verbrauchsmengen und des Bedarfsanteils, der abzuliefernden Überschüsse, des Ausmahlgrades und der Verfütterungsquoten - kurz: die Aufstellung des gesamten Verbrauchs- und Verteilungsplanes - zu[345].

Die Verwaltungsabteilung unterteilte sich weiter in ein Direktorium und ein Kuratorium (§ 11 I). Das Direktorium, als eine Art Vorstand mit der eigentlichen Geschäftsleitung der Verwaltungsabteilung betraut (vgl. § 14), entwickelte sich praktisch aus dem ehemaligen Reichskommissar mit seinem Stab. Nach § 11 I der BRVO vom 28. Juni 1915 bestand das Direktorium aus einem Vorsitzenden, seinen Stellvertretern sowie aus ständigen und nichtständigen Mitgliedern, unter den

---

[344] Vgl. bereits oben I.

[345] Vgl. im einzelnen § 14 a)-h). Die Verwaltungsabteilung übernahm also von Anfang an alle die Aufgaben, die man bei der K.M.A. zunächst noch der S- und V-Kommission zugewiesen hatte und erst im Rahmen der Umstrukturierung in der ersten Hälfte des Jahres 1915 aus der Gesellschaft ausgegliederte und der Vertrauenskommission bzw. später dem Zuweisungsamt bei der Metallmeldestelle des Kriegsministeriums übertragen hatte. Scheinbar versuchte man bei der Reichsgetreidestelle, von vornherein die bei der K.M.A. gemachten „Fehler" zu vermeiden und den Einfluß der Privaten auf die geschäftlichen Bereiche zu beschränken, um einen Mißbrauch zu vermeiden (vgl. dazu bereits A. III. 5. und A.V.1.).

ständigen zwingend ein Landwirt. Die Ernennung erfolgte durch den Reichskanzler. Dieser bestimmte den ehemaligen Reichskommissar und Präsidenten der Reichsgetreidestelle Unterstaatssekretär Michaelis zum Vorsitzenden des Direktoriums.

Das Kuratorium der Verwaltungsabteilung entstand im Grunde aus der ehemaligen Reichsverteilungsstelle und hatte sich als eine Art Kontrollbehörde vor allem mit der Beaufsichtigung des Direktoriums zu befassen sowie grundlegende Entscheidungen zu treffen[346]. Die Zusammensetzung des Kuratoriums richtete sich nach § 11 III der BRVO. Insgesamt bestand es aus sechzehn Bundesratsbevollmächtigten der einzelnen Staaten und Provinzen, Vertretern des Dt. Landwirtschaftsrats, des Dt. Handelstags, des Dt. Städtetags, Vertretern der Landwirtschaft, des Handels und der Industrie und der Verbraucher. Die Ernennung oblag wiederum dem Reichskanzler. Leiter des Kuratoriums wurde Michaelis, der nunmehr die Ämter des Präsidenten der Reichsgetreidestelle, des Vorsitzenden des Direktoriums, des Leiters des Kuratoriums und des Vorsitzenden des Aufsichtsrats der Geschäftsabteilung in sich vereinigte.

Wie die Geschäftsabteilung knüpfte die Verwaltungsabteilung der Reichsgetreidestelle also an bestehende Organisationen aus der Anfangszeit der Getreidebewirtschaftung an und übernahm deren Funktionen innerhalb des Bewirtschaftungssystems. Ihre Zuständigkeit erstreckte sich demzufolge auf die Erledigung sämtlicher Verwaltungsangelegenheiten und der statistischen Aufgaben. Darüber hinaus hatte sie die einzelnen Vorgaben für den Verbrauchs- und Verteilungsplan zu erarbeiten und festzusetzen. Die Geschäftsabteilung führte dann die konkreten Bewirtschaftungsmaßnahmen nach Weisung durch. Insgesamt entsprach das Verhältnis der beiden Abteilungen also dem von Verwaltungsstelle und Kriegsgesellschaft auf anderen Wirtschaftsgebieten[347]. Zusammen bildeten Geschäfts- wie Verwaltungseinheit unter dem Dach der Reichsgetreidestelle so die modernste Organisationsform der Kriegswirtschaft auf dem Ernährungssektor, deren innere Struktur - namentlich die Zweiteilung - zum Vorbild für die folgenden Kriegsstellen wurde.

Aufgrund ihrer zentralen Bedeutung für den Ernährungssektor stand die Reichsgetreidestelle, Geschäftsabteilung GmbH ständig in geschäftlichem Kontakt mit anderen Kriegsgesellschaften unter der Aufsicht des Kriegsernährungsamtes. Hervorzuheben ist dabei einmal ihre Zusammenarbeit mit der Zentral-Einkaufs-Gesellschaft mbH (ZEG). Diese hatte u.a. die Aufgabe, ausländisches Getreide zu erfassen und zu erwerben und dann dem deutschen Markt zur Verfügung zu stellen. Dazu überließ sie die hauptsächlich aus Rumänien und

---

[346] Vgl. etwa § 14 I der BRVO vom 28. Juni 1915, wonach das Direktorium stets *nur mit Zustimmung* des Kuratoriums seine Aufgaben wahrnehmen konnte. Andererseits lag im Streitfall die letzte Entscheidung allein beim Bundesrat (§ 14 II).

[347] Etwa zwischen der Fachsektion der Kriegsrohstoffabteilung des Preußischen Kriegsministeriums und der Kriegsmetall-Aktiengesellschaft auf dem Rüstungssektor, s. A.V.1.

später auch der Ukraine importierten Mengen der R.G. Allerdings lagen die hierfür gezahlten Kaufpreise oftmals über dem inländischen Höchstpreis, so daß der R.G. nicht unerhebliche Verluste beim Weiterverkauf entstanden. Darüber hinaus arbeitete die R.G. eng mit den Kriegsgesellschaften für die einzelnen Nahrungs- und Futtermittel[348] zusammen, etwa wenn es um die Beschaffung von Ersatzmittel ging oder die Geschäftstätigkeit auf andere Weise stärker aufeinander abgestimmt werden sollte. Schließlich war die R.G. trotz der angespannten inländischen Versorgungssituation wiederholt genötigt, ihrer österreichischen „Schwesterorganisation", der Kriegsgetreide-Verkehrsanstalt in Wien, zur Behebung von Lieferungsschwierigkeiten auszuhelfen.

VI. Zusammenfassung und Beendigung der Reichsgetreidestelle, Geschäftsabteilung GmbH

Bei der Errichtung der Reichsgetreidestelle im Sommer 1915 aufgrund der BRVO vom 28. Juni knüpfte man an die bereits vorhandenen Organisationen aus der Anfangszeit der Getreidebewirtschaftung an. Reichskommissar und Reichsverteilungsstelle gingen in der sog. Verwaltungsabteilung, die Kriegsgetreidegesellschaft ging in der sog. Geschäftsabteilung der neugeschaffenen Reichsstelle auf. Abgesehen davon, daß das Deutsche Reich im Juli 1915 der Gesellschaft mit einem Stammkapital von 20 Mio. Mark beitrat und der Königlich Preußische Staat Anteile an die anderen größeren Bundesstaaten abtrat, blieb die Gesellschafterstruktur der K.G. im wesentlichen erhalten. In der Geschäftsabteilung der Reichsgetreidestelle organisierten sich demnach (neben den großgewerblichen Firmen) mit dem Reich, den zehn bedeutendsten Bundesstaaten und 49 Großstädten die wichtigsten für die Volksernährung zuständigen Stellen.

Der Reichsgetreidestelle oblag ganz allgemein „die Aufgabe, mit Hilfe der Kommunalverbände für die Verteilung und zweckmäßige Verwendung der vorhandenen Vorräte zunächst für die Zeit bis zum 15. August 1916 zu sorgen" (§ 13 S.1 BRVO). Dabei hatte die Geschäftsabteilung GmbH nach den grundsätzlichen Anweisungen der Verwaltungsabteilung die zur Durchführung der Bewirtschaftung erforderlichen Rechtsgeschäfte vorzunehmen (§§ 13 S.2, 14, 15 BRVO). Vor Ort bediente sie sich hierbei der Unterstützung der Kommunen, der Müller und zahlreicher Kommissionäre. Ihr Aufgabenkreis unterlag einem ständigen Erweiterungs- und Anpassungsprozeß an aktuelle Versorgungsengpässe und erstreckte sich schließlich auf nahezu sämtliche Bodenfrüchte. Allein den selbstwirtschaftenden Kommunalverbänden verblieb eine gewisse Autonomie.

Die ständige Erweiterung der Gesellschaftsaufgaben und die Umfunktionierung der Gesellschaft in die Geschäftsabteilung einer staatlichen Stelle führte im

[348] Vgl. dazu die alphabetische Zusammenstellung der Kriegsgesellschaften im Anhang.

Ergebnis dazu, daß sich der Charakter der Gesellschaft grundlegend veränderte. Bereits im Anschluß an die BRVO vom 25. Januar 1915 sprachen die Geschäftsführer (damals noch der Kriegsgetreidegesellschaft) im Hinblick auf ihre eigene Verantwortung diese Entwicklung an: „Als die unterzeichneten Geschäftsführer, Hugo Meyer und Gustav Scipio, mit der Geschäftsführung der KG betraut wurden, war diese ihren Satzungen gemäß als rein wirtschaftlich arbeitendes Unternehmen gedacht, welches sich im freien Ankauf eine gewisse Menge von Brotgetreide sichern, und sie später durch den Handel vertreiben sollte.

Durch die spätere Gesetzgebung, besonders aber durch die Bundesratsverordnung vom 25. Januar ist die KG der Sache nach zu einem Organ der Reichsleitung gemacht worden, indem ihr überaus weitgehende öffentlich-rechtliche Befugnisse verliehen und gleichzeitig Pflichten auferlegt worden sind, deren wirtschaftliche Tragweite von niemandem beurteilt werden kann. Dadurch änderte sich auch die Stellung der Geschäftsführer. (...)“[349]

Die Geschäftsführer erkannten demnach also bereits sehr früh, daß man von dem ursprünglich Ziel der Errichtung einer „Lagerungsgesellschaft“, die nur vorübergehend beschränkte Getreidemengen erwerben und speichern sollte, um diese in Notzeiten wieder dem freiem Markt zur Verfügung zu stellen, abgerückt war. Vielmehr trat ihre Gesellschaft, nun eingebunden in ein gesamtwirtschaftliches Bewirtschaftungskonzept, als eine Art „staatliche Monopolanstalt mit privatrechtlichem Charakter“[350] auf mit der örtlichen Zuständigkeit für das gesamte Reichsgebiet und der sachlichen für sämtliche im Zusammenhang mit der Bewirtschaftung stehenden kaufmännischen Aufgaben. Die Gesellschaft hatte sich zu einem Instrument für die von Michaelis bereits vorausgesehene Zwangsverteilung und Verbrauchsregulierung gewandelt[351].

Für die Beendigung der Gesellschaft mit beschränkter Haftung galten im Grundsatz ähnliche Regeln wie für die Aktiengesellschaft. Vor allem das Vorliegen eines der in den §§ 60ff. GmbHG geregelten Tatbestände entschied über die Auflösung der Gesellschaft[352]. Allerdings konnten in der Satzung weitere Auflösungsgründe festgelegt werden, § 60 II GmbHG.

---

[349] Schreiben der Geschäftsführung an den Vorsitzenden des Aufsichtsrates der K.G. Michaelis vom 2. März 1915 mit der Bitte, „in Würdigung dieser Verhältnisse anzuerkennen, daß die Geschäftsführung wegen unwirtschaftlicher Tätigkeit und wegen Mängel der Organisation von der Gesellschaft nicht in Anspruch genommen werden kann“ (BA R 8835 Bd. 6 ohne Paginierung).

[350] Geschäftsbericht des ersten Wirtschaftsjahres 1914/15, S. 4.

[351] Vgl. bereits Fn 254.

[352] Das Gesetz nannte dabei die Auflösung infolge Zeitablaufs (§ 60 Nr. 1 GmbHG), die Möglichkeit eines Gesellschafterbeschlusses mit ¾ Mehrheit (§ 60 Nr. 2 GmbHG), ein richterliches Gestaltungsurteil im Falle einer Auflösungsklage nach § 61 GmbHG (§ 60 Nr. 3 GmbHG) und die Eröffnung des Konkursverfahrens (§ 60 Nr. 4 GmbHG). Die gesetzlichen

Die Gründer der Kriegsgetreidegesellschaft legten ihre Gesellschaft ursprünglich auf unbegrenzte Dauer an (§ 12). Hintergrund für diese Regelung könnte die weit verbreitete Ungewißheit über die Frage der Kriegsdauer und damit zusammenhängend über den zeitlichen Rahmen, in dem die Gesellschaft „Maßnahmen zur Sicherung der deutschen Volksernährung und zur Aufrechterhaltung des deutschen Wirtschaftslebens im Kriege" (§ 2 a.E.) zu treffen hatte, sein. Andererseits billigte man der Gesellschafterversammlung mit mindestens einem Drittel der Stimmen das Recht der Auflösung zum 01. August 1916, und von da ab gerechnet zum 1. eines jeden laufenden Halbjahres mit halbjähriger Kündigungsfrist zu (§ 12).

Der Gesellschaftsvertrag der Reichsgetreidestelle, Geschäftsabteilung GmbH regelte dagegen die automatische Beendigung der Gesellschaft in Abhängigkeit von einem Friedensschluß mit den europäischen Großmächten (§ 12 I). Erfolgte der Friedensschluß spätestens drei Monate vor dem Ablauf eines Geschäftshalbjahres, so sollte die Gesellschaft mit dem Ablauf dieses Geschäftshalbjahres enden; bei einem Friedensschluß innerhalb der letzten drei Monate sollte dagegen die Gesellschaft noch bis zum Ablauf des folgenden Geschäftshalbjahres bestehen bleiben. Durch diese Abkehr von der unbegrenzten Dauer der Gesellschaft und die Abhängigkeit von einem Friedensschluß trat der Charakter der R.G. als eine *Kriegs*wirtschaftsorganisation noch einmal hervor. Der Dreimonatsregelung kam dabei nur abwicklungstechnische und organisatorische Bedeutung zu. Das Auflösungsrecht einer Minderheit verbesserte sich insofern, als nunmehr ein Viertel der Stimmen der Gesellschafterversammlung ausreichte (§ 12 II).

Eine grundlegende inhaltliche Änderung der Bestimmung des § 12 erfolgte nach Kriegsende durch Beschluß der Gesellschafterversammlung vom 4. Juni 1920. Hintergrund war die anhaltend schwierige Versorgungssituation auf dem Ernährungssektor, in der sich das Deutsche Reich trotz der Beendigung der militärischen Kriegshandlungen befand. So erfolgten zwar bereits im Frühjahr 1919 aufgrund von Vereinbarungen mit den feindlichen Staaten (dem sog. Brüsseler Abkommen mit der Entente) wieder die ersten Getreide- und Mehllieferungen aus dem Ausland (USA, Argentinien), allerdings konnte die Planwirtschaft der Kriegszeit noch nicht grundsätzlich durch den freien Markt ersetzt werden. Vielmehr war man wie in den Kriegsjahren zuvor gezwungen, einen Verteilungsplan aufzustellen und diesen mit Hilfe der bewährten Kriegsorganisationen umzusetzen[353]. Auch Michaelis äußerte sich in seiner Funktion als Leiter der Reichsge-

---

Auflösungsgründe hatten zwingenden Charakter und konnten durch Vertrag nicht beseitigt werden (Hachenburg GmbHG, § 60 Anm. 28 a.E.).

353 Vgl. dazu die an die Kriegsgesetzgebung anknüpfenden Reichsgetreideordnungen für die folgenden Erntejahre (Reichsgetreideordnung vom 18. Juni 1919, RGBl. 1919, S. 525ff. (535ff.), Reichsgetreideordnung vom 21. Mai 1920, RGBl. 1920 S. 1021ff., 1027ff. (Neufassung), Gesetz über die Regelung des Verkehrs mit Getreide vom 21. Juni 1921, RGBl.

treidestelle über die Zukunft derselben und das Bewirtschaftungssystem auf dem Getreidesektor in diesem Sinne: „So gewiß die Rationierung eine Ungerechtigkeit ist, so gewiß werden wir noch weiter rationieren und die Bestände beschlagnahmen müssen. Auf Jahre hinaus wird die Reichsgetreidestelle beibehalten werden müssen. Ob man zu einem Reichsmonopol greifen wird, vermag niemand vorauszusagen. Möglich wäre es schon im Hinblick auf die enorme Schuldenlast des Reiches.“ [354]

In Anbetracht der notwendigen Fortführung der planmäßigen Bewirtschaftung hob nun die Gesellschafterversammlung in ihrer Sitzung vom 4. Juni 1920 sowohl die automatische Beendigung der Gesellschaft als auch die Möglichkeit eines auf Auflösung gerichteten Minderheitenbeschlusses (§ 12 I, II) vollständig auf und statuierte stattdessen, daß die Gesellschaft erst durch einen entsprechenden (Mehrheits-) Beschluß der Gesellschafterversammlung enden sollte. Damit hing die Auflösung der Gesellschaft nun ausschließlich vom Willen der Gesellschafter und nicht mehr von einem äußeren Ereignis wie dem Friedensschluß ab. Wie groß das Interesse bzw. die Einsicht der Gesellschafter an der Fortführung des Bewirtschaftungskonzeptes war, zeigte sich wenig später auch darin, daß sie bewußt darauf verzichteten, von der Möglichkeit des besonderen Auflösungsgrundes nach § 6 des Gesetztes vom 15. Juli 1921 über die Abwicklung von Kriegsgesellschaften und Kriegsorganisationen[355] Gebrauch zu machen. Aus der ursprünglich Kriegsgesellschaft war bereits eine unentbehrliche Wirtschaftsorganisation der Übergangs- und ersten Friedenszeit geworden. Diskussionen über eine Umfirmierung und die damit verbundene Distanzierung von der *Kriegs*organisation unterstrichen die veränderte innere Einstellung zu der Gesellschaft.

Ab Mitte der 20iger Jahre trat erstmals eine spürbare und dauerhafte Verbesserung in der Versorgung der Bevölkerung mit Getreide ein. An die Stelle der zwangsweisen Bewirtschaftung konnten allmählich wieder die Kräfte des freien Marktes treten. Infolgedessen beschlossen die Gesellschafter am 09. Juni 1925 in einer außerordentlichen Versammlung mit Wirkung zum 01. Juli 1925 endgültig die Auflösung der Gesellschaft.

Bis zur eigentlichen Beendigung der GmbH mußte erst noch die Liquidation erfolgen. Dazu war es erforderlich, sämtliche Schulden der Gesellschaft zu begleichen und das etwa verbliebene Vermögen unter die Gesellschafter zu verteilen (§§ 66ff. GmbHG). Diese Auseinandersetzung wird zum neuen Zweck der Gesellschaft („Abwicklungsgesellschaft“). Bei der Reichsgetreidestelle, Geschäftsabteilung GmbH modifizierte § 5 II die Vorschriften des GmbHG dahingehend, daß die Verteilung des Vermögens an die Gesellschafter im Falle der

1921 S. 737ff.). Auf einigen Gebieten wurde das Bewirtschaftungssystem sogar weiter ausgebaut.

[354] Nachweis bei Plesch, Kriegswirtschaftliche Organisation, S. 82f.

[355] RGBl. 1921, S. 942. Näheres dazu im 3. Abschnitt.

Auflösung der Gesellschaft nicht über den Nennwert ihrer Anteile hinaus gehen durfte. Aufgrund des gemeinnützigen Charakters der Gesellschaft sollte vielmehr der etwaige Rest des Gesellschaftsvermögens dem Reich zur Verwendung für gemeinnützige Zwecke (insbesondere Kriegs- und Hinterbliebenenversorgung) zufallen. Diese Bestimmung war von dem in der außerordentlichen Gesellschafterversammlung vom 09. Juni 1925 bestellten Liquidator, dem Geheimen Justizrat Wilhelm Weiling, zu berücksichtigen.

Insgesamt waren am 30. Juni 1925 auf den Lagern der Reichsgetreidestelle lediglich noch 54.717t Roggen und 30.274t Weizen, zusammen 84.991t Getreide vorhanden. Nach der Gewinn- und Verlustrechnung für den 30. Juni 1925 schloß das Geschäftsjahr mit einem Gewinn von 64.138.541,22 RM. Während ihrer insgesamt elf Geschäftsjahre (1914/15-1924/25), darunter vier Kriegsjahre und sieben Geschäftsjahre der Übergangs- und Friedenszeit, war es der Gesellschaft gelungen, durch die Bewirtschaftung von mehr als 37 Mio. t entscheidend zur Versorgung der Bevölkerung des Deutschen Reichs mit dem nötigen Brotgetreide beizutragen[356].

[356] Die entsprechenden Verkaufszahlen für die einzelnen Wirtschaftsjahre betrugen (vgl. die jeweiligen Geschäftsberichte der R.G.): 1914/15 (1,8 Mio. t), 1915/16 (4,5 Mio. t), 1916/17 (4,2 Mio. t), 1917/18 (4,6 Mio. t), 1918/19 (4,1 Mio. t), 1919/20 (3,5 Mio. t), 1920/21 (3,5 Mio. t), 1921/22 (4,5 Mio. t), 1922/23 (4,4 Mio. t), 1923/24 (1,8 Mio. t), 1924/25 (0,4 Mio. t).

C. Die Kautschuk-Abrechnungsstelle

Die Kriegswirtschafts-Abrechnungsstellen bildeten den dritten rechtlichen Haupttypus der Kriegsgesellschaften. Neue Rechtsnormen sind allerdings auch für diese Art nicht geschaffen worden. Vielmehr knüpfte man an die bestehenden Vorschriften über die Gesellschaft des bürgerlichen Rechts (GbR, §§ 705ff. BGB) an. Das Wesen der Abrechnungsstellen zeichnete sich dadurch aus, daß zwischen Interessenvertretern des betroffenen Wirtschaftszweiges, einer staatlichen Stelle (in der Regel das Kriegsministerium) und einer Großbank im Innenverhältnis eine Gesellschaft gegründet wurde (sog. „Innengesellschaft"), wohingegen im Außenverhältnis regelmäßig die Großbank allein auftrat und die Führung der Geschäfte sowie die Finanzierung übernahm[357].

Bei der Kautschuk-Abrechnungsstelle handelte es sich um eine der rüstungswirtschaftlich bedeutendsten und gleichzeitig in ihren rechtlichen Grundstrukturen typischen Abrechnungsstelle der Kriegswirtschaft des Ersten Weltkrieges. Zudem verdeutlicht diese Untersuchung, daß neben der Metallwirtschaft als Hauptpfeiler der gesamten Rüstungswirtschaft (vgl. A. Die K.M.A.) und der Ernährungswirtschaft (vgl. B. Die R.G.) auch die Chemiebranche vollkommen der zwangsweisen Bewirtschaftung unterworfen wurde[358].

I. Die Gründung und der Unternehmensgegenstand der Kautschuk-Abrechnungsstelle[359]

In den letzen Jahren vor Kriegsausbruch importierte das Deutsche Reich ca. 15-20.000 Tonnen Rohgummi[360]. Hiervon wiederum wurde ein erheblicher Teil für die Ausfuhrfabrikation verwendet, so daß die vorhandenen Bestände im Herbst 1914 allenfalls den voraussichtlichen laufenden Bedarf decken konnten. Besondere, an den enormen und ständig steigenden Anforderungen der Heeres-

---

357 Zum Wesen der Abrechnungsstellen vgl. bereits den ersten Abschnitt (C. II. 3.).

358 Zur Textilbranche s. u. D. Der Kriegsausschuß der Deutschen Baumwollindustrie.

359 Die Kautschuk-Abrechnungsstelle wird im folgenden entsprechend der historisch üblichen Bezeichnung mit „K.A.St." abgekürzt.

360 1913 wurden beispielsweise 20.497 Tonnen brutto eingeführt, wovon allerdings nach Abzug der Wiederausfuhr lediglich 16.525 Tonnen im Land blieben. Der Hauptanteil entfiel dabei mit 6.768 Tonnen auf Süd- und Zentralamerika, 6.082 Tonnen lieferte Britisch-Indien, Malaka und Ceylon, 1.037 Tonnen Niederländisch-Indien, den Rest, abgesehen von 497 Tonnen unbekannter Herkunft, die über Großbritannien kamen, eine Reihe afrikanischer Kolonien, darunter die Schutzgebiete Deutsch-Ostafrika und Kamerun mit 1.095 und 1.637 Tonnen. Die Importquote des Deutschen Reichs betrug 1913 100%. Vgl. Helft, Deutsche Kautschukwirtschaft, und einen Vortrag über die Organisation der K.A.St., gehalten von Bredow in der Kriegsrohstoffabteilung am 31. Mai 1918 (BA R 8720 Bd. 6 ohne Paginierung).

verwaltung orientierte Reserven fehlten dagegen völlig[361]. Der Wegfall dieser Importmengen infolge der britischen Blockade gleich zu Beginn des Krieges führte daher zwangsläufig zu der Notwendigkeit, auch Kautschuk in die staatliche Bewirtschaftung einzubeziehen. Man sah sich gezwungen, einerseits die wenigen im Lande befindlichen Rohgummivorräte vollständig zu beschlagnahmen, andererseits die erbeuteten und die aus neutralen Nachbarländern einzuführenden Mengen sicherzustellen und diese gesamten Bestände ausschließlich einer kriegswirtschaftlichen Verwendung zuzuführen. Des weiteren mußten angesichts fehlender eigener Vorkommen auf lange Sicht Ersatzstoffe entwickelt werden, um den Bedarf an Rohgummi zu senken bzw. bereits verwendete Mengen wieder zu mobilisieren, und die Nutzbarmachung der vorhandenen Altgummibestände vorbereitet werden.

Die eigentlichen Anordnungen für die Kautschukbewirtschaftung sollte dabei stets die Kriegsrohstoffabteilung des Preußischen Kriegsministeriums als die für die Rüstungswirtschaft zuständige staatliche Stelle treffen. Darüber hinaus bedurfte es einer ausführenden Organisation, die sich mit der kaufmännischen Abwicklung und Durchführung der im einzelnen erforderlichen Geschäfte für die Dauer des Krieges zu befassen hatte. Wenn auch der in diesem Zusammenhang erwartete Umfang keineswegs mit den Mengen anderer der öffentlichen Bewirtschaftung durch die großen Kriegs-AGs und -GmbHs unterliegenden Rohstoffe vergleichbar war[362], so rechtfertigte doch die zentrale Bedeutung des Kautschuks und die rohstoffspezifischen Besonderheiten die Errichtung einer eigenständigen Kriegswirtschaftsorganisation[363].

Vor diesem Hintergrund setzte sich das Preußische Kriegsministerium im Oktober 1914 mit der Deutschen Bank in Verbindung und regte nach dem Vorbild der erst einen Monat zuvor gegründeten ersten Abrechnungsstelle überhaupt, der Jute-Abrechnungsstelle bei der Diskonto-Gesellschaft vom 15. September 1914, den Aufbau einer entsprechenden Kriegsgesellschaft an[364]. Am 28. Oktober 1914 sagte schließlich die Deutsche Bank nach Kenntnisnahme der Instruktionen für die Bildung eines Überwachungsausschusses und einer Schätzungs- und Ver-

---

361 Der Rohstoff Kautschuk spielte für die gesamte Kriegswirtschaft eine zentrale Rolle. So etwa auf militärischem Gebiet für die Frage der Produktion von Bereifung, Schläuchen, Dichtungen und Velodecken, Gasmasken, Beobachtungsballons, für Sanitätszwecke, insbesondere in der Chirurgie und schließlich der Bedarf der für den Transport von Menschen und Material unersetzlichen Eisenbahn. Allgemein zur Bedeutung des Kautschuks für die Wirtschaft Helft, Deutsche Kautschukwirtschaft.

362 Zur Gegenüberstellung: Die Geschäftsabteilung der R.G. bewirtschaftete pro Jahr zeitweise über 4 Mio. t Getreide, die K.M.A. über 500.000t Metalle.

363 So die ausdrückliche Forderung Bredows in dem Vortrag vom 31. Mai 1918 (Fn 360).

364 Anordnungen des Preußischen Kriegsministeriums vom Ende Oktober 1914 zur Regelung der Kautschukwirtschaft unter Mitwirkung der Kautschukwarenfabriken und der Deutschen Bank, insbesondere zur Bildung eines Überwachungsausschusses und einer Schätzungs- und Verteilungskommission (abgedruckt im Anhang).

teilungskommission die Errichtung einer Kautschuk-Abrechnungsstelle zu[365]. In diesem Zusammenhang verpflichtete sich die Bank „bis zur Beendigung des Feldzuges" zu folgendem:

1. Übernahme des vom Kriegsministerium überwiesenen oder sonst auf Anraten der Kommission im freien Markt zu beschaffenden Kautschuks gegen Zahlung nach Maßgabe der Preisfestsetzungen der Schätzungs- und Verteilungskommission,
2. Verteilung des überwiesenen Kautschuks nach den Bestimmungen der Schätzungs- und Verteilungskommission,
3. Festsetzung des Verkaufspreises an die Fabriken durch die Kommission, wobei die Deutsche Bank die Unkosten der Abrechnungsstelle gegen eine Pauschalgebühr von 2% des Verkaufsumsatzes zu tragen hatte,
4. Ausstattung der Abrechnungsstelle mit sachverständigen Hilfskräften nach Vereinbarung mit den Kautschukfabriken,
5. Abführung eines etwaigen Gewinns der Abrechnungsstelle nach der Schlußabrechnung an die Reichskasse[366].

Insgesamt oblagen der neuerrichteten Abrechnungsstelle also die für Kriegsgesellschaften typischen Funktionen und Aufgabenbereiche wie die Übernahme zugewiesener oder frei erworbener Kautschukmengen, deren Lagerung sowie Verwaltung und schließlich die sich daran anschließende Verteilung des Kautschuks an die verarbeitende Industrie nach Maßgabe der hoheitlichen Anordnungen (Punkte 1.-3.). Der nötige Sachverstand bei der Wahrnehmung dieser Aufgaben als auch der Kontakt zur verarbeitenden Industrie wurde durch die Hinzuziehung von qualifizierten Hilfskräften erreicht (Punkt 4.).

Die K.A.St. selbst verfügte über kein eigenes Kapital; die Finanzierung ihrer Geschäftstätigkeit erfolgte vielmehr ausschließlich durch die Deutsche Bank Berlin und zwar dergestalt, daß diese das für die Beschaffung (insbesondere den Einkauf) benötigte Geld vorstreckte und nach dem Verkauf wieder erhielt. Vorschüsse des Reichsschatzamtes wurden nur in Ausnahmefällen erforderlich. Für diese Finanzierungstätigkeit erhielt die Bank pauschal 2% des Verkaufsumsatzes, war aber ansonsten weder an Verkaufsgewinnen noch -verlusten beteiligt (Punkt 3.). Der Preis, den die verarbeitenden Unternehmen an die Abrechnungsstelle zu entrichten hatten, wurde durch die Schätzungs- und Verteilungskommission festgesetzt.

---

[365] Schreiben der Deutschen Bank an das Königlich Preußische Kriegsministerium vom 28. Oktober 1914 (abgedruckt im Anhang).

[366] Ursprünglich war die Abführung an das Kriegsministerium „zur Verwendung für Zwecke des Gemeinwohls" vorgesehen. Laut Schreiben der Deutschen Bank vom 18. Dezember 1915 an das Kriegsministerium war jedoch eine Abänderung auf Wunsch des letzteren dahin erfolgt, daß ein bei der Auflösung etwa verbleibender Gewinn dem Kriegsministerium „zwecks Abführung an die Reichskasse" zu überweisen war (BA R 8720 Bd. 6 ohne Paginierung).

Bei der K.A.St. handelte es sich also praktisch nur um die von dem Preußischen Kriegsministerium ins Leben gerufene und einer Großbank organisatorisch angegliederte Finanzierungs- und Bewirtschaftungsorganisation für die Kautschukversorgung, mit deren kaufmännisch-geschäftlicher Unterstützung die staatlichen Stellen die Mangelbewirtschaftung für diesen kriegsnotwendigen Rohstoff durchführten.

II. Die Organe der Kautschuk-Abrechnungsstelle

1. Der Überwachungsausschuß

Auf Anordnung des Preußischen Kriegsministeriums wurde bei der K.A.St. ein sog. Überwachungsausschuß gebildet[367]. Ihm oblagen die grundlegenden Entscheidungen sowie die Kontrolle der Geschäftstätigkeit der Geschäftsführung und der Schätzungs- und Verteilungskommission. Er stellte die Grundsätze für die Regelung und Verteilung der Kautschukwirtschaft fest, brachte die Deckung des Bedarfs des Heeres, der Marine, der Eisenbahn und der Zivilbevölkerung in ein richtiges Verhältnis, gab der Schätzungs- und Verteilungskommission ihre Geschäftsordnung und beaufsichtigte die Tätigkeit der Kommission. Eine aus drei Sachverständigen (Apt, Gerlach und Kuhlemann) zusammengesetzte technische Abteilung stand dem Ausschuß bei diesen Aufgaben beratend zur Seite.

Der Überwachungsausschuß selbst setzte sich aus neun Mitgliedern zusammen, davon drei Vertreter der Kautschukwarenfabriken (sowie einem Stellvertreter) als dem von der Zwangswirtschaft betroffenen Wirtschaftszweig, je einem Vertreter des Kriegsministeriums, des Reichsmarineamtes, des Preußischen Eisenbahnministeriums und des Preußischen Ministeriums für Handel und Gewerbe, sowie einem Vertreter der Deutschen Bank. Der Überwachungsausschuß beschloß in seiner ersten Sitzung vom 31. Oktober 1914, dem Vertreter des Kriegsministeriums den Vorsitz zu überlassen[368]. Dieser, wie auch die anderen Regierungsvertreter, besaßen ein Vetorecht für alle Beschlüsse des Ausschusses. Die Wahl der Vertreter der Privatwirtschaft erfolgte durch den Verband Deut-

---

[367] Punkt I. des bereits oben angesprochenen Schreibens des Preußischen Kriegsministeriums vom Oktober 1914 (Fn. 364).

[368] Protokoll der Verhandlung des Kautschuk-Überwachungsausschusses vom 31. Oktober 1914 im Gebäude der Deutschen Bank (BA R 8720 Bd. 6 ohne Paginierung). Kommissar des Kriegsministeriums war der Kriegsreferent Nürnberg in seiner Funktion als Leiter der Sektion G der Kriegsrohstoffabteilung.

scher Kautschukwaren-Fabriken als der zentralen Organisation des betroffenen Industriezweiges[369].

Dem Überwachungsausschuß direkt untergeordnet war die Geschäftsführung der K.A.St., bestehend aus Dr. Weigelt und Dr. Bredow sowie speziell für den Einkauf im Ausland der Kautschuk-Importeur Albert Weber, Firma Weber u. Schaer. Durch Beschluß der Kommission vom 15. Dezember 1916 wurde zusätzlich noch Kemner als Geschäftsführer bestellt. Sie hatten sich mit der eigentlichen Leitung der Geschäfte der Abrechnungsstelle zu befassen.

2. Die Schätzungs- und Verteilungskommission

Zusätzlich zur Überwachungskommission ordnete das Preußische Kriegsministerium die Errichtung einer Schätzungs- und Verteilungskommission bei der Kautschuk-Abrechnungsstelle an[370]. Ihr oblagen folgende Aufgaben[371]: die Festsetzung und Kontrolle der Übernahmepreise für den im Inland und in den besetzten Gebieten zu beschlagnahmenden Kautschuk[372], die Kontrolle der seitens der Fabriken von den Abnehmern geforderten Preise, die gerechte Aufteilung des von der Abrechnungsstelle an die Fabriken gehenden Kautschuks[373] und schließlich

[369] Als erste Repräsentanten wurden Direktor Calmon, Hamburg, Direktor Kommerzienrat Hoff, Harbug, Direktor Geheimer Kommerzienrat Seligmann, Hannover und Direktor Meyer, Leipzig (Stellvertreter) bestimmt.

[370] Punkt II. der Anordnungen des Preußischen Kriegsministeriums (vgl. Fn 364).

[371] Punkte 1 bis 8 der Geschäftsordnung der Schätzungs- und Verteilungskommission (BA R 8720 Bd. 2 ohne Paginierung).

[372] Die erste Festsetzung des Übernahmepreises für beschlagnahmten Kautschuk erfolgte am 05. Dezember 1914 aufgrund einer Vereinbarung zwischen Abrechnungsstelle, Preußischem Kriegsministerium und der Kommission. Danach überließ das Kriegsministerium der Abrechnungsstelle den Kautschuk zu M 12.- als Basispreis für das kg First Latex und die anderen Qualitäten entsprechend gestaffelt. Beim Verkauf an die Betriebe wurde dann ein Aufschlag von M. 3.- gemacht, um einerseits die Unkosten (Provision, Lagerverwaltung, Löhne usw.) zu decken und andererseits einen Reservefonds anzulegen. Laut Beschluß der S- und V-Kommission vom 23. Juli 1915 erfolgte auf den Preis von M. 15,- pro kg ein Aufschlag von 50%, beginnend am gleichen Tage, und laut Beschluß vom 20. November 1915 abermals ein solcher von 50%, beginnend am 23. d.M. Der Basispreis betrug damit bereits Ende 1915 M. 33,75 pro kg. Dieser Stand blieb bis Kriegsende unverändert.

[373] Dabei waren insbesondere die berechtigten Interessen der Friedensindustrie gegenüber denen der Kriegswirtschaft sorgsam abzuwägen. Um Massenentlassungen und Fabrikstillegungen zu verhindern, forderten die Vertreter der Privatindustrie im November 1914, mind. 10 bis 15% der bei jeder Fabrik vorhandenen Bestände freizugeben. Dennoch sah der Kommissionsbeschluß vom 13. Januar 1915 nach der Auswertung einer entsprechenden Bestands- und Bedarfsumfrage lediglich die Freigabe von 3% zur Aufrechterhaltung der Friedensproduktion und dagegen 97% für Kriegszwecke (Heeres-, Marine-, Sanitäts- und Eisenbahnmaterial) vor.

die Begutachtung aller hiermit zusammenhängenden Fragen für die Kriegsrohstoffabteilung.

Die Kommission setzte sich aus Sachverständigen, insbesondere aus einem Mitglied der Handelskammer zu Berlin und Vertretern der Privatindustrie zusammen. Insgesamt zählte sie vier Mitglieder und vier Stellvertreter[374]. Ihre Geschäftsordnung erhielt sie von dem Überwachungsausschuß, dem darüber hinaus ganz generell die Beaufsichtigung derselben oblag. Die staatlichen Kommissare mußten auf ihren Wunsch von der Kommission gehört werden. Auf den Antrag eines von ihnen war die Entscheidung des Überwachungsausschusses einzuholen. Dort sicherte das bereits angesprochene umfassende Vetorecht den Regierungsvertretern eine erhebliche Machtposition. Faktisch konnten sie die staatlichen Interessen also auch in der Schätzungs- und Verteilungskommission durchsetzen.

3. Die Rechtsstellung der Gesellschafter

Die K.A.St. war im Oktober 1914 als eine besondere Abteilung der Deutschen Bank Berlin errichtet worden, die aufgrund eines Reichsauftrages und im Reichsinteresse gegen eine geringe Pauschalvergütung für die kaufmännische Durchführung der Zwangsbewirtschaftung des Kautschuks zu sorgen hatte. Als bloße Bankabteilung kam der Abrechnungsstelle selbst weder der Charakter einer öffentlich-rechtlichen Behörde noch einer zivilrechtlichen Gesellschaft mit eigener Rechtspersönlichkeit zu. Nach außen handelte vielmehr ausschließlich die Deutsche Bank. Gesellschaftsvertragliche Vereinbarungen bestanden demzufolge einzig zwischen den Beteiligten im Innenverhältnis.

Der Deutschen Bank Berlin kam in diesem Zusammenhang eine herausragende Stellung in der K.A.St. zu. Sie stellte die Räumlichkeiten und Teile des Personals, finanzierte die Geschäfte und sorgte für den gesamten äußeren Geschäftsbetrieb der Kriegsgesellschaft, indem sie vor allem die erworbenen Rohstoffe übernahm, lagerte und dann nach Maßgabe der Kommissionsbeschlüsse weitergab. Sie war das eigentliche Rechtssubjekt, welches im geschäftlichen Verkehr nach außen auftrat. Die Deutsche Bank war dabei verpflichtet, sämtliche Unkosten der Abrechnungsstelle selbst zu tragen und erhielt hierfür lediglich eine Pauschale von zwei Prozent des Verkaufsumsatzes[375].

Das Königlich Preußische Kriegsministerium war der eigentliche Initiator der Abrechnungsstelle. Ihm kam es darauf an, unter der Mitwirkung der betroffenen

---

[374] Als Vorsitzender das Handelskammermitglied Geheimer Kommerzienrat Steinthal, Berlin, Direktor Peierls, Berlin-Oberschöneweide, Kommerzienrat Herz, Berlin, Direktor Spannagel, Berlin-Großlichterfelde, Regierungsbaumeister Schalkau (1. Stellvertreter), Berlin-Siemensstadt, Fabrikbesitzer Traun (2. Stellvertreter), Hamburg, Fabrikbesitzer Daubitz (3. Stellvertreter), Berlin-Rudow, Dr. Soetbeer (4. Stellvertreter), Berlin.

[375] Mit Schreiben vom 25. Oktober 1915 erklärte sich die Deutsche Bank sogar mit einer Provision von nur 1% einverstanden.

Kautschukwarenfabrikanten und einer Großbank eine Kriegswirtschaftsorganisation zu schaffen, die sich mit der praktischen Abwicklung und Finanzierung der Bewirtschaftungsgeschäfte nach Maßgabe der staatlichen Vorgaben zu befassen hatte. Zu diesem Zweck ordnete es die Bildung des Überwachungsausschusses und der Schätzungs- und Verteilungskommission an, in denen weitere Regierungsvertreter (des Reichsmarineamts, des Eisenbahnministeriums und des Ministeriums für Handel und Gewerbe) für eine ausreichende Berücksichtigung staatlicher Interessen sorgten (Vetorecht). Das Verhältnis zur Deutschen Bank wurde im einzelnen durch das Schreiben vom 28. Oktober 1914 geregelt[376]. Um ein gleichzeitiges Auftreten von deutschen und österreichischen Aufkäufern im Ausland und die damit verbundenen unnötigen Preistreibereien zu vermeiden, trat im August 1915 Österreich-Ungarn, vertreten durch das K.u.K. Kriegsministerium, der K.A.St. bei.

Entscheidend für den Charakter und die Tätigkeit der Abrechnungsstelle wurde schließlich auch ihr Verhältnis zu den von der zwangsweisen Bewirtschaftung betroffenen Kautschukwarenfabrikanten[377]. Diese hatten grds. die Möglichkeit, die neugeschaffene Organisation auf Zuteilung von Kautschukmengen in Anspruch zu nehmen, mußten sich dafür aber in einem Verpflichtungsschreiben den vom Überwachungsausschuß aufgestellten Leitsätzen unterwerfen[378]. Darin sagten die betroffenen Firmen zu, die neugeschaffene Organisation als allein maßgebend für die Beschaffung und Bewirtschaftung des Kautschuks anzuerkennen und ihr das Material zu den vorgeschriebenen Preisen und Bedingungen abzunehmen. Weiterhin mußten sie sich bereit erklären, alle die Kautschukwirtschaft betreffenden Informationen (Bestände, Qualitäten, eingehende Offerten aus dem Ausland) dem Kriegsministerium bzw. der Abrechnungsstelle weiterzuleiten. Im Falle der Auflösung der Abrechnungsstelle waren darüber hinaus etwaige noch vorhandene Rohstoffrestbestände von den Firmen im Verhältnis der von ihnen mit der Abrechnungsstelle getätigten Umsätze abzunehmen; größere Werke hatten im Falle von Verlusten der K.A.St. sogar für die Erfüllung der den Abnehmern auferlegten Verpflichtungen gegenüber der Deutschen Bank im Verhältnis bestimmter Quoten einzustehen[379].

---

[376] S. bereits Fn 365.

[377] Liste der 109 an die Kautschuk-Abrechnungsstelle angeschlossenen Firmen vom 28. Oktober 1914 in BA R 8720 Bd. 2 und 4 und Paginierung.

[378] Verpflichtungsschreiben sowie Informationsschreiben der Kautschuk-Abrechnungsstelle an die betroffenen Betriebe mit den niedergelegten Leitsätzen im Anhang. Die Unterzeichnung des Verpflichtungsscheins als Voraussetzung für einen Anspruch auf Zuteilung von Kautschuk wurde ausdrücklich noch einmal in einer Sitzung des Überwachungsausschusses vom 20. November 1914 festgestellt. Ähnlich ein Rundschreiben der K.A.St. an die betroffenen Unternehmen vom 22. November 1914.

[379] Darunter Firmen wie Continental-Caoutchouc- & Guttapercha-Companie, Hannover (30% Verlustquote), Vereinigte Gummiwaren-Fabriken Harburg-Wien (10%), Asbest- und Gummiwerke Alfred Calmon, Hamburg (7,5%), Hannoversche Gummiwerke „Excelsior“, Han-

Im Interesse eines erleichterten und einheitlicheren Geschäftsverkehrs waren die Abrechnungsstellen typischerweise an einer Zusammenarbeit mit dem jeweiligen Zentralverband des betroffenen Wirtschaftszweiges interessiert. Für die Kautschukwirtschaft war dies der Zentralverein der deutschen Kautschuk-Fabrikanten. Mit dem Beitritt des K.u.K. Kriegsministeriums im August 1915 schloß sich darüber hinaus die österreich-ungarische Kautschukindustrie komplett der K.A.St. an. Diese wurde damit *die* zentrale Bewirtschaftungsorganisation in Sachen Kautschuk für die Mittelmächte.

III. Der äußere Geschäftsbetrieb und die innere Organisation der Kautschuk-Abrechnungsstelle

1. Die Beschaffung des Kautschuks

Zu Beginn der Kautschukbewirtschaftung im Winter 1914/15 versuchte die K.A.St., noch die zur Bewirtschaftung benötigten Rohstoffe eigenständig auf dem freien Markt zu erwerben. Als problematisch erwies sich in diesem Zusammenhang allerdings, daß Deutschland selbst über keine Kautschukvorkommen verfügte und aufgrund der britischen Blockade auch nicht wie in Friedenszeiten auf den freien Weltmarkt zurückgreifen konnte. Dem stetig steigenden militärischen Bedarf standen mit anderen Worten nur äußerst geringe und begrenzte inländische Vorräte gegenüber. Zudem widersprachen sich noch die Interessen der zivilen Friedens- und der Rüstungsindustrie soweit es um die Verwendung dieser Bestände ging. Auf längere Sicht war eine Beschaffung der Rohstoffe wie in Friedenszeiten daher schlicht unmöglich.

Um die Versorgung des Militärs mit dem nötigen Kautschuk nicht zu gefährden, bedurfte es vielmehr der völligen Erfassung, Regelung und Kontrolle des Verkehrs mit den vorhandenen Kautschukvorräten. Nachdem die Kriegsrohstoffabteilung vor diesem Hintergrund bereits am 21. Dezember 1914 die Bestandserhebung und Einzelbeschlagnahme von Rohgummi, Guttapercha und Balata sowie allen Mischungen mit diesen Materialien und am 17. Mai 1915 die Bestandserhebung und Beschlagnahme von Gummibereifung für Kraftfahrzeuge angeordnet hatte, verfügte sie am 24. Juli 1915 die allgemeine Bestandserhebung und Beschlagnahme von Kautschuk, Guttapercha, Balata und Asbest, sowie von Halb- und Fertigfabrikaten unter Verwendung dieser Rohstoffe. Die K.A.St. erhielt diese beschlagnahmten Bestände vom Preußischen Kriegsministerium zur weiteren Bewirtschaftung zugewiesen. Neben den inländischen Mengen er-

---

nover (7,5%) u.a. Diese Rückversicherungen erloschen später, nachdem das Reich selbst die Garantie gegenüber der Deutschen Bank und als Sicherung hierfür den Reservefonds übernommen hatte.

streckten sich die Zuweisungen später auch auf die Beutebestände und die im feindlichen Ausland beschlagnahmten Mengen[380].

Als dritte Beschaffungsmethode kam der Rohstoffimport aus den verbündeten oder neutralen Staaten in Betracht, aus letzteren allerdings nur solange, wie diese dem Druck der Alliierten auf Erlaß von Ausfuhrverboten standhalten konnten. Erhebliche Mengen an Rohkautschuk konnten so etwa aus Italien (100 Tonnen) und aus Holland (30 Tonnen) eingeführt werden. 205 Tonnen Altgummi konnten darüber hinaus am 05. Mai 1916 in Konstantinopel beschafft werden. Ferner bestanden Kontakte nach Bulgarien, Schweden, in die Schweiz und gegen Kriegsende auch in die Ukraine und nach Rußland. Seit Juli 1915 wurden diese Auslandsgeschäfte zur Entlastung der Abrechnungsstelle von dem neugeschaffenen Kautschuk-Konsortium wahrgenommen[381]. Allerdings erfolgte auch in diesen Fällen die Verteilung an die verarbeitenden Betriebe allein durch die K.A.St.

Zusammenfassend kamen als Beschaffungsmethoden also der freihändige Einkauf durch die Abrechnungsstelle selbst, die Zuweisung von beschlagnahmten Rohstoffen durch die Kriegsrohstoffabteilung und schließlich der Import aus dem verbündeten oder neutralen Ausland unter Beteiligung des Kautschuk-Konsortiums in Betracht.

2. Die Bewirtschaftung des Kautschuks

Die eingehenden Rohstoffe wurden zunächst auf verschiedene Lager aufgeteilt[382]. Ab 1916 ging die Abrechnungsstelle allerdings dazu über, die Bestände in Neuenhagen a.d. Ostbahn zu konzentrieren, um die mit der Aufteilung verbundenen Erschwerungen der Überwachung und unnötige Kosten zu vermeiden. Außerdem lagerten teilweise noch erhebliche Partien bei den Aufkäufern und den angeschlossenen größeren Werken selbst.

Die Verwaltung der Rohstofflager erfolgte durch besonders bestellte Lagerhalter. Allgemeine Geschäftsbestimmungen regelten (wie bei der R.G.) das Verhältnis zur Abrechnungsstelle, insbesondere hafteten diese auch hier regelmäßig für Schäden während der Lagerungszeit. Wo nötig, wurden die Stoffe solange einer Umarbeitung unterzogen, bis sie problemlos dem weiteren Produktionsprozeß zugeführt werden konnten.

Die Abrechnungsstelle hatte sich gegenüber dem Preußischen Kriegsministerium verpflichtet, die Verteilung des Kautschuks an die verarbeitenden Betriebe

---

[380] Bedeutende Mengen wurden beispielsweise bei der Einnahme von Antwerpen vorgefunden. So konnten dort etwa 600 Tonnen Kautschuk sowie 200 bis 250 Tonnen an Regeneraten und Altgummi beschlagnahmt werden. Weitere 100 Tonnen Kautschuk wurden in Danzig und Sosnowicze vorgefunden.

[381] S. dazu V.

[382] Militärbahnhof Schöneberg für Rohgummi und Mischungen, Rehagen-Klausdorf und Tempelhof für Altgummi.

nicht anders vorzunehmen als nach Maßgabe der Bestimmungen der Schätzungs- und Verteilungskommission und nicht eher, „als bis für jedes in Betracht kommende Quantum der von der Verteilungskommission aufgestellte Plan vorlag.“[383] Dieser Plan war auf Verlangen dem staatlich dominierten Überwachungsausschuß zuvor zur Genehmigung vorzulegen, so daß faktisch die Abrechnungsstelle bei der zentralen Frage der Rohstoffzuweisungen vollkommen an die staatlichen Vorgaben gebunden war. Gleichermaßen erfolgten die Festsetzungen des Verrechnungspreises, zu dem der Kautschuk an die Fabrikanten weitergegeben wurde, durch die S- und V-Kommission. Bei ihrer Preispolitik war diese stets bemüht, die Abgabepreise möglichst konstant zu halten, um die für Fabrikanten und Abnehmer störenden Neukalkulationen zu vermeiden, aber auch, um die militärischen Stellen als Hauptabnehmer des Kautschuks nicht mit unnötigen Kosten zu belasten. Die zwingende Berücksichtigung staatlicher Interessen bei der Verteilung und der Preispolitik unterstrich in diesem Zusammenhang den Charakter der Abrechnungsstelle als eine bloße kaufmännisch tätige Hilfsorganisation der Heeresverwaltung.

Die Bewirtschaftungstätigkeit der Abrechnungsstelle erstreckte sich ursprünglich nur auf Rohkautschuk, Guttapercha und Balata sowie Mischungen hieraus. Infolge der Materialknappheit dehnte sich ihr Geschäftsbetrieb allerdings bereits seit Sommer 1915 auch auf die Bewirtschaftung von Altgummi aus. Zu diesem Zweck wurde im Dezember 1915 extra eine eigene Abteilung bei der K.A.St. errichtet[384]. Die allgemeine Bestandserhebung und Beschlagnahme des inländischen Altgummis, der Gummiabfälle und der Regenerate erfolgte dagegen erst zusammen mit der Festsetzung von Höchstpreisen am 01. April 1916[385]. Auf Anordnung des Preußischen Kriegsministeriums übernahm ab Herbst 1916 die Abrechnungsstelle zudem noch die Beschaffung und Verteilung von Asbest, wofür ebenfalls eine besondere Abteilung geschaffen wurde[386]. Am 14. Oktober

---

[383] Verpflichtungsschreiben der Deutschen Bank vom 28. Oktober 1914, Punkt 2. (s. bereits Fn 365).

[384] Beschluß der Kommission vom 17. Dezember 1915 bezüglich der Errichtung einer besonderen Abteilung „Altgummi“ mit Wirkung zum 01. Januar 1916. Die Verwendung von Regeneraten etc. war erforderlich geworden, um die geringen Bestände an Rohgummi zu schonen.

[385] Die zuvor vereinzelt durchgeführten Beschlagnahmen hatten lediglich zu enormen Preissteigerungen geführt. Zur besseren Durchführung der allg. Beschlagnahme wurde das ganze Deutsche Reich mit einem Netz von Aufkaufstellen überzogen. Zusätzlich ordnete die Kriegsrohstoffabteilung in diesem Zusammenhang am 12. Juli 1916 die Bestandserhebung und Beschlagnahme der gesamten Fahrradbereifung, später sogar gefolgt von der Beschlagnahme von Billardbanden (25. Juni 1917), an.

[386] Verfügung der Kriegsrohstoffabteilung vom 18. November 1916 über die Beschlagnahme von Rohasbest, Asbestfasern, Asbestfäden- und -garnen etc. Die Errichtung der selbständigen Abteilung erfolgte allerdings erst Ende September 1918. Bis dahin wurde die Asbestbewirtschaftung mit von der Abteilung Altgummi wahrgenommen.

1918 schließlich kam noch eine vierte Abteilung für Fertigfabrikate hinzu, nachdem deren Beschlagnahme bereits am 24. Juli 1915 erfolgt war[387].

Zusammenfassend erstreckte sich die Geschäftstätigkeit der Kautschuk-Abrechnungsstelle also auf die Beschaffung von Rohkautschuk, Altgummi, Asbest und Fertigfabrikaten, deren Lagerung, Verwaltung und ggf. Umarbeitung sowie die sich daran anschließende Verteilung an die verarbeitende Industrie nach Maßgabe der hoheitlichen Anordnungen.

3. Bilanz der Geschäftstätigkeit

Exakte Angaben über den Umfang der Geschäftstätigkeit der K.A.St. finden sich in den wenigen noch existierenden Aktenbänden nicht. Erhalten geblieben sind lediglich die Berichte über die Revisionen der Geschäftsbücher und der aufgestellten Bilanzen der einzelnen Wirtschaftsjahre für die Abteilungen Rohkautschuk, Altgummi, Asbest (erst seit Oktober 1918) und Fertigfabrikate (erst seit Oktober 1918) der Abrechnungsstelle[388]. Einige Zahlen mögen einen ungefähren Eindruck vom Geschäftsumfang vermitteln[389]:

Bis zum 31. Oktober 1915 wurden in der seit Beginn der Bewirtschaftung im Herbst 1914 existierenden Abteilung Rohgummi Waren im Wert vom 3,2 Mio. Mark umgesetzt. Dabei wurde ein Gewinn iHv 2,6 Mio. Mark erzielt, der (wie alle folgenden auch) vollständig dem Reservefonds zugeführt wurde. Die an die Deutsche Bank zu zahlende Umsatzprovision betrug 285.374 Mark; die allgemeinen Geschäftskosten wie Löhne und Gehälter, Versicherungen, Mietzinsen, Frachten, Spesen etc. beliefen sich zusammen auf 622.573 Mark. Im folgenden Geschäftsjahr (bis 31. Oktober 1916) stieg der Warenumsatz auf über 4,6 Mio. Mark bei einem Gewinn von knapp 4 Mio. Mark an. Die Kosten erhöhten sich auf 711.971 Mark. Bis zum 31. Dezember 1917 fiel der Warenumsatz trotz des längeren Bewirtschaftungszeitraums (14 Monate) auf 2,3 Mio. Mark. bei einem Gewinn von knapp 2 Mio. Mark. Die Kosten beliefen sich auf nur noch 318.592. Auch während des folgenden Geschäftsjahres (bis zum 31. März 1919, insgesamt 15 Monate) fiel der Warenumsatz weiter auf nur noch 1,28 Mio. Mark bei einem Reingewinn von 840.461. Die allgemeinen Geschäftsunkosten stiegen dagegen auf 686.079 Mark. Bis zum 31. März 1920 (12 Monate) wurden Waren im Wert

[387] Beschluß der 50. Verhandlung der Kautschuk-Schätzungs- und -verteilungskommission vom 14. Oktober 1918 über die Errichtung der Abteilung.

[388] Nach den Berichten waren die Revisionen bei den beiden zuletzt genannten Abteilungen kaum möglich, da nahezu das gesamte Personal bereits entlassen war und ein Lagerbuch nicht ordnungsgemäß geführt worden war. Im folgenden wird daher lediglich näher auf die Abteilungen Rohkautschuk und Altgummi eingegangen, die ohnehin während der ersten Wirtschaftsjahre die Bewirtschaftung von Asbest bzw. Fertigfabrikaten mit übernommen hatten.

[389] Quellen: Aktenbände BA R 8720 Bände 9-18.

von ca. 1,2 Mio. umgesetzt bei einem gestiegenen Reingewinn von 1,3 Mio. und Kosten von 553.328 Mark.

In der seit Dezember 1915 der K.A.St. angegliederten Abteilung Altgummi erreichte der Warenumsatz bis zum 31. März 1916 bzw. zum 30. Juni 1916 368.692 bzw. 346.154 Mark., der Gewinn betrug 260.142 bzw. 233.718 Mark., die Kosten beliefen sich auf 108.818 bzw. 115.665 Mark. Die Zahlen für das dritte und vierte Quartal 1916 verliefen auf ähnlichem Niveau. Während des Jahres 1917 (01.01.-31.12) wurden insgesamt Waren im Wert von 2,34 Mio. Mark umgesetzt, wobei der Reingewinn 1,86 Mio. und die Kosten knapp 500.000 Mark betrugen. Die entsprechenden Zahlen bis zum 31.03.1919 lauteten 3,1 Mio. (Warenumsatz), 1,9 Mio. (Reingewinn) und 1,2 Mio. (Kosten).

Insgesamt fällt eine Verschiebung in der Gewichtung der Geschäftstätigkeit der K.A.St. auf. Vor allem der Warenumsatz an Rohgummi sank in den Jahren 1918, 1919 und 1920 auf ca. 25-30% im Vergleich zu 1915 und 1916, obwohl der Gummibasispreis seit Ende 1915 konstant 33,75 Mark pro kg betrug. Diesen stark gesunkenen Rohgummiumsätzen stand eine zunehmende Bewirtschaftung des Altgummis gegenüber. Insofern spiegelte sich in diesen Zahlen die allgemeine Versorgungssituation auf dem Gebiet des Kautschuks wider. Auffallend sind auch die insgesamt hohen Reingewinne der Kautschuk-Abrechnungsstelle, die allesamt dem Reservefonds zugeführt wurden und somit später dem Reich zugute kamen. Hierfür waren u.a. die hohen Gewinnspannen bei den vom Kriegsministerium überlassenen beschlagnahmten Kautschukbeständen verantwortlich.

IV. Die Stellung und Entwicklung der Kautschuk-Abrechnungsstelle innerhalb der Kriegswirtschaft

Die Kautschuk-Abrechnungsstelle unterstand der Sektion G (Gummi) der Kriegsrohstoffabteilung unter der Leitung des Kriegsreferenten Nürnberg, zugleich Kommissar des Kriegsministeriums in der Abrechnungsstelle[390]. Entscheidend für die weitere Entwicklung der Gesellschaft wurde ihr Verhältnis zu den anderen staatlichen und privatwirtschaftlichen Kriegswirtschaftsorganisationen auf dem Gebiet der Kautschukwirtschaft. Wie schon bei der K.M.A. läßt sich auch bei der K.A.St. in der ersten Hälfte des Jahres 1915 eine erhebliche Umstrukturierung und Zunahme des staatlichen Einflusses beobachten[391].

In Ergänzung zu der am 28. Oktober 1914 errichteten Kautschuk-Abrechnungsstelle gliederte sich am 01. Januar 1915 die Kriegsrohstoffabteilung die Kautschukmeldestelle (Kau.M.St.) an. Ihre Aufgabe bestand darin, die Be-

---

[390] Zu den einzelnen Abteilungen der Kriegsrohstoffabteilung vgl. bereits den 1. Abschnitt B.I.1.b).

[391] Zum Umstrukturierungsprozeß in der Metallwirtschaft vgl. bereits A.V.1.

standsanmeldungen über beschlagnahmten und meldepflichtigen Rohkautschuk sowie verwandte Stoffe und Kautschukprodukte[392] zu veranlassen und zu bearbeiten. Darüber hinaus war die Meldestelle für die Kontrolle der entsprechenden Bestände zuständig. Mit der Kautschukmeldestelle schuf sich die Kriegsrohstoffabteilung neben der kaufmännisch tätigen K.A.St. eine spezielle Kriegswirtschaftsorganisation zur Wahrnehmung der hoheitlichen Verwaltungsaufgaben.

Die Knappheit an Rohgummi, Guttapercha und Balata, die Schwierigkeit der Zufuhren, das Bestreben einzelner Gummifabriken, trotz dieser Verhältnisse immer noch größere Mengen unnützer Waren auf den Markt zu werfen, sowie ferner die Bemühungen der Verbraucher, ihren Bedarf auf möglichst lange Zeit hinaus zu decken, zwang die Kriegsrohstoffabteilung am 28. Juni 1915 zu ersten Fabrikationskontrollmaßnahmen in der Gummiindustrie[393]. Zu diesem Zweck errichtete sie die „Fabrikationskontrolle für Kautschuk“, eine Stelle, die sich mit der Organisation der Überwachung der Gummifabriken zu befassen hatte, damit die zur Streckung der Gummivorräte erlassenen besonderen Bestimmungen eingehalten wurden. Konkret hatte die Fabrikationskontrolle in jedem einzelnen Fall die Notwendigkeit der Herstellung eines bestimmten Fabrikats zu prüfen und ggf. die nötige Menge Rohmaterial oder dessen Ersetzung durch Regenerate festzustellen. Gleichzeitig erging ein Verbot der Anfertigung aller nicht unbedingt notwendiger Waren mit Verwendung von Gummi[394]. Weitreichende Folge dieser Errichtung war, daß die K.A.St. und ihre Kommission nunmehr bei der Verteilung der Rohstoffe selbst nicht mehr mitwirken konnten. Ihre Tätigkeit beschränkte sich allein darauf, der Industrie die von der Kriegsrohstoffabteilung freigegebenen Mengen, soweit sie nicht auf den Werken noch vorhanden waren, zuzuführen und zu verrechnen.

Angesichts der unzureichenden inländischen Kautschukmengen sahen sich die Verantwortlichen darüber hinaus zunehmend gezwungen, den Import aus den verbündeten und neutralen Staaten mit allen Mitteln zu fördern. Zu diesem Zweck sollte eine kapitalkräftige Einfuhrgesellschaft geschaffen werden, der es möglich war, die damit verbundenen großen wirtschaftlichen Risiken aufzufangen. Die Reichsregierung unternahm es daher, unter eigener Beteiligung und derjenigen des K.u.K. Kriegsministeriums in Wien eine Einfuhrgesellschaft aus der deutschen, österreichischen und ungarischen Gummiindustrie zusammenzubringen,

---

392 Guttapercha, Balata, Lösungen, Gummifabrikate, Regenerate, chirurgische Gummiwaren und später auch Altgummi.

393 Schreiben des Kriegsministeriums vom 28. Juni 1915 (BA R 8720 Bd. 2 ohne Paginierung).

394 Fabrikationsverbote ergingen für über 130 Gegenstände für Kleidung und den täglichen Gebrauch, zur Heil- und Körperpflege, für Spiel und Sport, für Fahrräder und Wagen, für Haus und Haushalt etc., darunter beispielsweise elastische Hosenträger, Beruhigungssauger, Kinderluftballone, Hupenbälle, Badewannenstöpsel, Radiergummi u.a. (Anlage zum Schreiben der Kriegsrohstoffabteilung vom 28. Juni 1915 (Fn 393)).

die am 24. Juli 1915 in Berlin als Kautschuk-Konsortium gegründet wurde[395]. Das Reich wurde dabei durch die Zentral-Einkaufs-Gesellschaft (ZEG) als die für die Rohstoff- und Nahrungsmitteleinfuhr zuständige, zentrale Kriegswirtschaftsorganisation vertreten. Weitere Gesellschafter waren 52 organisierte Firmen der deutschen Kautschukindustrie sowie das K.u.K. Kriegsministerium nebst Vertretern der österreich-ungarischen Privatindustrie[396]. Insgesamt wies das Konsortium eine der Abrechnungsstelle ähnliche innere Struktur auf. Dennoch handelte es sich streng genommen nicht um eine Kriegsgesellschaft iSd obigen Begriffsbestimmung, sondern vielmehr um einen auf Durchführung des Importgeschäfts gerichteten Zweckverband. Vor diesem Hintergrund sind auch die (erfolglosen) Bemühungen des Reichsschatzamts im April 1918 zu sehen, das Kautschuk-Konsortium zu einer Änderung seiner Satzung „nach Art der Kriegsgesellschaften" zu veranlassen[397]. Die Dauer des Konsortiums war ursprünglich bis zum Ablauf dreier Monate nach dem Friedensschluß mit England vorgesehen. Tatsächlich trat es erst am 19. Mai 1920 in Liquidation.

In einem anderen Verhältnis stand die K.A.St. dagegen zu dem am 17. Dezember 1915 gegründeten Kriegsausschuß der deutschen Kautschukindustrie. Hierbei handelte es sich um eine ergänzende Kriegsgesellschaft iSd eingangs dargestellten Begriffsbestimmung auf dem Gebiet der Kautschukbewirtschaftung[398]. Seine Funktion bestand hauptsächlich in der Beratung und Erteilung von Gutachten an das Kriegsministerium, das Kriegsamt und die Kriegsrohstoffabteilung in allen die Kautschukindustrie betreffenden Angelegenheiten. Zu diesem Zweck waren unter den insgesamt 12 Mitgliedern des Ausschusses neun Delegierte des Ausschusses des Zentralvereines dt. Kautschukwaren-Fabriken e.V., die für den nötigen Sachverstand aber auch die Berücksichtigung der Interessen der betroffenen Branche sorgten. An den Sitzungen des Kriegsausschusses waren alle bundesstaatlichen Ministerien, das Reichswirtschaftsamt, das Reichsmarineamt und das Königlich Preußische Handelsministerium vertreten. Einen eigenständigen

---

[395] Die wirtschaftlichen Risiken des Kautschuk-Importes wurden immer unkalkulierbarer, je mehr die neutralen Nachbarländer Italien, Holland und die Schweiz auf britischen Druck hin Ausfuhrverbote erließen und das Deutsche Reich zunehmend auf die neutralen überseeischen Länder angewiesen war. Näheres zur Entstehungsgeschichte, rechtlichen Struktur und Tätigkeit des Kautschuk-Konsortiums bei Cron, Kautschuk-Wirtschaft, S. 13ff.

[396] Liste der Beteiligten bei Cron, Kautschuk-Wirtschaft, S. 26f.

[397] Auf diese Weise sollte erreicht werden, daß bei einer späteren Auflösung des Konsortiums der verbleibende Gewinn - abgesehen von einer 5 prozentigen Verzinsung der Geschäftseinlagen - dem Reich zufallen würde. Allerdings bestritt der Vorsitzende Steinthal angesichts der übernommenen Risiken, daß die Mitglieder nach Friedensschluß überhaupt ihre volle Geschäftseinlage zurückerhalten würden und somit kein Bedarf für die Satzungsänderung bestand. Im übrigen würde das Abschneiden der Gewinnaussichten nur die unternehmerische Risikobereitschaft der angeschlossenen Betriebe erheblich beeinträchtigen.

[398] Zur Begriffsbestimmung vgl. bereits den ersten Abschnitt C.I. Näheres zu den Kriegsausschüssen der Kriegswirtschaft des Ersten Weltkrieges unter D.

wirtschaftlichen Geschäftsbetrieb verfolgte der Kriegsausschuß dagegen - anders als die Kautschuk-Abrechnungsstelle - gerade nicht. Beratungsorgan und kaufmännische Abwicklungsorganisation ergänzten sich vielmehr auf dem Gebiet der Kautschukbewirtschaftung.

Zusammenfassend läßt sich also ab Ende 1915 folgende Organisation der Kautschukbewirtschaftung feststellen: Die Leitung und Aufsicht der Kautschukwirtschaft oblag der für die Rüstungswirtschaft zuständigen Kriegsrohstoffabteilung des Preußischen Kriegsministeriums. Sofern es um die Bearbeitung der Bestandserhebungen und der Beschlagnahmungen ging, bediente sich die Kriegsrohstoffabteilung dabei der Unterstützung der Kautschukmeldestelle Die Rohstofffreigaben zur Fabrikation erfolgten seitens der Fabrikationskontrolle bei der Kriegsrohstoffabteilung. Die eigentliche Entscheidungsmacht, wie auch die tatsächliche Rohstoffbeherrschung, befand sich also in der Hand staatlicher Stellen. Diese holten bei Bedarf Gutachten sowie Ratschläge von dem Kriegsausschuß der deutschen Kautschukindustrie zur Vorbereitung ihrer Entscheidungen ein. Die kaufmännische Abwicklung der angeordneten Geschäfte wurde dagegen der dafür errichteten Kriegsgesellschaft, der Kautschuk-Abrechnungsstelle, überlassen. Ihr oblag die Übernahme der Beschlagnahmungen, die Lagerung und Verwaltung der Vorräte sowie die Zufuhr derselben an die Industrie nach Maßgabe der behördlichen Anordnungen. Die Förderung und Durchführung des Kautschuk-Importes besorgte demgegenüber das Kautschuk-Konsortium.

V. Zusammenfassung und Beendigung der Kautschuk-Abrechnungsstelle

Obwohl in etwa zeitgleich mit den großen Kriegs AGs und Kriegs GmbHs gegründet, handelte es sich bei der Kautschuk-Abrechnungsstelle um einen vollkommen anderen Typus Kriegsgesellschaft. Das Charakteristische zeigte sich dabei bereits in der Gründungsphase. Dem Preußischen Kriegsministerium ging es im wesentlichen darum, für die Dauer des Krieges eine Organisation zu schaffen, die sich mit der kaufmännischen Durchführung der Bewirtschaftungsgeschäfte nach Maßgabe der hoheitlichen Anordnungen befaßte. Insoweit entsprach die Interessenlage der bei den großen Kriegshandelsgesellschaften und unterstrich die Funktion der Kriegsgesellschaften als bloße Hilfsorganisationen der Kriegswirtschaftsverwaltung. Andererseits stand der erwartete Geschäftsumfang in keiner Relation zu dem bei anderen ebenfalls der Zwangswirtschaft unterliegenden Rohstoffen. Die neue Organisation mußte also weder der Größe noch der Struktur nach den Kriegs-AGs und -GmbHs vergleichbar sein. Vielmehr kam es darauf an, für den kriegsnotwendigen Kautschuk überhaupt eine selbständige Stelle zu schaffen, um die rohstoffspezifischen Besonderheiten bei der Bewirtschaftung besser berücksichtigen zu können.

In diesem Zusammenhang war von Vorteil, daß sich - anders als bei der K.M.A. und der R.G. - die Vertreter der betroffenen Industriebranche noch nicht aus eigenem Antrieb zu einer Gesellschaft zusammengeschlossen hatten. Dem Preußischen Kriegsministerium war mit anderen Worten die Entscheidungsfreiheit über die Rechtsform und die nähere Ausgestaltung erhalten geblieben. Die neue Stelle mußte allein in der Lage sein, die Finanzierung, die Abwicklung sowie die Verrechnung der Geschäfte vorzunehmen. Dazu reichte es aus, eine Abrechnungsstelle für den Rohstoff Kautschuk zu schaffen. Dieser Stelle sollte sich dann die gesamte kautschukverarbeitende Industrie anschließen. Vor diesem Hintergrund setzte sich das Preußische Kriegsministerium mit der Deutschen Bank Berlin in Verbindung und veranlaßte am 28. Oktober 1914 die Errichtung einer entsprechenden Sonderabteilung. Die K.A.St. war also mit anderen Worten nur die einer Großbank angegliederte Finanzierungs- und Verrechnungsstelle des Preußischen Kriegsministeriums auf dem Gebiet des Kautschuks[399].

Als unselbständige Abteilung der Deutschen Bank Berlin erhielt die K.A.St. weder eine eigene Rechtsform noch eine eigene Rechtspersönlichkeit. Nach außen trat ausschließlich die Großbank als handelndes Rechtssubjekt auf. Ein äußerlich erkennbares Gesellschaftsverhältnis zwischen den Beteiligten fehlte. Die einzigen vertraglichen Vereinbarungen über die Organisation und Durchführung der Kautschukbewirtschaftung bestanden im Verhältnis zwischen der Großbank, dem Kriegsministerium sowie den angeschlossenen Betrieben. Aufgrund dieser Vereinbarungen im Innenverhältnis der Beteiligten handelte es sich bei der K.A.St. um eine Innengesellschaften iSd §§ 705ff. BGB. Gemeinsamer, von den Beteiligten verfolgter Zweck war die zwangsweise und planmäßige Bewirtschaftung des knappen Kautschuks[400].

---

[399] Sich selbst stellt die K.A.St. in ihrem Informationsschreiben vom November 1914 an die Kautschukwarenfabrikanten (vgl. Anhang und bereits Fn 378) als „Organisation der Kautschukverrechnung" vor. In einem Schreiben an das Kriegsministerium vom 07. Juni 1916 beschreibt sie sich selbst als bloße „Finanzierungs- und Abrechnungsstelle" (abgedruckt in dem Bericht über die Revision der Geschäftsbücher und der Bilanzen der Abteilung Altgummi für 1916 und 1917 (S. 6) in BA R 8720 Bd. 11 ohne Paginierung). Vgl. auch Cron, Kautschuk-Wirtschaft, S. 9 (K.A.St. als „Finanzierungsinstitut").

[400] Teilweise wird dieses Innenverhältnis für die Frage des Charakters der Abrechnungsstellen außer Betracht gelassen (vgl. insbesondere Cron, Kautschuk-Wirtschaft, S.8). Konsequenterweise verneinen diese Autoren dann auch die Einordnung der Abrechnungsstellen als Kriegsgesellschaft überhaupt. Es handele sich weder um eine Kriegsgesellschaft noch um eine staatliche Behörde, sondern ausschließlich um eine besondere Abteilung einer Großbank, die aufgrund eines Reichsauftrages und im Reichsinteresse gegen eine geringe Pauschalvergütung arbeite (Cron). Diese Ansicht vernachlässigt allerdings einmal das im Innenverhältnis bestehende Gesellschaftsverhältnis und kollidiert zum anderen mit der weiten, an der Funktion orientierten Begriffsbestimmung der Kriegsgesellschaften (vgl. dazu bereits den 1. Abschnitt C. I. sowie Heymann, Rechtsformen, S. 145).

Das Innenverhältnis der K.A.St. wurde durch die Verpflichtungserklärungen der Deutschen Bank gegenüber dem Preußischen Kriegsministerium und der Einzelunternehmer gegenüber der K.A.St. geregelt. Die Bank erklärte sich darin u.a. bereit, die Abrechnungsstelle als eine besondere Abteilung zu errichten sowie die notwendigen Räumlichkeiten und das Fachpersonal zur Verfügung zu stellen und dann sämtliche geschäftlichen Aufgaben der Zwangswirtschaft auf dem Gebiet des Kautschuks nach Maßgabe der staatlichen Anordnungen gegen eine Pauschalvergütung iHv 2% des Umsatzes wahrzunehmen. Im Gegenzug dafür übernahm das Preußische Kriegsministerium gegenüber der Bank die Haftung für etwaige Verluste nach Beendigung der Abrechnungsstelle, zu deren Deckung der Reservefonds nicht ausreichte[401]. Die an einer Zuteilung von Kautschuk interessierten Unternehmen mußten sich dann dieser Abteilung anschließen, ihr Monopol hinsichtlich der Beschaffung und Bewirtschaftung des Kautschuks anerkennen, die Rohstoffe zu den vorgeschriebenen Preisen und Bedingungen abnehmen sowie alle die Kautschukbewirtschaftung betreffenden Informationen offenlegen. Faktisch hatten sie sich also vollkommen der Zwangswirtschaft durch die K.A.St. zu unterwerfen; ein eigenständiger, marktorientierter Geschäftsbetrieb war unmöglich.

Die Beratungs- und Entscheidungskompetenzen in Sachen Kautschukbewirtschaftung waren einem Überwachungsausschuß bzw. einer Schätzungs- und Verteilungskommission bei der Abrechnungsstelle zugewiesen. Konkret hatten diese die Grundsätze für den Verkehr mit dem Kautschuk aufzustellen[402] und deren Umsetzung durch die Abrechnungsstelle anzuordnen und zu überwachen. Zu diesem Zweck organisierten sich in diesen Gremien einmal der nötige Sachverstand sowie Vertreter der Privatindustrie und die Regierungsrepräsentanten.

Im Verlauf der weiteren Kautschukbewirtschaftung ließ sich eine Zunahme des staatlichen Einflusses feststellen. Der Ursprung dieser Entwicklung lag bereits in dem Vetorecht der Regierungsvertreter in dem Überwachungsausschuß und mittelbar auch in der Schätzungs- und Verteilungskommission. Darüber hinaus zeigte sich die Tendenz zum Zurückdrängen der privaten Interessen durch die Ausgliederung von Aufgabenbereichen aus der K.A.St. infolge der Errichtung von speziellen staatlichen Stellen. Die Mitwirkung der Privatindustrie bei den grundlegenden Entscheidungen der Kautschukbewirtschaftung wurde also beseitigt. Ihre Beteiligung beschränkte sich schließlich nur noch auf die Abnahme und Verrechnung des Kautschuks durch die K.A.St. Die Abrechnungsstelle selbst entwikkelte sich von einer gemischtwirtschaftlichen Organisation zu einem bloßen „pri-

---

[401] Vereinbarung vom 5. Januar 1917 zwischen dem Kriegsministerium und der K.A.St. (abgedruckt in dem Bericht über die Revision der Geschäftsbücher und der Bilanzen für 1915 und 1916 der Abteilung Rohgummi (S. 2f.) in BA R 8720 Bd. 10 ohne Paginierung).

[402] Beschaffung, Bewirtschaftung und Verteilung des Rohstoffs, Preisgestaltung, Ausgleich von Kriegs- und Friedensindustrie, Gutachtertätigkeit für die Kriegsrohstoffabteilung etc.

vilegierten Geschäftsunternehmen des Reichs“[403]. Konsequenterweise übernahm das Reich im Gegenzug die Garantien der Firmen gegenüber der Deutschen Bank für evtl. Verluste bei Friedensschluß[404].

Mit dem 01. April 1919 wurde die K.A.St. unter die Aufsicht des Reichswirtschaftsministeriums gestellt. Durch Verfügung vom 25. September desselben Jahres hob dieses die allgemeine Beschlagnahme von Rohgummi, Guttapercha, Mischungen aus diesen Stoffen, Gummilösungen, Altgummi, Gummiabfällen, Regeneraten, ferner von Asbest und die noch bestehenden Fabrikationsverbote auf. Hintergrund für diesen Schritt war die verbesserte Versorgungssituation des Deutschen Reichs aufgrund der Öffnung des Weltmarktes. Damit war der K.A.St. die Grundlage für jede weitere Geschäftstätigkeit genommen. Nach einem Beschluß der Schätzungs- und Verteilungskommission wurde daraufhin die Liquidation der Abrechnungsstelle zum 01.Oktober 1919 angeordnet[405]. Mangels selbständigen Gesellschaftsvermögens erforderte die Liquidation der K.A.St. allerdings keine vermögensmäßige Auseinandersetzung zwischen den Beteiligten. Es galt vielmehr, ausschließlich die noch schwebenden Geschäfte abzuwickeln sowie für eine endgültige Verteilung der noch vorhandenen Rohstoffvorräte an die Industrie zu sorgen. Tatsächlich kamen die Abteilungen Fertigfabrikate und Asbest auch erst am 01. Oktober 1920, die Abteilungen Rohgummi und Altgummi sogar erst mit den letzten Tagen des Jahres 1920 zur Auflösung. Die Schlußbilanz der K.A.St. vom 22. Januar 1921 ergab einen Reingewinn von über 20 Mio. Mark, der zwischen dem Reichsschatzministerium und Österreich im Verhältnis 3:1 aufgeteilt wurde[406].

Rückblickend beurteilte Geschäftsführer Bredow am 31. Mai 1918 die Tätigkeit der K.A.St. folgendermaßen[407]: „Die K.A.St. hat sich somit aus einem zunächst rein kaufmännisch gedachten Unternehmen unter dem Zwange der Verhältnisse in eine fast völlig behördlich arbeitende Organisation verwandelt, deren Abhängigkeit von Beschlüssen der Behörden und Kommissionen eine gewisse Umständlichkeit, insbesondere bei Zuteilungen des Materials, zur Folge hatte. Trotzdem freue ich mich, hier berichten zu können, daß die K.A.St. nicht nur von

---

[403] Cron, Kautschuk-Wirtschaft, S. 8.

[404] Vgl. dazu bereits Fn 379.

[405] 53. Verhandlung der Schätzungs- und Verteilungskommission vom 02. Dezember 1919 (BA R 8720 Bd. 6 ohne Paginierung). Vorangegangen war dieser Verhandlung eine Besprechung zwischen je einem Vertreter des Reichswirtschaftsministeriums, des Reichsschatzministeriums, des Reichsverwertungsamts (Abteilung Gummi), der Deutschen Bank und der K.A.St. vom 03. Oktober 1919 (BA R 8720 Bd. 6 ohne Paginierung).

[406] Vorlage der Schlußbilanz der K.A.St. sowie der Bericht des Vorstandes hierüber in der Schlußsitzung des Überwachungsausschusses vom 22. Januar 1921 (BA R 8720 Bd. 6 ohne Paginierung).

[407] Vortrag über die Organisation der Kautschuk-Abrechnungsstelle, gehalten von Bredow in der Kriegsrohstoffabteilung am 31. Mai 1918, S. 8 (vgl. bereits Fn 360).

Anfeindungen, wie sie manche Kriegsgesellschaften über sich ergehen lassen mußten, bisher verschont geblieben ist, sondern daß wir häufig Gelegenheit hatten, von Vertretern der Industrie anerkennende Worte darüber zu hören, daß die Organisation ihre Aufgabe im Rahmen der gegebenen Möglichkeiten erfüllt hat. Nachdem die Verarbeitung von Regeneraten in steigendem Maße Ersatz geboten und die Verwendung künstlichen Kautschuks in Fluß gekommen ist, letzterer ebenfalls wieder ein recht brauchbares Regenerat liefert, besteht begründete Aussicht, daß Deutschland auch auf diesem Gebiete, wenigstens für die Kriegsdauer, von den überseeischen Zufuhren unabhängig bleibt und den englischen Blockadeplan zunichte gemacht hat."

Die von Bredow angesprochene Akzeptanz der Kautschuk-Abrechnungsstelle in der Industrie hatte im Oktober 1919 sogar dazu geführt, daß die Abteilung Rohgummi „auf Wunsch der Kautschuk-Industrie" in die „Kautschuk-Abrechnungsstelle der deutschen Industrie bei der Deutschen Bank" umgewandelt worden war und zunächst ihre Geschäftstätigkeit weiterführte. An dieser freiwilligen Fortführung zeigte sich zugleich die Bedeutung der Kriegswirtschaftsorganisation für die Übergangs- und unmittelbare Friedenszeit.

Der Erfolg der Geschäftstätigkeit der K.A.St. sowie die einfache und unkomplizierte rechtliche Struktur veranlaßten die staatlichen Stellen bereits 1914/15, nach ihrem Vorbild weitere Abrechnungsstellen (vorwiegend auf dem Textilsektor) zu errichten[408].

---

[408] Vgl. dazu bereits den 1. Abschnitt C.II.3.

D. Kriegsausschuß der Dt. Baumwollindustrie

Der vierte Typus Kriegsgesellschaft waren die sog. Kriegsausschüsse. Hierbei handelte es sich typischerweise um Kollegien von Interessenten einer Industriesparte, die unter maßgeblicher Kontrolle des Kriegsministeriums beratend tätig wurden. Die letzte Entscheidungs- und Anordnungsgewalt lag ausschließlich bei den staatlichen Stellen. Die Funktion der Kriegsausschüsse entsprach damit der von bloßen Beratungsgremien. Rechtssubjekt der Rohstoffbewirtschaftung blieb stets das Reich, vertreten in der Regel durch das Preußische Kriegsministerium (Kriegsrohstoffabteilung).

Vorbildlich für diesen Typus Kriegsgesellschaft wurde der am 01. Juli 1915 gegründete Kriegsausschuß der Deutschen Baumwollindustrie[409]. Damit wurde erstmals ein zentraler industrieller Selbstverwaltungskörper auf dem Gebiet der Baumwollwirtschaft geschaffen. Der Kriegsausschuß diente der Heeresverwaltung als beratende und teilweise auch ausführende Stelle in allen Fragen der Kriegsbaumwollwirtschaft des Deutschen Reichs. Darüber hinaus sorgte er als eine Art Interessenvertretung der Privatwirtschaft für eine ausreichende Berücksichtigung der Unternehmerbelange bei der Zwangswirtschaft auf dem Baumwollsektor. Die Untersuchung des Kriegsausschusses der Dt. Baumwollindustrie zeigt zugleich, daß neben der Rüstungswirtschaft (vgl. A. Die K.M.A.), der Ernährungswirtschaft (vgl. B. Die R.G.) sowie der Chemiebranche (vgl. C. Der K.A.St.) auch der Textil- und Bekleidungssektor unter die staatliche Planwirtschaft gestellt und damit Teil der Kriegswirtschaft des Ersten Weltkrieges wurde.

I. Die Gründung des Kriegsausschusses der Deutschen Baumwollindustrie

Die Struktur und Organisation der deutschen Baumwollindustrie in der Vorkriegszeit wies alle typischen Merkmale einer noch jungen, aber schnell gewachsenen, exportorientierten Veredelungs- und Verarbeitungsindustrie auf[410]. Zunächst einmal bestand auch für diese Branche eine nahezu völlige Rohstoffabhängigkeit vom Ausland[411]. Gleichzeitig waren die Unternehmen regelmäßig ge-

---

409 Der Kürze halber nachstehend mit Kriegsausschuß bezeichnet.

410 Vgl. zum Ganzen die geschichtliche Darstellung der deutschen Baumwollindustrie bei Bruck, Kriegsausschuß, S. 9-20 und die Darstellung in einem 52seitigen Bericht über die Kriegsbaumwollwirtschaft vom Dezember 1916, S. 2ff. (BA R 8727 Bd. 3 ohne Paginierung, o.V., im folgenden mit „Bericht“ zitiert).

411 Die Einfuhr an Rohbaumwolle hatte sich in den letzten drei Jahrzehnten vor dem Krieg der Menge nach auf mehr als das Zweieinhalbfache, dem Werte nach fast auf das Dreifache erhöht. Als bauwollexportierende Staaten kamen vor allem die USA (69% der weltweiten Gesambaumwollernte des Jahres 1913), Indien (24%) und Ägypten (5%) in Betracht. Die Rohbaumwollimporte rangierten vor dem Krieg mit ca. 600 Millionen Mark an erster Stelle.

zwungen, große Teile ihrer Produktion auf dem stark schwankenden Weltmarkt anzubieten mit den entsprechenden Konsequenzen für die Unternehmen und die Arbeiterschaft beim Ausbleiben dieser Exporte[412]. Rohstoffimporte, wie die Ausfuhr von Teil- und Fertigprodukten, führten mit anderen Worten zu einer besonderen Sensibilität gegenüber kriegswirtschaftlichen Blockademaßnahmen. Darüber hinaus wies die deutsche Baumwollindustrie von sich aus keine einheitliche Struktur auf, die eine Einbeziehung in die Zwangswirtschaft erleichtert hätte. Fehlende Spezialisierungen, eine nur geringe Großunternehmerdichte, gemischte und uneinheitliche Betriebsformen und -strukturen und ein unterdurchschnittlicher Organisationsgrad (Zentralverbände, Konzerne etc. fehlten fast völlig) gaben dem Industriezweig „unleugbar gewisse kleinbürgerliche Züge“[413] und schufen ein „Bild eines rasch groß gewordenen, aber noch nicht planmäßig konsolidierten Gebildes“[414].

Aufgrund des guten Erntejahres 1913/14 und entsprechender Einkaufstätigkeit des Handels zeigte sich bei Kriegsausbruch im August 1914 zunächst eine außerordentlich solide Versorgungssituation. Die Marktvorräte in Bremen, dem bedeutendsten Einkaufs- und Lagerungsort für Deutschland in Sachen Baumwolle, wiesen einen Rekordstand auf. So konnte Bremen im Baumwolljahr 1913/14 etwa eine Einfuhr von 2.680.489 Ballen (plus 19% gegenüber dem Vorjahr) verzeichnen[415]. 97% der Einfuhren stammten aus den USA. Im Jahre 1913 bezog Deutschland damit rund 11-12% der Welternte. Abzüglich des Verbrauchs von ca. 2.000.000 Ballen 1913/14 betrugen die Vorräte in Industrie und Handel bei Kriegsausbruch demnach noch ca. 700.000 Ballen.

Diese gute Vorratssituation, das Vertrauen auf die - allerdings nie ratifizierte - Londoner Seerechtsdeklaration von 1909[416] sowie der allgemeine Glaube an einen nur kurzen Feldzug[417] schienen eine Mangelbewirtschaftung der Baumwolle zumindest aus Sicht der Privatindustrie zunächst nicht erforderlich zu machen. Dieser Standpunkt wurde zudem noch durch die günstige Entwicklung in den ersten Kriegsmonaten bestärkt. So ergab etwa eine Bestandserhebung im Mai 1915,

---

Allein 1913 wurden insgesamt 477.945t Rohbaumwolle importiert. Der Pro-Kopf-Verbrauch an Baumwolle stieg zwischen 1840 und 1913 um den Faktor 24. Die Importquote des Deutschen Reichs betrug 1913 100%. Zahlen bei Bruck, Kriegsausschuß, S. 10, 20f., und im Statistischen Jahrbuch für das Deutsche Reich (1915), S. 185, 251.

[412] 1913 wurden allein Fabrikate aus Baumwolle, Baumwollgarn und Baumwollzwirn im Wert von 507,6 Millionen Mark ausgeführt. Hinter der britischen und nordamerikanischen Baumwollindustrie stand die deutsche an dritter Stelle. Nahezu jeder achte deutsche Arbeiter war in der Baumwoll- bzw. Textilindustrie tätig.

[413] Bruck, Kriegsausschuß, S. 15.

[414] Bruck, Kriegsausschuß, S. 9.

[415] Zum Vergleich: 1870 betrug der Import erst 157.689 Ballen.

[416] Nach Artikel 28 der Londoner Seerechtsdeklaration galten rohe Baumwolle und Garne nicht als Bannware.

[417] Zur Frage der Kriegsdauer vgl. bereits den 1. Abschnitt A.

daß sich infolge der zwischenzeitlichen Zufuhren aus dem Ausland die privaten Vorräte bei Kriegsausbruch praktisch nicht verringert hatten[418]. An Beutebaumwolle waren überdies mehr als 300.000 Ballen und 200.000 Säcke Baumwolle in den besetzten Gebieten beschlagnahmt und zum großen Teil bereits nach Deutschland (Bremen) gebracht worden. Das Vertrauen der Privatindustrie in den freien Baumwollverkehr spiegelte sich letztlich auch in der moderaten Preisentwicklung wider[419].

Die Heeresverwaltung verfolgte demgegenüber von vornherein eine insgesamt vorsichtigere Bewirtschaftungspolitik. Die zentrale Bedeutung der Baumwolle für die militärische Kriegswirtschaft (Herstellung von Schießbaumwolle, Textilien), die uneinheitliche Struktur der gesamten Branche mit der damit verbundenen Interessenvielfalt und Unflexibilität sowie die Gefahr der Ausdehnung der britischen Blockade auf Baumwolle veranlaßten die Kriegsrohstoffabteilung bereits zu Beginn des Jahres 1915 dazu, die Errichtung von Kriegswirtschaftsorganisationen auf dem Gebiet der Baumwollwirtschaft anzuregen[420]. Damit sollte einerseits die Rohstoffversorgung auch im Falle eines längeren Krieges sichergestellt werden und andererseits unnötige Preistreibereien, die letztlich den Staat als den Hauptabnehmer selbst am stärksten treffen würden, unterbunden werden. Darüber hinaus erforderten die großen Beutemengen aus Belgien und Nordfrankreich ebenso wie die nordamerikanischen Zufuhren zentrale Verteilungsstrukturen[421].

---

[418] Zahlen bei Bruck, Kriegsausschuß, S. 20f. und 38ff. und in dem Bericht über die Kriegsbaumwollwirtschaft, S.1ff.

[419] Unmittelbar vor Kriegsausbruch sank am 31. Juli 1914 der Preis für middling american in Bremen sogar auf 61 ½ Pf für das Pfund, nachdem er seinen Friedenshöchststand von 70 Pf. am 03. Juni erreicht hatte. Ein preistreibender krisenbedingter Nachfrageüberhang ließ sich also zunächst noch nicht feststellen. Aufgrund von Spekulationen stieg dann der Preis bis zum Jahresende auf 90 Pf, sank aber bereits Anfang 1915 infolge größerer amerikanischer Zufuhren wieder auf das Niveau von Mitte Oktober (68 Pf.). Erst mit der Ankündigung des U-Boot-Handelskrieges (04. Februar 1915, Beginn 18. Februar) und der italienischen Kriegserklärung (25. Mai 1915) stieg der Preis allmählich auf ca. 1,5 Mark (Juni 1915) und 2,4 Mark (September 1915). Vgl. dazu Bruck, Kriegsausschuß, S. 24f. und 275 und den Bericht, S. 1ff., 14ff. Infolge des verbreiteten Optimismusses wurden sogar im Januar 1915 Teile der Beutebestände im Wege der Zuteilung zu einem sehr günstigen Preis von 67 Pf. der Industrie zugeführt. Insgesamt gab es während der ersten neun Kriegsmonate also weder einen ernsten Rohstoffengpaß noch Preistreibereien.

[420] Vor dem Hintergrund dieser Politik ist auch die sehr frühe Beschlagnahme von Linters im Februar 1915 und von Lumpen und anderen Stoffabfällen (16. Mai 1915) für Pulverzwecke zu sehen.

[421] Große Mengen fielen der Heeresverwaltung insbesondere bei der Eroberung Antwerpens am 09. Oktober 1914 zu (ca. 100.000 Ballen oder 20 Millionen kg). Darüber hinaus befanden sich in jeder größeren belgischen oder französischen Stadt teilweise erhebliche Vorräte. Mit dem Fall von Lodz im Oktober 1914 begann die Bewirtschaftung der polnischen Beutebaumwolle.

Am 08. Januar 1915 wurde daraufhin auf Veranlassung des Preußischen Kriegsministeriums „zur Regelung der Wirtschaft für die durch das Kriegsministerium in den besetzten Gebieten und in Feindesland beschlagnahmten Baummwollmengen" die *Roh*baumwoll-Abrechnungsstelle bei der Diskonto-Gesellschaft mit Sitz in Berlin errichtet. Ihre Aufgabe war konkret die Beratung der staatlichen Stellen in Fragen betreffend die Rohbaumwollwirtschaft sowie die Rohstoffverwaltung und -verrechnung[422]. Hierbei bediente sich das Kriegsministerium der Unterstützung des „Arbeitsausschusses der deutschen Baumwollspinnerverbände" als der Zentralvertretung der Baumwollspinnereiindustrie, der untersten Produktionsstufe auf dem Gebiet der Baumwollverarbeitung. Die Abrechnungsstelle selbst erhielt nicht die Form einer juristischen Person. Handelndes Rechtssubjekt nach außen blieb vielmehr allein die Diskonto-Gesellschaft, der die Abrechnungsstelle lediglich als eine besondere Abteilung angegliedert war. Wie bei der näher untersuchten Kautschuk-Abrechnungsstelle (vgl. C.) bestanden gesellschaftsvertragliche Vereinbarungen allein zwischen den Beteiligten im Innenverhältnis, der Direktion der Diskonto-Gesellschaft, dem Zentralverband sowie dem Preußischen Kriegsministerium[423].

Ergänzt wurde ihre Tätigkeit durch die am 18. Februar 1915 gegründete Baumwoll*garn*-Abrechnungsstelle[424]. Im Gegensatz zur Bewirtschaftung der Rohbaumwolle seitens der Rohbaumwoll-Abrechnungsstelle hatte sich diese Stelle mit der Bewirtschaftung der erbeuteten Halbfabrikate zu befassen. Dementsprechend beteiligten sich an dieser Kriegswirtschaftsorganisation anstelle der Spinnereien auch die Webereien, vertreten durch den Gesamtverband deutscher Baumwollwebereien. Von der rechtlichen Struktur ähnelte die Baumwollgarn-Abrechnungsstelle ansonsten der Rohbaumwoll-Abrechnungsstelle. Vertragliche Vereinbarungen bestanden auch hier ausschließlich im Innenverhältnis zwischen dem Gesamtverband, dem Preußischen Kriegsministerium und der Deutschen Nationalbank, der die Abrechnungsstelle als eigenständige Abteilung angeschlossen war[425]. Wie bei der rohen Baumwolle wurde Bremen als Zentralsammel- und

---

[422] Statuten bei Bruck, Kriegsausschuß, S. 220-222. Näheres zur Rohbaumwoll-Abrechnungsstelle auch bei Bruck, Kriegsausschuß, S. 36ff., und bei Bruck, Kriegsunternehmung, S. 582f. sowie in dem Bericht, S. 13f.

[423] Vgl. dazu die Instruktionen der Kriegsrohstoffabteilung an die Diskonto-Gesellschaft, die Vereinbarungen zwischen dem Arbeitsausschuß der dt. Baumwollspinnerverbände und der Direktion der Diskonto-Gesellschaft über die Geschäftsordnung der Abrechnungsstelle sowie das Verpflichtungsschreiben der Direktion der Diskonto-Gesellschaft an das Kriegsministerium (abgedruckt bei Bruck, Kriegsausschuß, S. 222ff. (Anlagen 1-3)).

[424] Statuten bei Bruck, Kriegsausschuß, S. 225f. Näheres zur Baumwollgarn-Abrechnungsstelle bei Bruck, Kriegsausschuß, S. 37f. und bei Bruck, Kriegsunternehmung, S. 584f.

[425] Vgl. dazu das Verpflichtungsschreiben der Deutschen Nationalbank gegenüber dem Kriegsministerium sowie die genehmigte Geschäftsordnung im Verhältnis zwischen der Abrechnungsstelle und der Deutschen Nationalbank (abgedruckt bei Bruck, Kriegsausschuß, S. 226ff. (Anlagen 1,2)).

lagerstelle für das Garn bestimmt. Beide Abrechnungsstellen wurden am 01. Oktober 1916 zu der neuerrichteten Baumwoll-Abrechnungsstelle in Bremen zusammengefaßt, so daß die Bewirtschaftung der heereseigenen Bestände an Rohbaumwolle und Baumwollgarnen nun in einer Hand lagen.

Ebenfalls im Februar 1915 veranlaßte die Kriegsrohstoffabteilung noch die Errichtung der Aktiengesellschaft zur Verwertung von Stoffabfällen, die hauptsächlich für die Sicherstellung des Bedarfs an Schießbaumwolle verantwortlich war[426].

Rohbaumwoll-Abrechnungsstelle, Baumwollgarn-Abrechnungsstelle und Aktiengesellschaft zur Verwertung von Stoffabfällen war gemeinsam, daß sie von ihrer Konzeption und Gründungsmotivation lediglich die Heeresverwaltung bei ihrer eigenen Beschaffungs- und Bewirtschaftungstätigkeit unterstützten. Sie besorgten die Verrechnung und Verteilung der beschlagnahmten und erbeuteten feindlichen Bestände an Rohbaumwolle und Garne, griffen aber ansonsten in keiner Weise in den noch funktionieren freien Baumwollmarkt ein. Insofern waren sie nur Ausdruck der thesauristischen Bewirtschaftungspolitik der Heeresverwaltung. Zu einer echten Mangelwirtschaft auf dem Baumwollsektor war es bis dahin noch nicht gekommen.

Eine grundlegende Änderung der Verhältnisse trat erstmals in der Mitte des Jahres 1915 ein. Eine von England am 22. August 1915 erlassene Verordnung sah ausdrücklich die Qualifizierung von Baumwolle als absolute Bannware vor[427]. Aufgrund des gleichzeitigen britischen Drucks auf die neutralen baumwollexportierenden Staaten (USA) wurde Deutschland faktisch von sämtlichen Baumwollimporten abgeschnitten[428]. Die noch vorhandenen inländischen Bestände bei Industrie und Handel sowie die Beutebestände mußten daher im militärischen und

---

[426] Zur Vorgeschichte vgl. Bruck, Kriegsausschuß, S. 26f. Näheres auch unter V.

[427] Zuvor hatte die englische Regierung am 20. August 1914, nachdem die deutsche Regierung bei Kriegsausbruch erklärte, die Bestimmungen der Seerechtsdeklaration von 1909 beachten zu wollen, geäußert, daß sie sich nur „mit einigen Zusätzen und Abänderungen" an die Londoner Deklaration halten werde. Diese Zusätze und Abänderungen wurden aber bereits durch eine Proklamation vom 21. September 1914 außerordentlich weit gefaßt und dadurch faktisch die relative mit der absoluten Bannware gleichgestellt (Bruck, Kriegsausschuß, S. 24 und Bericht, S. 4f.). Die britische Verordnung vom 22. August 1915 stellte dieses nun noch einmal ausdrücklich klar.

[428] Zum Vergleich folgende Gegenüberstellung der monatlichen Bremer Rohbaumwoll-Einfuhren (Zahlen bei Bruck, Kriegsausschuß, S. 39 und 273f.): Januar 1915: 29.000t gegen 62.000t in 1914 und 64.000t 1913; Februar 1915: 37.000t gegen 61.000t in 1914 und 47.000t in 1913; März 1915: 43.000t gegen 47.000t in 1914 und 37.000t in 1913. Die Monate April und Mai überstiegen mit 59.000t und 51.000t sogar erheblich die Vergleichsziffern der Friedensjahre aufgrund der Einfuhr über neutrale Länder. Das Gesamtergebnis der Einfuhren im 1. Halbjahr 1915 betrug damit 243.000t gegenüber 296.000t in 1914 und 237.000t in 1913. Ab Juni tendierten die Zufuhren abrupt gegen Null.

zivilen Interesse nun einer geordneten und planmäßigen Bewirtschaftung zugeführt werden.

Am 03. Juni 1915 kam es daraufhin zu einer grundlegenden Sitzung im Kriegsministerium unter der Leitung von Major Koeth, die praktisch den Beginn der Zwangswirtschaft auf dem Baumwollsektor darstellte[429]. So wurde in ihr die grds. Notwendigkeit einer Bewirtschaftung der Baumwolle erörtert und gleichzeitig anerkannt, als Ausgleich für die damit zusammenhängenden Einschränkungen ein System gleichmäßiger Verteilung der Gewebe- und Wirkaufträge an die Industrie, sowie die Schaffung einer mit diesen Arbeiten zu betrauenden Kriegsorganisation der Baumwollindustrie in Aussicht zu nehmen. Nach der damaligen Auffassung von der Kriegslage mußte der Bedarf für zunächst zwei weitere Jahre gesichert werden[430]. Zu diesem Zweck wurde - größtenteils gegen starken Widerstand der Privatindustrie und auch der zivilen Ämter - ein Wirtschaftsplan und ein Maßnahmekatalog entworfen[431] sowie die ersten Web- und Spinnverbote erlassen bzw. vorbereitet[432]. Zur besseren Durchführung der Bewirtschaftung galt es zusätzlich, noch die zersplitterte Baumwollindustrie zu einen und die amtlichen Stellen stärker zu zentralisieren.

Knapp zwei Wochen später, am 16. Juni 1915, fand daraufhin eine Besprechung in Berlin mit 56 Vertretern der wichtigsten wirtschaftlichen Verbände der Baumwollindustrie statt. Diese erklärten sich bereit, „die Opfer, welche ihr durch die für Baumwolle geplanten Maßnahmen auferlegt werden, im Interesse der Landesverteidigung auf sich zu nehmen.“ Sie waren ferner bereit, „bei den auf Sicherung der Heeresbedürfnisse gerichteten Arbeiten mitzuwirken und ihren Rat zur Verfügung zu stellen.“[433] Die in der Besprechung erörterte Notwendigkeit einer einheitlichen Bewirtschaftung fand also allgemeine Zustimmung. Gleichzeitig legte die Industrie aber „für den aufzustellenden Wirtschaftsplan (...), vorzugsweise im Interesse der 350.000 von ihr beschäftigten Arbeiter, Wert darauf, daß die Zeitdauer, für welche die Bedürfnisse des Heeres sichergestellt werden sollen, nicht länger als unbedingt notwendig bemessen wird (...).“ Die Vertreter glaubten dabei, daß sie mit einem Jahr hinreichend vorsichtig angesetzt sein würde. Die Gefahr latenter Unter- und Teilbeschäftigung aufgrund der Größe der

---

429 Dazu Bericht, S. 19.

430 Am Ende des Jahres 1915 ordnete die Heeresleitung dagegen bereits eine Rohstoffürsorge für einen Zeitraum von drei Jahren an.

431 Näheres dazu bei Bruck, Kriegsausschuß, S. 43f.

432 1. Webverbot vom Juni 1915 mit ersten Verschärfungen bereits im Dezember 1915, 1. Spinnverbot vom August 1915.

433 Entschließung der Versammlung der Verbände der gesamten deutschen Baumwollindustrie vom 16. Juni 1915 (als Abschrift erhalten in BA R 8727 Bd. 1 ohne Paginierung). Vgl. auch das gleichlautende Schreiben des Arbeitsausschusses der Deutschen Baumwollspinnerverbände und des Vereins Süddeutscher Baumwoll-Industrieller an das Preußische Kriegsministerium vom 18. Juni 1915 (als Abschrift erhalten in BA R 8727 Bd. 3 ohne Paginierung).

Baumwollindustrie bei nur begrenzter Anzahl von militärischen Aufträgen war den Beteiligten also bereits im Juni 1915 bewußt.

Es wurde weiterhin beschlossen, zur Unterstützung der Heeresverwaltung bei der Durchführung der notwendigen Bewirtschaftungsmaßnahmen und in Ergänzung zu den bereits existierenden Abrechnungsstellen einen unter der Aufsicht der Kriegsrohstoffabteilung stehenden industriellen Selbstverwaltungskörper zu schaffen. In diesem sollte möglichst die gesamte Baumwollindustrie vertreten sein, um so ihre Erfahrungen, ihren Sachverstand und ihre Geschäftsverbindungen einzubringen sowie gleichzeitig für die nötige Berücksichtigung eigener Interessen zu sorgen. Die Versammlung bezeichnete bereits eine Anzahl von Delegierte für die kommende Organisation.

Am 01. Juli 1915 endlich schlossen sich nach entsprechenden Verhandlungen unter der Leitung des Preußischen Kriegsministeriums in Übereinstimmung mit den Beschlüssen der Vertreterversammlung der wirtschaftlichen Verbände der Baumwollindustrie vom 16. Juni 1915 die Vertrauensleute der einzelnen Spezialzweige „zu einer Vereinigung", dem Kriegsausschuß der Deutschen Baumwollindustrie mit dem Sitz in Berlin, zusammen. Es handelte sich dabei um einen nichtwirtschaftlichen Verein des bürgerlichen Rechts iSd § 21 BGB. Mangels Eintragung in das Vereinsregister besaß der Kriegsausschuß keine Rechtsfähigkeit[434].

---

[434] In anderen Satzungen war ausdrücklich hervorgehoben, daß sich die Vertreter des betroffenen Wirtschaftszweiges „zu einer Vereinigung *ohne* Rechtsfähigkeit" (Papiermacher-Ausschuß, Dachpappen-Ausschuß) zusammengeschlossen hatten. Nach dem Wortlaut des § 54 S. 1 BGB fanden auf den nichtrechtsfähigen Verein die Vorschriften über die Gesellschaft (§§ 705ff. BGB) Anwendung, obwohl in den Verhandlungen der II. Kommission anerkannt war, daß die Vorschriften des Gesellschaftsrechts auf nichtrechtsfähige Vereine teilweise wenig paßten. Auf diese Weise sollte bewirkt werden, daß „die Einsicht in die Notwendigkeit der Registrierung der Vereine sich immer mehr einbürgere." (P. II, 458, vgl. dazu RGK, § 54 Anm. 1 und Staudinger, § 54 Anm. A.9. und B.). Vereine mit politischen, sozialpolitischen oder religiösen Zwecken (insbesondere also auch die Gewerkschaften) sollten dazu angehalten werden, die Rechtsfähigkeit zu erwerben und sich so der Kontrolle der Verwaltungsbehörden zu unterwerfen. Körperschaftliche Strukturen wie die grds. Mitgliederunabhängigkeit, Mitgliederversammlungen, in den durch Mehrheitsbeschlüsse entschieden wurde oder die Möglichkeit der Bestellung Dritter zum Vorstand unterschieden sie allerdings weiterhin von den Personengesellschaften. Zur heutigen Rechtslage vgl. statt aller Reuter in Münchener Kommentar § 54 Rn 2, wonach für nichtwirtschaftliche Vereine die Verweisung des § 54 S.1 BGB allgemein als rechtspolitisch verfehlt angesehen wird (BGHZ 50, 325, 328). Vielmehr sei auf den nichtrechtsfähigen Idealverein Vereinsrecht anzuwenden, mit Ausnahme der Vorschriften, die gerade die Rechtsfähigkeit voraussetzen.

II. Der Unternehmensgegenstand des Kriegsausschusses der Deutschen Baumwollindustrie

Aufgabenkreis des neugeschaffenen industriellen Selbstverwaltungskörpers der Baumwollindustrie war es entsprechend der Gründungsmotivation, als ergänzende Organisation zwischen der Heeresverwaltung und den privaten Firmen der Baumwollbranche

„1. bei der Sicherstellung der für die Landesverteidigung für die Dauer des Krieges erforderlichen Bamwollerzeugnisse als freie Vertretung der gesamten Baumwollindustrie mitzuwirken, im besonderen einen Wirtschaftsplan für Baumwolle aufzustellen und durchführen zu helfen;

2. die Aufträge der Heeresverwaltung auf Lieferung von Baumwollerzeugnissen zu sammeln und bei deren planmäßiger Verteilung an die Industrie nach Maßgabe von Vereinbarungen, welche mit dem Kgl. Kriegsministerium getroffen worden sind, tätig zu werden.“[435] Ein wirtschaftlicher Geschäftsbetrieb des Vereins war in diesem Zusammenhang ausgeschlossen (§ 1 II).

Im Gegenzug dazu verpflichtete sich das Preußische Kriegsministerium, bei der Aufstellung des Wirtschaftsplanes für Baumwolle sowie bei allen künftigen Vergaben von Baumwollerzeugnissen sich der Mitwirkung des Kriegsausschusses zu bedienen und seinen nachgeordneten Stellen in diesem Sinne Anweisungen zu erteilen (§ 12 Nr.1). Darüber hinaus verpflichtete sich das Kriegsministerium im Grundsatz dazu, die Vergabe von Aufträgen an die einzelnen Werke nur nach den vom Kriegsausschuß ausgearbeiteten und vorgelegten Vorschlägen vorzunehmen, wobei die endgültige Entscheidung durch eine Kommission des Kriegsministeriums erfolgen sollte (§ 12 Nr. 2, 4). Der Ausschuß hatte demnach nicht nur die Pflicht zur Unterstützung der Heeresverwaltung bei der Baumwollbewirtschaftung, sondern als einzige Vertretungsorganisation dieser Branche auch das Recht dazu. Allerdings behielt sich das Preußische Kriegsministerium im Interesse einer schnellen Lieferung benötigter Gegenstände ausdrücklich vor, auch den Handel in angemessenem Umfang an den Lieferungen zu beteiligen (§ 12 Nr. 3).

Da er als Vermögensrechtssubjekt für die Wirtschaftsdurchführung nicht in Betracht kam, besaß der Kriegsausschuß kein eigenständiges Betriebskapital. Beiträge wurden von den Mitgliedern nicht erhoben (§ 8). Seine Ausgaben -

---

[435] § 1 I der Satzung. §§ ohne nähere Angaben beziehen sich im folgenden auf die Satzung des Kriegsausschusses (abgedruckt im Anhang). Bericht des Kriegsausschusses über die Aufgaben und den Geschäftsgang bei dem Kriegsausschuß der Dt. Baumwollindustrie vom 26. Juli 1916 an das Preußische Kriegsministerium (Kriegsrohstoffabteilung) (BA R 8727 Bd. 1 ohne Paginierung). Schreiben des Kriegsausschusses vom 28. August 1916 an das Kriegsministerium (BA R 8727 Bd. 1 ohne Paginierung). Einzelheiten über die Geschäftstätigkeit des Kriegsausschusses weiter unten (IV.1.). Allgemein zu den Aufgaben des Kriegsausschusses auch Plesch, Kriegswirtschaftliche Organisation, S. 137f., sowie Bruck, Kriegsausschuß, S. 285f.

Mietzinsen, Inventar, Gehälter, Spesen, nicht dagegen die Umsatzgeschäfte selbst - brachte der Ausschuß allein durch Verwaltungskostenbeiträge und Gebühren auf, die von denjenigen Firmen zu zahlen waren, die aufgrund der Vorschläge des Kriegsausschusses einen Heeresauftrag erhalten hatten (§ 11 II b). Ein evtl. Überschuß bei Auflösung der Organisation war an das Reich abzuführen.

III. Die Organe des Kriegsausschusses der Deutschen Baumwollindustrie

1. Das Plenum

Der Kriegsausschuß setzte sich zusammen aus den Vorständen und Vertretern der wichtigsten wirtschaftlichen Vereinigungen der Baumwollindustrie. Damit wurde zum ersten Mal eine zentrale Organisation für die verschiedenen Regionen und Produktionsstufen der uneinheitlichen deutschen Baumwollwirtschaft geschaffen. Insgesamt zählte der Kriegsausschuß 30 Mitglieder, die in der Gründungsversammlung vom 01. Juli 1915 vom Preußischen Kriegsministerium ernannt worden waren[436]. Spätere Aufnahmen in den Kriegsausschuß bedurften eines mit einfacher Mehrheit gefaßten Beschlusses der Mitgliederversammlung (§ 3 I). Der Austritt konnte jederzeit durch Erklärung gegenüber dem Vorstand erfolgen (§ 3 II). Streng zu trennen von der Zugehörigkeit zum Ausschuß war die Beteiligung der industriellen Werke an den zur Vergabe gelangten Heereslieferungen.

Zum Vorsitzenden des Ausschusses (vgl. § 4) wurde der Geheime Kommerzienrat Semlinger gewählt, der als Vorstandsmitglied der Mechanischen Spinnerei und Weberei in Bamberg sowie als Vorsitzender des „Arbeitsausschusses der deutschen Baumwollspinnerverbände" und des „Vereins Süddeutscher Baumwollindustrieller" besonders bedeutende Zweige der Baumwollindustrie vertrat. Zum 1. stellvertretenden Vorsitzenden wurde der Geheime Kommerzienrat Blank von der Allg. Deutschen Zanella-Konvention in Elberfeld und s.Zt. Handelskammerpräsident von Elberfeld gewählt. 2. stellvertretender Vorsitzender wurde der Landtagsabgeordnete und Vorsitzende der Vereinigung sächsischer Baumwollspinnereibesitzer sowie des sächsischen Industrieverbandes Kommerzienrat Clauß aus Flöha i.Sa. Insgesamt repräsentierten also der Vorsitzende und seine Stellvertreter die wichtigsten deutschen Industrieregionen (Süddeutschland, rheinisch-westfälischer Industriebezirk, Sachsen) und Industriezweige (Spinnereien, Webereien) auf dem Baumwollsektor.

[436] Mitgliederliste im Anhang (Vgl. auch Bruck, Kriegsausschuß, S. 288-291, mit näheren Angaben zu den von den Delegierten vertretenen Industriezweigen (Spinnereien, Webereien, Zwirnereien, Wirkereien u.a.) und Wirtschaftsregionen).

Nähere Bestimmungen über die wirksame Einberufung einer Mitgliederversammlung enthielt § 9. Beschlüsse wurden mit der Mehrheit der erschienenen Mitglieder gefaßt (§ 10 I S.1). Eine Stellvertretung bei der Ausübung des Stimmrechts war nicht zulässig (§ 9 S.4). § 10 I S.2 regelte die Möglichkeit der Beschlußfassung ohne Versammlung auf dem Wege schriftlicher oder telegraphischer Zustimmungserklärungen. Satzungsänderungsbeschlüsse oder ein Auflösungsbeschluß der Mitgliederversammlung erforderten eine Mehrheit von drei Viertel der erschienenen Mitglieder (§ 10 II).

In sämtlichen Plenarsitzungen des Kriegsausschusses mußte ein Kommissar des Preußischen Kriegsministeriums vertreten sein (§ 14 III). Ebenso waren zu denselben Vertreter des Reichsamts des Innern, des Kgl. Preußischen Handelsministeriums und der zuständigen Zivilministerien der größeren Bundesstaaten einzuladen. Ferner sollten der Kriegsausschuß der Deutschen Industrie und die Kriegszentrale des Hansabundes zu den Sitzungen unterstützend hinzugezogen werden. Darüber hinaus gewährte man aufgrund des besonderen Problems der Teil- bzw. Unterbeschäftigung in der Baumwollbranche den drei größten Organisationen der Arbeiterschaft, den freien, den christlichen und den Hirsch-Duncker´schen Gewerkschaften, Sitz und beratende Stimme im Kriegsausschuß.

2. Der „geschäftsführende Ausschuß“

Der geschäftsführende Ausschuß beim Kriegsausschuß der Deutschen Baumwollindustrie wurde eingerichtet, um die zahlreichen grundsätzlichen Fragen, die gerade in der ersten Zeit nach der Gründung des Kriegsausschusses anfielen, zu lösen, sowie die Plenarsitzungen und die Beschlußfassungen über die Verteilung der großen Vierteljahresaufträge vorzubereiten[437].

Er setzte sich aus sieben vom Plenum des Kriegsschusses aus dessen Mitte gewählten Personen zusammen, dem Geheimen Kommerzienrat Blank als Vorsitzenden (Elberfeld), Landtagsabgeordneter Kommerzienrat Clauß (Flöha in Sachsen), Fabrikbesitzer Rösch (Mühlheim an der Ruhr, Leiter des großen Deutschen Bundwebereiverbandes, nach Kriegsende Leiter der Reichswirtschaftsstelle für Baumwolle), Kommerzienrat Uebelen (Hannover, Hauptvertreter der Velvetindustrie), Dr. Dierig (Berlin, Vertreter der schlesischen Weberei), Direktor Mann (Ludwigshafen an der Ruhr, Vertreter der Wirkerei und Trikotagenindustrie, später Leiter des Kriegswirk- und Strickverbandes) und Geheimer Kommerzienrat Semlinger als Vorsitzender des Kriegsausschusses (s.o.). Wie im Plenum waren damit alle bedeutenden Industrieregionen und -sparten vertreten[438].

---

[437] Vgl. Niederschrift über die Sitzung des geschäftsführenden Ausschusses vom 16. Oktober 1916 (BA R 8727 Bd. 1 ohne Paginierung).

[438] Mitgliederliste des geschäftsführenden Ausschusses im Geschäftsbericht des Kriegsausschusses der Dt. Baumwollindustrie vom 01. Juli 1917, S. 9 (BA R 8727 Bd. 18 ohne Paginierung).

Die Aufgaben des geschäftsführenden Ausschusses wurden allmählich von der Geschäftsführung übernommen.

3. Die Geschäftsführung

Für die mit der Aufstellung des Wirtschaftsplanes verbundenen vorbereitenden Arbeiten, für die Sammlung der Heeresaufträge sowie für die Vorbereitung ihrer Verteilung sollte ein Geschäftsführer bestellt werden (§ 5 S.1). Er war berechtigt, für den Kriegsausschuß alle entsprechenden Rechtshandlungen vorzunehmen (§ 5 S.2). In dieses Amt wurde der Hofrat Dr. Büttner, Syndikus der Handelskammer Augsburg, gewählt. Zu seinem Stellvertreter ernannte man Direktor Behr, der Ende Februar 1919 seine Nachfolge antrat. Fünf weitere Bevollmächtigte unterstützten Hofrat Dr. Büttner bei seiner Tätigkeit[439].

Der Geschäftsführer mußte aufgrund der Funktion des Kriegsausschusses als Beratungsorgan der Heeresverwaltung in einem für die Kriegswirtschaft zentralen Bereich (Schießbaumwolle, Textilien) einerseits ein Vertrauensmann des Preußischen Kriegsministeriums sein. Nach Möglichkeit sollte er dazu nur dessen Weisungen gehorchen und nur dem Kriegsministerium verantwortlich sein. Dieses sicherzustellen war vor allem die Aufgabe der staatlichen Kommissare. Andererseits war der Kriegsausschuß auch als eine Art Interessenvertretung der Baumwollindustrie gegründet worden, dazu bestimmt, die Aufträge der Heeresverwaltung zu sammeln und an die Betriebe zu verteilen. Dementsprechend erwarteten die Vertreter der Privatindustrie, daß der Geschäftsführer für einen möglichst hohen und gleichmäßigen Beschäftigungsstand in den Betrieben sorgte, sowie die staatlichen Bewirtschaftungsmaßnahmen und Einschränkungen soweit wie möglich in Grenzen hielt. Aufgrund dieser gegenläufigen Interessenlagen kam dem Geschäftsführer des Kriegsausschusses faktisch eine Vermittlerrolle zwischen der Heeresverwaltung und der Privatindustrie zu[440].

---

[439] Die Abteilungschefs Direktor Herbert Speidel (Spinnstoffverwertungsstelle), Sigmund Ernst (Garnverwertungsstelle), Max Ruch (Betriebsstatistik und Auftragsbearbeitung), Richard Born (Personalien und Verbandsstoffe) und Friedrich Traub (Entschädigung). Die unterschiedlichen Aufgabenfelder sind näher unter IV. 1. a)-d). angesprochen.

[440] Näheres dazu bei Bruck, Kriegsausschuß, S. 286f. Die Zwitterrolle des Geschäftsführers veranlaßte Bruck sogar dazu, die Bezeichnung „Kriegsausschuß der Deutschen Baumwoll-Industrie" in Frage zu stellen und „wegen seiner (gemeint: die des Geschäftsführers, M.R.) eigenartigen Stellung" den Namen „Baumwoll-Kriegsausschuß" zu favorisieren. Der erste Name „drückt nicht genügend aus, daß der Ausschuß a l l e B a u m w o l l f r a g e n - also weit über die Industrieinteressen hinaus - zu lösen hatte."

4. Die staatlichen Kommissare

Die gesamte Tätigkeit des Kriegsausschusses unterlag der unmittelbaren Aufsicht des vom Preußischen Kriegsministerium für diese Organisation bestellten Kommissars, dem Rittmeister d. Res. Marckwald, zugleich Sektionsleiter der Kriegsrohstoffabteilung (W II), vgl. § 14 II. Er war zu sämtlichen Mitgliederversammlungen des Kriegsausschusses einzuladen (§ 14 III). Daneben sorgten Vertreter des Reichsschatzamtes in den Sitzungen für die Berücksichtigung ziviler Interessen[441]. Der als Selbstverwaltungskörper der Baumwollindustrie gedachte Kriegsausschuß unterstand also vollkommen der Aufsicht des Kriegsministeriums, das im Konfliktfall stets eine seinen Interessen entsprechende Entscheidung herbeiführen konnte und darüber hinaus sogar in grundsätzlichen, das Verhältnis zu den baumwollverarbeitenden Betrieben betreffenden Fragen als Schiedsinstanz in Betracht kam (vgl. § 14 I). Diese dominierende Stellung des Kriegsministeriums innerhalb des Kriegsausschusses wurde zum Ausgangspunkt für die zunehmende Umwandlung desselben in eine bloße abhängige wirtschaftliche Hilfsorganisation der Heeresverwaltung mit Beratungs-, Verwaltungs- und Ausführungsfunktionen.

IV. Der äußere Geschäftsbetrieb und die innere Organisation des Kriegsausschusses der Deutschen Baumwollindustrie

1. Der äußere Geschäftsbetrieb[442]

Die Tätigkeit des Kriegsausschusses zerfällt im wesentlichen in zwei Abschnitte:

In der ersten Zeit, in der noch kein grundlegender Mangel an Baumwolle herrschte und demnach noch nicht umfangreich mit Ersatzstoffen gearbeitet werden mußte, kam es vornehmlich darauf an, die Heeresaufträge auf die geeigneten Industriebetriebe anteilig zu verteilen. Nur so konnte der Forderung der Baumwollwirtschaft nach einem möglichst gleichen Beschäftigungsgrad entsprochen werden.

Im zweiten Abschnitt zwangen dagegen die zunehmenden Versorgungsschwierigkeiten dazu, sich auf die wenigen Betriebe zu konzentrieren, die in der Lage waren, sich auf die Mitverarbeitung von Abfallmaterial umzustellen. Alle

---

[441] Geh. Regierungsrat Lueck und Militär-Intendantur-Rat Walther.

[442] Vgl. dazu den Bericht über den Geschäftsgang bei dem Kriegsausschuß der Deutschen Baumwollindustrie vom 26. Juli 1916 an das Preußische Kriegsministerium (BA R 8727 Bd. 1 ohne Paginierung). Die Tätigkeit der erst später errichteten Spinnstoffverwertungsstelle ist darin allerdings noch nicht genannt. Ebenso Goebel, Kriegserfahrungen im Spinnstoffgewerbe.

übrigen Unternehmen konnten bei der Rohstoffvergabe fortan nicht mehr berücksichtigt werden. Zeitlich fiel dieser zweite Abschnitt mit dem Erlaß des Hilfsdienstgesetzes im November 1916 zusammen, dem dann auch die großen Still- und Zusammenlegungsaktionen folgten. Im Unterschied zu Kriegsgesellschaften anderer Branchen stand beim Kriegsausschuß der Deutschen Baumwollindustrie also zunächst nicht ein Beschaffungsproblem, sondern ein Verteilungs- und Beschäftigungsproblem im Vordergrund, und zwar bezogen auf die Verteilung der begrenzten Heeresaufträge und der dazu benötigten Rohstoffe an die zahlreichen baumwollverarbeitenden Betriebe.

Neben dem Rohstoff Baumwolle selbst umfaßte die Geschäftstätigkeit des Kriegsausschusses später auch erste Verarbeitungsprodukte wie die Baumwollgarne, die Spinnstoffe und sogar Verbandsstoffe.

a) *Die Bewirtschaftung der Baumwolle*

Die Bewirtschaftung der Baumwolle erforderte die Aufstellung und Durchführung eines entsprechenden Wirtschaftsplanes. Konkret mußte dazu der Kriegsausschuß die Rohstoffbestandsmeldungen bearbeiten, den militärischen Bedarf an Baumwollerzeugnissen feststellen und die entsprechenden Heeresaufträge sammeln, Vorschläge für dessen Verteilung ausarbeiten und schließlich die endgültige Auftragsvergabe vorbereiten. Letztere erfolgte dann allerdings durch eine Kommission des Preußischen Kriegsministeriums.

Die Grundlage für die Aufstellung des Wirtschaftsplanes bildeten die im Auftrag des Preußischen Kriegsministeriums vom Kriegsausschuß durchgeführten Bestandsaufnahmen von Rohbaumwolle und Baumwollerzeugnissen (§ 6 S.1)[443]. Zu Beginn jeden Monats hatten dazu alle Personen, die Rohbaumwolle, Baumwollabfälle oder -garne etc. in Gewahrsam hatten, dem Webstoffmeldeamt der Kriegsrohstoffabteilung mittels eines vorgeschriebenen Fragebogens ihre Vorräte zu melden. Diese Meldungen wurden dann vom Webstoffmeldeamt dem Kriegsausschuß zugeleitet und dort von dessen statistischer Abteilung bearbeitet und zusammengestellt. Damit ergab sich ein genaues Bild über die verfügbaren Bestände an Rohbaumwolle, Baumwollabfällen, Kunstbaumwolle, Garne, Zwirne und deren Abfälle. Der Kriegsausschuß reichte diese Zusammenstellungen dann weiter an die Kriegsrohstoffabteilung, Sektion W II., wo sie als Unterlagen zur Aufstellung bzw. Fortführung des Wirtschaftsplanes dienten. Gleichzeitig bildeten sie die Grundlage für die Vorschläge auf Verteilung der Heeresaufträge. Zur Unterstützung bei dieser Tätigkeit, insbesondere bei der Entscheidung über grundsätzliche, die Bestandsaufnahme betreffenden Fragen wurde dem Geschäftsführer ein vom Preußischen Kriegsministerium ernannter Beirat beigeordnet, der aus je

---

[443] Die erste derartige Bestandsaufnahme der Baumwollvorräte in Deutschland war bereits am 16. Mai 1915 erfolgt.

drei Vertretern des Kriegsausschusses und des Baumwolltücherhandels bestand (vgl. § 6 S.2).

Wesentlich schwieriger gestaltete sich dagegen die Feststellung des militärischen Bedarfs in Baumwollerzeugnissen. Zum einen hing der Gesamtbedarf von Intensität und Dauer des Feldzuges überhaupt ab. Aber auch bereits der Bedarf für eine bestimmte Zeitspanne wies erhebliche Schwankungen je nach dem Umfang der Bestände in den militärischen Magazinen, dem Ort und der Art der jeweiligen Kriegführung, der Jahreszeit sowie der Witterungsverhältnisse und schließlich dem Auftreten besonderer Bedürfnisse auf. Der so aufzustellende Wirtschaftsplan bereitete demnach erhebliche Schwierigkeiten und beinhaltete zwangsläufig noch zahlreiche Unsicherheitsmomente. Der jährliche Garnbedarf des Heeres wurde im Durchschnitt auf ca. 40 Mio. kg geschätzt.

Aufgrund der erheblichen Eingriffe in die Baumwollindustrie (Beschlagnahmungen, Verfügungs- und Verarbeitungsverbote etc.) und der einseitigen Ausrichtung auf den Heeresbedarf sank die Beschäftigung für den Zivilbedarf in der Branche beträchtlich ab. Unterbeschäftigung und Stillegungen waren die zwangsläufige Folge. Eine der Hauptaufgaben des Kriegsausschusses als der Interessenvertretung der Baumwollindustrie mußte es demnach sein, für eine gleichmäßige Verteilung der Heeresaufträge an alle geeigneten Werke zu sorgen. Zu diesem Zweck mußten Richtlinien erarbeitet werden, nach welchen die Leistungsfähigkeit der einzelnen Werke ermittelt werden konnte, die die anteilsmäßige Vergabe der Aufträge an die Industrie sowie die Voraussetzungen und die Reihenfolge der Zuteilung festlegten und welche die Grundlagen für die Preisbemessung bestimmten (vgl. § 13). Die Feststellung dieser Grundsätze oblag dabei dem Plenum des Kriegsausschusses nach Rücksprache mit dem Preußischen Kriegsministerium[444]. Dabei orientierte sich die Größe der Zuteilungsmenge im wesentlichen an der Zahl der geeigneten Maschinen (insbesondere der Webstühle) unter Berücksichtigung der Dringlichkeit des Bedürfnisses des Unternehmens nach Arbeit, also dem jeweiligen Beschäftigungsstand[445].

Die Vergabe erfolgte ausschließlich an die dem Kriegsausschuß angeschlossenen Betriebe des Baumwollgewerbes. Zu diesem Zweck führte er statutenmäßig ein entsprechendes Kataster (§ 11 I). Die Aufnahme in das Kataster erfolgte aufgrund eines Vertrages des einzelnen Betriebes mit dem Ausschuß. Darin verpflichtete sich der Unternehmer,

„a) alle für eine planmäßige Verteilung der Aufträge erforderlichen Angaben, insbesondere über die Art und Zahl seiner Maschinen, über die Zahl und Be-

---

[444] „Grundsätze für Vorschläge zur Verteilung von Heeresaufträgen vom 12. August 1915", abgedruckt bei Bruck, Kriegsausschuß, S. 232ff.

[445] Vgl. § 5 der Richtlinien, wonach „für die Besetzung der einzelnen Unternehmungen mit Heeresaufträgen (...) als leitender Grundsatz (galt), daß dieselbe nach der Dringlichkeit des Bedürfnisses nach Fortbeschäftigung der Arbeiter zu erfolgen hat." Ergänzend wurde vor allem in den §§ 4, 6, 7 IV auf die Arbeitsmaschinen abgestellt.

schäftigung seiner Arbeiter, über Menge und Beschaffenheit seiner bisherigen Erzeugnisse, über Bestand und Beschaffenheit seiner Vorräte und Aufträge zu machen;

b) zur Deckung der Kosten und Ausgaben, welche zur Durchführung der Aufgaben des Kriegsausschusses erforderlich sind, nach Grundsätzen, zu deren Aufstellung der Kriegsausschuß befugt ist, Verwaltungskostenbeiträge zu leisten;

c) die ihm durch den Kriegsausschuß vermittelten Aufträge ausschließlich selbst auszuführen und sich bei der Übernahme und Ausführung den Bedingungen der vergebenden Stellen zu unterwerfen."[446]

Faktisch bestand ein mittelbarer Zwang zur Katastrierung, da man nur so an die zur Fortführung des Unternehmens notwendigen Heeresaufträge und Rohmaterialien kam. Infolgedessen war praktisch die gesamte Baumwoll-, Web-, Wirk- und Strickindustrie an den Ausschuß angeschlossen[447]. Unberücksichtigt blieben dagegen Unternehmen der Woll- und Halbwollindustrie. Der Kriegsausschuß hatte allen dem Baumwollgewerbe angehörenden Betrieben Gelegenheit zu geben, die Aufnahme in das Verzeichnis zu beantragen und durfte eine Aufnahme nur ablehnen, wenn von dem antragstellenden Betrieb die vorstehenden Verpflichtungen nicht übernommen werden wollten (§ 11 III). Die Aufnahme in das Kataster war streng von der eigentlichen Mitgliedschaft im Kriegsausschuß zu trennen.

Nach den in jedem Einzelfall anzufertigenden Betriebsberichten und -statistiken wurde bei jedem zu vergebenden Auftrag eine Hauptliste derjenigen Betriebe angefertigt, welche für die Vergabe in erster Linie in Betracht kamen. Darüber hinaus war für den Fall, daß eine oder mehrere beim Angebot ausfallen sollten, noch eine Anzahl „Ersatzfirmen" zu benennen. War nun der Verteilungsplan in der so geschilderten Weise aufgestellt, so erfolgte die Aufforderung zur Abgabe von Angeboten an die zu beteiligenden Firmen unter Bekanntgabe der beschaffenden militärischen Stelle, der Lieferungsmenge und -bedingungen sowie der Beschaffenheit der Ware[448]. Nach Ablauf des Angebotstermins wurden die auf vorgeschriebenen Vordrucken eingereichten Angebote nebst der Vorschlagsliste an die Zentralbeschaffungsstellen des Kriegsministeriums weitergegeben.

---

[446] § 11 II a)-c).

[447] Rund 262.000 auf Baumwolle laufende Webstühle, 3.150 Posamentenstühle, 8.000 Band- und 16.000 Handwebstühle waren in das Betriebskataster des Kriegsausschusses eingetragen, so daß der Kriegsausschuß faktisch einem Zwangskollektiv sämtlicher Baumwollwebereien gleichkam. Bis zur Gründung des Kriegs-Wirk- und Strickverbandes im Frühjahr 1916 waren noch die Wirkereien (mit 60.000 Mailleusen) und Strickereien (mit 5.000 Strickmaschinen) dem Kriegsausschuß angegliedert.

[448] Breite, Gewicht, Bindung, Garnnummer und -einstellung in Kette und Schuß, Farbe und Ausrüstung, vgl. § 11 I der Grundsätze für Vorschläge zur Verteilung von Heeresaufträgen vom 12. August 1915.

Diese konnten daraufhin bei Bedarf entsprechende Muster von den Betrieben anfordern.

Die endgültige Auftragsvergabe an die baumwollverarbeitenden Betriebe erfolgte im Anschluß daran durch das Preußische Kriegsministerium. Dabei bediente sich das Kriegsministerium der Unterstützung einer besonderen Kommission, in welcher außer eigenen Vertretern Kommissare des Reichsamts des Innern und des Kgl. Preußischen Handelsministeriums sowie drei Mitglieder des Kriegsausschusses der Deutschen Baumwollindustrie und dessen Geschäftsführer, ferner drei vom Preußischen Kriegsministerium ernannte Vertreter des Baumwolltücherhandels vertreten waren (vgl. § 12 Nr. 4). In der Praxis orientierte sich diese Kommission vollkommen an den Vorschlägen des Kriegsausschusses, so daß dieser faktisch selbständig wirtschaften konnte. Dennoch blieb dem Kriegsministerium jederzeit die Möglichkeit, im staatlichen Interesse Einfluß auf die Entscheidung ihrer Kommission auszuüben. Darüber hinaus behielt sich das Kriegsministerium ausdrücklich die Prüfung und beim Vorliegen wichtiger Gründe auch die Abänderung der Vorschläge des Kriegsausschusses - insbesondere aufgrund von wiederholter Unzuverlässigkeit eines Unternehmers[449] - vor. Einzig fehlte ihm die Befugnis, größere Mengen zuzuteilen als vom Kriegsausschuß vorgeschlagen. Das Selbstverwaltungsrecht der Baumwollindustrie und das Interesse der Betriebe an einer gleichmäßigen Verteilung der Beschäftigung hatten insoweit Vorrang.

Faktisch umfaßte das Betätigungsfeld des Kriegsausschusses also neben der bloßen Ausarbeitung von Vorschlägen für die Zuteilung der Aufträge und der damit verbundenen Vorbereitungstätigkeit (§ 12 Nr.2) auch eine gewisse Mitwirkung bei der Auftragsvergabe selbst (vgl. § 12 Nr. 4). Auf diese Weise konnte er beispielsweise vom 01. März 1917 bis 28. September 1918 im Deutschen Reich immerhin noch für einen durchschnittlichen Beschäftigungsgrad von 39,2% sorgen. Preußen erreichte mit 54,0% sogar einen überdurchschnittlich hohen Beschäftigungsgrad[450].

b) Die Bewirtschaftung der Baumwollgarne[451]

Die Beschaffung der für die Ausführung der Heeresaufträge erforderlichen Baumwollgarne war ursprünglich noch den einzelnen Betrieben selbst überlassen geblieben. Die zunächst angeordneten kriegswirtschaftlichen Maßnahmen auf

---

[449] So ausdrücklich § 10 der Grundsätze für Vorschläge zur Verteilung von Heeresaufträgen vom 12. August 1915.

[450] Zahlen bei Bruck, Kriegsausschuß, S. 65.

[451] Vgl. dazu den Bericht über den Geschäftsgang beim Kriegsausschuß vom 26. Juli 1916 (Punkt III, BA R 8727 Bd. 1 ohne Paginierung), die Darstellung der Einrichtung und des Betriebes der Garnverwertungsstelle beim Kriegsausschuß vom Juni 1916 (BA R 8727 Bd. 2 ohne Paginierung) und den Bericht über die Kriegsbaumwollwirtschaft, S. 35-41. Näheres auch bei Bruck, Kriegsausschuß, S. 69ff., 295.

dem Baumwollsektor beschränkten sich auf erste Web- und Spinnverbote sowie Beschlagnahmungen von Linters, Lumpen, Stoffabfällen, Baumwolle, Baumwollabgängen und Baumwollgespinste sowie fertige Web-, Wirk- und Strickwaren[452]. Erst durch das umfassende Spinn- und Webverbot vom 01. April 1916[453] wurden auch die bisher verwendungsfrei gebliebenen baumwollhaltigen Garne und Zwirne beschlagnahmt. Von nun an mußten sich die Weber, die von dem Kriegsausschuß (besser: der Kriegsrohstoffabteilung) einen Heeresauftrag erhalten hatten, auch hinsichtlich der benötigten Garne an den Kriegsausschuß wenden. Dessen Arbeitsgebiet hatte durch das Spinn- und Webverbot vom 01. April also eine erhebliche Erweiterung erfahren. Im Interesse einer möglichst zweckmäßigen und effektiven Bewirtschaftung der in der Privatindustrie beschlagnahmten und der in Bremen lagernden reichseigenen Bestände wurde deshalb ebenfalls am 01. April 1916 eine besondere Abteilung beim Kriegsausschuß der Deutschen Baumwollindustrie, die Garnverwertungsstelle (G.V.St.), eingerichtet. Damit gestaltete sich die Bewirtschaftung der Baumwollgarne nun folgendermaßen:

Die Abteilung Auftragsbearbeitung des Kriegsausschusses hatte zunächst die Garnanforderungen jedes einzelnen Auftrags auf das schärfste nachzuprüfen und jede Verschwendung zu vermeiden. Sodann hatte sie den für eine Vergabe notwendigen Gesamtgarnbedarf festzustellen und an die Garnverwertungsstelle weiterzuleiten. In erster Linie sollten bei der Ausführung der Aufträge die bei jeder Firma vorhandenen geeigneten Garnvorräte verwendet werden. Lediglich die fehlende Garnmenge wurde von der Garnverwertungsstelle durch Belegschein aus den reichseigenen Beutebeständen der Heeresverwaltung oder aus den beschlag-

---

[452] So etwa das 1. Webverbot vom Juni 1915 (abgedruckt bei Bruck, Kriegsausschuß, S. 228ff.), die „Bekanntmachung betreffend Veräußerung, Verarbeitung und Beschlagnahme von Baumwolle, Baumwollabgängen und Baumwollgespinsten vom 14.08.1915" (abgedruckt bei Bruck, Kriegsausschuß, S. 236ff.) und die Spinnverbote vom 14.08.1915 und vom 07.12.1915 sowie die Bekanntmachung über die Beschlagnahme der fertigen Web-, Wirk- und Strickwaren zwecks Sicherstellung des Heeres- und Zivilbedarfs und der Verhütung von Preistreibereien vom 01.02.1916. Die Beschlagnahme von Linters, Lumpen und Stoffabfällen wurde bereits oben angesprochen (Fn 420).

[453] Abgedruckt - wie auch die entsprechenden Erläuterungen hierzu - bei Bruck, Kriegsausschuß, S. 239ff. und 244ff. Durch das Spinn- und Webverbot vom 1. April 1916 wurden alle vorangegangenen Verbote aufgehoben (§ 1 II Nr. 1-3) und erstmals einheitlich die vollständige Beschlagnahme der Baumwolle, Linters, Baumwollabgänge und -abfälle und der Kunstbaumwolle aus gerissenen Fäden, sowie der Garne, Zwirne und deren Abfälle angeordnet (§§ 2, 3). Gleichzeitig wurde ein Verbot jeglicher Veräußerung, Verarbeitung und Veränderung der beschlagnahmten Spinnstoffe und Garne ausgesprochen (§§ 4ff.) sowie Höchstpreise festgesetzt (§ 10) und weitere Meldepflichten und Bestandserhebungen angeordnet (§ 11). Faktisch kam durch diese Maßnahme der freie Handel vollständig zum erliegen. Erste Verschärfungen des Spinn- und Webverbots erfolgten bereits am 01. Oktober 1916 (Verbot jeglichen Vorratsspinnens).

nahmten Beständen in Privathand an die betreffende Weberei überwiesen[454]. Zur völligen Erfassung und Verwaltung dieser Garnbestände bedurfte es erheblicher statistischer und verwaltungstechnischer Vorarbeiten (monatliche Bestandsmeldungen an das Webstoffmeldeamt, Betriebskarteien, Kontrollen). Soweit es der Wirtschaftsplan für Baumwolle zuließ, konnte auch ein gewisser Teil der erforderlichen Garne neu gesponnen werden. Ein eigens bei der Garnverwertungsstelle eingesetzter Kommissar des Preußischen Kriegsministeriums, der Major D. L. Kommerzienrat Frommel, sorgte für die nötige Kontrolle und Überwachung der Tätigkeit der Garnverwertungsstelle und sicherte im Konfliktfall dem Preußischen Kriegsministerium das Verfügungsrecht über die gesamten Garnbestände.

c) *Die Bewirtschaftung der Spinnstoffe*[455]

Angesichts zunehmender Rohstoffknappheit sah sich die Heeresverwaltung vom Frühjahr 1916 an gezwungen, verstärkt auf die Rohstoffstreckung zu setzen und folglich der Herstellung von Garnen unter Beimischung von Kunstbaumwolle und Baumwollabfällen mit einem möglichst geringen Prozentsatz von Rohbaumwolle erhöhte Aufmerksamkeit zu schenken. Es galt, die bereits laufenden Mischversuche als Mittel der Streckung der Baumwoll- und Baumwollgarnvorräte systematisch einzuführen und nutzbar zu machen. Zu diesem Zweck trat das Preußische Kriegsministerium erstmals im Mai 1916 an die Baumwollspinnereien mit entsprechenden Forderungen heran und bestimmte gegen den Widerstand der Betroffenen, daß nur diejenigen Spinnereien mit Aufträgen besetzt bzw. zum Vorratsspinnen zugelassen werden sollten, welche aus den minderwertigsten Spinnstoffen mit dem kleinsten Abfall das verhältnismäßig beste Garn herzustellen in der Lage waren[456]. Die Vorbereitung der Auftragsvergabe sowie der geschäftliche Kontakt zu den Spinnereien sollte wiederum vom Kriegsausschuß der Deutschen Baumwollindustrie übernommen werden. Unvermeidliche Nebenfolge dieser Maßnahme mußte allerdings die ungleichmäßige Auftrags- und damit Beschäftigungsverteilung auf diejenigen Betriebe sein, die technisch überhaupt in der Lage waren, brauchbare Mischgarne herzustellen.

Zur Bewältigung dieses neuen Arbeitsgebiets errichtete der Kriegsausschuß nach dem Vorbild der Garnverwertungsstelle Anfang September 1916 im Einvernehmen mit der Kriegsrohstoffabteilung die Spinnstoffverwertungsstelle (S.V.St.). Konkret hatte diese nach vom Kriegsministerium aufgestellten allgemeinen

---

[454] Sofern die Garnverwertungsstelle ausnahmsweise Garnzuweisungen für von der Kriegsrohstoffabteilung genehmigten Privatbedarf vornahm, traten an die Stelle der Belegscheine die Freigabescheine.

[455] Vgl. den Bericht über die Kriegsbaumwollwirtschaft, S. 38-41. Näheres auch bei Bruck, Kriegsausschuß, S. 76ff.

[456] So auch Satz 9 der „Grundlinien für die Errichtung und Tätigkeit einer „Spinnstoff-Verwertungsstelle" vom 24. August 1916 (BA R 8727 Bd. 1 ohne Paginierung).

Grundsätzen die Anfertigung der Garne für Heeres- und kriegswirtschaftliche Zwecke zu überwachen, für die zweckmäßige Verwertung und für die rechtzeitige Zuweisung der gesamten beschlagnahmten, in Privatbesitz befindlichen Bestände an Rohbaumwolle, Abfällen, Kunstbaumwolle und Linters, sowie der bei der Bremer Baumwollabrechnungsstelle lagernden Bestände der Heeresverwaltung an diesen Spinnstoffen an die Spinnereien Sorge zu tragen und Anweisungen über die Herstellung der benötigten Garnsorten und die hierfür zuzulassenden Spinnstoffmischungen zu geben[457]. Der Kommissar des Preußischen Kriegsministeriums bei der Garnverwertungsstelle übernahm aus Gründen der Vereinheitlichung des Betriebes zugleich dieselbe Funktion bei der neu errichteten Spinnstoffverwertungsstelle[458].

Zusammenfassend läßt sich also auf dem Gebiet der Baumwollbewirtschaftung durch den Kriegsausschuß der Deutschen Baumwollindustrie im Jahre 1916 folgende Entwicklung beobachten. Mit der Errichtung der Garnverwertungsstelle im April wurde das Vergabeverfahren zum ersten Mal um einen wesentlichen Punkt erweitert. Es beschränkte sich nicht mehr nur auf die Zuteilung von Webaufträgen durch die Heeresverwaltung nach entsprechender Vorbereitungstätigkeit des Kriegsausschusses, sondern umfaßte zusätzlich noch die Vergabe der dazu erforderlichen Garnmengen. Die Reglementierung begann damit bereits in den Webereien. Ein weiteres Mal wurde das Vergabeverfahren dann im September durch die Errichtung der Spinnstoffverwertungsstelle ergänzt. Nunmehr kam zu den Webaufträgen und den dazu benötigten Garnfreigaben noch die Erteilung von Spinnerlaubnissen zwecks Herstellung der Garne durch die Heeresverwaltung hinzu. Damit waren endlich auch die Spinnereien in das Bewirtschaftungskonzept einbezogen. Die planmäßige Bewirtschaftung auf dem Textilsektor dehnte sich mit anderen Worten auf immer weitere Arbeitsschritte und Produktionsstufen aus, bis schließlich gegen Ende des Jahres 1916 praktisch die gesamte deutsche Spinnerei- und Webereiindustrie unter zentraler staatlicher Leitung und Kontrolle stand[459].

Durch diese Entwicklung wurde das Vergabeverfahren zwangsläufig komplizierter und schwerfälliger. Darüber hinaus mußte aufgrund der erforderlichen

---

457 Vgl. im einzelnen Satz 1 (Ausarbeitung entsprechender Verwendungs- und Verfügungsvorschläge), Satz 2 und 3 (Vorbereitung der Vergabe von Aufträgen zur Herstellung von Garnen, inkl. der dazu erforderlichen Betriebserfassungen und -statistiken sowie Bestandserhebungen), Satz 6 und 7 (Ausarbeitung der Spinnpläne), Satz 5 (Zusammenstellung und Anordnung der Mischungen) und Satz 10 (Überprüfung der Spinnversuche, Überwachung und Kontrolle) der Grundsätze.

458 Satz 4 der Grundsätze. Ihm oblag auch hier die Prüfung der Vorschläge der Spinnstoffverwertungsstelle und im Konfliktfall die endgültige Entscheidung im staatlichen Interesse.

459 Für die Wirkerei- und Strickereiindustrie, die ursprünglich ebenso an den Kriegsausschuß angeschlossen war, war bereits im Frühjahr 1916 im Kriegswirk- und Strickverband eine eigenständige Organisation geschaffen worden.

Spezialisierungen (insbesondere bei den Spinnereien[460]) der Grundsatz der gleichmäßigen Beschäftigung aller Betriebe trotz der damit verbunden Härten für die Beschäftigten fallen gelassen werden. Es folgten die großen Still- und Zusammenlegungsaktionen in der Textilbranche und die Konzentration auf wenige Hochleistungsbetriebe. Zeitlich fiel dieser Umbruch mit dem Hindenburg-Programm, der Errichtung des Kriegsamts und dem Gesetz über den vaterländischen Hilfsdienst im Herbst/Winter 1916 zusammen.

d) Weitere Tätigkeitsbereiche

Neben der Bewirtschaftung von Baumwolle, Baumwollgarnen und Spinnstoffen erstreckte sich der Geschäftsbetrieb des Kriegsausschusses noch auf folgende Tätigkeitsfelder:

Zum einen oblag ihm vor dem Hintergrund des enormen Frontbedarfs auf Veranlassung der militärischen Stellen die Bearbeitung und Vorbereitung der Vergabe von Sandsackaufträgen. Aus beschäftigungspolitischen Gründen wurden dabei in größerem Umfang die notleidenden Handweber herangezogen. Im Interesse eines möglichst unkomplizierten und schnellen Geschäftsverkehrs bediente sich der Kriegsausschuß dabei der Mithilfe der neugeschaffenen Handweberverbände.

Ferner hatte der Kriegsausschuß nach vom Preußischen Kriegsministerium aufgestellten allgemeinen Grundsätzen die planmäßige Verteilung der Heeresaufträge in Verbandsstoffen sowie der für den Privatbedarf und die Krankenanstalten freigegebenen Mengen an Verbandsstoffen an die Verbandmittelhersteller vorzunehmen[461]. Auch hierbei bediente sich der Kriegsausschuß der Unterstützung einer speziellen Vertreterorganisation der Industrie, dem Arbeitsausschuß der Verbandmittelhersteller. Wie schon die Handweberverbände hatte dieser Arbeitsausschuß vor allem die Aufgabe, dem Kriegsausschuß der Deutschen Baumwollindustrie zuzuarbeiten, indem er durch Umfragen Art, Umfang und Erzeugung der einzelnen Betriebe ermittelte und bei der weiteren Vorbereitungstätigkeit seitens des Kriegsausschusses für eine möglichst gleichmäßige Beschäftigung der Betriebe sorgte.

Schließlich war der Kriegsausschuß als der industrielle Selbstverwaltungskörper auf dem Gebiet der Baumwollwirtschaft nach den Konzentrationsbestrebungen in der Kriegswirtschaft im Herbst/Winter 1916 verpflichtet, den von den Höchstleistungsbetrieben an die nicht mit Heeresaufträgen versorgten Unternehmen zu leistenden Geldausgleich (die sog. Stillegungsentschädigungen) zu errechnen, zu verwalten und auszuschütten. Zuständig hierfür war der „Verwal-

---

[460] Die Vielfalt und Vielzahl der Spinnereien (insbesondere die Dreizylinder-, Zweizylinder- und Vigognespinnereien) ist näher dargestellt bei Bruck, Kriegsausschuß, S. 77ff.

[461] Näheres dazu bei Bruck, Kriegsausschuß, S. 66ff., und im Bericht, S. 34f.

tungsrat für die Durchführung der Entschädigungen in der Baumwollspinnerei und -weberei"[462].

Mit zunehmender Rohstoffverknappung befaßte sich der Kriegsausschuß darüber hinaus mit der Beschaffung von Ersatzstoffen und mit Streckungsmaßnahmen[463].

e) Bilanz der Geschäftstätigkeit

Der Kriegsausschuß der Deutschen Baumwollindustrie beschränkte sich im Rahmen seiner Geschäftstätigkeit auf die Vorbereitung und Durchführung der Auftragsvergabe. Die eigentliche Beschaffung der Rohmaterialien bzw. die sich an die Verteilung anschließende Produktion von Baumwollfabrikaten überließ er dagegen anderen Kriegswirtschaftsorganisationen und staatlichen Stellen unter der Aufsicht der Kriegsrohstoffabteilung (W II) bzw. den angeschlossenen baumwollverarbeitenden Betrieben. Dieser Umstand muß bei der Aufstellung einer Gesamtbilanz seiner Geschäftstätigkeit berücksichtigt werden.

Während der 3 ¾ Jahre Tätigkeit vom Juli 1915 bis zum März 1919 gelang es dem Kriegsausschuß beispielsweise, insgesamt Aufträge über mehr als 128 Mio. Meter rohweiße und farbige Baumwollköper, 101.250.000 Meter Sandsackstoff, nahezu 30 Mio. Meter Zeltstoff, 189.839.512 Meter Mull und Gaze etc., zusammen 528.222.147 Meter Stoffe sowie u.a. über 18 Mio. Köper-, Flanell- und Trikothemden, nahezu 8 Mio. Trikothosen, 34 Mio. Putz- und Scheuertücher, 10 Mio. Sandsäcke und 416.668.441 Meter Bänder, Litzen und Gurte an die Industrie zu verteilen[464]. Damit trug der Kriegsausschuß gemeinsam mit der Baumwollbedarfsprüfungsstelle, der Baumwoll-Abrechnungsstelle, der Baumwollimportgesellschaft mbH sowie der Deutsch-Orientalischen Handelsgesellschaft und der AG zur Verwertung von Stoffabfällen, wesentlich zum Erfolg der Kriegswirtschaft auf dem Baumwoll- und Textilsektor bei.

2. Die innere Organisation

Intern gliederte sich der Kriegsausschuß in insgesamt sieben Abteilungen[465].

---

[462] Näheres zum Entschädigungssystem bei Bruck, Kriegsausschuß, S. 97ff. Mitgliederliste des Verwaltungsrats ebd. S. 291f. und im Geschäftsbericht des Kriegsausschusses der Dt. Baumwollindustrie, S. 11 (BA R 8727 Bd. 18 ohne Paginierung).

[463] Typische Ersatz- und Streckstoffe waren die anderen Faserstoffe, insbesondere Wolle, Flachs und Hanf, die allerdings ebenso wie die Baumwolle nur begrenzt zur Verfügung standen. Daneben wurden vereinzelt Papiergarne und Brennessel als Baumwollsurrogate herangezogen und bearbeitet. Näheres dazu im Bericht, S. 25f.

[464] Zahlen sowie weitere Einzelheiten bei Bruck, Kriegsausschuß, S. 270-272.

[465] Schreiben des Kriegsausschusses an das Preußische Kriegsministerium über die Organisation des Kriegsausschusses vom 09. August 1916 (BA R 8727 Bd. 1 ohne Paginierung);

Von zentraler Bedeutung war die allgemeine Abteilung (A). Sie bearbeitete sämtliche grundsätzlichen und den Wirtschaftsplan betreffenden Fragen der Kriegsbaumwollwirtschaft. Dazu hatte sie vor allem den nötigen Schriftverkehr zu bearbeiten, die betrieblichen Erhebungen durchzuführen, Gutachten für das Kriegsamt zu erstellen und Auskünfte an die Industrie zu erteilen. Darüber hinaus war der Abteilung A die Kassenverwaltung und die Hauptbuchhaltung angegliedert. Ihr Zuständigkeitsbereich erstreckte sich auch auf sämtliche Personalangelegenheiten.

Die Abteilung Betriebsstatistik und Vergabe von Heeresaufträgen (BST) führte eine allg. Statistik über die Betriebsverhältnisse und Beschäftigung der dem Kriegsausschuß angeschlossenen Betriebe des Baumwollgewerbes und bearbeitete die von der Baumwollbedarfsprüfungsstelle der Kriegsrohstoffabteilung übersandten Bedarfsmeldungen. Sie stellte die Verteilungspläne für die Vergabe der Heeresaufträge an die baumwollverarbeitenden Betriebe nach Maßgabe der von der Kriegsrohstoffabteilung aufgestellten Grundsätze[466] auf und überreichte sie den beschaffenden militärischen Stellen zur endgültigen Entscheidung. Sodann führte sie die eigentliche Verteilung durch.

Die Verteilung der Aufträge auf Verbandmittel für Heer und Marine an die Ausrüster sowie die Bearbeitung der Anträge auf Freigabe von Verbandmitteln für den Privatbedarf und den Bedarf der Krankenanstalten erfolgte durch die Abteilung des Arbeitsausschusses der Verbandmittelhersteller (AVH).

Der Abteilung Bestandsaufnahme (BA) oblag die Bearbeitung der Meldescheine und die Weiterreichung der Zusammenstellung an die Sektion W II der Kriegsrohstoffabteilung. Sie lieferte die Grundlagen für die Aufstellung bzw. Fortführung und Nachprüfung des Wirtschaftsplanes für Baumwolle und Baumwollgarne.

Entschädigungsfragen, insbesondere nach den Still- und Zusammenlegungen aufgrund des Hilfsdienstgesetzes im November 1916, wurden von der Abteilung E bearbeitet.

Des weiteren waren die dem Kriegsausschuß angegliederte Garnverwertungsstelle und Spinnstoffverwertungsstelle in je einer besonderen Abteilung organisiert. Ihre Aufgabe bestand vor allem darin, für eine zweckentsprechende Ver-

---

Schreiben des Kriegsausschusses an den Feststellungsausschuß des Oberkommandos in den Marken über die Organisation und Tätigkeit des Kriegsausschusses vom 10. Mai 1917 mit dem Ziel, als kriegswichtiger Betrieb iSd § 2 des Gesetzes über den vaterländischen Hilfsdienst anerkannt zu werden (BA R 8727 Bd. 3 ohne Paginierung); Geschäftsbericht des Kriegsausschusses vom 01. Juli 1917, S. 14ff. (BA R 8727 Bd. 18 ohne Paginierung); Plesch, Kriegswirtschaftliche Organisation, S. 138; Bruck, Kriegsausschuß, S. 292ff.

466 Die „Dienstanweisung für die Bearbeitung von Vergebungen seitens der Abteilung Betriebsstatistik und Auftragsbearbeitung vom Juni 1916“, abgedruckt bei Bruck, Kriegsausschuß, S.307-313.

wendung der beschlagnahmten privaten und der sich in der Hand der Heeresverwaltung befindenden requirierten Garne bzw. Spinnstoffe zu sorgen (s.o.).

Der Kriegsausschuß der Deutschen Baumwollindustrie verfügte in der Zeit des Höchststandes der Besetzung gegen Ende des Krieges über ca. 600 Angestellte. Am 01.08.1915 betrug der Personalbestand dagegen erst 180, im Mai 1917 391. Hinzu kamen jeweils noch diejenigen der Baumwollabrechnungsstelle in Bremen, auch wenn es sich dabei streng genommen um eine selbständige Kriegswirtschaftsorganisation handelte.

V. Stellung und Entwicklung des Kriegsausschusses der Deutschen Baumwollindustrie innerhalb der Kriegswirtschaft

Der Kriegsausschuß der Deutschen Baumwollindustrie unterstand der Aufsicht der Baumwollsektion (W II) der Kriegsrohstoffabteilung unter der Leitung des Rittmeisters d.R. Marckwald, zugleich Kommissar des Preußischen Kriegsministeriums beim Kriegsausschuß. Daneben existierten noch weitere staatliche und privatwirtschaftliche Kriegswirtschaftsorganisationen auf dem Gebiet der Baumwollwirtschaft, mit denen der Kriegsausschuß naturgemäß in ständigem geschäftlichen Kontakt stand.

Als staatliche Stelle war zunächst die Baumwollbedarfsprüfungsstelle (B. P.) unter der Leitung des Kriegshilfsreferenten Fleischer der Sektion W II angeschlossen. Ihre Mitarbeit bei der Baumwollbewirtschaftung gestaltete sich dabei folgendermaßen. Sämtliche militärische Bedarfsmeldungen an Weberzeugnissen wurden zunächst bei den neuerrichteten „Zentralbeschaffungsstellen für den Heeresbedarf" gesammelt[467]. Die Baumwollbedarfsprüfungsstelle prüfte sodann unter Mitwirkung der Ankaufsstelle für beschlagnahmte Webwaren den Bedarf insbesondere auch darauf, ob er nicht etwa aus den beschlagnahmten Vorräten an fertiger Ware gedeckt werden konnte[468]. Lediglich der nicht zu deckende Bedarf wurde zwecks Beschaffung aus der Privatindustrie an den Kriegsausschuß weitergeleitet. Auf diese Weise konnte eine große Menge bereits fertiger Artikel direkt dem Verbrauch zugeführt werden, mit der Folge daß die Anfertigung neuer

---

[467] Die Zentralbeschaffungsstellen waren durch Verfügung 700/3.16. der Kriegsrohstoffabteilung eingerichtet worden. Zuvor meldeten die einzelnen Beschaffungsstellen, insbesondere auch diejenigen von Bayern, Sachsen und Württemberg, ihren Bedarf jede für sich beim Kriegsausschuß an. Die neuerrichteten Zentralstellen (das Bekleidungsbeschaffungsamt, das stellv. Ingenieur-Komitee, die Inspektion der Fliegertruppen, die Inspektion des Kraftfahrtwesens, das Hauptsanitätsdepot usw.) hatten nun die Aufgabe, den Bedarf an Weberzeugnissen für ihren Geschäftsbereich zunächst zu sammeln und dann geschlossen an die Prüfungsstelle weiterzugeben.

[468] Die Beschlagnahme der Webwaren war durch Bekanntmachung vom 01. Februar 1916 erfolgt.

Gewebe nur in beschränktem Umfang erforderlich wurde und die Bestände an Spinnstoffen wesentlich geschont werden konnten. Der Prüfungsstelle kam also praktisch die wichtige Aufgabe des Abstimmens des gemeldeten Bedarfs und der tatsächlich benötigten Baumwollmengen unter Berücksichtigung der beschlagnahmten fertigen Weberzeugnisse zu. Damit fungierte sie als eine Art Koordinierungsstelle zwischen den militärischen Beschaffungsstellen und dem Kriegsausschuß der Deutschen Baumwollindustrie. Darüber hinaus hatte sich die Prüfungsstelle mit der Aufstellung der Grundsätze für Freigaben für den Zivilbedarf sowie der Begutachtung der Ein- und Ausfuhranträge zu befassen. Mitte 1915 wurde in Ergänzung zur Baumwollbedarfsprüfungsstelle ein selbständiges Webstoffmeldeamt unter der Aufsicht der Sektion W II errichtet.

Von zentraler Bedeutung für die Baumwollwirtschaft war darüber hinaus die am 01. Oktober 1916 gegründete, aus der Baumwollgarn-Abrechnungsstelle und der Rohbaumwoll-Abrechnungsstelle hervorgegangene Baumwoll-Abrechnungsstelle[469]. Ihre Aufgabe war die Bewirtschaftung der durch das Preußische Kriegsministerium in den besetzten Gebieten beschlagnahmten Rohbaumwolle, Baumwollgarne, Baumwollabfälle und Gespinste. Grundsätzlich nahmen an der Verteilung dieser Rohstoffe sämtliche deutsche Baumwollspinnereien teil, und zwar im Verhältnis ihres durchschnittlichen Baumwollverbrauchs während der letzten drei Jahre. Allerdings erfolgte die Zuteilung nur dann, wenn die Spinnereien nachweisen konnten, daß die aus der Baumwolle hergestellten Garne für Heereslieferungen Verwendung fanden. Darüber hinaus mußten sich die Spinner verpflichten, die Baumwolle selbst zu verspinnen und keinen Handel mit den Rohstoffen zu betreiben. Angeschlossen war die Baumwoll-Abrechnungsstelle der Deutschen Nationalbank in Bremen als eine besondere Sachabteilung. Wie bei der Kautschuk-Abrechnungsstelle (vgl. C.) erhielt die Bank für ihre Geschäftstätigkeit einen zweiprozentigen Pauschalsatz vom Umsatz sowie die Erstattung von Aufwendungen aus Transport, Lagerung und Versicherung. Schwerpunkt ihrer Tätigkeit war die Abwicklung des zur Bewirtschaftung erforderlichen Geldverkehrs.

Die am 08. August 1915 von vier Großbanken, dem Bremer Baumwollhandel und dem Arbeitsausschuß der deutschen Baumwollspinnerverbände auf Anregung der staatlichen Stellen gegründete Baumwoll-Importgesellschaft mbH in Bremen verfolgte demgegenüber den Zweck, die Baumwolleinfuhr insbesondere aus den USA zu fördern. Dazu gab sie nach Rücksprache mit der Industrie eine Offerte auf 1 Millionen Ballen Baumwolle ab (Wert ca. 400-500 Millionen Mark). Auf-

[469] S. bereits oben I. Beide Vorgängerorganisationen übten nach der Gründung des Kriegsausschusses im Juli 1915 kaum mehr eine selbständige Geschäftstätigkeit aus. Ihre Aufgaben beschränkten sich vielmehr darauf, nach den Vorgaben des Kriegsausschusses zwecks späterer Zuweisung der Rohstoffe an die Industrie die Beutelager zu verwalten, zu bemustern und zu sortieren, Aufgaben zu deren Bewältigung es nicht mehr zweier eigenständiger Organisationen bedurfte.

grund der britischen Verordnung aus dem Jahre 1915, wonach Baumwolle der absoluten Bannware gleichgestellt wurde[470] und der zunehmenden politischen Spannungen zwischen Deutschland und den USA führten diese Verhandlungen jedoch nicht zu dem gewünschten Erfolg. Einzig 8.650 Ballen Baumwolle konnten im November 1915 durch ihre Vermittlung eingeführt werden. Den zentralen Ankauf und Abtransport von Faserstoffen aus der Türkei nahm dagegen die von dem gleichen Kreis wie die Bremer Importgesellschaft gegründete „Deutsch-Orientalische Handelsgesellschaft" in Bremen wahr.

Wenige Monate zuvor war am 17. März 1915 auf Anregung der Kriegsrohstoffabteilung mit einem Betriebskapital von 1 Millionen Mark die „Aktiengesellschaft zur Verwertung von Stoffabfällen" errichtet worden[471]. Ihre Aufgabe bestand darin, entsprechendes Material zu beschaffen, zu sortieren und so umzuarbeiten, daß es der Herstellung von Schießbaumwolle dienen konnte. Auf diese Weise sollte der stetig steigende Sprengstoffbedarf bei gleichzeitig ausbleibenden Rohbaumwollzufuhren gesichert werden. In der Aktiengesellschaft zur Verwertung von Stoffabfällen waren demzufolge die Lumpenhändler, die Kunstbaumwollfabriken (Reißereien) und die chemischen Bleichereien organisiert. Die Beschlagnahme des Linters (das spezifische Herstellungsmaterial für Pulver vor dem Krieg) war bereits im Februar 1915, die Bestandserhebung sowie Beschlagnahme von Lumpen und anderen Stoffabfällen jeder Art und zugleich die Festsetzung von Höchstpreisen für diese Gegenstände kurze Zeit später, am 16. Mai 1915 erfolgt. Während des weiteren Verlaufs des Krieges ging die Gesellschaft sogar dazu über, notwendige Mischstoffe aus Garnabfallmaterial und Lumpen für Spinnzwecke zu liefern.

Mit der Bewirtschaftung von Baumwolle, Baumwollsurrogaten und Baumwollerzeugnissen befaßten sich darüber hinaus mittelbar noch die Nesselfaser-Verwertungsgesellchaft mbH und die Nesselanbaugesellschaft mbH sowie zahlreiche Kriegsverbände[472].

VI. Zusammenfassung und Beendigung des Kriegsausschusses der Dt. Baumwollindustrie

Bei Kriegsausbruch bot die deutsche Baumwollindustrie insgesamt das Bild einer jungen, exportorientierten Veredelungs- und Verarbeitungsindustrie mit einer uneinheitlichen und dezentralen Branchenstruktur sowie einem kaum speziali-

---

470 Vgl. Fn 427.

471 S. bereits oben I. Näheres dazu bei Bruck, Kriegsausschuß, S. 25ff. und Bruck, Kriegsunternehmung, S. 578ff. Die „Aktiengesellschaft zur Verwertung von Stoffabfällen" wurde am 07. November 1916 umfirmiert in „Kriegs-Hadern AG".

472 Zur Abgrenzung von Kriegsverbänden und Kriegsgesellschaften vgl. bereits den 1. Abschnitt C. II.4. Exemplarische Aufzählung der Kriegsverbände in Fn 133.

sierten Produktionsprozeß. Im Interesse eines größeren Nutzeffektes in produktiver wie finanzieller Hinsicht galt es daher zunächst einmal alle diejenigen Umgestaltungs- und Organisationsmaßnahmen zu treffen, die es der Industrie erleichtern würden, den militärischen wie zivilen Bedarf an Baumwollprodukten zu dekken. Der Ausbruch des Krieges provozierte und forcierte mit anderen Worten in der Baumwollbranche zunächst einmal die längst überfälligen Konzentrationen und Spezialisierungen. Weitergehende Beschränkungen und Eingriffe in den freien Warenverkehr waren aus Sicht der Privatindustrie nicht erforderlich.

Die Heeresverwaltung konnte sich demgegenüber angesichts der völligen Importabhängigkeit des Deutschen Reichs auf dem Gebiet der Baumwolle und der latenten Gefahr einer Ausdehnung der britischen Blockade nicht allein auf den allgemeinen Konzentrations- und Spezialisierungsprozeß verlassen. Die große Bedeutung der Baumwolle und deren Erzeugnisse für die militärische Kriegswirtschaft (Bekleidung, Sprengstoffe) veranlaßte die Kriegsrohstoffabteilung des Preußischen Kriegsministeriums vielmehr bereits zu Beginn des Jahres 1915 zur Errichtung der ersten Bewirtschaftungsorganisationen sowie zum Erlaß der ersten kriegswirtschaftlichen Maßnahmen[473]. Mitte 1915 trat schließlich mit der Qualifizierung der Baumwolle als absolute Bannware durch Großbritannien die befürchtete grundlegende Änderung in der Versorgungssituation des Deutschen Reichs ein. Es kam nun darauf an, die gesamte Privatwirtschaft auf dem Baumwollsektor unter staatlicher Aufsicht und Kontrolle zu einen und zu zentralisieren, um sie dann geschlossen in den Dienst der Kriegswirtschaft stellen zu können. Zu diesem Zweck schlossen sich schließlich am 01. Juli 1915 auf Initiative der Kriegsrohstoffabteilung die Vertrauensleute der Spezialzweige zum Kriegsausschuß der Deutschen Baumwollindustrie zusammen. Dieser stellte praktisch das notwendige Bindeglied zwischen den einzelnen baumwollverarbeitenden Betrieben und der Heeresverwaltung dar. Von den angeschlossenen Betrieben wurde der Kriegsausschuß darüber hinaus als ihre Interessenvertretung gegenüber der Heeresverwaltung angesehen.

Hauptaufgabe der neuerrichteten Organisation war es, der Kriegsrohstoffabteilung als eine Art Beirat in Fragen der Baumwollbewirtschaftung beratend zur Seite zu stehen, einen Wirtschaftsplan aufzustellen und sodann die konkrete Vergabe der Heeresaufträge durch die Kriegsrohstoffabteilung vorzubereiten. Darüber hinaus hatte der Kriegsausschuß in seiner Funktion als Interessenvertretung der Privatindustrie dafür zu sorgen, daß die Belange der Arbeitnehmer bei der Auftragsverteilung in besonderem Maße berücksichtigt wurden. Konkret richtete sich daher die Reihenfolge, in welcher die Betriebe mit Aufträgen bedacht werden sollten, vor allem nach der Dringlichkeit des Bedürfnisses des Unternehmens

---

[473] Errichtung der Rohbaumwoll-Abrechnungsstelle (08.01.1915), der Baumwollgarn-Abrechnungsstelle (18.02.1915) und der Aktiengesellschaft zur Verwertung von Stoffabfällen (17.03.1915). Zu den Kriegsmaßnahmen vgl. bereits Fn 420.

nach Arbeit, also dem jeweiligen Beschäftigungsstand. Hintergrund hierfür war die außergewöhnliche Beschäftigungssituation in der Baumwollbranche. Trotz des enormen Umfangs konnte der Heeresbedarfs an Baumwollerzeugnissen immer nur einen Bruchteil der Leistungsfähigkeit der Baumwollindustrie in Anspruch nehmen. Während auf anderen Rohstoffgebieten oftmals die industriellen Kapazitäten nicht ausreichten und neue Unternehmen gegründet werden mußten, bestand auf dem Textilsektor also von Anfang an das latente Problem der Unter- und Teilbeschäftigung. Diese Tatsache war überwiegend auf die ungünstige, kleinbürgerliche und daher personalintensive Struktur der Baumwollindustrie der Vorkriegszeit zurückzuführen. Letztlich war diese Situation auch der entscheidende Beweggrund dafür, daß ausnahmsweise die freien, die christlichen und die Hirsch-Dunckerschen Gewerkschaften durch Vertreter mit beratender Stimme an dem Kriegsausschuß beteiligt wurden[474].

Mit zunehmenden Versorgungsschwierigkeiten mußten allerdings die Einzelinteressen der Betriebe und der Arbeitnehmer hinter das allgemeinwirtschaftliche Interesse an der Sicherstellung des militärischen Bedarfs an Baumwollerzeugnissen zurücktreten. Dazu war es erforderlich, den Einfluß der Heeresverwaltung im Kriegsausschuß zu stärken. Bestimmungen wie die §§ 12 Nr. 4 und 14 I sowie die insgesamt starke Stellung der Kommissare (vgl. § 14 II, III) sicherten dabei der Kriegsrohstoffabteilung eine günstige rechtliche Ausgangsposition für einen Zuwachs des staatlichen Einflusses[475]. Darüber hinaus kam der Kriegsrohstoffabteilung aufgrund der Verfügungsgewalt über die beschlagnahmten Rohstoffe auch eine erhebliche faktische Machtposition zu. Tatsächlich gelang es der

---

[474] Weitere bedeutsame Maßnahmen gegen die Gefahr von Unter- und Teilbeschäftigung waren einmal die BRVO vom 07. 11. 1915 (RGBl. 1915, S. 733), wonach in der Textilindustrie nur noch an fünf Tagen in der Woche gearbeitet werden durfte, das 2. Spinnverbot vom 07.12.1915, wonach in den Spinnereien nur noch 30% der im Frieden verarbeiteten Rohstoffmengen zur Verarbeitung gelangen durften und folglich die Arbeit (wenn auch auf niedrigem Niveau) gleichmäßig auf die Betriebe verteilt wurde und für soziale Gerechtigkeit sorgte und schließlich das Spinn- und Webverbot vom 01. April 1916, wonach diese Arbeitsquote für die Spinnereien sogar auf 20% herabgesetzt wurde. In den Webereien durften von da ab nur noch so viele Arbeitsmaschinenstunden arbeiten, als der Zahl der am 04. August 1915 auf Baumwolle laufenden Arbeitsmaschinen multipliziert mit 50, entsprach.

[475] Nach § 12 Nr. 4 erfolgte die endgültige Verteilung der Aufträge durch eine Kommission des Preußischen Kriegsministeriums, der u.a. auch Kommissare des Reichsamts des Innern und des Kgl. Preußischen Handelsministeriums angehörten. § 14 I statuierte den Ausschluß des Rechtswegs für sämtliche Streitigkeiten, die sich aus der Genehmigung oder Ablehnung von Anträgen auf Aufnahme in das Verzeichnis der für Lieferungen in Betracht kommenden Betriebe, ferner aus dem Vertragsverhältnis zwischen den in das Verzeichnis aufgenommenen Betrieben und dem Kriegsausschuß ergeben sollten, zugunsten des Preußischen Kriegsministeriums § 14 II, III beinhaltete ein Aufsichtsrecht des Preußischen Kriegsministeriums über die Gesamttätigkeit des Kriegsausschusses, ausgeübt durch einen eingesetzten Kommissar. Dieser war zu allen Mitgliederversammlungen des Ausschusses zu laden. Vgl. dazu bereits III.4.

Kriegsrohstoffabteilung auf diese Weise, die Geschäftsführung vollkommen an ihre Weisungen zu binden. Mit der Zeit wandelte sich infolgedessen der Kriegsausschuß von einem auf Initiative der Heeresverwaltung errichteten Selbstverwaltungskörper der Privatindustrie hin zu einer bloßen abhängigen wirtschaftlichen Hilfsstelle des Preußischen Kriegsministeriums mit Beratungs-, Verwaltungs- und Ausführungsfunktionen in Fragen der Baumwollbewirtschaftung, eine Entwicklung, die ähnlich auch bei der K.M.A., der R.G. und der K.A.St. beobachtet werden konnte. Aufgrund des von vornherein begrenzten Aufgabenbereichs des Kriegsausschusses und der Tatsache, daß dieser lediglich beratend tätig wurde, die verbindlichen Entscheidungen dagegen stets von einer Kommission der Kriegsrohstoffabteilung gefällt wurden, bedurfte es allerdings nicht einer entsprechenden Umstrukturierung der Branche und einer Verlagerung von Kompetenzen von der Kriegsgesellschaft hin zu staatlichen Stellen[476]. Infolge des gestiegenen staatlichen Einflusses ähnelte der Kriegsausschuß schließlich, was seine Funktion innerhalb der Kriegsbaumwollwirtschaft betraf, faktisch nur noch einer Art Sachverständigenkollegium oder wirtschaftlicher Beirat der Kriegsrohstoffabteilung.

Von der rechtlichen Grundstruktur handelte es sich bei dem Kriegsausschuß der Deutschen Baumwollindustrie um einen Verein des bürgerlichen Rechts. Ein wirtschaftlicher Geschäftsbetrieb iSd §§ 21f. BGB war dabei ausdrücklich ausgeschlossen (§ 1 II). Mangels Eintragung in das Vereinsregister besaß der Kriegsausschuß somit keine Rechtsfähigkeit. Rechtssubjekt der Rohstoffbewirtschaftung war vielmehr das Reich, vertreten durch das Kriegsministerium und dieses durch die Kriegsrohstoffabteilung. Gemäß § 54 S.1 BGB fanden die Vorschriften über die GbR (§§ 705ff. BGB) auf den Kriegsausschuß entsprechende Anwendung[477]. Wie schon bei den Abrechnungsstellen griff man also auch für diesen Typus Kriegsgesellschaft nicht auf die komplizierten handelsrechtlichen Gesellschaftsformen zurück, sondern begnügte sich mit den wesentlich flexibleren des bürgerlichen Rechts. Rechtlich wie funktional ähnelte der Kriegsausschuß in vielen Punkten den im ersten Abschnitt bereits angesprochenen sonstigen Zusammenschlüssen, namentlich den industriellen Kriegsverbänden, bei denen es sich aber gerade nicht um Kriegsgesellschaften iSd eingangs dargestellten Begriffsbestimmung handelte[478].

Nach § 2 der Satzung sollte die Tätigkeit des Kriegsausschusses spätestens ein Jahr nach dem den gegenwärtigen Krieg beendigenden Friedensschluß enden. Tatsächlich erfolgte die Beschlußfassung über die Auflösung und Liquidation des Kriegsausschusses am 27. Februar 1919, und damit gut einen Monat nach Eröff-

[476] Vgl. dazu aber A. V. 1., B. V. und C. IV.
[477] Näheres dazu bereits unter Fn 434.
[478] Zur problematischen Abgrenzung vgl. bereits den ersten Abschnitt C. I. und II. 4.

nung der Friedenskonferenz in Versailles am 18. Januar 1919 und noch vor deren Ende im Juni. Zuvor waren bereits im Sommer 1918 die ersten Umstrukturierungen in der Textilbranche erfolgt. Durch Bekanntmachung vom 27. Juni wurden „zur Abhilfe wirtschaftlicher Schädigungen in der Zeit des Überganges von der Kriegswirtschaft in die Friedenswirtschaft für das Textilgebiet“ mit der Reichsstelle für Textilwirtschaft und anderen verschiedenen Reichswirtschaftsstellen die ersten Friedensorganisationen der Branche geschaffen[479]. Konkret hatten die Reichswirtschaftsstellen für den ihnen jeweils zugewiesenen Rohstoff nach näheren Anweisungen des Reichskanzlers, Vorarbeiten zu leisten für die Regelung der Beschaffung, der Verteilung, der Verarbeitung, der Lagerung, des Absatzes, des Verbrauchs und der Preise (§ 2 der BRVO). Die Reichswirtschaftsstelle übernahmen damit die typischen Aufgaben der jeweiligen Kriegsausschüsse. Konsequenterweise übertrug man daher nach dem Auflösungsbeschluß vom Februar mit Wirkung zum 01. März 1919 sämtliche Befugnisse der K.R.A auf dem Textilgebiet und damit auch die des Kriegsausschusses der Deutschen Baumwollindustrie auf die neuerrichtete Reichswirtschaftsstelle für Baumwolle. Faktisch wurde so das Bewirtschaftungskonzept der Kriegsjahre auf dem Baumwollsektor auch für die Übergangs- und unmittelbare Friedenszeit beibehalten.

Das erfolgreiche Zusammenarbeiten von Heeresverwaltung, zivilen Stellen und der Privatwirtschaft in dem Kriegsausschuß der Deutschen Baumwollindustrie bei einer im Ganzen einfachen und flexiblen rechtlichen Struktur, veranlaßte die Kriegsrohstoffabteilung, nach dessen Vorbild eine ganze Anzahl von weiteren Kriegsausschüssen zu errichten[480].

---

[479] BRVO über wirtschaftliche Maßnahmen für die Übergangswirtschaft auf textilem Gebiet vom 27. Juni 1918, RGBl. 1918, S. 671ff. Neben der Reichsstelle wurden noch die Reichswirtschaftsstelle für Baumwolle (Gründungssitzung vom 21. Oktober 1918), die Reichswirtschaftsstelle für Wolle, die Reichswirtschaftsstelle für Seide, die Reichswirtschaftsstelle für Kunstspinnstoffe und Stoffabfälle, die Reichswirtschaftsstelle für Flachs, die Reichswirtschaftsstelle für Hanf, die Reichswirtschaftsstelle für Jute, die Reichswirtschaftsstelle für Hartfaser und die Reichswirtschaftsstelle für Ersatzspinnstoffe gebildet (§ 1).

[480] Vgl. dazu bereits den 1. Abschnitt C. II. 4. und auch die systematische Zusammenstellung der Kriegsgesellschaften zu Beginn des 3. Abschnitts.

3. Abschnitt: Zusammenfassung und Schlußbetrachtungen

Im folgenden soll zunächst der Versuch einer systematischen Erfassung der Kriegsgesellschaften des Ersten Weltkrieges gemacht werden. Die Schwierigkeiten bestehen dabei hauptsächlich in der großen Vielfalt und individuellen Ausgestaltung der Gesellschaften im Einzelfall in Abhängigkeit vom jeweiligen Unternehmensgegenstand und der spezifischen Funktion in dem Bewirtschaftungsverfahren. Infolgedessen konzentriert sich die Untersuchung auf die Aspekte aufsichtsführende Behörde und damit Einordnung in die Hierarchie der Kriegswirtschaftsverwaltung, Rechtsform und begriffliche Typisierung sowie Zuordnung zu einer Wirtschaftsbranche[481].

Unter Zugrundelegung der hier vertretenen begrifflichen Definition bestanden während der vier Kriegsjahre und der ersten Übergangszeit insgesamt 134 Kriegsaktiengesellschaften, Kriegsgesellschaften mbH, Kriegsabrechnungsstellen und Kriegsausschüsse[482]. Eine im Frühjahr 1921 vom Reichstag in Auftrag gegebene Zusammenstellung sämtlicher Kriegswirtschaftsorganisationen der Jahre 1914-1918 ergab demgegenüber ein Ergebnis von 196, wobei hierunter neben den Kriegsgesellschaften auch die staatlichen Kriegswirtschaftsstellen verstanden wurden[483].

Diese 134 Kriegsgesellschaften fügten sich folgendermaßen in die Hierarchie der staatlichen Kriegswirtschaftsverwaltung ein[484]: Unter der Aufsicht des Reichsamts des Innern (R.d.I.) und des Reichswirtschaftsamtes (R.W.A.) bzw. später

[481] Zu den ausgeübten Funktionen der Kriegsgesellschaften innerhalb des Bewirtschaftungsverfahrens vgl. bereits den ersten Abschnitt C. III. 1.-4.

[482] Zur Definition vgl. den 1. Abschnitt C. I. Eine alphabetische Zusammenstellung der Kriegsgesellschaften des Ersten Weltkrieges findet sich im Anhang.

[483] Anfrage Nr. 563 (Nr. 1170 der Drucksachen) der Abgeordneten Fehr, Eisenberger und Bachmeier. Eine eindeutige Definition einer „Kriegsgesellschaft" konnte auch in diesem Zusammenhang nicht geliefert werden. Aus dieser begrifflichen Ungewißheit resultieren die teilweise sehr unterschiedlichen Zählweisen in der Literatur. Wie verbreitet diese Unsicherheiten in der Industrie sowie selbst bei den staatlichen Stellen bereits während des Krieges waren, dokumentieren darüber hinaus ständige Anfragen von Gesellschaften über ihre Einordnung und „aktualisierte" Zusammenstellungen seitens der Ministerien (abgedruckt in den Aktenbeständen des Reichswirtschaftsministeriums).

[484] Vgl. das Amtliche Verzeichnis der Kriegsorganisationen (4. Ausgabe, Stand 01. Februar 1918). Mit der Einfügung der Kriegsgesellschaften in die staatlichen Strukturen befaßt sich insbesondere auch eine Denkschrift des Verbandes Sächsischer Industrieller. Der Gesamtvorstand des Verbandes konzentriert sich darin vor allem auf die Widersprüche zwischen Kompetenzen der Ministerien und den Aufgabengebieten der Gesellschaften. Darüber hinaus werden dort ganz allgemein die Mißstände bei der personellen Besetzung der Kriegsgesellschaften, deren Geschäftstätigkeit und die Kompetenzstreitigkeiten und -wirren dargestellt. Sofern sich aus den anderen Zusammenstellungen in der Literatur Abweichungen zu dem Amtlichen Verzeichnis ergaben, wurde dieses entsprechend ergänzt.

des Reichswirtschaftsministeriums (R.W.M.) standen insgesamt 35 Kriegsgesellschaften, unter der Aufsicht des Kriegsernährungsamts (K.E.A.) bzw. später des Reichsministeriums für Ernährung und Landwirtschaft ebenfalls insgesamt 35 und unter der Aufsicht des Kriegsministeriums (Preuß. K.M.), vertreten durch das Kriegsamt (K.A.) bzw. die Kriegsrohstoffabteilung (K.R.A.) 49 Kriegsgesellschaften. Daneben existierten noch 15 weitere Kriegsgesellschaften, die - soweit ersichtlich - nach Kriegsende errichtet wurden und folglich auch dem Reichswirtschaftsministerium zuzuordnen sind, so daß sich dessen Zahl auf insgesamt 50 erhöht.

Begrifflich und von der rechtlichen Ausgestaltung her lassen sich im Grundsatz die Kriegsaktiengesellschaften, die Kriegsgesellschaften mbH, die Kriegsabrechnungsstellen und die Kriegsausschüsse unterscheiden. Insgesamt gab es 13 Kriegsaktiengesellschaften, 94 Kriegsgesellschaften mbH, zwölf Kriegsabrechnungsstellen und 15 Kriegsausschüsse. Dabei verteilten sich diese Haupttypen auf die Ministerien sehr unterschiedlich. So standen unter der Aufsicht des Reichswirtschaftsministeriums letztlich insgesamt drei AGs, 41 GmbHs, vier Abrechnungsstellen und zwei Kriegsausschüsse. Unter der Aufsicht des Kriegsernährungsamtes dagegen überhaupt keine AG, 33 GmbHs, keine Abrechnungsstellen und zwei Kriegsausschüsse. Die gleichmäßigste Verteilung bestand demgegenüber unter der Kontrolle des Preußischen Kriegsministeriums mit insgesamt zehn AGs, 20 GmbHs, acht Abrechnungsstellen und elf Kriegsausschüssen.

Bei dieser Einteilung muß jedoch berücksichtigt werden, daß die rechtliche Ausgestaltung und die begriffliche Zuordnung der Kriegsgesellschaften zu einem der vier Typen nicht immer streng durchgeführt werden konnte. Fälle, in denen dieser Zusammenhang durchbrochen wurde, waren etwa der Kriegsausschuß für pflanzliche und tierische Öle und Fette, der als GmbH errichtet wurde, der Kriegsausschuß für Ersatzfutter (ebenfalls GmbH), der Kriegsausschuß für Kaffee, Tee und deren Ersatzmittel (GmbH), die Leinengarn-Abrechnungsstelle bei der Bank für Handel und Industrie, die seit dem 01. Juli 1915 als Aktiengesellschaft organisiert war oder der Kriegsausschuß der Rohpappen- und Dachpappenindustrie (GmbH). Bei einer anderen Einordnung dieser Gesellschaften würden sich die zuletzt genannten Zahlen entsprechend verschieben.

Weiterhin muß bei dieser Systematisierung bedacht werden, daß einige der Gesellschaften lediglich Untergesellschaften zu anderen waren und demzufolge nicht unmittelbar unter der Aufsicht eines Ministeriums standen. So waren etwa die Aaleinfuhr GmbH, die Flußfischhandels GmbH und die Frischheringseinfuhr GmbH der Zentral-Einkaufs-Gesellschaft (ZEG), die Rohfett GmbH, die Kriegsabrechnungsstelle der deutschen Margarine- und Speisefettfabrikanten, die Kriegsabrechnungsstelle der deutschen Seifen- und Stearingfabrikanten, die Kriegsabrechnungsstelle der dt. Lackfabrikaten und die Kriegsabrechnungsstelle der dt. Ölmühlen dagegen dem Kriegsausschuß für pflanzliche Öle und Fette als Hilfsorganisationen angegliedert. Über die Stellung der Metalltreuhandgesellschaft als technische Hilfsgesellschaft der Kriegsmetall AG vgl. bereits den 2. Abschnitt. Zudem handelte es sich bei einigen Kriegsgesellschaften lediglich um Vorgängerorganisationen einer späteren Gesellschaft, so daß die oben genannten Zahlen nicht die Anzahl der in einem bestimmten Zeitpunkt existierenden Kriegsgesellschaften unter der Aufsicht einer Behörde wiedergeben. Typische Beispiele hierfür sind etwa die bereits im 2. Abschnitt angesprochene Baumwollgarn-Abrechnungsstelle und die Rohbaumwoll-Abrechnungsstelle, die beide am 01. Oktober 1916 in der neuerrichteten Baumwoll-Abrechnungsstelle aufgingen. Weitere Beispiele sind die Reichstextil AG, die Kriegskleinbeleuchtungs GmbH, die Kriegskartoffelgesellschaft Ost, die Bezugsvereinigung der dt. Landwirte GmbH u.a.[485]

Untersucht man die Kriegsgesellschaften nach ihrer Wirtschaftsbranche, so zeigt sich folgende Situation: Die Nahrungs- und Genußmittelbranche befaßt sich vor allem mit der Bewirtschaftung des Getreides, der Kartoffeln, Futtermittel, Gemüse, Obst, Marmelade, Öle und Fette, Milch, Butter, Käse, Zucker, Kakao, Schokolade, Kaffee, Tee und deren Ersatzmittel, Branntwein, Bier, Tabak, Fleisch und Eier, Fische und Muscheln. Hier lassen sich 56 der insgesamt 134 Kriegsgesellschaften einordnen[486]. Auffallend häufig wurde dabei die Rechtsform

---

[485] Vgl. im einzelnen die alphabetische Zusammenstellung im Anhang.

[486] Die Aaleinfuhr GmbH, die Bezugsvereinigung der dt. Landwirte GmbH, die Binnenländische Kriegsfischindustrie GmbH, die Branntweinsicherungs GmbH, die Deutsche Tabakhandels GmbH von 1916, die Deutsche Tabakhandelsgesellschaft von 1916, Abteilung Inland mbH, die Einfuhrgesellschaft für Getreide und Futtermittel GmbH, die Fischereiförderungs GmbH, die Flußfischhandels GmbH, die Frischheringseinfuhr GmbH, die Gemüsekonserven-KriegsGmbH, die Gesellschaft für dt. Milchkraftfutter mbH, die Gesellschaft zur Förderung des Fischkleinhandels GmbH, die Hafer-Einkaufsgesellchaft mbH, die Hafernährmittelzentrale GmbH, die Handelsvereinigung für Getreide, Futtermittel und Saaten GmbH, der Kriegsausschuß für Ersatzfutter GmbH, der Kriegsausschuß für Kaffee, Tee und deren Ersatzmittel GmbH, der Kriegsausschuß für pflanzliche und tierische Öle und Fette GmbH, die Kriegsfischindustrie „Elbe" GmbH, die Kriegsgemüsebau- und Verwertungs GmbH, die Kriegsgesellschaft für Dörrgemüse mbH, die Kriegsgesellschaft für Obstkonserven und Marmeladen mbH, die Kriegsgesellschaft für Sauerkraut mbH, die Kriegsgesellschaft für Teichfischverwertung mbH, die Kriegsgesellschaft für Weinobst-Einkauf und -Verteilung mbH, die Kriegskakao GmbH, die Kriegskartoffelgesellschaft Ost mbH, die Kriegsnährmittelgesellschaft mbH, die Kriegs-Rübensaftgesellschaft mbH, die Kriegsstroh- und Torfgesellschaft mbH, die Landwirtschaftliche Betriebsstelle für Kriegswirtschaft, Geschäftsabteilung GmbH, die Reichsfischversorgungs GmbH, die Reichsfleischstelle, Geschäftsabteilung GmbH, die Reichsfuttermittelstelle, Geschäftsabteilung GmbH, die Reichsgerstengesellschaft mbH, die Reichsgesellschaft zur Verwertung von Speiseresten, Küchenabfällen usw., die Reichsgetreidestelle, Geschäftsabteilung GmbH, die Reichshülsenfruchtstelle GmbH, die Reichskartoffelstelle, Geschäftsabteilung GmbH, die Reichsstelle für Gemüse und Obst, Geschäftsabteilung GmbH, die Reichsstelle für Speisefette, Geschäftsabteilung GmbH, die Reichstrocknungsgesellschaft mbH, die Reichszuckerausgleichs GmbH, die Rohfett GmbH, die Salzheringseinfuhr GmbH, die Tabakverwertungs GmbH, die Trockenfuttermittel GmbH, die Trockenkartoffel-Verwertungs GmbH, die Weinhandels GmbH, die

der GmbH gewählt (54 der 56 Gesellschaften)[487]. Typischerweise handelte es sich dabei um die Geschäftsabteilungen staatlicher Kriegsstellen für einzelne Nahrungs- und Genußmittel. In diese Gruppe läßt sich auch die im 2. Abschnitt näher untersuchte Reichsgetreidestelle, Geschäftsabteilung GmbH, einordnen.

Von großer Bedeutung für die Kriegswirtschaft war die Bewirtschaftung der industriellen Rohstoffe und Erzeugnisse. Hierzu gehörte etwa der gesamte Bergbau, die Bewirtschaftung von Eisen, Stahl und Metallen, die chemische Industrie, die Industrie der Leuchtstoffe, des Petroleums, der Schmieröle etc. In diese Kategorie lassen sich insgesamt 29 Gesellschaften einordnen, darunter drei Aktiengesellschaften, 20 GmbHs, drei Abrechnungsstellen und drei Kriegsausschüsse[488]. Erstaunlich hoch ist dabei die Anzahl der Kriegsgesellschaften aus den für die unmittelbare Kriegswirtschaft eher weniger bedeutsamen Bereichen Holz, Papier und Zeitungsgewerbe (insgesamt acht). Die Kriegsmetall AG wie die Kautschuk-Abrechnungsstelle (vgl. 2. Abschnitt) waren typische Vertreter dieser Branchen.

Ebenfalls mit der Bewirtschaftung von industriellen Rohstoffen und Erzeugnissen befaßte sich letztlich die Bekleidungs-, Textil- und Lederindustrie, der angesichts des ständig steigenden militärischen wie zivilen Bedarfs eine eigene zentrale Rolle in der Kriegswirtschaft zukam[489]. Insgesamt 42 Kriegsgesellschaften lassen hier verzeichnen, darunter neun Aktiengesellschaften, 18 GmbHs, sieben Abrechnungsstellen und acht Kriegsausschüsse[490]. Auffallend hoch ist hierbei

---

Wirtschaftsgesellchaften der dt. Ölmühlen mbH, die Zentral-Einkaufs GmbH, die Zentral-Einkaufs GmbH für Belgien und die Zigarettentabak-Einkaufsgesellschaft mbH sowie die Kriegsabrechnungsstelle der dt. Margarine- und Speisefettfabrikanten und die Kriegsabrechnungsstelle der dt. Ölmühlen.

487 Einzig die Kriegsabrechnungsstelle der dt. Margarine- und Speisefettfabrikanten und die Kriegsabrechnungsstelle der dt. Ölmühlen waren keine GmbH.

488 Die Dt. Holzvertriebs AG, die Kriegs-Chemikalien AG, die Kriegsmetall AG, die Braunstein-Versorgungs GmbH, die Eisenzentrale GmbH, die Kriegsausgleichsstelle für Dachpappenteer GmbH, der Kriegsausschuß der Rohpappen- und Dachpappen-Industrie GmbH, die Kriegs-Kleinbeleuchtungs GmbH, die Kriegsphosphat GmbH, die Kriegsschmieröl GmbH, die Kriegsverwertungsstelle für das Papierfach GmbH, die Kriegswasserstoff GmbH, die Kriegswirtschaftsstelle für das Dt. Zeitungsgewerbe GmbH, die Manganerz GmbH, die Metalltreuhandgesellschaft mbH, die Mineralölversorgungs GmbH, die Papierholzbeschaffungsstelle GmbH, die Protol GmbH, die Reichsstelle für Papierholz GmbH, die Spiritus-Glühlicht-Kriegs GmbH, die Spirituszentrale GmbH, die Zellkoll GmbH, die Zentralstelle für Petroleumverteilung GmbH, die Kautschuk-Abrechnungsstelle bei der Dt. Bank, die Kriegsabrechnungsstelle der Dt. Lackfabrikanten, die Kriegsabrechnungsstelle der Dt. Seifen- und Stearinfabrikanten, der Kriegsausschuß der dt. Kautschukindustrie, der Papiermacher-Kriegsausschuß und der Reichsausschuß für Druckgewerbe, Verlag und Papierverarbeitung.

489 Bewirtschaftet wurden vor allem Baumwolle, Wolle, Seide, Hanf, Flachs, Leinen, Jute, sonstige Faserstoffe, Haare und Filze, Decken, Säcke, Tücher, Stoffabfälle, Lumpen u.a.

490 Die Kammwoll AG, die Kriegs-Fell AG, die Kriegshadern AG, die Kriegs-Leder AG, die Kriegsrohhaut AG, die Kriegswirtschafts AG, die Kriegswollbedarf AG, die Reichstextil

die Anzahl der errichteten Abrechnungsstellen und Kriegsausschüsse (insgesamt 15 der 42). Allerdings muß dabei auch berücksichtigt werden, daß gerade auf dem Baumwollsektor nicht alle Abrechnungsstellen zeitgleich an der Bewirtschaftung beteiligt waren (s.o.). Der Kriegsausschuß der Dt. Baumwollindustrie repräsentierte diese Industriezweige im 2. Abschnitt.

Schließlich existierten zusammen noch sieben Kriegsgesellschaften aus den Bereichen Versicherung, Außenhandel, Transport und Finanzwesen[491].

Vergleicht man die Kapitalien der Kriegsgesellschaften, so lassen sich nur wenige Gemeinsamkeiten feststellen. Typischerweise wiesen die rechtlich als BGB-Innengesellschaften organisierten zwölf Abrechnungsstellen kein selbständiges Kapital auf[492]. Gleiches galt im Grundsatz für die 15 Kriegsausschüsse, es sei denn, sie waren ausnahmsweise rechtlich als GmbH organisiert[493]. Bei den zahlreichen Kriegs-GmbHs (94 Stück) dagegen reichte die Bandbreite je nach Art des zu bewirtschaftenden Stoffes und dem Schwerpunkt der Geschäftstätigkeit

---

AG, die Reichswolle AG, die Alse (Altstoff-Einfuhr) GmbH, die Bastfaser-Einkaufs GmbH, die Deutsche Hanfbaugesellschaft mbH, die Deutsch-Orientalische Handels GmbH, die Ersatzsohlen GmbH, die Faserstoffvertriebs GmbH, die Kriegs-Flachsbau GmbH, die Kriegs-Hanf GmbH, die Nessel-Anbau GmbH, die Nesselfaser-Verwertungs GmbH, die Reichslederhandels GmbH, die Reichssackstelle, Geschäftsabteilung GmbH, die Reichsschuhversorgungs GmbH, die Sattlerleder GmbH, die Seidenverwertungs GmbH, die Spinnstoffeinfuhr GmbH, die Textilnotstandsversorgungs GmbH, die Zentrale Wollhandels GmbH, die Baumwoll-Abrechnungsstelle, die Baumwollgarn-Abrechnungsstelle, die Flachsabrechnungsstelle, die Jute-Abrechnungsstelle, die Leinengarn-Abrechnungsstelle, die Rohbaumwoll-Abrechnungsstelle, die Rohhaar-Abrechnungsstelle, der Bastfaser-Kriegsausschuß, der Hanf-Kriegsausschuß, der Hartfaser-Kriegsausschuß, der Jute-Kriegsausschuß, der Kriegsausschuß der dt. Baumwollindustrie, der Kriegsausschuß für Textilersatzstoffe, der Leinen-Kriegsausschuß, der Torffaser-Kriegsausschuß.

491 Ausfuhr GmbH, Deutsche Seeversicherungsgesellschaft von 1914 AG, Deutsche Transportzentrale GmbH, Deutsche Versicherungsbank GmbH, Devisenbeschaffungsstelle GmbH, Europäische Handels GmbH, Reichskreditgesellschaft mbH.

492 Eine „Ausnahme" hiervon stellte die als AG organisierte Leinengarn-Abrechnungsstelle mit einem Kapital iHv 1 Mio. Mark dar.

493 So der Kriegsausschuß für pflanzliche und tierische Öle und Fette GmbH mit einem Kapital iHv 20.000, der Kriegsausschuß für Ersatzfutter GmbH (250.000), der Kriegsausschuß für Kaffee, Tee und deren Ersatzmittel GmbH (1 Mio.) oder der Kriegsausschuß der Rohpappen- und Dachpappen-Industrie GmbH.

von 20.000 bis 70 Mio.[494] Ähnlich unterschiedliche Verhältnisse zeigten sich auch bei den 13 Aktiengesellschaften[495].

Neben diesen systematisierenden Aspekten läßt die nähere Untersuchung der vier typischen Kriegsgesellschaften im 2. Abschnitt weitere Gemeinsamkeiten erkennen, die für das Verständnis von Stellung und Funktion sowie Entwicklung der Kriegsgesellschaften in der Kriegswirtschaft des Ersten Weltkrieges von zentraler Bedeutung sind.

Was die Gründungsmotivation der Kriegsgesellschaften betrifft, so zeigte sich im Grundsatz regelmäßig folgende Interessenlage bei den beteiligten Kreisen[496]: Vor dem Hintergrund der schlechten Versorgungssituation des Deutschen Reichs aufgrund der starken Importabhängigkeiten auf dem Rohstoffsektor wurde staatlicherseits der Ruf nach zentral gelenkten Beschaffungsmaßnahmen und einer Mangelbewirtschaftung immer lauter. Dazu benötigte man in Ergänzung zu den neugeschaffenen Verwaltungsstrukturen privatrechtlich organisierte „Geschäftsstellen" für die einzelnen Rohstoffe zwecks Wahrnehmung der kaufmännisch-technischen Bewirtschaftungsaufgaben[497]. Die von einer Beschlagnahme betroffenen Rohstoffinhaber sollten auf diese Weise gleichzeitig die Möglichkeit erhalten, sich von ihren Beständen (über die sie nun ohnehin nicht mehr frei verfügen konnten[498]) gegen Zahlung des staatlich festgesetzten Höchstpreises zu trennen. Andererseits vereinfachte die Errichtung derartiger Geschäftsstellen für die verarbeitenden Industriebetriebe die Rohstoffbeschaffung, da sie sich nunmehr mit ihren Belegscheinen nach Auftragsvergabe direkt an die Kriegsgesellschaften mit der Bitte um entsprechende Zuweisung wenden konnten und nicht mehr auf eine eigene Teilnahme am Marktgeschehen angewiesen waren. Staat, verarbeitende

---

[494] Exemplarisch seien an dieser Stelle die Reichsgetreidestelle, Geschäftsabteilung GmbH (70 Mio.), die Zentral-Einkaufs GmbH (45 Mio.), Dt. Versicherungsbank GmbH (40 Mio.), die Dt. Tabakhandels GmbH (15 Mio.) und die Reichsfuttermittelstelle, Geschäftsabteilung GmbH (10 Mio.), sowie andererseits die Ersatzsohlen GmbH (20.000), die Kriegsgesellschaft für Dörrgemüse GmbH (20.000), die Kriegsgesellschaft für Weinobst-Einkauf und -Verteilung GmbH (20.000), die Kriegs-Hanf GmbH (20.000) oder die Kriegsschmieröl GmbH (20.000) genannt.

[495] So verfügte etwa die Dt. Seeversicherungsgesellschaft von 1914 AG über ein Kapital iHv 28 Mio., die Kriegswirtschafts AG über 16 Mio., die Kammwoll AG, die Kriegs-Chemikalien AG, die Kriegsmetall AG über je 6 bzw. 6,25 Mio., dagegen die Kriegsrohhaut AG „nur" über 510.000.

[496] Vgl. zu dieser Frage auch die detaillierte Darstellung über die Gründung der Kriegsmetall AG, der Kriegschemie AG und der Organisationen auf dem Gebiet der Eisenbewirtschaftung bei Roth, Kriegsgesellschaften, S. 103ff.

[497] In der Ernährungswirtschaft bestand neben dieser allg. Beschaffungsproblematik zusätzlich noch die besondere Aufgabe des Ausgleichs zwischen den ländlichen Überschußgebieten des Ostens und den dichtbesiedelten Industrie- und damit Zuschußregionen des Westens. Auch hierfür benötigte man kaufmännisch geführte Verteilungsorganisationen.

[498] Zur Wirkung der Beschlagnahme vgl. den ersten Abschnitt B. II. 2.

Industriebetriebe wie Rohstoffinhaber versprachen sich also von der Gründung der Kriegsgesellschaften ganz direkte, praktische Vorteile.

Darüber hinaus erwartete die Industrie, über die privatrechtlich organisierten Bewirtschaftungsgesellschaften mittelbar ein Mitspracherecht an der ohnehin unumgänglichen Zwangswirtschaft zu erlangen und damit deren Folgen für Unternehmen und Arbeiterschaft zu mildern. Den staatlichen Stellen demgegenüber nutzte die Einbeziehung des Fachwissens, der Erfahrungen und der Geschäftskontakte der Privatwirtschaft in die neuartige Planwirtschaft. Entsprechend ihrer unterschiedlichen Interessenlagen versuchten sich Staat wie Industrie über die Gesellschaftsanteile und besondere Vertreter in den Gesellschaften, jeweils einen entscheidenden Einfluß auf die Geschäftstätigkeit zu sichern.

Die Vielzahl und Vielfalt der zu bewirtschaftenden Stoffe und die Tatsache, daß die staatlichen Stellen eine neue Kriegsgesellschaft regelmäßig erst als Reaktion auf einen akuten Versorgungsengpaß errichteten, führten - gerade zu Beginn des Krieges - zu einem wenig systematischen Vorgehen bei der Umsetzung der Zwangswirtschaft. Dennoch lassen sich, was die Gründungszeitpunkte der Gesellschaften betrifft, einige Gemeinsamkeiten feststellen.

Die erste Phase der Bewirtschaftung, etwa vom Kriegsausbruch im August 1914 bis Januar/Februar 1915, war einerseits noch sehr vom Improvisieren und Experimentieren, andererseits durch die besondere Initiative der K.R.A auf diesem Gebiet geprägt. Infolgedessen kam es in dieser Zeit zu der Herausbildung der vier verschiedenen Haupttypen und zu der Errichtung der meisten großen, vorbildlichen Kriegsgesellschaften, namentlich auf dem Gebiet der Rüstungswirtschaft[499]. Abgesehen von einigen zwischenzeitlichen Neugründungen und Umfirmierungen 1915 und zu Beginn 1916, bildete die zweite Hälfte des Jahres 1916 einen weiteren Gründungsschwerpunkt, diesmal auch unter entscheidender Federführung des Kriegsernährungsamtes und des Reichswirtschaftsamtes. Diese Gründungsphase erfolgte in unmittelbarem Zusammenhang mit dem Hindenburg-Programm sowie dem Erlaß des Hilfsdienstgesetzes. Errichtet wurden in dieser Zeit vor allem kleinere GmbHs für die einzelnen Rohstoffe bzw. Nahrungs- und Genußmittel, die oftmals die Geschäftsabteilungen von gleichlautenden Kriegs-

[499] Exemplarisch seien hier die Dt. Seeversicherungsgesellschaft von 1914 AG (gegr. Herbst 1914), Kriegsmetall AG (gegr. 02.09.1914), Kriegswollbedarf AG (gegr. 09.09.1914), Jute-Abrechnungsstelle (gegr. 15.09.1914), Kriegs-Chemikalien AG (gegr. 23.09.1914), Flachs-Abrechnungsstelle (gegr. 20.10.1914), Trockenkartoffel-Verwertungs GmbH (Teka, gegr. 24.10.1914), Kammwoll AG (gegr. 28.10.1914), Kautschuk-Abrechnungsstelle (gegr. 28.10.1914), Leinengarn-Abrechnungsstelle (gegr. 05.11.1914), Kriegs-Leder AG (gegr. 09.11.1914), Kriegsrohhaut AG (gegr. 23.11.1914), Kriegs- bzw. Reichsgetreidegesellschaft mbH (gegr. 25.11.1914), die Rohbaumwoll-Abrechnungsstelle (gegr. 08.01.1915) Tabak-Verwertungs GmbH (gegr. 15.01.1915), Zentral-Einkaufs GmbH (gegr. 25.01.1915), Kriegsschmieröl GmbH (gegr. Januar 1915), Baumwollgarn-Abrechnungsstelle (gegr. 18.02.1915), Dt. Holzvertriebs AG (gegr. 12.03.1915) und die Kriegs-Hadern AG (gegr. 17.03.1915) angeführt.

bzw. Reichsstellen darstellten[500]. Gegen Ende des Krieges und in der ersten Friedenszeit wurden schließlich weitere Kriegsgesellschaften vor dem Hintergrund der bevorstehenden Versorgungsschwierigkeiten während der Übergangswirtschaft und in Ergänzung zu den bereits bestehenden Organisationen gegründet[501].

Vergleicht man die rechtlichen Grundstrukturen der vier hier näher untersuchten typischen Kriegsgesellschaften, so lassen sich, was die grds. Machtverteilung zwischen Staat und Privatwirtschaft und die rechtlichen Voraussetzungen für die Zunahme des staatlichen Einflusses in der Gesellschaft betrifft, gewisse Gemeinsamkeiten feststellen.

Bei der K.M.A. sah der Gesellschaftsvertrag neben den zwingend vorgeschriebenen Organen (dem Vorstand, dem Aufsichtsrat und der Hauptversammlung) noch die Bildung einer Schätzungs- und Verteilungskommission beim Aufsichtsrat sowie die Bestellung von staatlichen Kommissaren vor. Gegenüber dem gesetzlichen Regelfall bestand bei der K.M.A. darüber hinaus die Besonderheit, daß der Vorstand als das eigentliche Leitungs- und Führungsorgan der Aktiengesellschaft in Bezug auf die Geschäftsführungsbefugnis nicht nur den Beschränkungen des Gesellschaftsvertrages und entsprechenden Beschlüssen der Generalversammlung unterlag, sondern auch noch an die Weisungen des Aufsichtsrats gebunden war[502]. Die Funktion des Aufsichtsrates beschränkte sich mit anderen

---

[500] Protol GmbH (gegr. 18.05.1916), Kriegswirtschafts AG (gegr. 10.06.1916), Gesellschaft für dt. Milchkraftfutter GmbH (gegr. 26.06.1916), Kriegs-Rübensaft GmbH (gegr. 06.07.1916), Nesselfaser-Verwertungs GmbH (gegr. 06.07.1916), Kriegsgesellschaft für Obstkonserven und Marmeladen GmbH (gegr. 12.07.1916), Kriegsgesellschaft für Teichfischverwertung GmbH (gegr. 12.07.1916), Kriegsgesellschaft für Weinobsteinkauf und -verteilung GmbH (gegr. 14.07.1916), Kriegsgesellschaft für Sauerkraut GmbH (gegr. 15.07.1916), Kriegsgesellschaft für Dörrgemüsse mbH (gegr. 17.07.1916), Gemüsekonserven-Kriegs-GmbH (gegr. 20.07.1916), Reichsstelle für Speisefette, Geschäftsabt. GmbH (gegr. 20.07.1916), Reichshülsenfruchtstelle GmbH (gegr. 25.07.1916), Reichssackstelle, Geschäftsabteilung GmbH (gegr. 27.07.1916), Braunstein-Versorgungs GmbH (gegr. 31.07.1916), Reichslederhandels GmbH (gegr. 01.08.1916), Reichsgerstengesellschaft mbH (gegr. 03.08.1916), Manganerz GmbH (gegr. 14.09.1916), Eisenzentrale GmbH (gegr. 30.09.1916), Baumwoll-Abrechnungsstelle (gegr. 01.10.1916), Mineralölversorgungs GmbH (gegr. 06.10.1916), Dt. Tabakhandels GmbH (gegr. 10.10.1916), Reichszuckerausgleichs GmbH (gegr. 25.10.1916), Kriegsnährmittelgesellschaft mbH (gegr. 18.11.1916), Kriegsphosphat GmbH (gegr. November 1916), Reichsstelle für Papierholz GmbH (gegr. 30.11.1916), Zellkoll GmbH (gegr. 30.11.1916), Sattlerleder GmbH (gegr. 06.12.1916) u.a.

[501] Beispielhaft seien an dieser Stelle die Weinhandels GmbH (gegr. März 1918), die Europäische Handels GmbH (gegr. Mai 1918), die Faserstoffvertriebs GmbH (gegr. August 1918), die Dt. Transportzentrale GmbH (gegr. 20.12.1918), die Branntweinsicherungs GmbH (gegr. 18.01.1919), die Devisenbeschaffungsstelle GmbH (gegr. 13.08.1919), die Textilnotstandsversorgungs GmbH (gegr. 27.10.1919) und die Reichsschuhversorgungs GmbH (gegr. 1919) erwähnt.

[502] Vgl. dazu bereits den 2. Abschnitt A. III. 1., 2. Diese Unterordnung des Vorstandes unter den Aufsichtsrat war nicht nur bei den Kriegsgesellschaften, sondern auch bei anderen ge-

Worten bei der K.M.A. nicht nur auf die Überwachung und Beaufsichtigung der Verwaltung, sondern erstreckte sich sogar auch auf die eigentlichen Verwaltungsbefugnisse selbst. Infolgedessen entschieden faktisch die Machtverhältnisse im Aufsichtsrat über die gesamte Geschäftstätigkeit der K.M.A.[503] Dort wie auch in der bedeutenden Schätzungs- und Verteilungskommission bestimmten aber de facto die staatlichen Kommissare aufgrund ihrer dominierenden Stellung, die ihnen der Gesellschaftsvertrag einräumte (Vetorecht), das Geschehen[504]. Der in der Hauptversammlung verkörperten Gesamtheit der Aktionäre kam demgegenüber entgegen der gesetzlichen Konzeption des HGB in der Praxis nur eine untergeordnete Bedeutung zu. Insgesamt läßt sich also bei der K.M.A. eine Dominanz des staatlich kontrollierten Aufsichtsrats feststellen. Damit waren neben der tatsächlichen Verfügungsmacht der Kriegsrohstoffabteilung über die Rohstoffe infolge der Beschlagnahmungen die rechtlichen Voraussetzungen für eine staatliche Beherrschung der Metallwirtschaft gegeben.

Die rechtliche Ausgestaltung der Reichsgetreidestelle, Geschäftsabteilung GmbH, als typische Vertreterin der Kriegsgesellschaften mbH, wurde im wesentlichen durch die umfassende gesellschaftsvertragliche Gestaltungsfreiheit geprägt. Diese äußerte sich insbesondere darin, daß lediglich Geschäftsführung und Ge-

---

mischtwirtschaftlichen Unternehmungen verbreitet (dazu Prenzel, Der Aufsichtsrat bei gemischt-wirtschaftlichen Unternehmungen, S. 56 mit Beispielen).

[503] Über die Stellung und Funktion des Aufsichtsrats bei gemischtwirtschaftlichen Unternehmungen im allgemeinen vgl. Passow, Gemischt private und öffentliche Unternehmungen, S. 162-169. Tatsächlich sei der Aufsichtsrat überhaupt keine Kontrollinstanz mehr, sondern stelle vielmehr aufgrund seiner Anteilnahme an der Verwaltung des Unternehmens eine Fortsetzung des früher allgemein vorkommenden Verwaltungsrates dar und spiele infolgedessen bei den meisten gemischtwirtschaftlichen AG (und GmbH) eine erhebliche Rolle (S. 163). Es sei für die Beteiligten von größter Wichtigkeit, ob und in welchem Umfang die einzelnen Gesellschafter im Aufsichtsrat vertreten sind. Ebenso Passow, Aktiengesellschaft, S. 387ff. (433f. und 460f.), der hier unter Berufung auf die Motive zur Aktiennovelle von 1884, aber auch unter Berufung auf die tatsächlichen Ausgestaltungen der Machtverteilung in den großen Aktiengesellschaften den Aufsichtsrat als „Kontrollorgan mit Zulassung der Funktion eines Verwaltungsrats“ bezeichnet. Dazu auch Passow, Bedeutung und Organisation der Aktiengesellschaft, S. 144ff. und Passow, Der Aufsichtsrat als Verwaltungsorgan der Aktiengesellschaft, S. 444ff. sowie Prenzel, Der Aufsichtsrat bei gemischtwirtschaftlichen Unternehmungen, S. 55ff. Roth, Kriegsgesellschaften, S. 137ff. (139), geht dagegen davon aus, daß die Aufsichtsräte in den Kriegsgesellschaften nicht die umfassenden Unternehmer- und Kontrollfunktionen wahrnahmen, die ihnen zugedacht waren. Als Begründung führt sie die Praxis der Kontrolltätigkeit bei der K.M.A. und der Kriegschemiekalien AG an, relativiert ihre Aussage allerdings wieder im Hinblick auf die K.M.A. Zumindest, was die rechtliche Ausgestaltung der Kriegsgesellschaften betraf, blieb der Aufsichtsrat jedoch stets das entscheidende Organe der Gesellschaft.

[504] Zu den Möglichkeiten der Einflußnahme öffentlicher Körperschaften auf den Aufsichtsrat einer gemischtwirtschaftlichen Aktiengesellschaft im allgemeinen, den praktischen Schwierigkeiten und der rechtlichen Zulässigkeit dieser Möglichkeiten Bergmann, Einflußnahme, §§ 1-5, 7, 8, 11.

sellschafterversammlung zwingend vorgeschriebene Organe der Gesellschaft waren. Andere, wie etwa ein Aufsichtsrat, hingen dagegen, was das Ob und das Wie betraf, allein vom Willen der Gesellschafter ab. Demzufolge war es bei der GmbH unproblematisch möglich, das Machtverhältnis in der Gesellschaft einseitig zum Vorteil des Aufsichtsrates auszugestalten, etwa dadurch, daß dieser ein umfassendes Widerspruchsrecht oder sogar ein ganz konkretes Weisungsrecht gegenüber der Geschäftsführung erhielt. In der Praxis machten die Kriegs-GmbH von diesen Gestaltungsmöglichkeiten in erheblichem Umfange Gebrauch mit der Folge, daß sich Stellung und Funktion des Aufsichtsrats bei den Kriegs-AG und den Kriegs-GmbH weitgehend ähnelten. Jeweils entschieden die Machtverhältnisse im Aufsichtsrat faktisch über die Beherrschung der Gesellschaft. Allerdings fehlten im Aufsichtsrat der R.G. die für die K.M.A. charakteristischen staatlichen Kommissare. Hier sicherte sich der Staat stattdessen seine Einflußmöglichkeiten über die Rechte der Verwaltungsabteilung und die enge Verbindung der beiden Abteilungen der Reichsgetreidestelle untereinander[505]. Der Gesellschafterversammlung kam auch bei der R.G. in der Praxis nicht die nach der gesetzlichen Konzeption des GmbHG vorgesehene Bedeutung zu.

Bei der Kautschuk-Abrechnungsstelle gestalteten sich die Einflußmöglichkeiten des Staates wesentlich unkomplizierter und direkter. Die Deutsche Bank, der die Abrechnungsstelle als bloße eigenständige Finanzierungs- und Abrechnungsabteilung angegliedert war, unterwarf sich den Instruktionen des Kriegsministeriums und hatte - abgesehen von einer 2%igen Pauschalgebühr - kein eigenes Interesse an der weiteren Bewirtschaftung. Die von der zwangsweisen Bewirtschaftung betroffenen Betriebe waren im Unterschied zu den Kriegs-AG und -GmbH an der Abrechnungsstelle direkt nicht beteiligt. Ihnen verblieb lediglich die Möglichkeit, ihre Interessen in dem Überwachungsausschuß sowie in der Schätzungs- und Verteilungskommission geltend zu machen. Allerdings dominierten dort wieder die staatlichen Kommissare aufgrund ihrer umfassenden Einspruchsbefugnisse.

Ähnlich stellte sich die Situation beim Kriegsausschuß der Dt. Baumwollindustrie dar. Im Grundsatz handelte es sich dabei zwar um eine Art Selbstverwaltungskörper der Baumwollindustrie, in dem sich auf Anregung des Kriegsministeriums die Vertrauensleute der verschiedenen betroffenen Industriezweige organisiert hatten. Diese Selbstverwaltung stand aber unter erheblicher direkter staatli-

---

[505] Übernahme des Vorsitzes im Aufsichtsrat durch den Vorsitzenden des Direktoriums der neugeschaffenen Verwaltungsabteilung der Reichsgetreidestelle, teilweise Ernennung der Mitglieder durch den Reichskanzler anstelle einer Wahl aus der Mitte des Aufsichtsrats, Weisungsrecht der Verwaltungsabteilung gegenüber der Geschäftsabteilung, Ämterhäufung in der Person des Unterstaatssekretärs Michaelis. Mit den Möglichkeiten, Schwierigkeiten und der Zulässigkeit der Einflußnahme öffentlicher Körperschaften auf den Aufsichtsrat einer gemischtwirtschaftlichen GmbH im allgemeinen befaßt sich näher Bergmann, Einflußnahme, §§ 6, 9, 12.

cher Einflußnahme. So trat etwa bereits in der Gründungsversammlung des Kriegsausschusses anstelle einer Wahl der 30 Mitglieder durch die Anwesenden die Ernennung durch das Preußische Kriegsministerium. Darüber hinaus unterlag, wie bei den zuvor genannten Gesellschaften, die gesamte Geschäftstätigkeit des Kriegsausschusses der unmittelbaren Aufsicht durch einen staatlichen Kommissar. Und schließlich besaß der Kriegsausschuß selbst keine Rechtsfähigkeit, sondern konnte nur dem Reich als dem nach außen handelnden Rechtssubjekt unverbindliche Ratschläge erteilen.

Zusammenfassend läßt sich also festhalten, daß, so verschiedenartig die zu bewirtschaftenden Stoffe, die Gründungsmotivationen und die rechtliche Ausgestaltung der Kriegsgesellschaften im Einzelfall auch waren, die staatlichen Stellen sich in den jeweiligen Statuten insbesondere mit den Bestimmungen über den Aufsichtsrat (bei den Kriegshandelsgesellschaften) und die Kommissare (bei allen Kriegsgesellschaften) eine günstige rechtliche Ausgangsposition für eine entscheidende Einflußnahme auf die Geschäftstätigkeit geschaffen hatten. Darüber hinaus besaßen die staatlichen Stellen aufgrund ihrer faktischen Verfügungsgewalt über die beschlagnahmten Rohstoffe sowie aufgrund der Höchstpreisfestsetzungsbefugnis zwei weitere Druckmittel gegenüber der Privatwirtschaft.

In Ergänzung hierzu setzte in der ersten Hälfte des Jahres 1915 eine erhebliche Umstrukturierung und Spezialisierung der Kriegswirtschaft verbunden mit einer Verlagerung von Kompetenzen von den privatrechtlich organisierten Kriegsgesellschaften hin zu den staatlichen Stellen ein[506]. Die Kriegsgesellschaften entwickelten sich damit zusehends zu bloßen staatlich gelenkten, abhängigen Hilfsorganisationen der Kriegswirtschaftsverwaltung, und die in ihnen organisierte Privatwirtschaft war so an immer weniger grundlegenden Entscheidungsprozessen beteiligt.

Die K.M.A. etwa verlor mit der Errichtung der Metallmeldestelle im Januar 1915 schon sehr früh die Zuständigkeit für die gesamte Rohstofferfassung und den damit verbundenen statistischen Tätigkeiten. Infolgedessen wurden ihr faktisch die Grundlagen für die Ausarbeitung des Wirtschaftsplanes sowie für die Vorbereitung von einzelnen Bewirtschaftungsmaßnahmen entzogen. Mit der ebenfalls im Januar 1915 errichteten Vertrauenskommission bei der Schätzungs- und Verteilungskommission beschnitt man darüber hinaus die Einflußmöglichkeiten der Aktionäre auf die Rohstoffverteilung. Die formale Ausgliederung die-

---

[506] Die Zunahme des staatlichen Einflusses beschreibt auch Roth, Kriegsgesellschaften, S. 150ff., unter Berücksichtigung der Umstrukturierungen bei der K.M.A., bei der Kriegschemikalien AG und auf dem Gebiet der Eisenbewirtschaftung. Trotz der im Herbst 1914 weitgehend offenen Ausgangslage der Gesellschaften begann „im Frühjahr 1915 der Prozeß der Unterordnung der Kriegsgesellschaften unter die Behörden, ihre Instrumentalisierung als Ausführungsorgane." „Die Gesellschaften entwickelten sich nicht zu eigenständigen Vermittlern zwischen Wirtschaft und Staat, sondern zu Instrumenten der Behörden, um die Unternehmen in ihre Planungen einzubeziehen" (S. 155f.).

ses Aufgabenbereichs aus der K.M.A. erfolgte ein halbes Jahr später mit der Schaffung des Zuweisungsamtes bei der Metallmeldestelle des Kriegsministeriums. Des weiteren verhinderte die im Mai 1915 errichtete Metallmobilmachungsstelle, daß die K.M.A. sich mit diesem zunehmend an Bedeutung gewinnenden Sachgebiet auseinandersetzten konnte. Schließlich verlagerte man sogar die letzte verbliebene Zuständigkeit der K.M.A., die Gutachtertätigkeit hinsichtlich der Anträge auf Freigabe für Friedenszwecke zur Vorbereitung der Entscheidung durch die Kriegsrohstoffabteilung, auf die neugeschaffene Metall-Freigabestelle für Friedenszwecke beim Reichsamt des Innern (August 1915). Der K.M.A. verblieb lediglich die kaufmännisch-technische Durchführung der von der Verwaltung beschlossenen Geschäfte.

Auf dem Gebiet der Getreidewirtschaft führte die Errichtung der Reichsgetreidestelle im Juni 1915 zur Umwandlung der bis dahin selbständigen Kriegsgetreidegesellschaft mbH zu deren Geschäftsabteilung. Damit unterlag die K.G. von nun an vollständig der direkten Aufsicht und Kontrolle der neugeschaffenen Verwaltungsabteilung. Diese vereinigte in sich praktisch die auf dem Metallsektor separat bestehenden speziellen staatlichen Stellen und Ämter. Zusätzlich zu dieser organisatorischen Einbindung der Kriegsgesellschaft in die Verwaltungsstrukturen sorgte das Zusammenfallen der Ämter des vom Reichskanzler zu ernennenden Präsidenten der Reichsgetreidestelle, des Leiters der Verwaltungsabteilung und des Aufsichtsratsvorsitzenden bei der Geschäftsabteilung in der Person Michaelis zu einer erheblichen Stärkung der Position des Staates. An Zuständigkeiten verblieb der Gesellschaft nach der Umstrukturierung nur die kaufmännisch-technische Abwicklung der Bewirtschaftung nach Maßgabe der hoheitlichen Anordnungen.

Eine vergleichbare Entwicklung wie auf dem Metallsektor läßt sich auch bei der Kautschuk-Abrechnungsstelle feststellen. Ihr Aufgabenbereich erstreckte sich ursprünglich auf die Erledigung der geschäftlichen und finanziellen Angelegenheiten der Kautschukbewirtschaftung sowie auf die Beratung, Vorbereitung und Entscheidungsfindung in Bezug auf die Bewirtschaftungsmaßnahmen. Letzteres waren Aufgaben, die von dem Überwachungsausschuß und der Schätzungs- und Verteilungskommission wahrgenommen wurden. In beiden dominierten allerdings wieder die staatlichen Kommissare aufgrund ihrer umfassenden Einspruchsbefugnisse. Im Verlauf des ersten Halbjahres 1915 errichtete die Kriegsrohstoffabteilung zudem die Kautschukmeldestelle (Januar 1915) und die Fabrikationskontrolle (Juni 1915)[507]. Entsprechend ihrer Bezeichnung oblag diesen die Wahrnehmung der verwaltungstechnischen Aufgaben wie die Bearbeitung der Bestandser-

[507] Auf die Errichtung der sonstigen nichtstaatlichen Kriegswirtschaftsorganisationen (das Kautschuk-Konsortium (Juli 1915) und den Kriegsausschuß der Dt. Kautschukindustrie (17.12.1915)) wird dagegen hier nicht weiter eingegangen. Vgl. dazu im einzelnen den 2. Abschnitt (C. IV.).

hebungen und die Kontrolle der Bestände, die Steuerung der Kautschukverteilung an die verarbeitenden Betriebe, die Feststellung des konkreten Kautschukbedarfs und die Überwachung der Fabrikation. Praktisch übernahmen die beiden Stellen damit die Aufgaben des Überwachungsausschusses und der Schätzungs- und Verteilungskommission. Infolgedessen beschränkte sich die Tätigkeit der Abrechnungsstelle wie schon bei der K.M.A. und der R.G. nur noch auf die kaufmännische und finanzielle Abwicklung der Geschäfte nach Maßgabe der hoheitlichen Anordnungen.

Angesichts der besonderen Gründungsmotivation und der von vornherein begrenzten Funktionen des Kriegsausschusses der Dt. Baumwollindustrie in der Kriegswirtschaft fielen die Umstrukturierungsmaßnahmen auf diesem Gebiet geringer aus. Hintergrund der Errichtung im Juli 1915 war es gewesen, die uneinheitliche und dezentral strukturierte Baumwollbranche zentral zu organisieren und an der Kriegswirtschaft zu beteiligen. Schwerpunktmäßig sollte der Kriegsausschuß der Kriegsrohstoffabteilung in Fragen der Baumwollbewirtschaftung beratend zur Seite stehen und gleichzeitig als industrielle Interessenvertretung für eine ausreichende Berücksichtigung der Unternehmerbelange bei der Auftragsverteilung sorgen. Der Kriegsausschuß beteiligte sich dabei lediglich an der Vorbereitung der Verteilung. Die eigentliche Vergabe der Heeresaufträge erfolgte ausschließlich durch die Kriegsrohstoffabteilung, so daß dieser entscheidende Aufgabenbereich - anders als bei den vorgenannten Kriegsgesellschaften - gar nicht auf eine staatliche Stelle verlagert werden mußte. Darüber hinaus stellten auch beim Kriegsausschuß staatliche Kommissare des Kriegsministeriums sicher, daß sich im Zweifel allein die staatlichen Interessen durchsetzten. Im Übrigen befand sich seit der Errichtung der Baumwollbedarfsprüfungsstelle praktisch die gesamte Koordinierung und Kontrolle des Bedarfs und Verbrauchs an Baumwolle in staatlicher Hand[508].

Hintergrund für die dargestellte Zunahme des staatlichen Einflusses auf die Kriegsgesellschaften über die Aufsichtsräte, die Kommissare, die faktische Rohstoffbeherrschung, die Höchstpreisgesetzgebung sowie aufgrund der neuerrichteten staatlichen Stellen war einmal die sich ständig verschlechternde Versorgungssituation insgesamt und die dadurch bedingte notwendige Intensivierung der Kriegswirtschaft unter zentraler staatlicher Kontrolle und Aufsicht. Darüber hinaus provozierte gerade zu Beginn des Krieges das Verhalten der in den Kriegsgesellschaften organisierten Vertreter der Industrie eine entsprechende Reaktion der staatlichen Stellen. Nach ihrem Verständnis handelte es sich bei den Kriegsgesellschaften vor allem um die Organisationsform, mittels der sich die Privatwirt-

[508] Weitere an der Bewirtschaftung der Baumwolle beteiligte Kriegswirtschaftsorganisationen waren die Baumwoll-Abrechnungsstelle (gegr. Oktober 1916), die Baumwoll-Importgesellschaft mbH (gegr. August 1915), die Deutsch-Orientalische-Handelsgesellschaft und die Aktiengesellschaft zur Verwertung von Stoffabfällen (gegr. Februar 1915). Vgl. dazu im einzelnen den 2. Abschnitt (D.V.).

schaft an der Kriegswirtschaft beteiligte und die gleichzeitig als Interessenvertretungen für eine ausreichende Berücksichtigung der Unternehmerbelange in Fragen betreffend Bewirtschaftungsmaßnahmen, der Preisgestaltung und der Rohstoffverteilung zu sorgen hatten. Die staatlichen Maßnahmen stellten sich mit anderen Worten lediglich als Reaktion auf ein entsprechendes Vorverhalten der Industriellen dar.

Die einsetzende staatliche Höchstpreisgesetzgebung etwa rechtfertigte Rathenau, selbst Initiator der Kriegswirtschaft und Mitgründer der K.M.A., in seiner Funktion als Chef der Kriegsrohstoffabteilung und Kommissar bei der K.M.A. angesichts des egoistischen Verhaltens der Industrie folgendermaßen: „Anstatt diesen Verhältnissen[509] Rechnung zu tragen und sich mit dem normalen Nutzen zu begnügen, haben die Firmen, unbekümmert um die allgemeinen Interessen und die gesunden kaufmännischen Grundsätze, ihre Forderungen beliebig gesteigert. Es können auch nicht die Importpreise zur Erklärung der Inlandspreise herangezogen werden, da in einer Reihe von Fällen bekanntgeworden ist, daß ausländische Firmen im Begriff waren, zu niedrigeren Preisen zu liefern, und erst durch die hohen Inlandspreise veranlaßt wurden, gleichfalls höhere Forderungen zu stellen. Hinzu kommt, daß infolge der unabsehbaren Preissteigerung die Firmen mit ihrem Lager zurückhalten und daher Kriegslieferanten in vielen Fällen keine Möglichkeit haben, sich das nötige Material zu beschaffen. Diese Verhältnisse beweisen, daß die Privatindustrie in sich nicht die Kraft besitzt, diesen Mißständen erfolgreich entgegenzuarbeiten, und daß daher eine behördliche Festsetzung der Maximalpreise eine unbedingte Notwendigkeit ist.“[510] Rathenau verstand also den zunehmenden staatlichen Einfluß auf die Preisgestaltung als notwendiges Korrektiv zu den auf Gewinnmaximierung ausgerichteten eigennützigen Interessen der Privatwirtschaft.

Ähnlich stellte sich die Situation in Bezug auf die Rohstoffzuteilung dar. Bei dieser für den Fortbestand des einzelnen verarbeitenden Unternehmens zentralen Frage wurde die z.T. vereinbarte vorrangige Berücksichtigung der Interessen der Aktionäre bei der Aufteilung der verfügbaren Bestände und das entsprechende

---

[509] Gemeint war damit die Störung der freien Preisbildung nach Marktgesetzen aufgrund der Tatsache, daß im Krieg im wesentlichen nur ein Abnehmer (der Staat) in Betracht kam und dieser unter allen Umständen zu kaufen gezwungen war, andererseits die Versorgungsnotlage ein breites Angebot unmöglich machte.

[510] Schreiben der Kriegsrohstoffabteilung, im Entwurf gez. Rathenau, an die K.M.A. vom 04. November 1914, also bereits zwei Monate nach deren Errichtung (bei Demeter, Kriegsmetall AG, S. 18).

Verhalten in der Praxis zum Anlaß ständiger Kritik[511]. Auch hier war der Staat im Interesse der Allgemeinheit gehalten, korrigierend einzugreifen[512].

Schließlich provozierte auch die nicht hinreichend wirtschaftliche Geschäftsführung der Kriegsgesellschaften eine Reaktion der staatlichen Stellen. So forderte etwa der Staatssekretär des Reichsschatzamts im Oktober 1916, „daß die Aufsicht über die Kriegsgesellschaften wirksamer gestaltet und durch Abstellung aller Mißstände der Öffentlichkeit die beruhigende Gewissenheit verschafft wird, daß die vom Reiche und letzten Endes von der Allgemeinheit bereitgestellten Mittel nach jeder Richtung hin eine vorsichtige und wirtschaftlich vernünftige Verwendung finden. Demgemäß werden die Kriegsstellen und -gesellschaften sich mehr als bisher vor Augen halten müssen, daß sie - wie ihnen die Statuten mehrfach ausdrücklich zur Pflicht machen - *zwar gemeinnützig, aber nach wirtschaftlichen Gesichtspunkten zu arbeiten haben*." Zudem bedürfe es „einer maßgebenden Mitwirkung des Reichs hinsichtlich einer - auch vom finanziellen Standpunkt - einwandfreien Geschäftsführung sowohl 1) bei der Durchführung der der einzelnen Kriegsstelle zugewiesenen Aufgabe, als auch 2) bei den geschäftlichen (kaufmännischen) Maßnahmen, die namentlich dem finanziellen Aufbau des Geschäfts dienen.(...). Die Mitwirkung des Reichs an der Kriegswirtschaft würde nach beiden Richtungen hin der für die Kriegswirtschaft gewählten Form der privatwirtschaftlichen Unternehmung am meisten entsprechen, wenn sie in dem Einfluß zum Ausdruck käme, der durch das natürliche Stimmenverhältnis oder durch statutarische Sonderrechte dem Reiche in dem für die Geschäftsführung maßgebenden Organ (...) eingeräumt ist." Um einen entsprechenden Reichseinfluß zu sichern sei es letztlich erforderlich, „die Statuten der Reichsgesellschaften allgemein dahin zu ändern, daß sämtliche Fragen von grundlegender finanzieller Bedeutung 1) der Zuständigkeit des Aufsichtsrats vorbehalten und 2) von der Zustimmung der Vertreter des Reichs (des Aufsichtsressorts und des Reichsschatzamts) abhängig gemacht werden."[513]

Wenige Monate zuvor waren auf Anregung des Kriegsministeriums (Kriegsrohstoffabteilung) sogar einheitliche Richtlinien für die Beaufsichtigung der Ge-

[511] Vgl. dazu insbesondere Punkt 3 der Geschäftsordnung der Schätzungs- und Verteilungskommission bei der K.M.A., 2. Abschnitt A.III.5.

[512] Bei der K.M.A. reagierte die Kriegsrohstoffabteilung auf die Verteilungspraxis mit der Errichtung der Vertrauenskommission bei der Schätzungs- und Verteilungskommission im Januar 1915 (2. Abschnitt A. V.1.). Die Vertrauenskommission selbst ging ein halbes Jahr später (27. Juli 1915) in dem neu gegründeten Zuweisungsamt bei der Metallmeldestelle des Kriegsministeriums auf.

[513] Schreiben des Staatssekretärs des Reichsschatzamts vom 25.10.1916 an den Staatssekretär des Innern (BA R 3101 Bd. 3461 S. 2-13). Hervorhebung im Original. Hintergrund für diese Forderung war die nach Ansicht des Staatssekretärs verbreitete Praxis bei den Kriegsgesellschaften, zur Vermeidung öffentlicher Kritik, Überschüsse möglichst nicht mehr zu erwirtschaften bzw. zumindest nicht mehr in der Bilanz auszuweisen. Infolgedessen fehlte in den Geschäftsleitungen regelmäßig das Bewußtsein, sparsam zu haushalten.

schäftsführung der Kriegsrohstoffgesellschaften ausgearbeitet worden[514]. Wegen der „besonders grossen Verantwortlichkeit dieser Monopolgesellschaften“ sei danach eine „sorgsame Beaufsichtigung der Geschäftsführung der Kriegsrohstoffgesellschaften durch ihre Aufsichtsorgane (...) erforderlich“, auch wenn sich letztlich „mit Rücksicht auf die Verschiedenheit der Rohstoffe, welche bewirtschaftet werden, die Größe des Geschäftsbetriebes usw. (ein) für alle Gesellschaften passendes Schema“ nicht aufstellen läßt[515]. Als Gegenstände der Überwachung führte die Kommission insbesondere die Rohstoffverteilung, die Einkäufe im In- und Ausland, Geschäfte mit den Firmen oder mit Verwandten von Angestellten oder sonstigen Mitgliedern der Gesellschaftsorgane, Gehälter, Tantiemen etc. an[516].

Die zunehmenden staatlichen Kontrollen und Aufsichtsrechte sowie die immer systematischer betriebene Umstrukturierung der Kriegswirtschaft und Umfunktionierung der Kriegsgesellschaften zu bloßen abhängigen, geschäftlichen Hilfsorganisationen der Verwaltungsstellen wurden charakteristisch für die Kriegswirtschaft des Ersten Weltkrieges[517].

Trotz der zum Teil massiven Kritik an den Kriegsgesellschaften bestand für die staatlichen Stellen im Grundsatz keine Veranlassung, von dem zu Beginn des Krieges eingeschlagenen Weg der gemischtwirtschaftlichen Kriegswirtschaftsorganisation abzurücken[518]. Die Vorteile dieser Organisationsform führten vielmehr dazu, daß in sämtlichen von der Kriegswirtschaft erfaßten Lebensbereichen in Ergänzung zu den neuerrichteten Verwaltungsstellen regelmäßig auch eine spezielle kaufmännisch-technische Bewirtschaftungsgesellschaft geschaffen wurde. Konkret bestanden die Vorzüge für den Staat dabei in folgendem[519]:

---

514 Abgedruckt in der Anlage eines Schreibens der Kriegsrohstoffabteilung an den Geschäftsführer des Kriegsausschusses der Deutschen Baumwollindustrie vom 19. August 1916 (BA R 8727 Bd. 1 ohne Paginierung). Diese Richtlinien waren das Ergebnis von Beratungen einer speziell hierfür eingesetzten Kommission vom 20. Juli und 14. August 1916.

515 Punkt 1) und 2) der Richtlinien.

516 Punkt 7) a)-g) der Richtlinien.

517 Zu den Kontrollmechanismen in der Kriegswirtschaft im allgemeinen (direkte Kontrolle durch die Militärbehörden, mittelbare staatliche Kontrolle durch Revisoren, Beauftrage und Kommissare, parlamentarische Kontrolle) und deren praktische Umsetzung in der Metall-, Chemie und Eisen- und Stahlindustrie, vgl. Roth, Kriegsgesellschaften, S. 321ff., 340ff., 367ff.

518 Die gesamte Kritik an der Organisation und Vorgehensweise der Kriegswirtschaft darzustellen, würde den Rahmen dieser Arbeit sprengen. Nahezu jede an der öffentlichen Diskussion beteiligte Gruppe (Parteien, Industrie, Handel, Gewerkschaften, Militärs u.a.) hatte Einbußen durch das System der Zwangs- und Planwirtschaft hinzunehmen und konzentrierte sich bei ihren Vorwürfen vor allem auf die Geschäftstätigkeit der neuartigen Kriegsgesellschaften.

519 Dazu auch Bruck, Kriegsunternehmung, S. 561f. Die Motive für das Zusammengehen von Privaten und öffentlichen Körperschaften in gemischtwirtschaftlichen Unternehmungen im

Zunächst einmal führte die Errichtung von Kriegsgesellschaften zu einer nicht unerheblichen direkten Entlastung der Verwaltung. Nahezu die gesamte Durchführung und Abwicklung der angeordneten Bewirtschaftungsgeschäfte konnte von vornherein aus deren Aufgabenbereich ausgeklammert und den gemischtwirtschaftlichen Kriegsgesellschaften überlassen werden (Hilfs- und Unterstützungsfunktion der Kriegsgesellschaften). Gleichzeitig gelang es auf diese Weise, den kaufmännischen Sachverstand, die Erfahrungen und die Geschäftskontakte der Industriellen bei der Ausarbeitung sowie bei der späteren Durchführung der Bewirtschaftungsmaßnahmen einzubringen. Darüber hinaus sorgte die Beteiligung der Privatwirtschaft an der Kriegswirtschaft für eine insgesamt breitere Akzeptanz und damit auch Effektivität der staatlichen Eingriffe. Zudem führte das unternehmerische Denken zu einer gewissen Flexibilisierung in der Arbeitsweise der Kriegsstellen und -gesellschaften. Schließlich gelang es, dort, wo die Kriegsgesellschaften auch die Funktion von industriellen Selbstverwaltungskörpern übernahmen, die einzelnen Betriebe stärker für die Kriegswirtschaft zu motivieren[520]. Insgesamt stellten sich demnach die Kriegsgesellschaften aus der Sicht des Staates als ideale Organisationsform dar, in der sich die öffentlichen Kräfte und die der Privatwirtschaft zusammenschließen konnten, um gemeinsam die Versorgungsprobleme in den einzelnen Rohstoffgebieten zu bewältigen. Auf diese Weise erreichte man eine einmalige Zusammenarbeit von Reich, Bundesstaaten und Kommunalverwaltungen sowie Industrie und Handel und sogar z.T. auch der Arbeiterschaft. Sozial- wie innenpolitischen Konflikten konnte so entgegengewirkt werden.

An der Finanzierung der Kriegswirtschaft waren die Kriegsgesellschaften darüber hinaus folgendermaßen beteiligt[521]: zum einen konnte durch die Einbeziehung von privaten Unternehmen aus den Bereichen Industrie, Handel und Banken privates inländisches Kapital unmittelbar mobilisiert werden. Zusammen mit den Geldern der öffentlichen Hand, die ebenfalls in der Regel Gesellschaftsanteile übernahm, nahmen dann die Kriegsgesellschaften in der Sache öffentliche Bewirtschaftungsaufgaben wahr, für die an sich eigens neue Verwaltungsstrukturen hätten geschaffen werden müssen. Darüber hinaus fiel regelmäßig das in den Kriegsgesellschaften steckende Fremdkapital im Verhältnis zu dem verantwortlichen Eigenkapital besonders hoch aus, so daß mit den nur geringen investierten öffentlichen Mitteln de facto eine enorme Geschäftstätigkeit finanziert werden konnte und auf diese Weise dem Staat erhebliche direkte Ausgaben erspart blie-

---

allgemeinen sind dargestellt bei Passow, Gemischt private und öffentliche Unternehmungen, S. 127-142.

520 Gemeint war damit insbesondere der Kriegsausschuß der Dt. Baumwollindustrie (2. Abschnitt, D.). Die nur begrenzten Befugnisse des Kriegsausschusses sowie die dargestellte Zunahme des staatlichen Einflusses schränkten allerdings diesen Effekt wieder ein.

521 Zum Finanzierungsaspekt bei gemischtwirtschaftlichen Gesellschaften im allgemeinen vgl. Passow, Gemischt private und öffentliche Unternehmungen, S. 153-155.

ben[522]. Dieser Effekt verstärkte sich noch dadurch, daß auf das Stammkapital typischerweise nur 25% eingezahlt wurden. Zusätzlich zu dieser direkten Finanzierung konnten die Kriegsgesellschaften oftmals auch mittelbar beitragen, etwa, indem sie ihre Geschäftspartner oder Gesellschafter zur Zeichnung von Kriegsanleihen veranlaßten.

Demgegenüber wollte sich der Staat an dem Geschäftsbetrieb der Gesellschaften selbst nicht bereichern[523]. Nach seinem Verständnis handelte es sich bei den Kriegsgesellschaften nicht um eine zusätzliche Einnahmequellen, sondern nur um die Organisationsform mittels der sich die Privatwirtschaft an der Kriegswirtschaft beteiligte und der Verwaltung Aufgaben abnahm[524]. Zwar sahen die Statuten regelmäßig vor, daß ein evtl. Überschuß im Falle der Auflösung der Gesellschaft dem Reich zufallen sollte, allerdings war dessen Verwendung zweckgebunden, insbesondere zugunsten der Kriegs- und Hinterbliebenenversorgung. Darüber hinaus übernahm das Reich im Gegenzug das Risiko etwaiger Verluste aus dem jeweiligen Geschäftsbetrieb der Gesellschaft[525]. Den Gesellschaftern war damit neben der geringen Verzinsung ihrer Einlagen auch die Rückzahlung derselben sicher. Schließlich übernahm das Reich sogar vereinzelt Garantien gegenüber Vertragspartnern der Kriegsgesellschaften, um so bestimmte Geschäfte oder Kreditaufnahmen der Gesellschaften überhaupt erst zu ermöglichen. Voraussetzung für eine konkrete Zahlung seitens des Reichs war stets die Überweisung entsprechender Listen und Zusammenstellungen an die Kriegsrohstoffabteilung

---

[522] Zur Verdeutlichung seien in diesem Zusammenhang noch einmal exemplarisch die äußerst kapitalintensiven Einkäufe und Einfuhren der K.M.A. und der R.G. angesprochen (dazu bereits 2. Abschnitt A.IV.1. und B.IV.1.). Darüber hinaus finanzierte insbesondere die K.M.A. kostspielige Umarbeitungs-, Sümpfungs- und Aufschlußarbeiten sowie bergwerkliche Projekte. Dieses extreme Verhältnis von Fremdkapital und Eigenkapital war nach Passow, Gemischt private und öffentliche Unternehmungen, S. 154, typisch für die gemischtwirtschaftlichen Unternehmungen im allgemeinen.

[523] Zur Frage der Kriegsfinanzierung durch die Abschöpfung von Kriegsgewinnen bei privatwirtschaftlichen Unternehmen im allgemeinen vgl. bereits den 1. Abschnitt A. III.

[524] Zu den Motiven für die Errichtung von Kriegsgesellschaften vgl. bereits den 1. Abschnitt Fn 110.

[525] So etwa die Übernahme der Differenz zwischen Einstands- und Verkaufspreis seitens des Reichsschatzamts gegenüber der Kriegsmetall AG im Oktober 1915. Hintergrund hierfür war die Tatsache, daß die Gesellschaft die Metalle ausschließlich zu festen Preisen an die Verbraucher abgeben durfte, obwohl die Beschaffung teilweise erheblich höhere Mittel erforderte. Ähnlich auch die Übernahmegarantie der Kriegsrohstoffabteilung gegenüber der K.M.A. vom Mai 1916 für etwaige Verluste aufgrund der finanziellen Beteiligungen an Neu- oder Ausbauten von Produktionsanlagen und der damit zusammenhängenden Produktionsabnahmeverpflichtungen der K.M.A. (Vgl. im einzelnen den 2. Abschnitt A.). Eine Verlustbeteiligung des Reichs bestand etwa auch bei der Kautschukabrechnungsstelle gegenüber der Deutschen Bank (Protokoll über die zwischen der Kriegsrohstoffabteilung und der Abrechnungsstelle wegen der Verrechnung getroffenen Vereinbarungen vom 05. Januar 1917 in BA R 8720 Bd. 6 ohne Paginierung).

oder das Reichsschatzamt. Aus ihnen ergeben sich die z.T. erheblichen Verpflichtungen des Reichs[526]. Durch die Errichtung von Kriegsgesellschaften wollte sich das Reich also - was man gerade bei der Rechtsform der GmbH erwarten könnte - nicht der Haftung für finanzielle Verluste entziehen.

Was die Entscheidung für einen bestimmten Typus Kriegsgesellschaft betraf, boten sich den staatlichen Stellen in Abhängigkeit von der jeweiligen Rechtsform bestimmte Vor- und Nachteile[527]. Allerdings muß hierbei berücksichtigt werden, daß die Errichtung einer Kriegsgesellschaft regelmäßig nicht Teil einer länger angelegten Strategie war, sondern daß diese vielmehr kurzfristig als Reaktion auf einen akuten Versorgungsengpaß geschaffen wurden und dabei zum Teil auch auf bereits vorhandene Gesellschaften zurückgegriffen wurde. Inwieweit die jeweiligen Vor- und Nachteile der Gesellschaftsformen im Bewußtsein der staatlichen Stellen eine entscheidende Rolle gespielt haben, kann demzufolge - gerade für die erste Kriegsphase - nicht abschließend beurteilt werden.

Die erste Kriegsgesellschaft überhaupt wurde in der Rechtsform der Aktiengesellschaft errichtet. Dabei boten die zwingenden Vorschriften des Aktienrechts (§§ 178ff. HGB) im Verhältnis zu anderen Gesellschaftsformen allgemein den Vorteil einer leichteren Verschiebbarkeit der Anteile und damit eines Wechsels der Mitglieder. Darüber hinaus richtete sich die Aktiengesellschaft typischerweise an ein breites, nur kapitalmäßig beteiligtes Anlegerpublikum und war so in der Lage, schnell Kapital auf dem Geldmarkt zu mobilisieren. Diese breite Streuung der Anteile führte automatisch auch zur Verteilung des Unternehmensrisikos auf verschiedene Schultern. Schließlich gewährleisteten Vorschriften, wie jene über die Bilanzveröffentlichung, eine weitgehende Öffentlichkeit und damit Kontrolle des Aktienbetriebes (vgl. § 265 HGB)[528].

Demgegenüber wiesen die Statuten der Kriegs-AG in der Praxis regelmäßig von diesem gesetzlichen Idealbild abweichende Bestimmungen auf. So schloß etwa die Vereinbarung von vinkulierten Namensaktien die freie Übertragbarkeit und damit eine unerwünschte Veräußerung der Aktien ausdrücklich aus[529]. Auch richteten sich die Gesellschaften vornehmlich an die Unternehmen der von der Zwangswirtschaft betroffenen Branche und damit an einen von vornherein be-

---

[526] Zusammenstellung der finanziellen Ansprüche, welche etwa seitens der K.M.A. gegenüber dem Reichsfiskus erhoben werden konnten vom 05. Juli 1919 (Schreiben des Reichswirtschaftsministeriums in BA R 8737 Bd. 170 Bl. 2-10, 12f.). Der Höchstbetrag der Verpflichtung summierte sich in den dort aufgelisteten 54 Fällen auf insgesamt mehr als 650 Mio. Mark, davon allein 500 Mio. wegen der Lagerbestände. Die tatsächlich erwartete Höhe der Inanspruchnahme wurde dagegen z.T. geringer angesetzt.

[527] Die allgemeinen Aspekte bei der Wahl der Rechtsform von gemischtwirtschaftlichen Unternehmungen sind dargestellt bei Passow, Gemischt private und öffentliche Unternehmungen, S. 143-152.

[528] Zu den charakteristischen Merkmalen der Aktiengesellschaft im allgemeinen Passow, Aktiengesellschaft, S. 45-62.

[529] Vgl. § 3 II der K.M.A.

grenzten Interessentenkreis. Nur bei ihnen machten Nebenverpflichtungen wie die Bestandsmeldungen einen Sinn[530]. Ein selbständiger gewinnorientierter Geschäftsbetrieb der Gesellschaft fehlte angesichts der statuierten Gemeinnützigkeit völlig[531]. Was die grds. Publizität des Geschäftsbetriebes betraf, so wurde den Aktiengesellschaften entweder im Interesse der öffentlichen Sicherheit die Veröffentlichung von Bilanzen etc. von den staatlichen Stellen untersagt, oder die Gesellschaften beantragten selbständig die Befreiung von den Veröffentlichungsgeboten, um kriegswichtige Informationen über die Rohstoffversorgung, Bewirtschaftungsmaßnahmen u.a. nicht zur Kenntnis der Alliierten gelangen zu lassen[532]. Schließlich kam auch dem Aspekte der Verteilung des Unternehmensrisikos auf viele Schultern angesichts des begrenzten Interessentenkreises und der Reichsgarantien keine große Bedeutung zu.

Insgesamt zeigte sich also bei den Kriegsaktiengesellschaften eine erhebliche Abweichung von typischen Merkmalen und Vorzügen dieser Gesellschaftsform. Daß dennoch gerade zu Beginn des Krieges Aktiengesellschaften errichtet wurden, lag einmal an den zu bewirtschaftenden Rohstoffen, die eine erhebliche Bewirtschaftungstätigkeit erwarten ließen und so den relativ großen rechtlichen und verwaltungsmäßigen Aufwand bei einer AG rechtfertigten. Zudem wurde die Wahl auf diese Rechtsform praktisch von ganz alleine gelenkt, weil die Industrie in ihren vielfach auftretenden Kartellen mit selbständiger, in der Form der AG gekleideter Verkaufsstelle daran gewöhnt und weil die gemischtwirtschaftliche Aktiengesellschaft die für die angestrebten Zwecke modernste Organisationsform

---

530 Vgl. § 5 II der K.M.A.

531 Vgl. § 2 III der K.M.A.

532 Bereits am 05. Dezember 1915 war an das Oberkommando in den Marken das Ersuchen gestellt worden, den der Aufsicht des Kriegsamts (Kriegsrohstoffabteilung) unterstellten Aktiengesellschaften die durch § 265 HGB vorgeschriebene Bekanntmachung der Bilanzen usw. zu verbieten. Das Oberkommando in den Marken hatte diesem Ersuchen entsprochen und außerdem die Aktiengesellschaften angewiesen, den Aktionären den Gesellschaftsbericht nur unter der Bedingung der vertraulichen Behandlung mündlich mitzuteilen und die Niederschrift zu untersagen. Soweit es sich um GmbH handelte, waren die Gesellschafter ersucht worden, während der Dauer des Kriegszustandes den Jahresbericht, die Bilanz, sowie Gewinn- und Verlustrechnung nicht zu veröffentlichen (im Gegensatz zur AG bestand hier ohnehin kein Veröffentlichungsgebot). Ferner waren sie angewiesen worden, Mitteilungen hierüber in der Generalversammlung nur mündlich und unter dem ausdrücklichen Hinweis zu machen, daß die Bekanntgabe streng vertraulich sei und keine Niederschrift vorgenommen werden dürfe. Darüber hinaus wurde den Registergerichten untersagt, die Eintragungen in die Handelsregister und die zum Register eingereichten Schriftstücke zu veröffentlichen oder Einsichten zuzulassen (Bekanntmachung vom 11. Februar 1915 (RGBl. 1915, S. 71) und vom 30. August 1917 (RGBl. 1917, S. 746)). Vgl. BA R 8737 Bd. 7 Bl. 1-3, Bl.4f., BA R 8737 Bd. 20 Bl. 40 und BA R 8737 Bd. 21 Bl. 22-24.

war[533]. Ferner kam der Rechtsform der Aktiengesellschaft früher ohnehin ein insgesamt größerer Verbreitungsgrad als heute zu[534].

Die relativ umständliche Struktur einer AG lohnte sich dagegen überall dort nicht, wo es nur darum ging, überhaupt eine eigenständige spezielle Bewirtschaftungsorganisation zu schaffen und der erwartete Geschäftsumfang sich in Grenzen hielt. Die Rechtsform der Gesellschaft mit beschränkter Haftung schien für diese Fälle völlig ausreichend und sogar angesichts der Flexibilität dieser Form besser geeignet[535]. Hintergrund hierfür war die Tatsache, daß der Gesetzgeber - anders als bei der AG - weitgehend auf zwingende Vorschriften verzichtet hatte und so dem Parteiwillen wesentlich mehr Gestaltungsfreiheit überließ. Diese äußerte sich insbesondere bei der näheren Ausgestaltung und Zusammensetzung des nicht obligatorischen Aufsichtsrats[536]. So konnten die staatlichen Kommissare statutenmäßig vollberechtigte Mitglieder des Aufsichtsrats werden und erhielten damit die Möglichkeit, unter Berücksichtigung der jeweiligen Mehrheitsverhältnisse die Geschicke der Gesellschaft *positiv* mitzubestimmen. In Ergänzung zu dieser Mitgliedschaftsstellung wurden ihnen - wie schon bei den Aktiengesellschaften - in den Statuten regelmäßig umfassende Einspruchsbefugnisse eingeräumt, die völlig unabhängig von Majoritäten galten[537]. Insgesamt bot die Rechtsform der GmbH mit ihren weitgehend dispositiven Bestimmungen also wesentlich mehr Gestaltungs- und damit auch Einflußmöglichkeiten für die staatlichen Stellen. Infolgedessen wurde sie *die* typische Rechtsform für die Kriegsgesellschaften des Ersten Weltkrieges, namentlich für die zahlreichen verschiedenen Nahrungs- und Genußmitteln. Die für die GmbH kennzeichnenden Nachteile (geringere Kreditmöglichkeiten, Verzicht auf die Inanspruchnahme eines breiten Anlegerpublikums) spielten dagegen bei den Kriegsgesellschaften mbH keine entscheidende Rolle.

---

533 Vgl. Heymann, Rechtsformen, S. 137f., Hüttner, Kartelle, S. 40ff., sowie Flechtheim, Die rechtliche Organisation der Kartelle, S. 12ff.

534 Zahlen bei Hueck, Gesellschaftsrecht, § 20 III.

535 Zu den Unterschieden zwischen AG und GmbH im allgemeinen vgl. Hachenburg GmbHG, Band 1, Allgemeine Einleitung, Anm. 17-24. Die Gründe für die Wahl der GmbH-Form im allgemeinen sind dargestellt bei Dreher, GmbH, S. 34-42.

536 Weitere Unterschiede zur AG waren die erleichterte Möglichkeit von Nachschüssen und die insgesamt wesentlich geringere Publizität, vor allem aufgrund des Fehlens von Veröffentlichungsgeboten.

537 Das Vetorecht der Kommissare erstreckte sich bei der GmbH wegen der Freiwilligkeit der Aufsichtsratsbestellung restlos auf alle Beschlüsse und nicht nur auf die Fälle, in denen der Aufsichtsrat Verwaltungsaufgaben ausübte (so aber bei der Aktiengesellschaft). Die endgültige Entscheidung über einen Widerspruch gegen das Veto lag in der Regel bei der Aufsichtsbehörde (Reichskanzler, Kriegsministerium u.a.). Aufgrund seiner Weisungsrechte gegenüber der Geschäftsführung erhielt auch bei der GmbH der Aufsichtsrat praktisch die Funktion eines „verwaltenden Aufsichtsrats".

Der Vorteil einer einfachen Rechtsform mit weitgehenden Gestaltungsmöglichkeiten für die staatlichen Stellen bot sich auch bei den Kriegsabrechnungsstellen. Hier bestanden gesellschaftsvertragliche Vereinbarungen lediglich zwischen dem Kriegsministerium, einer zentralen Organisation des betroffenen Industriezweiges und einer dt. Großbank, der die Abrechnungsstelle als eine besondere Sach- und Finanzierungsabteilung angeschlossen war und die nach außen als handelndes Rechtssubjekt auftrat. Die Großbank hatte sich dabei den Instruktionen der Aufsichtsbehörde zu unterwerfen, so daß praktisch die staatlichen Stellen die Abrechnungsstelle ganz nach ihren Vorstellungen gestalten konnten. Die Mitwirkung der privaten Unternehmen beschränkte sich auf die Schätzungs- und Verteilungskommission sowie den Überwachungsausschuß, wobei letzterer wiederum von den staatlichen Kommissaren kontrolliert wurde. Eine egoistische Einflußnahme der Industrie auf die Vergabepraxis wurde damit von vornherein ausgeschlossen. Andererseits konnten sie ihren Sachverstand, ihre Erfahrungen und Geschäftskontakte bei der Vorbereitung, Ausarbeitung und Durchführung der Bewirtschaftungsmaßnahmen einbringen. Die Kriegsabrechnungsstellen verbanden auf diese Weise die Vorzüge einer möglichst einfachen und flexiblen Organisationsform mit denen der Einbindung der privaten Kräfte in die Kriegswirtschaft. Allerdings beschränkte die einfache Struktur der Abrechnungsstellen den Anwendungsbereich auf die Fälle, in denen es nur um die Bewirtschaftung kleinerer Rohstoffmengen mit einem insgesamt geringen Verwaltungsaufwand ging.

Die reine Beratungsfunktion der Kriegsgesellschaften trat bei den Kriegsausschüssen am stärksten hervor. Auf Anregung der staatlichen Stellen organisierten sich hier die Betriebe des von der Bewirtschaftung betroffenen Industriezweiges zu einem Verein, um einerseits der Verwaltung bei der Vorbereitung der Maßnahmen beratend zur Seite zu stehen und andererseits im eigenen Interesse bei der Umsetzung der Maßnahmen den staatlichen Stellen geschlossen gegenüberzutreten. An den eigentlichen Entscheidungsprozessen waren die Betriebe dagegen nicht beteiligt; Rechtssubjekt der Rohstoffbewirtschaftung war ausschließlich das Reich. Die Frage der Gestaltungsfreiheit für die staatlichen Stellen spielte demnach hier keine entscheidende Rolle. Aus der Sicht des Staates gelang es durch die Form der Kriegsausschüsse, die Industriellen mit ihren Erfahrungen, ihrem Sachverstand und ihren Geschäftsverbindungen für die Zwangswirtschaft zu gewinnen und an der Durchführung derselben zu beteiligen, ohne daß diese die Möglichkeit der direkten individuellen Einflußnahme hatten.

Insgesamt läßt sich festhalten, daß bei der Wahl der Rechtsform der Kriegsgesellschaften verschiedene Faktoren wie die Art des zu bewirtschaftenden Rohstoffs, der erwartete Geschäftsumfang, der Organisationsgrad des von der Bewirtschaftung betroffenen Industriezweiges, etwaige vorhandene Vorgängerorganisationen sowie das Verständnis von der Funktion der Kriegsgesellschaften innerhalb der Kriegswirtschaft und der Stellung der Privatwirtschaft eine Rolle gespielt haben. Unabhängig von der Wahl der äußeren Organisationsform beeinflußten rohstoffspezifische Besonderheiten die nähere Ausgestaltung der Gesellschaft im Innern, so daß im Endeffekt jede Kriegsgesellschaft ihre „individuellen" Züge erhielt.

Die Auflösung der Kriegsgesellschaften richtete sich in erster Linie nach den statutarischen Bestimmungen[538]. Diese sahen entsprechend dem Zweck der Gesellschaften den Beginn der Liquidation regelmäßig mit Beendigung des Krieges oder innerhalb eines Jahres nach Abschluß eines Friedensvertrages mit sämtlichen Großmächten vor[539]. Wo eine zeitliche Begrenzung fehlte oder die Kriegsgesellschaft aufgrund der andauernden Versorgungsnotlage durch nachträgliches Übereinkommen fortgeführt wurde, bedurfte es dagegen eines ausdrücklichen Auflösungsbeschlusses[540]. Im Interesse eines schnelleren, einheitlichen und endgültigen Abbaus der Kriegswirtschaft wurde schließlich auf Veranlassung des Reichsschatzamts am 15. Juli 1921 für alle Kriegsgesellschaften die erleichterte Möglichkeit der Auflösung durch einen Übergang auf das Reich *ohne* Liquidation geschaffen[541].

Als Hintergrund für dieses Gesetz wurde immer wieder die hinderliche Sperrfrist von einem Jahr (§ 301 HGB, § 73 GmbHG) sowie sonstige formale Erschwerungen der Liquidation angeführt und der Vorwurf einer bewußten Verlangsamung des Abbaus der Kriegsgesellschaften durch deren Personal und Mitglieder erhoben. Infolgedessen verkürzte man die Sperrfrist auf drei Monate, statuierte das Erlöschen der Gläubigerforderungen nach Ablauf dieser Frist und ermächtigte die Reichsregierung sogar dazu, Kriegsgesellschaften für aufgelöst zu erklären[542]. Kriegsgesellschaften, die innerhalb von drei Monaten vom Inkrafttreten des Gesetzes an in Liquidation traten, erhielten rückwirkend Steuerfreiheit. Darüber hinaus schuf man die Möglichkeit, die Liquidation in der Weise durchzuführen, daß das Reich das Vermögen der Gesellschaft im Wege der Universalsukzession als Ganzes übernahm. Das Gesetz vom Juli 1921 stellte praktisch das formelle Ende der Kriegsgesellschaften dar, wenn auch die meisten sich in diesem Zeitpunkt bereits im Auflösungsstadium befanden[543].

---

538 Zur Entstehung, Entwicklung und Auflösung des Systems der Kriegswirtschaftsorganisationen des Ersten Weltkrieges vgl. Schreyer, Kriegswirtschaftsorganisationen im Ersten Weltkrieg.

539 Vgl. § 21 K.M.A., § 12 R.G. sowie § 2 Kriegsausschuß der Dt. Baumwollindustrie.

540 Vgl. dazu § 292 I Nr. 2 HGB und § 60 I Nr. 2 GmbHG.

541 Gesetz über die Abwicklung von Kriegsgesellschaften und Kriegsorganisationen, RGBl. 1921, S. 942. Erstmals wurde durch dieses Gesetz das bis dahin unveränderte Handelsrecht wegen der Kriegsgesellschaften modifiziert.

542 Dazu im einzelnen §§ 5-8.

543 Dazu Heymann, Rechtsformen, S. 153 (Fn 2), der im August 1921 unter Bezugnahme auf Informationen aus dem Reichsschatzministerium 60 völlig aufgelöste Kriegsorganisationen (Kriegsgesellschaften, Kriegsstellen und sonstige Kriegswirtschaftsorganisationen), 28 Organisationen, die zwar fertig abgewickelt, aber wegen einiger Prozesse etc. noch nicht gelöscht und von der Reichs-Kredit- und Kontrollstelle verwaltet wurden, 60 Organisationen,

Die Verwaltungsstrukturen der Kriegswirtschaft dagegen waren bereits innerhalb des ersten Jahres nach Abschluß der Kampfhandlungen weitgehend abgebaut worden. So wurde etwa bereits am 12. November 1918 durch Erlaß der Volksbeauftragten das Reichsamt für wirtschaftliche Demobilmachung unter dem bisherigen Leiter der Kriegsrohstoffabteilung Köth errichtet[544]. Praktisch übte das Amt sämtliche Verwaltungsbefugnisse des Kriegsministeriums und des Kriegsamtes aus. Die formelle Aufhebung des Preußischen Kriegsministeriums sowie der drei anderen Kriegsministerien und damit die Übertragung der Heeresverwaltung auf das neugeschaffene Reichswehrministerium erfolgte jedoch erst nach Inkrafttreten der Verfassung des Dt. Reiches vom 11. August 1919 durch Verordnung des Reichspräsidenten vom 20. August 1919. Zuvor waren an die Stelle des am 26. April 1919 aufgelösten Reichsamtes für wirtschaftliche Demobilmachung die zuständigen Reichsministerien getreten (Reichswirtschaftsministerium (u.a. für Fragen der Kriegsrohstoffgesellschaften zuständig), Reichsschatzministerium, Reichsarbeitsministerium etc.). Der Abbau des Behördenunterbaus (örtliche Demobilmachungskommissare und -ausschüsse) dauerte vereinzelt noch bis zum 31. März 1922.

Trotz der anhaltenden grundlegenden Kritik an dem System der Kriegswirtschaft des Ersten Weltkrieges kam den Kriegsgesellschaften insgesamt eine überaus zentrale Bedeutung zu. Zum einen trugen sie mit ihrer Beschaffungs-, Bewirtschaftungs- und Verteilungstätigkeit wesentlich zum Gelingen der Mangelbewirtschaftung auf dem Rüstungs- wie auf dem Ernährungssektor bei. Sie stellten als Beratungs- und Ausführungsorganisationen praktisch die Geschäftsabteilungen der staatlichen Kriegswirtschaftsverwaltung dar. Die hoheitliche Gewalt blieb dabei stets in den Händen der staatlichen Stellen. Für den Staat bot sich so über die Kriegsgesellschaften die Möglichkeit, Vertreter des von der Bewirtschaftung betroffenen Industriezweiges mit ihrem kaufmännischen Sachverstand, ihren Geschäftskontakten und Erfahrungen in den Dienst der Kriegswirtschaft zu stellen und trotzdem die entscheidende Kontrolle und Aufsicht über die Zwangswirtschaft zu behalten. Die Kriegsgesellschaften waren damit aus seiner Sicht das notwendige privatwirtschaftliche Element der Wirtschaftsverfassung für die Kriegszeit und zugleich Mittel der staatlichen Wirtschaftslenkung[545]. Die Indu-

---

die sich in Liquidation befanden und voraussichtlich bis Ende 1921 gelöscht wurden, fünf Organisationen, die in private Gesellschaften übergegangen waren und drei, die in Reichsstellen übergegangen waren (der Reichskohlenkommissar, der Ein- und Ausfuhr-Kommissar und der Stickstoff-Kommissar).

[544] RGBl. 1918, S. 1304. Zuvor waren durch BRVO vom 07. November 1918 (RGBl. 1918, S. 1292) zunächst dem Reichskanzler die Befugnisse zur Demobilmachung zugewiesen worden.

[545] Angesichts dieses Verständnisses von der Rolle der Kriegsgesellschaften in der Kriegswirtschaft des Ersten Weltkrieges bezeichnet Roth dieselben als „kriegswirtschaftliche Steuerungsinstrumente".

strie demgegenüber fügte sich dieser Entwicklung und verstand die Kriegsgesellschaften als die Organisationsform, in der sie sich an der unumgänglichen Planwirtschaft beteiligte, diese anfangs sogar selbst in die Hand nahm. Auf diese Weise gelang es ihr, auf die Ausarbeitung des Wirtschaftsplanes, die Vorbereitung der Bewirtschaftungsmaßnahmen und die anschließende Rohstoffverteilung entscheidenden Einfluß auszuüben. Diese Möglichkeiten schwanden erst mit der Umstrukturierung und Intensivierung der Kriegswirtschaft in den Jahren 1915 und 1916.

Diese Doppelrolle der Kriegsgesellschaften als Geschäftsabteilungen des Staates und als Interessenvertretungen der Industrie drückte sich auch in ihrer Stellung innerhalb der Kriegswirtschaft aus. So standen sie als selbständige Organisationen zwischen der neugeschaffenen Kriegswirtschaftsverwaltung (Ministerien, spezielle Behörden, sonstige Kriegswirtschaftsstellen) und der Privatindustrie. Letztere hatte sich zur Stärkung der eigenen Position in der Regel zu zentralen industriellen Verbänden zusammengeschlossen[546]. Erst durch diese Zusammenarbeit von Wirtschaftsverwaltung, Kriegsgesellschaften und Wirtschaftsverbänden sowie Einzelunternehmen wurde eine erfolgreiche Bewirtschaftungspolitik ermöglicht. Die institutionelle Neuschöpfung der Kriegsgesellschaft als zentrales Element der Kriegswirtschaft konnte auf diese Weise wesentlich zur Behebung der ungenügenden Kriegsbereitschaft des Dt. Reichs auf administrativer, wirtschaftlicher und teilweise auch finanzieller Ebene beitragen[547].

Der Erfolg ihrer Geschäftstätigkeit machte sie gleichzeitig unentbehrlich für die ebenfalls von Versorgungsschwierigkeiten geprägte Wirtschaft der Übergangs- und ersten Friedenszeit. Bereits während des Krieges führten Vertreter der Behörden und der Privatwirtschaft Diskussionen über das „Ob" und den Umfang der Fortführung der Kriegsgesellschaften[548]. Zum Teil wurde in dieser Form der Zusammenarbeit von Staat und Wirtschaft sogar das Wirtschaftssystem der weiteren Zukunft gesehen. So entwickelte etwa W. von Moellendorff schon vor der Novemberrevolution den Plan einer auf den Kriegsgesellschaften bzw. deren Nachfolgeorganisationen aufbauenden Gemeinwirtschaft[549]. Als Unterstaatsse-

---

546 Zur problematischen rechtlichen wie funktionalen Abgrenzung von Kriegsgesellschaften und industriellen Selbstverwaltungskörpern und Verbänden der freien Wirtschaft vgl. bereits die Begriffsbestimmung im 1. Abschnitt C. I.

547 Zur Frage der Kriegsbereitschaft des Deutschen Reichs vgl. bereits den 1. Abschnitt A.

548 Zu den Kompetenzstreitigkeiten, den unterschiedlichen Standpunkten und Lösungsvorschlägen des Reichsamts des Innern (Reichswirtschaftsamt), des Preußischen Kriegsministeriums (Kriegsrohstoffabteilung), der OHL und der Industrie zu dieser Frage, vgl. Roth, Kriegsgesellschaften, S. 391ff.

549 V. Möllendorf, Deutsche Gemeinwirtschaft (1916), sowie ders. „Der Aufbau der Gemeinwirtschaft" (Denkschrift des Reichswirtschaftsministeriums vom 07. Mai 1919). Er faßte später seine Gedanken zusammen in der Schrift „Konservativer Sozialismus" (1932). Ähnlich auch Bruck, der die Weiterbildung der Kriegsunternehmungen nach dem Krieg als „Körper der Gemeinwirtschaft" untersucht (Bruck, Kriegsunternehmung, S. 590ff.). Allge-

kretär im Reichswirtschaftsministerium unter den Ministern Müller und Wissell entwarf er das System der gebundenen Planwirtschaft. U.a. forderte er ein „einheitliches gemeinwirtschaftliches Wirtschaftsprogramm“, das sich gerade durch die verstärkte Beteiligung des Reichs an gemischtwirtschaftlichen industriellen Unternehmungen und die Ausdehnung dieses Wirtschaftsprinzips auf weitere Wirtschaftszweige auszeichnete[550]. Allerdings stieß er damit weder auf die Billigung des Kabinetts noch der Nationalversammlung. Letztlich meinte man beim Wiederaufbau der dt. Wirtschaft beim marktwirtschaftlichen System bleiben zu müssen. Dessen Vorteile ließen sich auf die Dauer nicht durch ein gemeinwirtschaftliches, sozialistisches Organisationsrecht ersetzen.

---

mein zum Begriff des „Kriegssozialismus“ Heuß, Kriegssozialismus, Zunkel, Industrie und Staatssozialismus sowie Huber, Dt. Verfassungsgeschichte, S. 76f.

[550] Vgl. Punkt 3 und 4 des Wirtschaftsprogramms des Reichswirtschaftsministeriums, abgedruckt im Anhang von v. Moellendorffs Denkschrift über den „Aufbau der Gemeinwirtschaft“.

Anhang

Anhang 1: Alphabetische Zusammenstellung der Kriegsgesellschaften[551]

1. Aaleinfuhr GmbH, der ZEG angegliedert
2. Alse, Altstoff-Einfuhr GmbH
3. Ausfuhr GmbH
4. Bastfaser-Einkaufs GmbH
5. Bastfaser-Kriegsausschuß
6. Baumwoll-Abrechnungsstelle bei der Dt. Nationalbank, Bremen
7. Baumwollgarn-Abrechnungsstelle
8. Bezugsvereinigung der deutschen Landwirte GmbH (Vorgänger der Reichsfuttermittelstelle, Geschäftsabteilung GmbH)
9. Binnenländische Kriegsfischindustrie GmbH
10. Branntweinsicherungs GmbH (Nachfolger der Kriegskartoffelgesellschaft Ost (Karto)
11. Braunstein-Versorgungs GmbH

---

[551] Eine abschließende Zusammenstellung der Kriegsgesellschaften des Ersten Weltkrieges ist angesichts der ständigen Neugründungen, Umfirmierungen und Auflösungen von Organisationen sowie der weder rechtlich noch funktional eindeutigen Begriffsbestimmung in der Literatur (s. 1. Abschnitt C. I.) kaum möglich. Auch diese Auflistung kann daher nur einen Eindruck vermitteln und keineswegs einen Anspruch auf Vollständigkeit erheben. Zugrundegelegt wird die im 1. Abschnitt erarbeitete Begriffsdefinition. Erfaßt werden demnach die Kriegs-AG, die Kriegs GmbH, die Kriegs-Abrechnungsstellen und die Kriegsausschüsse. Sofern eine Gesellschaft später in eine andere umgewandelt wurde, werden sowohl die Vorgänger als auch die Nachfolgeorganisation erfaßt, da sich regelmäßig nicht nur der Name, sondern auch der Gesellschaftszweck, die Gesellschafterzusammensetzung, die Kapitalhöhe etc. veränderten. Unberücksichtigt bleiben dagegen die zahlreichen staatlichen Kriegswirtschaftsstellen, die Kartelle und Syndikate sowie deren Überwachungsausschüsse und schließlich die sonstigen industriellen Selbstverwaltungskörper und Wirtschaftsverbände, namentlich die Kriegsverbände.
Als Grundlage wurde das Amtliche Verzeichnis der Kriegsorganisationen (4. Ausgabe, Stand 01. Februar 1918, hrsg. vom Reichswirtschaftsamt) verwendet. Ergänzend wurden mehrere Übersichten des Reichswirtschaftsministeriums aus der Nachkriegszeit eingearbeitet. Aus diesen ergaben sich verschiedene Kriegsgesellschaft, die erst nach Abschluß der Kampfhandlungen errichtet worden sind und infolgedessen keine Berücksichtigung in dem Amtlichen Verzeichnis vom Februar 1918 finden konnten. Sie unterstanden regelmäßig dem Reichswirtschaftsministerium als der für die Kriegswirtschaftsorganisationen zuständigen Behörde. Umfassende Zusammenstellungen der an der Kriegswirtschaft beteiligten Kriegswirtschaftsorganisationen und Kriegswirtschaftsstellen mit zum Teil abweichenden Ergebnissen finden sich auch bei Steinmann-Bucher, Wegweiser durch die Deutsche Kriegswirtschaft, bei Plesch, Kriegswirtschaftliche Organisation (Stand September 1917), in einer Denkschrift des Verbandes Sächsischer Industrieller (Stand Herbst 1917) und bei Schröter, Krieg, Staat, Monopol, S. 154ff.

12. Deutsch-Orientalische Handels GmbH
13. Deutsche Hanfbaugesellschaft mbH
14. Deutsche Holzvertriebs AG
15. Deutsche Seeversicherungsgesellschaft von 1914 AG
16. Deutsche Tabakhandels-Gesellschaft von 1916, Abteilung Inland mbH
17. Deutsche Tabakhandels GmbH von 1916
18. Deutsche Transportzentrale GmbH
19. Deutsche Versicherungsbank GmbH
20. Devisenbeschaffungsstelle GmbH
21. Einfuhrgesellschaft für Getreide und Futtermittel mbH (Vorgänger der Handelsvereinigung für Getreide, Futtermittel und Saaten GmbH)
22. Eisenzentrale GmbH
23. Ersatzsohlen GmbH
24. Europäische Handels GmbH
25. Faserstoffvertriebs GmbH
26. Fischereiförderungs GmbH
27. Flachs-Abrechnungsstelle bei der Bank für Handel und Industrie
28. Flußfischhandels GmbH, der ZEG angegliedert
29. Frischheringseinfuhr GmbH, der ZEG angegliedert
30. Gemüsekonserven-Kriegs GmbH
31. Gesellschaft für dt. Milchkraftfutter mbH (Nachfolger der Reichsgesellschaft zur Verwertung von Speiseresten, Küchenabfällen usw.)
32. Gesellschaft zur Förderung des Fischkleinhandels mbH
33. Hafer-Einkaufsgesellschaft mbH
34. Hafernährmittelzentrale GmbH
35. Handelsvereinigung für Getreide, Futtermittel und Saaten GmbH (Nachfolger der Einfuhrgesellschaft für Getreide und Futtermittel mbH)
36. Hanf-Kriegsausschuß
37. Hartfaser-Kriegsausschuß
38. Jute-Abrechnungsstelle bei der Diskonto-Gesellschaft
39. Jute-Kriegsausschuß
40. Kammwoll AG
41. Kautschuk-Abrechnungsstelle bei der Dt. Bank
42. Kriegs-Abrechnungsstelle der deutschen Margarine- und Speisefettfabrikanten
43. Kriegs-Abrechnungsstelle der deutschen Seifen und Stearingfabrikanten
44. Kriegs-Abrechnungsstelle der dt. Lackfabrikanten
45. Kriegs-Abrechnungsstelle der dt. Ölmühlen
46. Kriegs-Chemikalien AG
47. Kriegs-Fell AG
48. Kriegs-Flachsbau GmbH
49. Kriegs-Hadern AG

50. Kriegs-Hanf GmbH
51. Kriegs-KleinbeleuchtungsGmbH (Vorgänger der Spiritus-Glühlicht-KriegsGmbH)
52. Kriegs-Leder AG
53. Kriegs-Rübensaftgesellschaft mbH
54. Kriegsausschuß der Rohpappen- und Dachpappen-Industrie GmbH
55. Kriegsausschuß für Textilersatzstoffe
56. Kriegsausgleichsstelle für Dachpappenteer GmbH
57. Kriegsausschuß der dt. Baumwollindustrie
58. Kriegsausschuß der dt. Kautschukindustrie
59. Kriegsausschuß für Ersatzfutter GmbH
60. Kriegsausschuß für Kaffee, Tee und deren Ersatzmittel GmbH
61. Kriegsausschuß für pflanzliche und tierische Öle und Fette GmbH
62. Kriegsfischindustrie „Elbe" GmbH
63. Kriegsgemüsebau- und Verwertungs GmbH
64. Kriegsgesellschaft für Dörrgemüse GmbH
65. Kriegsgesellschaft für Obstkonserven und Marmeladen mbH
66. Kriegsgesellschaft für Sauerkraut GmbH
67. Kriegsgesellschaft für Teichfischverwertung GmbH
68. Kriegsgesellschaft für Weinobsteinkauf und -verteilung GmbH
69. Kriegskakao GmbH
70. Kriegskartoffelgesellschaft Ost (Karto) mbH (Vorgänger der Branntweinsicherungs GmbH)
71. Kriegsmetall AG
72. Kriegsnährmittelgesellschaft mbH
73. Kriegsphosphat GmbH
74. Kriegsrohhaut AG
75. Kriegsschmieröl GmbH (Vorgänger der Mineralölversorgungs GmbH)
76. Kriegsstroh- und Torf-Gesellschaft GmbH
77. Kriegsverwertungsstelle für das Papierfach GmbH
78. Kriegswasserstoff GmbH
79. Kriegswirtschafts AG, Geschäftsabteilung der Reichsbekleidungsstelle und der Reichsfaßstelle (Vorgänger der Reichstextil AG)
80. Kriegswirtschaftsstelle für das Deutsche Zeitungsgewerbe GmbH
81. Kriegswollbedarf AG (Vorgänger der Reichswolle AG)
82. Landwirtschaftliche Betriebsstelle für Kriegswirtschaft, Geschäftsabteilung GmbH
83. Leinen-Kriegsausschuß
84. Leinengarn-Abrechnungsstelle AG bei der Bank für Handel und Industrie
85. Manganerz GmbH
86. Metalltreuhandgesellschaft
87. Mineralölversorgungs GmbH (Nachfolger der Kriegsschmieröl GmbH)

88. Nessel-Anbau GmbH
89. Nesselfaser-Verwertungs GmbH
90. Papierholzbeschaffungsstelle GmbH
91. Papiermacher-Kriegsausschuß
92. Protol GmbH
93. Reichsausschuß für Druckgewerbe, Verlag und Papierverarbeitung
94. Reichsfischversorgungs GmbH
95. Reichsfleischstelle, Geschäftsabteilung GmbH
96. Reichsfuttermittelstelle, Geschäftsabteilung GmbH (Nachfolger der Bezugsvereinigung der deutschen Landwirte GmbH)
97. Reichsgerstengesellschaft mbH
98. Reichsgesellschaft zur Verwertung von Speiseresten, Küchenabfällen usw. (Vorgänger der Gesellschaft für dt. Milchkraftfutter mbH)
99. Reichsgetreidestelle, Geschäftsabteilung GmbH
100. Reichshülsenfruchtstelle GmbH
101. Reichskartoffelstelle, Geschäftsabteilung GmbH
102. Reichskreditgesellschaft mbH
103. Reichslederhandels GmbH
104. Reichssackstelle, Geschäftsabteilung GmbH
105. Reichsschuhversorgungs GmbH
106. Reichsstelle für Gemüse und Obst, Geschäftsabteilung GmbH
107. Reichsstelle für Papierholz GmbH
108. Reichsstelle für Speisefette, Geschäftsabteilung GmbH
109. Reichstextil AG (Nachfolger der Kriegswirtschafts AG)
110. Reichstrocknungsgesellschaft mbH
111. Reichswolle AG (Nachfolger der Kriegswollbedarf AG)
112. Reichszuckerausgleichs GmbH
113. Rohbaumwoll-Abrechnungsstelle bei der Diskonto-Gesellschaft
114. Rohfett GmbH
115. Rohhaar-Abrechnungsstelle
116. Salzheringseinfuhr GmbH
117. Sattlerleder GmbH
118. Seidenverwertungs GmbH
119. Spinnstoffeinfuhr GmbH
120. Spiritus-Glühlicht-KriegsGmbH (Nachfolger der Kriegs-Kleinbeleuchtungs GmbH)
121. Spirituszentrale GmbH
122. Tabak-Verwertungs GmbH
123. Textilnotstandsversorgungs GmbH
124. Torffaser-Kriegsausschuß
125. Trockenfuttermittel GmbH
126. Trockenkartoffel-Verwertungs GmbH (Teka)

127. Weinhandels GmbH
128. Wirtschaftsgesellschaft der deutschen Ölmühlen mbH
129. Zellkoll GmbH
130. Zentral-Einkaufs GmbH (ZEG)
131. Zentral-Einkaufs GmbH für Belgien
132. Zentrale Wollhandels GmbH
133. Zentralstelle für Petroleumverteilung GmbH
134. Zigarettentabak-Einkaufsgesellschaft mbH

Anhang 2: Gesellschaftsverträge und Gesellschafterlisten

A. Kriegsmetall-Aktiengesellschaft

I. Gesellschaftsvertrag[552]

§ 1

Unter der Firma

Kriegsmetall
Aktiengesellschaft

wird eine Aktiengesellschaft errichtet, die ihren Sitz in Berlin-Mitte hat.

§ 2

Gegenstand des Unternehmens ist die Beschaffung, Verteilung und Verwertung von Metallen und Metallfabrikaten, soweit sie zur Sicherstellung des industriellen Bedarfes für Heer und Marine erforderlich sind.
Die Gesellschaft darf alle Geschäfte tätigen, die den Gesellschaftszweck zu fördern geeignet sind.
Der Betrieb der Gesellschaft ist nicht auf Erwerb gerichtet; die Gesellschaft verfolgt vielmehr ausschließlich gemeinnützige Zwecke.

§ 3

Das Grundkapital beträgt sechs Millionen Mark und ist in 6000 Aktien zu je 1000 Mark zerlegt.
Die Aktien lauten auf den Namen. Eine Übertragung ist nur mit Genehmigung der Gesellschaft zulässig. Die Erteilung der Genehmigung erfolgt durch den Aufsichtsrat.
Bis zur Ausgabe der Aktienurkunden weisen sich die Aktionäre durch Bezugnahme auf die Eintragung im Aktienbuche aus.

§ 4

Vor der Anmeldung der Gesellschaft zur Eintragung in das Handelsregister sind auf jede Aktie 25% bar einzuzahlen.
Die Einforderung weiterer Beträge erfolgt durch den Vorstand auf Beschluß des Aufsichtsrates.
Die Aktien werden zum Nennbetrage ausgegeben.

---

[552] Fassung nach dem Protokoll der Gründungsversammlung der K.M.A. vom 02. September 1914 (BA R 8737 Bd. 1 Bl. 23f.).

§ 5

Den Aktionären ist bekannt, daß das Königlich Preußische Kriegsministerium Maßnahmen getroffen hat und treffen wird, um aus den gesamten Beständen von Metallen und eventuell Metallfabrikaten den direkten und indirekten Bedarf von Heer und Marine zu sichern und nur gewisse Mengen für privatindustrielle Zwekke freizugeben.

Die Aktionäre verpflichten sich, der Gesellschaft während der Dauer des Feldzuges auf Verlangen jederzeit Angaben über die Mengen ihrer Bestände zu machen, die für die Zwecke der Gesellschaft in Frage kommen.

§ 6

Der Vorstand besteht je nach Bestimmung des Aufsichtsrates aus zwei oder mehreren Mitgliedern. Der Aufsichtsrat hat das Recht der Ernennung und Abberufung der Vorstandsmitglieder sowie auch stellvertretender Mitglieder des Vorstandes.

Die Mitglieder des Vorstandes üben ihre Tätigkeit ehrenamtlich aus ohne Anspruch auf Vergütung.

Die Gesellschaft wird durch zwei Vorstandsmitglieder oder durch ein Vorstandsmitglied in Gemeinschaft mit einem Prokuristen vertreten. Der Vorstand hat in der Weise zu zeichnen, daß die Zeichnenden zu der Firma der Gesellschaft ihre Namensunterschrift hinzufügen; in derselben Weise erfolgen die von dem Vorstande der Gesellschaft ausgehenden Bekanntmachungen.

§ 7

Der Vorstand ist an die Vorschriften dieser Satzung, die Beschlüsse der Generalversammlung und die Anweisungen des Aufsichtsrates gebunden.

§ 8

Der Aufsichtsrat besteht aus mindestens fünf Mitgliedern.

Die Wahl der Mitglieder erfolgt durch die Generalversammlung für die Zeit bis zur Beendigung der Generalversammlung, die über die Bilanz für das vierte Geschäftsjahr nach der Ernennung beschließt. Das Geschäftsjahr, in welchem die Ernennung erfolgt, wird hierbei nicht mitgerechnet.

Scheiden Aufsichtsratsmitglieder vor Ablauf ihrer Amtsdauer aus, so bedarf es nur dann der Einberufung einer besonderen Generalversammlung zur Vornahme der Ersatzwahl, wenn nicht noch mindestens drei Mitglieder vorhanden sind; sonst erfolgt die Ersatzwahl in der nächsten ordentlichen Generalversammlung. Die Generalversammlung kann von einer Ersatzwahl Abstand nehmen. Die Amtsdauer der Ersatzmänner dauert so lange, als das Amt der Ausgeschiedenen, an deren Stelle sie treten, gedauert haben würde.

Die Wahl des ersten Aufsichtsrates gilt bis zur Beendigung der ersten Generalversammlung, welche nach Ablauf eines Jahres seit der Eintragung der Gesellschaft in das Handelsregister zur Beschlußfassung über die Jahresbilanz abgehalten wird. In dieser Generalversammlung ist der gesamte Aufsichtsrat neu zu wählen.

§ 9

Falls nicht eine von dem Königlich Preußischen Kriegsministerium bezeichnete Persönlichkeit dem nach § 8 gewählten Aufsichtsrate angehört, ist eine von dem Königlich Preußischen Kriegsministerium zu bezeichnende Persönlichkeit zu allen Sitzungen des Aufsichtsrates oder seiner Kommissionen einzuladen.
Falls nicht eine von dem Königlich Preußischen Ministerium für Handel und Gewerbe bezeichnete Persönlichkeit dem nach § 8 gewählten Aufsichtsrate angehört, ist eine von dem Königlich Preußischen Ministerium für Handel und Gewerbe zu bezeichnende Persönlichkeit zu allen Sitzungen des Aufsichtsrates oder seiner Kommissionen einzuladen.
Beschlüsse des Aufsichtsrates, die sich auf die Beschaffung, Verteilung oder Verwertung von Metallen beziehen, dürfen nicht ausgeführt werden, solange eine der beiden bezeichneten Persönlichkeiten der Ausführung aus Gründen des Interesses von Heer und Marine oder von Handel und Gewerbe widerspricht.
Über die Aufrechterhaltung des Widerspruches entscheidet der Reichskanzler.

§ 10

Unmittelbar nach der Generalversammlung, die die Jahresbilanz genehmigt hat, findet eine Sitzung des Aufsichtsrates statt, zu welcher eine Einladung nicht ergeht. In dieser wird unter Vorsitz des ältesten Mitgliedes der Vorsitzende und sein Stellvertreter gewählt.

§ 11

Die Einladungen zu den Sitzungen des Aufsichtsrates können schriftlich, telefonisch oder telegrafisch erfolgen. Den Ort bestimmt der Vorsitzende.
Der Vorstand ist auf Veranlassung des Vorsitzenden verpflichtet, den Sitzungen beizuwohnen.
Die Bekanntmachungen des Aufsichtsrates der Gesellschaft erfolgen in der Weise, daß der Firma der Gesellschaft die Bezeichnung „der Aufsichtsrat" und die Unterschrift des Vorsitzenden des Aufsichtsrates beigefügt wird.

§ 12

Der Aufsichtsrat setzt seine Geschäftsordnung selbst fest.
Der Aufsichtsrat ist beschlußfähig, wenn alle Mitglieder rechtzeitig geladen sind und mindestens die Hälfte der Mitglieder anwesend ist. Die Beschlüssen werden mit absoluter Stimmenmehrheit gefaßt. Bei Stimmengleichheit gilt der Antrag als abgelehnt.
Wenn kein Mitglied widerspricht, kann schriftlich oder telegrafisch abgestimmt werden.

Über die Beschlüsse des Aufsichtsrates wird ein Protokoll geführt, das mindestens vom Vorsitzenden und einem mitwirkenden Mitgliede unterzeichnet wird.
Der Aufsichtsrat übt seine Tätigkeit ehrenamtlich aus ohne Anspruch auf Vergütung.

§ 13

Der Aufsichtsrat wählt eine Schätzungs- und Verteilungskommission von mindestens vier Mitgliedern, von denen eines Mitglied einer Handelskammer oder Metallbörse sein muß. Letzteres Mitglied darf nicht zugleich Mitglied des Aufsichtsrates sein. Die in § 9 bezeichneten Persönlichkeiten müssen auf ihren Wunsch von der Kommission gehört werden. Auf den Antrag einer von ihnen ist die Entscheidung des Aufsichtsrates einzuholen. Die Aufgaben der Schätzungs- und Verteilungskommission werden durch eine besondere vom Aufsichtsrat zu erlassende Geschäftsordnung geregelt.

§ 14

Die Berufung der Generalversammlung erfolgt durch den Aufsichtsrat oder den Vorstand und zwar, sofern nicht im Gesetz oder in diesem Gesellschaftsvertrag Abweichendes bestimmt wird, durch einmalige Bekanntmachung im Reichsanzeiger.

§ 15

Die ordentlich Generalversammlung findet in den ersten sechs Monaten des Geschäftsjahres statt. In ihr erfolgt:
1. Berichterstattung des Vorstandes über den Vermögensstand und die Verhältnisse der Gesellschaft und über die Ergebnisse des verflossenen Geschäftsjahres nebst dem Bericht des Aufsichtsrates über die Prüfung des Geschäftsberichts und der Jahresrechnung,
2. die Beschlußfassung über die Genehmigung der Bilanz und der Gewinn- und Verlustrechnung für das verflossenen Geschäftsjahr,
3. die Beschlußfassung über die Erteilung der Entlastung der Mitglieder des Vorstandes und des Aufsichtsrates,
4. die etwa erforderliche Wahl von Aufsichtsratsmitglieder,
5. die Beschlußfassung über etwaige sonstige rechtzeitig angekündigte Verhandlungsgegenstände.

§ 16

Den Vorsitz in der Generalversammlung führt der Vorsitzende des Aufsichtsrates oder sein Vertreter, bei Behinderung beider eines der übrigen Aufsichtsratsmitglieder in der Reihenfolge des Lebensalters.
Die Art der Abstimmung bestimmt der Vorsitzende.

§ 17

Die Beschlüsse der Generalversammlung werden, sofern nicht das Gesetz etwas Abweichendes vorschreibt, durch einfache Mehrheit der abgegebenen Stimmen gefaßt.

Bei Wahlen erfolgt, wenn im ersten Wahlgang keine absolute Mehrheit erzielt wird, eine engere Wahl unter den zwei Kandidaten, die die meisten Stimmen erhalten haben. Bei Stimmengleichheit entscheidet das Los.

§ 18

Die Generalversammlung findet in Berlin oder einem seiner Vororte statt. Über die Verhandlungen wird ein notarielles Protokoll aufgenommen.

§ 19

Das Geschäftsjahr läuft jeweilig bis zum 31. August.

§ 20

Für die Aufstellung der Bilanz gelten die gesetzlichen Vorschriften. Der sich ergebende Reingewinn wird nicht unter die Aktionäre verteilt, vielmehr wie folgt verwendet:

5% sind in den gesetzlichen Reservefonds einzustellen, bis dieser den zehnten Teil des Grundkapitals erreicht.

Der verbleibende Rest ist einem Rückstellungskonto zuzuführen.

§ 21

Die Gesellschaft tritt, falls nicht ihre frühere Auflösung durch eine Generalversammlung beschlossen wird, spätestens ein Jahr nach dem Friedensschluß, der den zurzeit schwebenden Krieg beendigt, in Liquidation.

§ 22

Bei der Auflösung der Gesellschaft wird das nach Berichtigung der Schulden verbleibende Vermögen der Gesellschaft unter die Aktionäre verteilt, jedoch nur insoweit, daß kein Aktionär mehr als den von ihm auf seine Aktie bar eingezahlten Betrag erhält. Eine Zinsvergütung findet nicht statt. Ein etwa verbleibender Rest wird einer vom Königlich Preußischen Kriegsministerium zu bezeichnenden Stelle zur Verwendung für Zwecke des Gemeinwohls zugeführt.

§ 23

Alle Bekanntmachungen der Gesellschaft erfolgen durch den Deutschen Reichs- und Königlich Preußischen Staatsanzeiger.

§ 24

Sollte der Registerrichter zum Zwecke der Eintragung der Gesellschaft in das Handelsregister Änderungen der Satzung für erforderlich halten, so ist der Aufsichtsrat zuständig, die Änderungen zu beschließen.

II. Geschäftsordnung der Schätzungs- und Verteilungs-Kommission[553]

Die Schätzungs- und Verteilungskommission besteht gemäß § 13 des Gesellschaftsvertrages aus mindestens vier Mitgliedern, von denen eines Mitglied einer Handelskammer oder Metallbörse sein muß. Letzteres Mitglied darf nicht zugleich Mitglied des Aufsichtsrates sein. Die gemäß § 9 des Gesellschaftsvertrages von dem Königlich Preußischen Kriegsministerium sowie von dem Königlichen Ministerium für Handel und Gewerbe delegierten Herren müssen auf ihren Wunsch von der Kommission gehört werden. Auf den Antrag eines von ihnen ist die Entscheidung des Aufsichtsrates einzuholen.

Die Schätzungs- und Verteilungskommission wählt einen ersten und einen zweiten Vorsitzenden und faßt ihre Beschlüsse mit Stimmenmehrheit. Bei Stimmengleichheit entscheidet die Stimme des jeweiligen Vorsitzenden. Auch die als Stellvertreter bezeichneten Mitglieder sind zu jeder Sitzung einzuladen. Über die Sitzung ist ein Protokoll auszufertigen, welches von dem Vorsitzenden und einem Mitgliede unterschrieben sein muß. Dieses Protokoll ist dem Aufsichtsrate zu übersenden. Die Kommission kann sich, sobald die Geschäfte dies erfordern, aus ihren Mitgliedern Referenten für die einzelnen Fragen bestellen.

Die Aufgaben der Schätzungs- und Verteilungskommission sind folgende:

1. Alle im Interesse der Landesverteidigung zur Sicherung verfügbarer Metallbestände erforderlichen Maßnahmen vorzuschlagen und zu begutachten. Die berechtigten Interessen der Friedensindustrie sind hiergegen sorgsam abzuwägen.
2. Einen Ausgleich herbeizuführen zwischen Besitzern von Metallbeständen und denjenigen Firmen, die diese Metalle zur Erledigung ihrer Kriegsaufträge brauchen; für die Verrechnung, die durch die Kriegsmetall-Gesellschaft erfolgt, hat die Kommission angemessene Preise festzustellen.
3. Bei der Aufteilung der von der Kriegsmetall-Aktiengesellschaft gekauften Metalle sollen die Wünsche der Aktionäre nach Möglichkeit in erster Reihe berücksichtigt werden.
4. Unter Verwertung der von der Kriegsmetall-Aktiengesellschaft getroffenen Feststellungen Gutachten für die Militärbehörden über die Frage zu erstatten, ob Anträge auf Freigabe beschlagnahmter Metalle oder Überweisung

---

[553] BA R 8737 Bd. 99 Bl. 1.

verfügbarer Bestände zum Zwecke von Friedensarbeit anzunehmen oder abzulehnen sind.

5. In Zweifelsfällen Entscheidungen darüber zu treffen, ob bestimmte Arbeiten als Kriegs- oder Friedensarbeiten zu betrachten sind.
6. Auf Wunsch der Behörden Gutachten darüber abzugeben, ob die ihnen seitens der Lieferanten berechneten Preise angemessen sind.
7. Für Metalle und Metallabfälle, die die Behörden mit Beschlag belegen, auf Ansuchen angemessene Preise festzustellen.
8. Gutachten darüber abzugeben, ob für bestimmte Quantitäten Metalle auf Ansuchen die Ausfuhr nach Österreich-Ungarn oder neutralen Ländern zu gestatten ist.
9. Die Notierungen, welchen von der Metalldeputation der Korporation der Kaufmannschaft von Berlin in der Presse veröffentlicht werden, einer Nachprüfung zu unterziehen.

III. Aktionäre und deren Beteiligungen

Liste der Gründungsmitglieder der K.M.A. (Stand 02. September 1914)[554]:

1.	Allgemeine Elektrizitäts-Gesellschaft (A.E.G.), Berlin:	500.000.-
2.	Beer, Sondheimer & Co., Frankfurt a.M.:	500.000.-
3.	Metallgesellschaft AG, Frankfurt a.M.:	500.000.-
4.	Siemens-Schuckertwerke GmbH, Siemensstadt (Berlin):	500.000.-
5.	M.M. Warburg & Co, Hamburg:	500.000.-
6.	Basse & Selve, Altena i.W.:	400.000.-
7.	Bergmann Elektrizitätswerke AG, Berlin:	400.000.-
8.	Vereinigte Deutsche Nickelwerke AG (vorm. Westfälisches Nickelwalzwerk Fleitmann):	400.000.-
9.	Wieland & Co. AG, Ulm a.d.Donau:	400.000.-
10.	Chemische Fabrik Hönningen (vorm. Messingwerk Reinikkendorf R. Seidel AG):	200.000.-
11.	Felten & Guilleaume, Carlswerk AG, Mülheim a.Rh.:	200.000.-
12.	Hirsch, Kupfer- & Messingwerke AG, Halberstadt:	200.000.-
13.	Aron Hirsch & Sohn, Halberstadt:	200.000.-
14.	L. Loewe & Co. AG, Berlin:	200.000.-

[554] Protokoll der Gründungsversammlung der K.M.A. vom 02. September 1914 (BA R 8737 Bd. 1 Bl. 18ff. (25)). Inkl. sog. „reservierter Anteile" für Wolf, Netter & Jacobi, Berlin (100.000.-), Dr. Geitner´s Argentanfabrik, Auerhammer b. Aue i.S. (200.000.-) und für Heddernheimer Kupferwerk und Süddeutsche Kabelwerke AG, Frankfurt a.M. (200.000.-). Gezeichnet wurden dieser Extra-Anteile durch die unter Nr. 1-5 aufgezählten Unternehmen (je 100.000.-), vgl. BA R 8737 Bd. 1 Bl. 12f.

15.	Polte Armaturen- und Patronenfabrik, Magdeburg:	200.000.-
16.	Dr. Cassirer & Co., Charlottenburg:	100.000.-
17.	Dt. Messingwerke Carl Eveking, Berlin-Niederschöneweide:	100.000.-
18.	Hüttenwerk Niederschöneweide AG (vorm. I.F. Ginsberg, Berlin):	100.000.-
19.	Th. Goldschmidt AG, Essen a.d.Ruhr:	100.000.-
20.	Hüttenwerke C. Wilhelm Kayser & Co. AG, Berlin:	100.000.-
21.	Kupferwerke Deutschland AG, Berlin-Oberschöneweide:	100.000.-
22.	N. Levy & Co., Berlin:	100.000.-

Summe : 6 Mio. Mark

Liste der Aktionäre der K.M.A. nach der Aufnahme weiterer Unternehmen unter gleichmäßiger Kürzung der vorhandenen Anteile bzw. Abtretung der gesondert gezeichneten „Reserveanteile“[555]:

1.	Allgemeine Elektrizitäts-Gesellschaft (A.E.G.):	355.000.- (500.000.-)
2.	Basse & Selve, Altena i.W.:	355.000.- (400.000.-)
3.	Beer, Sondheimer & Co., Frankfurt a.M.:	355.000.- (500.000.-)
4.	Bergmann Elektrizitätswerke AG, Berlin:	355.000.- (400.000.-)
5.	Metallgesellschaft AG, Frankfurt a.M.:	355.000.- (500.000.-)
6.	Siemens-Schuckertwerke GmbH, Siemensstadt:	355.000.- (500.000.-)
7.	Vereinigte Dt. Nickelwerke AG (vorm. Westfl. Nickelwalzwerk):	355.000.- (400.000.-)
8.	M.M. Warburg & Co, Hamburg:	355.000.- (500.000.-)
9.	Wieland & Co AG, Ulm a.d.Donau:	355.000.- (400.000.-)
10.	Chem. Fabrik Hönningen (und vorm. Messingwerk Reinickendorf):	170.000.- (200.000.-)
11.	Felten & Guilleaume Lahmeyerwerke AG:	170.000.- (200.000.-)
12.	Dr. Geitners Argentanfabrik, F.A. Lange, Auerhammer i/Sa:	170.000.-
13.	C. Heckmann AG, Duisburg:	170.000.-
14.	Heddernheimer Kupfer- und Süddt. Kabelwerke AG, Frankfurt a.M.:	170.000.-
15.	Aron Hirsch & Sohn, Halberstadt:	170.000.- (200.000.-)
16.	Hirsch, Kupfer- & Messingwerke AG, Berlin:	170.000.- (200.000.-)
17.	L. Loewe & Co. AG, Berlin:	170.000.- (200.000.-)

[555] Stand März 1915 (in Klammer die ursprünglich Anteile), BA R 8737 Bd. 2 Bl. 2, R 8737 Bd. 10 Bl. 5f., 6f.

18. Mansfeld'sche Kupferschiefer bauende Gewerkschaft, Eisleben: 170.000.-
19. Polte Armaturen- und Patronenfabrik, Magdeburg: 170.000.- (200.000.-)
20. Carl Berg AG Eveking i.W.: 85.000.-
21. Dr. Cassirer & Co., Charlottenburg: 85.000.- (100.000.-)
22. Dt. Messingwerke, Flunkert, C. Eveking, Niederschöneweide: 85.000.- (100.000.-)
23. Th. Goldschmidt AG, Essen a.d.Ruhr: 85.000.- (100.000.-)
24. Hüttenwerk Niederschöneweide AG, vorm. J. F. Ginsberg: 85.000.- (100.000.-)
25. Kabelwerk Duisburg: 85.000.-
26. C. Wilh. Kayser & Co. AG, Berlin: 85.000.- (100.000.-)
27. Kupferwerke Deutschland, Oberschöneweide: 85.000.- (100.000.-)
28. N. Levy & Co., Berlin: 85.000.- (100.000.-)
29. Lüdenscheider Metallwerke AG, vorm. Fischer & Basse: 85.000.-
30. W. Netter & Jacobi, Berlin: 85.000.-
31. Sächsische Metallwarenfabrik August Wellner Söhne, AG: 85.000.-
32. Westfälische Kupfer- & Messingwerke AG, vorm. C. Nöll: 85.000.-

Summe : 6 Mio. Mark

B. Reichsgetreidestelle, Geschäftsabteilung GmbH

I. Gesellschaftsvertrag[556]

- Gesellschafter -

§ 1

I. Der Preußische Staat, vertreten durch den Herrn Finanzminister,
II. die in der Anlage verzeichneten Städte und
III. die ebendort aufgeführten großgewerblichen Unternehmungen (Firmen und Personen)

bilden eine Gesellschaft mit beschränkter Haftung unter der Firma:

Kriegsgetreide
Gesellschaft mit beschränkter Haftung

mit dem Sitz in Berlin.

§ 1

Die in der Anlage aufgeführten Gesellschafter bilden eine Gesellschaft mit beschränkter Haftung unter der Firma:

Reichsgetreidestelle
Geschäftsabteilung
Gesellschaft mit beschränkter Haftung.

Der Sitz der Gesellschaft ist Charlottenburg

- Gesellschaftszweck -

§ 2

Zweck der Gesellschaft ist der Erwerb und die Lagerung inländischen Roggens, zwecks Veräußerung nach Mitte Mai 1915, sowie Maßnahmen zur Sicherung der deutschen Volksernährung und Aufrechterhaltung des deutschen Wirtschaftslebens im Kriege.

---

[556] Gesellschaftsvertrag der Kriegsgetreidegesellschaft mbH in der Fassung gemäß den Beschlüssen der Gründungsversammlung vom 25. November 1914 (BA R 8835 Bd. 6 ohne Paginierung). Dem kursiv gegenübergestellt ist, sofern sich Änderungen ergaben, der Gesellschaftsvertrag der Reichsgetreidestelle, Geschäftsabteilung GmbH in seiner Fassung vom 25. August 1916.

§ 2

Zweck der Gesellschaft ist die Sicherung der Ernährung des Heeres und der Marine sowie der deutschen Zivilbevölkerung während der Dauer des gegenwärtigen Krieges, soweit die Ernährung auf der Verwertung von Brotgetreide beruht.

- Stammkapital -

§ 3

Das Stammkapital der Gesellschaft beträgt 50 Mio. Mark und wird gebildet durch die Stammeinlagen der Gesellschafter, welche mindestens 100 000 Mark betragen müssen.
Die Stammeinlagen sind mit 25% sofort bar einzuzahlen. Der Rest ist nach Beschluß des Aufsichtsrats zahlbar.
Auf dieses Stammkapital von 50 Mio. Mark haben die einzelnen Gesellschafter die gleichfalls aus der im § 1 erwähnten Anlage sich ergebenden Stammeinlagen zu leisten, und zwar in Geld.

- Abtretung von Geschäftsanteilen -

§ 4

Zur Abtretung von Geschäftsanteilen oder von Teilen solcher ist, abgesehen von der gesetzlichen Bestimmung, die Zustimmung des Preußischen Staates erforderlich. Erfolgt bei der Abtretung eine Teilung der Geschäftsanteile, so muß jeder Teil über 50.000 Mark oder ein Vielfaches von 50.000 Mark lauten.

- Gemeinnützigkeit -

§ 5

Die Gesellschaft arbeitet ausschließlich gemeinnützig, doch nach rein wirtschaftlichen Gesichtspunkten.
Die Dividende ist auf 5% beschränkt.
Im Falle der Auflösung der Gesellschaft erhalten die Gesellschafter nicht mehr als den Nennwert ihrer Anteile. Der etwaige Rest des Gesellschaftsvermögens fällt dem Reiche zur Verwendung für gemeinnützige Zwecke zu, insbesondere zugunsten der Kriegs- und Hinterbliebenenversorgung.

§ 5

Die Gesellschaft arbeitet ausschließlich gemeinnützig, doch nach rein wirtschaftlichen Gesichtspunkten. Die Dividende darf nicht höher bemessen werden, als sich bei einer fünfprozentigen Verzinsung der eingezahlten Stammanteile ergeben würde.

Im Falle der Auflösung der Gesellschaft erhalten die Gesellschafter nicht mehr als die auf ihre Anteile eingezahlten Beträge. Der etwaige Rest des Gesellschaftsvermögens fällt dem Reiche zur Verwendung für gemeinnützige Zwecke, insbesondere für Kriegshinterbliebenen- Versorgung, zu.

- Organe der Gesellschaft -

§ 6

Die Organe der Gesellschaft sind:

I. die Geschäftsführung,

II. der Aufsichtsrat,

III. die Gesellschafterversammlung.

- Geschäftsführung -

§ 7

Die Gesellschaft erhält einen oder mehrere Geschäftsführer, *darunter einen Landwirt.* Die Bestellung der Geschäftsführer und der Widerruf der Bestellung geschehen durch den Aufsichtsrat. *Die Bestellung bedarf der Bestätigung des Reichskanzlers.*

Der beziehungsweise die ersten Geschäftsführer werden von der Gesellschafterversammlung gewählt.

Die Bestellung kann sowohl in einer ordnungsmäßigen Aufsichtsratssitzung, als auch in derselben Weise, wie rechtsgültige Beschlüsse des Aufsichtsrats durch Einholung schriftlicher Äußerungen zustande kommen, erfolgen.

Die Geschäftsführer haben eine vom Aufsichtsrat erlassene Dienstanweisung zu befolgen. Der Aufsichtsrat ist auch berechtigt, in Einzelfällen besondere Anweisung zu erteilen.

Die rechtsverbindliche Zeichnung für die Gesellschaft erfolgt unter der Firma der Gesellschaft nebst den Unterschriften von einem Geschäftsführer, wenn einer bestellt ist, oder wenn mehrere Geschäftsführer bestellt sind, von zwei Geschäftsführern, oder von einem Geschäftsführer und einem Prokuristen, oder von zwei Prokuristen.

Letztere sollen zur rechtsverbindlichen Zeichnung für die Gesellschaft auch befugt sein, wenn nur ein Geschäftsführer bestellt ist.

Das erste Geschäftsjahr endet am 31. Juli 1915. Die folgenden Geschäftsjahre laufen vom 1. August eines jeden Jahres ab

„Das zweite Geschäftsjahr endet am 15. September 1916. Die folgenden Geschäftsjahre laufen vom 16. September bis 15. September.“

§ 8

Es wird ein Aufsichtsrat gebildet, in den der Staat und die Städte je fünf ordentliche Mitglieder und das Großgewerbe drei ordentliche Mitglieder entsenden.
Die Gruppe II (Städte) ist berechtigt, vier Stellvertreter, die Gruppe III (Großgewerbe) zwei Stellvertreter zu ernennen. Die Stellvertretenden Mitglieder sind zu allen Sitzungen zuzuziehen.
Die näheren Bestimmungen über den Eintritt der Stellvertreter trifft die Geschäftsordnung.
Der Aufsichtsrat regelt seinen Geschäftsgang selbständig durch eine Geschäftsordnung, die dem Vorsitzenden und einzelnen Mitglieder besondere Befugnis zuweisen kann. Er ist bei Anwesenheit von sieben stimmführenden Mitgliedern einschließlich des Vorsitzenden beschlußfähig und faßt seine Beschlüsse mit einfacher Stimmenmehrheit. Wenn von keinem Mitgliede Widerspruch erhoben wird, so können die Beschlüsse des Aufsichtsrats auch durch Einholung schriftlicher Äußerungen gefaßt werden, und zwar genügt es zur Gültigkeit, wenn mindestens sieben zustimmende schriftliche Äußerungen stimmführender Mitglieder vorliegen.
Der Vorsitzende des Aufsichtsrats und sein Stellvertreter werden vom Aufsichtsrat aus seiner Mitte gewählt, die Wahl des Vorsitzenden bedarf der Bestätigung durch den Herrn Finanzminister.
Zu den Befugnissen des Aufsichtsrats gehören besonders:

a) die Aufsicht über die gesamte Geschäftsführung,
b) der Erlaß von Dienstanweisungen für die Geschäftsführer und sonstigen Angestellten,
c) die Bestellung der Geschäftsführer, der Prokuristen und derjenigen Angestellten, deren jährliche Geldbezüge über 5.000 M. betragen. Doch ist vor Bestellung eines Geschäftsführers die Einwilligung des Herrn Finanzministers einzuholen.
d) die Beschlußfassung über alle Vorlagen an die Gesellschafterversammlung,
e) die Einforderung von Einzahlungen auf die Stammeinlagen.

Die Anwendung des § 244 des Handelsgesetzbuches bleibt ausgeschlossen.

§ 8

Die Gesellschaft erhält einen Aufsichtsrat. Er besteht aus dem Vorsitzenden des Direktoriums der Verwaltungsabteilung der Reichsgetreidestelle als Vorsitzendem und vierundzwanzig ordentlichen Mitgliedern, von denen sieben auf Reich und Bundesstaaten, sieben auf die Städte, sieben auf die Landwirtschaft und drei auf das Großgewerbe entfallen. Für die Vertreter der Städte können vier, für die

Vertreter des Großgewerbes zwei Stellvertreter ernannt werden. Die stellvertretenden Mitglieder des Aufsichtsrates sind zu allen Sitzungen hinzuzuziehen.
Die näheren Bestimmungen über den Eintritt der Stellvertreter trifft die Geschäftsordnung.
Die Gruppe der Städte und die Gruppe des Großgewerbes wählen die auf sie fallenden Mitglieder des Aufsichtsrats und deren Stellvertreter. Die übrigen Mitglieder des Aufsichtsrats ernennt der Reichskanzler.
Der Aufsichtsrat regelt seinen Geschäftsgang selbständig durch eine Geschäftsordnung, die dem Vorsitzenden und einzelnen Mitgliedern besondere Befugnisse zuweisen kann. Er ist bei Anwesenheit von dreizehn stimmführenden Mitgliedern einschließlich des Vorsitzenden beschlußfähig und faßt seine Beschlüsse mit einfacher Stimmenmehrheit. Bei Stimmengleichheit gibt die Stimme des Vorsitzenden den Ausschlag. Wenn von keinem Mitglied Widerspruch erhoben wird, so können die Beschlüsse des Aufsichtsrats auch durch Einholung schriftlicher Äußerungen gefaßt werden; zur Gültigkeit genügt es, wenn mindestens dreizehn zustimmende schriftliche Äußerungen stimmführender Mitglieder vorliegen.
Der Stellvertreter des Vorsitzenden wird vom Aufsichtsrat aus seiner Mitte gewählt.
Zu den Befugnissen des Aufsichtsrats gehören besonders:
a) die Aufsicht über die gesamte Geschäftsführung,
b) der Erlaß von Dienstanweisungen für die Geschäftsführer und sonstigen Angestellten,
c) die Bestellung der Geschäftsführer, der Prokuristen und derjenigen Angestellten, deren jährliche Geldbezüge über 5.000 M. betragen,
d) die Beschlußfassung über alle Vorlagen an die Gesellschafterversammlung,
e) die Einforderung von Einzahlungen auf die Stammeinlagen.
Die Anwendung des § 244 des Handelsgesetzbuches bleibt ausgeschlossen.

- Gesellschafterversammlung -

§ 9

Die ordentliche Gesellschafterversammlung findet in den ersten sechs Monaten nach Ablauf eines jeden Geschäftsjahres statt.
Sie hat über die Bilanz und die Gewinnverteilung sowie über die Entlastung der Geschäftsführung und des Aufsichtsrats Beschluß zu fassen.
Eine außerordentliche Gesellschafterversammlung findet statt, so oft der Aufsichtsrat oder die Geschäftsführung die Abhaltung für erforderlich halten.
Der § 50 des Gesetzes, betreffend die Gesellschaften mit beschränkter Haftung, bleibt unberührt.

§ 10

Die Gesellschafterversammlung wird von dem Vorsitzenden des Aufsichtsrats berufen und findet in Berlin statt. Die Einladung erfolgt brieflich und soll spätestens eine Woche vor dem Tage der Gesellschafterversammlung erfolgen. Die Einhaltung dieser Frist ist jedoch nicht Voraussetzung der ordnungsmäßigen Berufung. Auch wenn die Frist nicht gewahrt ist, sollen im übrigen ordnungsgemäß gefaßte Beschlüsse durchaus Gültigkeit haben.
Die Gesellschafterversammlung wird durch den Vorsitzenden des Aufsichtsrats oder seinen Stellvertreter geleitet. Je 50 000 M. eines Geschäftsanteils gewähren eine Stimme.

§ 11

Über die Hergänge in der Gesellschafterversammlung wird eine Niederschrift aufgenommen, die nach Verlesung und Genehmigung durch die Gesellschafterversammlung von dem Vorsitzenden unterzeichnet wird.

- Dauer der Gesellschaft -

§ 12

Die Dauer der Gesellschaft ist unbegrenzt, doch darf die Gesellschafterversammlung mit mindestens einem Drittel der Stimmen die Auflösung zum 1. August 1916 und von da ab gerechnet zum 1. eines jeden laufenden Halbjahres mit halbjähriger Kündigungsfrist beschließen.

§ 12

Die Gesellschaft endet mit dem Ablauf des Geschäftshalbjahres, innerhalb dessen das Deutsche Reich mit allen europäischen Großmächten Frieden geschlossen hat, falls der Friedensschluß mit der letzten in Betracht kommenden Großmacht spätestens drei Monate vorher erfolgt ist; ist der Frieden mit der letzten in Betracht kommenden Großmacht erst innerhalb der letzten drei Monate geschlossen, so endet die Gesellschaft mit dem Ablauf des folgenden Geschäftshalbjahres.
Außerdem kann die Gesellschafterversammlung mit mindestens einem Viertel aller Stimmen die Auflösung zum 31. Juli 1916 und von da ab gerechnet zum Schluß eines jeden Geschäftshalbjahres mit halbjähriger Kündigung beschließen.

- Bekanntmachung -

§ 13

Die Veröffentlichungen der Gesellschaft erfolgen nur durch den „Deutschen Reichsanzeiger".

§ 14[557]

Die sämtlichen Erschienenen bevollmächtigen hierdurch Geheimen Finanzrat Dr. Meydenbauer und Stadtrat Dr. Luther zur Abgabe sämtlicher Erklärungen, welche zur Durchführung der Gründung der Gesellschaft etwa noch notwendig werden sollten, insbesondere zur Abgabe solcher Erklärungen bzw. Ergänzungen zu den bevorstehenden Satzungen, welche das Registergericht für erforderlich erachten sollte.

II. Gesellschafter und deren Beteiligungen[558]

A. Der Königlich Preußische Staat:	21.000.000 Mark
B. Städte	
1. Berlin:	4.000.000 Mark
2. Leipzig:	1.050.000 Mark
3. München:	1.050.000 Mark
4. Dresden:	950.000 Mark
5. Frankfurt a.M.:	750.000 Mark
6. Düsseldorf:	700.000 Mark
7. Charlottenburg:	600.000 Mark
8. Nürnberg:	600.000 Mark
9. Chemnitz:	550.000 Mark
10. Essen:	550.000 Mark
11. Hannover:	550.000 Mark
12. Cöln:	500.000 Mark
13. Stuttgart:	500.000 Mark
14. Magdeburg:	450.000 Mark
15. Neukölln:	450.000 Mark
16. Breslau:	400.000 Mark
17. Dortmund:	400.000 Mark

557 § 14 wurde seiner Funktion entsprechend in die Satzung der R.G. nicht wieder aufgenommen.

558 Stand bei Gründung der K.G. am 25. November 1914. Abgedruckt in der Anlage zum Gesellschaftsvertrag (vgl. Fn 555).

18.Duisburg:	400.000 Mark
19.Stettin:	400.000 Mark
20.Berlin-Schöneberg:	350.000 Mark
21.Kiel:	300.000 Mark
22.Mannheim:	300.000 Mark
23.Altona:	250.000 Mark
24.Berlin-Wilmersdorf:	250.000 Mark
25.Gelsenkirchen:	250.000 Mark
26.Halle a. S.:	250.000 Mark
27.Aachen:	200.000 Mark
28.Augsburg:	200.000 Mark
29.Barmen:	200.000 Mark
30.Berlin-Lichtenberg:	200.000 Mark
31.Bochum:	200.000 Mark
32.Cassel:	200.000 Mark
33.Elberfeld:	200.000 Mark
34.Braunschweig:	150.000 Mark
35.Crefeld:	150.000 Mark
36.Erfurt:	150.000 Mark
37.Karlsruhe:	150.000 Mark
38.Königsberg i. Pr.:	150.000 Mark
39.Spandau:	150.000 Mark
40.Danzig:	100.000 Mark
41.Hamborn:	100.000 Mark
42.Mainz:	100.000 Mark
43.Mülheim-Ruhr:	100.000 Mark
44.Plauen i. V.:	100.000 Mark
45.Posen:	100.000 Mark
46.Saarbrücken:	100.000 Mark
47.Straßburg i. E.:	100.000 Mark
48.Wiesbaden:	100.000 Mark
	Summe: 20.000.000 Mark

C. Großgewerbliche Firmen

1. Rh.-Westfälisches Kohlensyndikat AG, Essen-Ruhr:	4.000.000 Mark
2. Friedrich Krupp AG, Essen-Ruhr:	1.300.000 Mark
3. Vereinigte Köln-Rottweiler Pulverfabriken AG, Berlin:	1.000.000 Mark
4. Dt. Braunkohlen-Industrie e.V., Halle (Saale):	700.000 Mark
5. Braunkohlen-Brikett-Verkaufsverein, GmbH, Cöln:	300.000 Mark
6. Dt.-Luxemburg. Bergwerks- und Hütten AG, Bochum:	250.000 Mark
7. Gelsenkirchener Bergwerks AG, Gelsenkirchen:	250.000 Mark

8. Gutehoffnungshütte Aktienverein für Bergbau- und Hüttenbetrieb, Oberhausen: 250.000 Mark
9. Phönix AG für Bergbau und Hüttenbetrieb, Hörde: 250.000 Mark
10. Thyssen & Co, Mülheim-Ruhr: 250.000 Mark
11. Rh. Stahlwerke AG, Duisburg-Meiderich: 200.000 Mark
12. Eisen- und Stahlwerk Hösch AG, Dortmund: 150.000 Mark
13. Bochumer Verein für Bergbau und Gußstahlfabrikation: 100.000 Mark

Summe: 9.000.000 Mark

Gesamtsumme: 50.000.000 Mark

Die vom Königlich Preußischen Staat bei der Gründung gezeichneten 21 Mio. Mark wurden später folgendermaßen auf die Deutschen Bundesstaaten verteilt[559]:

1. Der Königlich Preußische Staat: 15.800.000 Mark
2. Der Königlich Bayerische Staat: 1.500.000 Mark
3. Der Königlich Sächsische Staat: 1.500.000 Mark
4. Der Königlich Württembergische Staat: 600.000 Mark
5. Freie Hansa-Stadt Hamburg: 500.000 Mark
6. Der Großherzoglich Badische Staat: 300.000 Mark
7. Der Großherzoglich Hessische Staat: 300.000 Mark
8. Elsaß-Lothringen: 250.000 Mark
9. Der Herzoglich Braunschweigische Staat: 150.000 Mark
10. Der Großherzoglich Meckl.-Schwer. Staat: 100.000 Mark

Summe: 21.000.000 Mark

Weiterhin traten in der Gruppe der Städte Charlottenburg, Berlin-Schöneberg und Neukölln je 50.000 Mark an Berlin-Steglitz (150.000 Mark) als 49. Stadt ab. Darüber hinaus beteiligte sich im Juli 1915 das Deutsche Reich mit 20.000.000 Mark an der Gesellschaft, so daß sich das Stammkapital nunmehr auf 70 Mio. erhöhte.

559 Anlage zum Gesellschaftsvertrag der R.G.

C. Kautschuk-Abrechnungsstelle

I. Anordnungen des Preußischen Kriegsministeriums bezüglich der Bildung eines Überwachungsausschusses und einer Schätzungs- und Verteilungskommission sowie deren Aufgaben vom Ende Oktober 1914[560]

„Um die Wirtschaft in Kautschuk zu regeln, sind eine Reihe von Maßnahmen in Aussicht genommen, die einerseits eine Mitwirkung der Kautschukwarenfabriken, andererseits eine Mitwirkung der Deutschen Bank zur Voraussetzung haben.

I.

Ein Überwachungsausschuß wird gebildet aus 3 von den Kautschukwarenfabriken bezeichneten Mitgliedern sowie einem Stellvertreter und je einem Vertreter des Kriegsministeriums, des Reichs-Marineamts, des Eisenbahnministeriums und des Ministeriums für Handel und Gewerbe, ferner einem Vertreter der Deutschen Bank.

Soweit die Kautschukwarenfabriken in Frage kommen, sind dafür die Herren

Direktor Calmon, Hamburg,
Direktor Kommerzienrat Hoff, Harburg,
Direktor Geheimer Kommerzienrat Seligmann, Hannover,
Direktor Meyer, Leipzig, als Stellvertreter

bestimmt.

Der Überwachungsausschuß wird die Grundzüge feststellen, nach denen die Regelung und Verteilung der Kautschukwirtschaft vorzunehmen ist, insbesondere wird er die Deckung des Bedarfs des Heeres, der Marine, der Eisenbahn und der Privaten in richtiges Verhältnis bringen.

Der Überwachungsausschuß wird der Schätzungs- und Verteilungskommission ihre Geschäftsordnung geben und deren Tätigkeit beaufsichtigen.

Ausscheidende Mitglieder des Überwachungsausschusses werden durch Neuernennung ersetzt.

Jeder Regierungsvertreter hat bei den Beschlüssen des Überwachungsausschusses ein Vetorecht.

Dem Überwachungsausschuß steht eine aus den Herren Apt, Gerlach und Kuhlemann bestehende technische Abteilung zur Seite.

II.

Die Schätzungs- und Verteilungskommission besteht aus 4 Mitgliedern und 4 Stellvertretern. Eines der Mitglieder wird von der Handelskammer zu Berlin ernannt und fungiert als Obmann.

---

[560] BA R 8720 Bd. 2 ohne Paginierung.

Die Kommission setzt sich aus folgenden Herren zusammen:

1 Handelskammermitglied als Obmann (Geh. Komm.-Rat Steinthal, Berlin),
Direktor Peierls, Berlin-Oberschöneweide,
Kommerzienrat Paul Herz, Berlin
Direktor Spannagel, Berlin-Großlichterfelde,
Regierungsbaumeister Schalkau, Berlin-Siemensstadt, als 1. Stellvertreter,
Fabrikbesitzer H.O. Traun, Hamburg, als 2. Stellvertreter,
Fabrikbesitzer Daubitz, Berlin-Rudow, als 3. Stellvertreter,
Dr. Soetbeer, Berlin, als 4. Stellvertreter.

Die Kommission erhält ihre Geschäftsordnung durch den Überwachungsausschuß."

II. Einseitige Verpflichtung der Deutschen Bank gegenüber dem Preußischen Kriegsministerium zur Errichtung einer Kautschuk-Abrechnungsstelle sowie Festlegung ihres Aufgabenbereichs[561]

„Wir haben von der beigefügten Instruktion für die Bildung eines Überwachungsausschusses und seiner Kommissionen Kenntnis genommen und erklären uns dem Kriegsministerium gegenüber zu folgenden Verpflichtungen bereit:

1. Wir werden eine Kautschuk-Abrechnungsstelle errichten, die diejenigen Bestände übernehmen wird, die ihr durch das Kriegsministerium zur Verfügung gestellt werden, oder die sonst auf Anraten der Kommissionen im freien Markte beschafft werden. Als Übernahmestelle kann jeder beliebige Ort des Deutschen Inlandes mit Bahnanschluß und Lagerungsgelegenheit bezeichnet werden. Die Bezahlung erfolgt in deutscher Währung Zug um Zug bei Übernahme von Kautschuk, und zwar nach Massgabe der Preisfestsetzungen der Schätzungs- und Verteilungskommission.
2. Wir verpflichten uns, die Aufteilung der uns überwiesenen Mengen Kautschuk nicht anders vorzunehmen als nach Maßgabe der Bestimmungen der Schätzungs- und Verteilungskommission, und machen uns dafür stark, daß die Verteilung jeweils nicht eher stattfinden wird, als bis für jedes in Betracht kommende Quantum der von der Verteilungskommission aufgestellte Plan vorliegt. Dieser Plan muß, falls der Überwachungsausschuß dies verlangt, ihm zuvor zur Genehmigung vorgelegt werden.
3. Der Verrechnungspreis, zu dem wir den Kautschuk an die Fabrikanten weitergeben, wird von der Schätzungs- und Verteilungskommission festgesetzt. Die Deutsche Bank verpflichtet sich, sämtliche Unkosten der Abrechnungs-

[561] Schreiben der Deutschen Bank Berlin an das Königlich Preußische Kriegsministerium vom 28. Oktober 1914 (BA R 8720 Bd. 2 ohne Paginierung).

stelle zu tragen und erhält hierfür eine Pauschalgebühr von 2% von dem Verkaufsumsatz der Abrechnungsstelle.

4. Die Abrechnungsstelle wird nach Vereinbarung mit den Deutschen Kautschukwaren-Fabriken mit den nötigen Hilfskräften ausgestattet sein, um sich dem Kriegsministerium zur Verfügung zu halten bei Beratung der entstehenden Korrespondenzen und den sich aus der Abwicklung der Geschäfte ergebenden Einzelmaßnahmen. Zu diesem Zweck wird ein sachkundiger Beamter der Abrechnungsstelle sich dauernd zur Verfügung des Kriegsministeriums halten.
5. Sollte bei der Endabrechnung der Abrechnungsstelle ein Nutzen verbleiben, so werden wird diesen dem Kriegsministerium zur Verwendung für Zwecke des Gemeinwohls zur Verfügung stellen. Wir halten uns an diese Verpflichtung bis zur Beendigung des Feldzuges gebunden."

III. Die Vereinbarungen zwischen der Abrechnungsstelle bei der Deutschen Bank Berlin und den beteiligten Firmen der Kautschukindustrie[562]

„Wir gestatten uns, Ihnen mitzuteilen, daß die Kautschuk-Abrechnungsstelle nunmehr ihre Arbeiten begonnen hat. Die Kautschuk-Abrechnungsstelle ist eine vom Kriegsministerium geschaffene Organisation. Das Kriegsministerium hat einen Überwachungsausschuß und eine Schätzungs- und Verteilungskommission eingesetzt, die für die Beschaffung und Verteilung der Rohmaterialien der Kautschuk-Industrie Vorsorge zu treffen haben. Der größte Teil der deutschen Kautschukwaren-Fabriken hat bereits das in der Anlage beigefügte Verpflichtungsschreiben unterzeichnet, das die vorstehend geschilderte Organisation der Kautschukverrechnung als für sie maßgeblich anerkennt. Sollten Sie das Verpflichtungsschreiben noch nicht unterzeichnet haben, so bitten wir Sie um dessen Vollziehung. Wir bemerken noch dazu, daß der Passus:
„und insbesondere den uns zuzuweisenden Kautschuk zu den festzusetzenden Preisen und Bedingungen annehmen"
selbstverständlich dahin zu verstehen ist, daß die Unterzeichner des Verpflichtungsscheins verpflichtet sein sollen, nur solchen Kautschuk zu den festgesetzten Preisen und Bedingungen abzunehmen, deren Zuerteilung Sie beantragt haben.
Von dieser Regel hat jedoch im Interesse einer gerechten Liquidation der Abrechnungsstelle die folgende Ausnahme zu gelten. Soweit bei Friedensschluß Kautschukbestände bei der Abrechnungsstelle verbleiben, sind diejenigen Firmen, die die Vermittlung der Abrechnungsstelle in Anspruch genommen haben, im

[562] Vordrucke eines entsprechenden Informationsschreibens der Abrechnungsstelle an die in Betracht kommenden Firmen sowie einer Verpflichtungserklärung (dazu IV.) derselben in BA R 8720 Bd. 2 ohne Paginierung.

Verhältnis der von ihnen mit der Abrechnungsstelle getätigten Umsätze verpflichtet, den der Abrechnungsstelle verbleibenden Kautschuk zu übernehmen. Hierbei soll als Übernahmepreis dieser Bestände der Selbstkostenpreis der Abrechnungsstelle zugrunde gelegt werden, bei dem jedoch etwa von derselben erzielte Reserven (besser: Gewinne) insoweit in Anrechnung zu bringen sind, als der sich dadurch ergebende Preis nicht den Tagespreis unterschreitet. Sollte sich ein Tagespreis nicht feststellen lassen, so bestimmt die Schätzungs- und Verteilungskommission den an Stelle des Tagespreises zu setzenden niedrigsten Verrechnungspreis.

Zugleich teilen wir Ihnen mit, daß der Überwachungsausschuß in seiner letzten Sitzung die folgenden Leitsätze niedergelegt hat, denen sich diejenigen Firmen zu unterwerfen haben, die auf Zuerteilung von Kautschukmengen durch die Abrechnungsstelle Anspruch erheben.

1. Aller von jetzt ab nach Deutschland hereinkommender Kautschuk ist der Abrechnungsstelle der Quantität und Qualität nach bekanntzugeben.
2. Die Kautschukwaren-Fabriken sind nicht berechtigt, selbständig in Deutschland oder anderen europäischen Ländern - ausgenommen England - greifbaren Kautschuk zu kaufen. Sie sind vielmehr verpflichtet, alle ihnen zugehenden Offerten dem Einkäufer der Abrechnungsstelle zuzustellen, oder die Verkäufer direkt an diese zu verweisen.
3. Es steht den Zwischenhändlern und Kautschukwaren-Fabriken frei, von überseeischen Ländern Kautschuk zu beziehen. Die Zwischenhändler können auf Grund des Paragraphen 2 solchen von Übersee bezogenen Kautschuk, nachdem derselbe greifbar ist, den Kautschukwaren-Fabriken nicht mehr verkaufen. Die Kautschuk-Abrechnungsstelle wird den Kautschuk mit einem dem Risiko angemessenen Nutzen abnehmen, soweit bei der Abrechnungsstelle Bedarf vorliegt. Die Kautschukwaren-Fabriken dürfen ihrerseits die Hälfte des von Übersee vom 20. November 1914 ab gekauften Gummis für ihre eigenen Zwecke behalten, die andere Hälfte haben sie der Abrechnungsstelle zum Einstandspreis zum Kauf anzubieten. Verzichtet die Abrechnungsstelle auf den Einkauf, so bleibt den Kautschukwaren-Fabriken die freie Verfügung auch über die zweite Hälfte überlassen.
4. Der Abrechnungsstelle soll aus dem mit Beschlag belegten und von ihr der Industrie zugeführten Kautschuk ein Nutzen verbleiben, dessen Höhe mindestens pro Kilo M 2,- betragen soll, der dem Reservefonds zufließt, welcher u.a. auch zur Abdeckung eines etwaigen Schadens dient, der beim Friedensschluß durch die Abgabe von Kautschuk zu einem billigeren als dem Einstandspreis entsteht.

In den an die Abrechnungsstelle zu stellenden Anträgen auf Freigabe oder Zuerteilung von Kautschuk bitten wir, um eine schlanke Abwicklung des Geschäftsganges zu ermöglichen, um Angabe Ihres Bedarfs an Kautschuk unter gleichzeitiger Nennung des s.Zt. in Ihrem Besitz befindlichen Quantums an Kautschuk und

ferner um eine Äußerung, wie lange Sie mit diesem Quantum zu reichen gedenken.
Wir bitten, uns dieses Schreiben zu bestätigen."

IV. Verpflichtungsschein

„Wir erkennen die aus Anlaß des Krieges für Beschaffung und Verwendung von Kautschuk auf Veranlassung des preußischen Kriegsministeriums geschaffene Organisation (Überwachungsausschuß, Schätzungs- und Verteilungskommission, Abrechnungsstelle) als für uns maßgeblich an, werden gegen die von ihr zu treffenden Maßregeln keinen Widerspruch erheben und insbesondere den uns zuzuweisenden Kautschuk zu den festzusetzenden Preisen und Bedingungen annehmen und erklären uns bereit, alle auf die Kautschukwirtschaft bezüglichen Informationen dem Kriegsministerium bezw. der Abrechnungsstelle zu geben."

D. Kriegsausschuß der Deutschen Baumwollindustrie

I. Statuten des Kriegsausschusses der Deutschen Baumwollindustrie[563]

„Auf Grund von Verhandlungen, welche am heutigen Tage unter der Leitung des Kgl. Kriegsministeriums, Kriegs-Rohstoff-Abteilung, geführt wurden, und in Übereinstimmung mit Beschlüssen, welche eine Vertreterversammlung der wirtschaftlichen Verbände der Baumwollindustrie am 16. Juni 1915 in Berlin faßte, haben sich die in der Anlage Verzeichneten unter dem Namen

„Kriegsausschuß der Deutschen Baumwollindustrie“

zu einer Vereinigung mit folgender Satzung zusammengeschlossen.

Satzung

§ 1

Der „Kriegsausschuß der Deutschen Baumwollindustrie“ mit dem Sitz in Berlin - im nachstehenden „Verein“ oder „Kriegsausschuß“ genannt - hat zum Zwecke:

1. bei der Sicherstellung der für die Landesverteidigung für die Dauer des Krieges erforderlichen Baumwollerzeugnisse als freie Vertretung der gesamten Baumwollindustrie mitzuwirken, im besonderen einen Wirtschaftsplan für Baumwolle aufzustellen und durchführen zu helfen;
2. die Aufträge der Heeresverwaltung auf Lieferung von Baumwollerzeugnissen zu sammeln und bei deren planmäßiger Verteilung an die Industrie nach Maßgabe von Vereinbarungen, welche mit dem Kgl. Kriegsministerium getroffen worden sind, tätig zu werden.
3. Ein wirtschaftlicher Geschäftsbetrieb des Vereins ist ausgeschlossen.

§ 2

Die Tätigkeit des Kriegsausschusses endigt spätestens ein Jahr nach dem den gegenwärtigen Krieg beendigenden Friedensschluß.

§ 3

Zur Aufnahme neuer Mitglieder bedarf es eines mit einfacher Mehrheit gefaßten Beschlusses der Mitgliederversammlung.
Der Austritt kann jederzeit durch Erklärung gegenüber dem Vorstand erfolgen.

---

[563] BA R 8727 Bd. 1 ohne Paginierung (Stand 01. Juli 1915), BA R 8727 Bd. 18 ohne Paginierung (Stand 1917).

§ 4

Der Vorstand besteht aus einer Person. Für den Fall ihrer Verhinderung kann ein erster und zweiter Stellvertreter bestellt werde, welche in dieser Reihenfolge die Vertretung wahrzunehmen haben.

§ 5

Für die mit der Aufstellung eines Wirtschaftsplanes verbundenen vorbereitenden Arbeiten, ferner für die Sammlung der Heeresaufträge und für die Vorbereitung ihrer Verteilung wird ein besonderer Vertreter des Vereins unter dem Namen „Geschäftsführer" bestellt. Er ist berechtigt, für den Kriegsausschuß alle Rechtshandlungen vorzunehmen, welche der vorbezeichnete Aufgabenkreis mit sich bringt.

§ 6

Die Grundlage für die Aufstellung des Wirtschaftsplanes bildet eine Bestandsaufnahme von Rohbaumwolle und Baumwollerzeugnissen, welche im Auftrag des Kriegsministeriums, Kriegs-Rohstoff-Abteilung, vom Geschäftsführer des Kriegsausschusses bearbeitet werden wird. Zur Entscheidung über grundsätzliche, die Bestandsaufnahme betreffende Fragen wird dem Geschäftsführer ein aus 6 Personen bestehender, vom Kriegsministerium zu ernennender Beirat beigegeben, der zur einen Hälfte dem Kriegsausschuß, zur anderen Hälfte dem Baumwolltücherhandel entnommen ist.

§ 7

Der Geschäftsführer des Kriegsausschusses hat über alle bei der Bestandsaufnahme und bei seiner sonstigen Tätigkeit bekannt werdenden Verhältnisse der einzelnen Unternehmungen der Industrie und des Handels strengstes Stillschweigen zu bewahren und wird vom Kriegsministerium auf dienstliche Verschwiegenheit amtlich in Pflicht genommen.

§ 8

Beiträge werden von den Mitgliedern nicht erhoben.

§ 9

Zur Berufung der Mitgliederversammlung genügt briefliche oder telegraphische Einladung, welche mindestens 3 Tage vor dem zur Versammlung anberaumten Zeitpunkt zur Post gegeben sein muß. Die Einladung hat die Tagesordnung zu enthalten. Über Gegenstände, welche in der Tagesordnung nicht mitgeteilt worden sind, darf gegen den Widerspruch eines Mitgliedes nicht verhandelt werden. Eine Stellvertretung bei der Ausübung des Stimmrechts ist nicht zulässig.

§ 10

Bei der Beschlußfassung entscheidet die Mehrheit der erschienenen Mitglieder. Auch ohne Versammlung der Mitglieder ist ein Beschluß gültig, wenn alle Mitglieder auf schriftliche oder telegraphische Umfrage ihre Zustimmung zu dem Beschluß schriftlich oder telegraphisch erklärt haben.

Zu einem Beschlusse, welcher eine Änderung gegenwärtiger Satzung enthält oder durch welchen der Verein aufgelöst werden soll, ist eine Mehrheit von drei Viertel der erschienenen Mitglieder erforderlich.

§ 11

Zur Erfüllung seiner Aufgaben wird der Verein ein Verzeichnis derjenigen Betriebe des Baumwollgewerbes erstellen, welche für die Zuteilung von Aufträgen der Heeresverwaltung in Betracht kommen.

Die Aufnahme in diese Verzeichnis erfolgt auf Grund eines zwischen dem antragstellenden Betriebe und dem Kriegsausschuß abzuschließenden Vertrags, in welchem sich der erstere verpflichtet:

a) alle für eine planmäßige Verteilung der Aufträge erforderlichen Angaben, insbesondere über die Art und Zahl seiner Maschinen, über die Zahl und Beschäftigung seiner Arbeiter, über Menge und Beschaffenheit seiner bisherigen Erzeugnisse, über Bestand und Beschaffenheit seiner Vorräte und Aufträge zu machen;
b) zur Deckung der Kosten und Ausgaben, welche zur Durchführung der Aufgaben des Kriegsausschusses erforderlich sind, nach Grundsätzen, zu deren Aufstellung der Kriegsausschuß befugt ist, Verwaltungskostenbeiträge zu leisten;
c) die ihm durch den Kriegsausschuß vermittelten Aufträge ausschließlich selbst auszuführen und sich bei der Übernahme und Ausführung den Bedingungen der vergebenden Stellen zu unterwerfen.

Der Kriegsausschuß hat allen dem Baumwollgewerbe angehörigen Betrieben Gelegenheit zu geben, die Aufnahme in das Verzeichnis zu beantragen, und darf eine Aufnahme nur ablehnen, wenn von dem antragstellenden Betriebe die vorstehenden Verpflichtungen nicht übernommen werden wollen.

§ 12

Der Kriegsausschuß hat Kenntnis davon,

1. daß das Kgl. Preußische Kriegsministerium sich bei der Aufstellung des Wirtschaftsplanes für die Baumwolle sowie bei allen künftigen Vergebungen von Baumwollerzeugnissen der Mitwirkung des Kriegsausschusses bedienen und den ihm nachgeordneten Stellen in diesem Sinne Anweisung erteilen wird, ferner, daß die Kriegsministerien von Bayern, Württemberg und Sachsen sich diesem Vorgehen angeschlossen haben;

2. daß seine Mitwirkung in der Ausarbeitung und Vorlegung von Vorschlägen für die Zuteilung der Aufträge an die einzelnen Werke bestehen und daß das Kgl. Kriegsministerium nach diesen Vorschlägen die Vergebung vornehmen wird, wobei jedoch deren Prüfung und beim Vorliegen wichtiger Gründe auch deren Abänderung grundsätzlich vorbehalten bleibt;
3. daß das Kriegsministerium, zumal bei Aufträgen, deren Gegenstand sofort beschafft werden muß, sich vorbehält, auch den Handel in angemessenem Umfang an den Lieferungen zu beteiligen;
4. daß die endgültige Verteilung der Aufträge durch eine Kommission des Kgl. Kriegsministeriums erfolgen wird, welcher auch Kommissare des Reichsamts des Innern und des Kgl. Preußischen Handelsministeriums sowie 3 Mitglieder des Kriegsausschusses und dessen Geschäftsführer, ferner 3 vom Kriegsministerium zu ernennende Vertreter des Baumwolltücherhandels angehören werden.

§ 13

Die Grundsätze, nach welchen die Leistungsfähigkeit der einzelnen Werke und deren Anteil an den an die Industrie zu vergebenden Aufträgen ermittelt, die Voraussetzungen und die Reihenfolge, unter bzw. nach welchen die Vorschläge auf Zuteilung von Aufträgen erstattet, endlich die Grundlagen, auf welchen die Preisvorschläge für die Lieferungen aufgebaut werden sollen, sind in besonderen „Richtlinien für die Tätigkeit des Kriegsausschusses der Deutschen Baumwoll-Industrie" zu regeln.

§ 14

Für Streitigkeiten jeder Art, welche sich aus der Genehmigung oder Ablehnung von Anträgen auf Aufnahme in das Verzeichnis der für Lieferungen in Betracht kommenden Betriebe, ferner aus dem Vertragsverhältnis zwischen den in das Verzeichnis aufgenommenen Betrieben und dem Kriegsausschuß ergeben sollten, ist der Rechtsweg auszuschließen und ist lediglich Berufung an das Kgl. Kriegsministerium, Kriegs-Rohstoff-Abteilung, zulässig.
Die Gesamttätigkeit des Kriegsausschusses untersteht der Aufsicht der vorgenannten Stelle, welche einen Kommissar abordnen wird.
Dieser ist zu allen Mitgliederversammlungen des Kriegsausschusses einzuladen.

II. Mitgliederliste des Kriegsausschusses der Deutschen Baumwollindustrie[564]

1. Vorsitzender: Geheimer Kommerzienrat H. Semlinger, Bamberg
2. stellvertretender Vorsitzender: Geheimer Kommerzienrat Blank, Elberfeld
3. stellvertretender Vorsitzender: Landtagsabgeordneter Kommerzienrat E.S. Clauß, Flöha bei Plaue i.Sa.

Sonstige:

4. Fabrikbesitzer G. Baum, Elberfeld
5. Kommerzienrat V. Busch, Hochneukirch (Rheinland)
6. Kommerzienrat C. Clauß, Augsburg
7. Dr. Jan van Delden, Gronau i. W.
8. Fabrikbesitzer Dr. G. Dierig, Grünau b. Berlin
9. Kommerzienrat J.E. Erckens, Grevenbroich (Niederrhein)
10. Fabrikbesitzer E. Göcke, Krefeld
11. Fabrikant G. Groß, Reutlingen
12. Direktor H. Hans, Leipzig-Lindenau
13. Kommerzienrat O. Hoffmann, Neugersdorf (Lausitz)
14. Kommerzienrat F. Hummel, Ettlingen
15. Fabrikbesitzer W. Jackson, Rheine i.W.
16. Kommerzienrat A. Kahle, Werdau, Sa.
17. Kommerzienrat H. Kümpers, Rheine i.W.
18. Fabrikbesitzer H. Lange, Krefeld
19. Direktor O. Lindenmeyer, Augsburg
20. Direktor A. Mann, Ludwigshafen
21. Geheimer Kommerzienrat G. Marwitz, Dresden
22. Geheimer Kommerzienrat A. Molineus, Barmen
23. Kommerzienrat H. Otto, Stuttgart
24. Kommerzienrat R. Rodig, Chemnitz
25. Fabrikbesitzer C. Rösch, Mühlheim-Ruhr
26. Fabrikbesitzer Dr. W. Schniewind, Elberfeld
27. Direktor C. Specht, Augsburg
28. Fabrikbesitzer O. Tröger, Plauen i. Vogtland
29. Kommerzienrat C. Übelen, Hannover
30. Kommerzienrat H. Vogel, Chemnitz

---

[564] Anlage zur Satzung (1917).

Schrifttumsverzeichnis

Quellen

Bundesarchiv (zitiert: BA)
(Berlin-Lichterfelde, Zwischenarchiv Dahlwitz-Hoppegarten)

Kautschuk-Abrechnungsstelle (R 8720)
Kriegsausschuß der dt. Baumwollindustrie (R 8727)
Kriegsmetall AG (R 8737)
Reichsgetreidestelle (R 8835)
Reichswirtschaftsministerium (R 3101)

Kommentare

Münchener Kommentar zum Bürgerlichen Gesetzbuch, Band 1 (Allgemeiner Teil (§§ 1-240), AGB-Gesetz), 3. Auflage, München 1993.

Kommentar zum Bürgerlichen Gesetzbuch mit besonderer Berücksichtigung der Rechtsprechung des Reichsgerichts (zitiert: RGK), I. Band (Allgemeiner Teil, Recht der Schuldverhältnisse), 2. Auflage, Berlin 1913.

Kommentar zum Bürgerlichen Gesetzbuch und dem Einführungsgesetze von J. v. Staudinger (zitiert: Staudinger), I. Band (Allgemeiner Teil), 9. Auflage, München - Berlin - Leipzig 1925.

Kommentar zum Gesetz betreffend die Gesellschaften mit beschränkter Haftung von Erich Brodmann (zitiert: Brodmann), 2. Auflage, Berlin - Leipzig 1930.

Kommentar zum Gesetz betreffend die Gesellschaften mit beschränkter Haftung von Max Hachenburg (früher Staub-Hachenburg, zitiert: Hachenburg GmbHG), 5. Auflage, Bd. 1 (§§ 1-34), Bd. 2 (§§ 35-84), Berlin - Leipzig 1926/1927.

Kommentar zum Handelsgesetzbuch vom 10. Mai 1897 von Düringer-Hachenburg (zitiert: Hachenburg HGB), III. Band, 1. Teil (Einleitung: Die Aktiengesellschaft im Leben der Wirtschaft und §§ 178-230 a), 3. Auflage, Mannheim - Berlin - Leipzig 1934.

Kommentar zum Handelsgesetzbuch vom 10. Mai 1897 von H. Makower (zitiert: Makower), Erster Band, Teil I: Buch I und II (Handelsstand, Gesellschaften), 12. Auflage, Berlin 1901.

Kommentar zum Handelsgesetzbuch vom 10. Mai 1897 von Staub (zitiert: Staub-Pinner), 2. Band (§§ 178-342), 12. und 13. Auflage, Berlin - Leipzig 1926.

Literatur

Aereboe, Friedrich: Der Einfluß des Krieges auf die landwirtschaftliche Produktion in Deutschland (zitiert: Landwirtschaftliche Produktion), in: Wirtschafts- und Sozialgeschichte des Weltkrieges, Stuttgart - Berlin - Leipzig 1927.

Arndt, Adolf: Kriegsverordnungen, in: Deutsche Juristen-Zeitung 1914, S. 1152-1154.

Baudis, Dieter: Der staatsmonopolistische Kapitalismus im ersten Weltkrieg (1914-1917/18), in: Wirtschaft und Staat in Deutschland. Eine Wirtschaftsgeschichte des staatsmonopolistischen Kapitalismus in Deutschland vom Ende des 19. Jahrhunderts bis 1945 in drei Bänden (zitiert: Staatsmonopolistischer Kapitalismus), hrsg. von Helga Nußbaum und Lotte Zumpe, Bd. 1: Wirtschaft und Staat in Deutschland vom Ende des 19. Jahrhunderts bis 1918/19, Institut der Wirtschaftsgeschichte der Akademie der Wissenschaften der DDR, Berlin 1978.

Bauer, Hellmut: Der Kriegsausschuß der Deutschen Industrie. Die industriellen Organisationen im Ersten Weltkrieg, in: Der Weg zum industriellen Spitzenverband, Darmstadt 1956, S. 74-101.

Bergmann, Arthur: Die Einflußnahme öffentlicher Körperschaften auf den Aufsichtsrat (zitiert: Einflußnahme), in: Arbeiten zum Handels-, Gewerbe- und Landwirtschaftsrecht Nr. 57, Marburg in Hessen 1929.

Bruck, Werner F.: Geschichte des Kriegsausschusses der Deutschen Baumwoll-Industrie, zugleich Abriß der Baumwollwirtschaft während des Krieges (zitiert: Kriegsausschuß), Berlin 1920.

ders.: Die Kriegsunternehmung. Versuch einer Systematik (zitiert: Kriegsunternehmung), in: Archiv für Sozialwissenschaft und Sozialpolitik, 48. Band (S. 547-595), hrsg. von Edgar Jaffeé, Tübingen 1920/1921.

Buch, G.: Der Krieg und die Vertragsfreiheit, Berlin 1918.

Burchardt, Lothar: Friedenswirtschaft und Kriegsvorsorge. Deutschlands wirtschaftliche Rüstungsbestrebungen vor 1914 (zitiert: Friedenswirtschaft und Kriegsvorsorge), in: Wehrwissenschaftliche Forschungen. Abteilung Militärgeschichtliche Studien, Bd. 6, hrsg. vom Militärgeschichtlichen Forschungsamt, Boppard am Rhein 1968.

ders.: Walther Rathenau und die Anfänge der dt. Rohstoffbewirtschaftung im Ersten Weltkrieg (zitiert: Rathenau), in: Tradition. Zeitschrift für Firmengeschichte und Unternehmerbiographie 15 (1970), S.169ff.

Bußmann, Kurt: Die Rechtsstellung der gemischtwirtschaftlichen Unternehmungen (zitiert: Rechtsstellung), in: Archiv für Beiträge zum Deutschen, Schweizerischen und Skandinavischen Privatrechte, 2. Heft, Mannheim - Berlin - Leipzig 1922.

Cron, Hermann: Die Kautschuk-Wirtschaft im Weltkriege (zitiert: Kautschuk-Wirtschaft), in: Inventare des Reichsarchivs, Serie II (Kriegswirtschaftliche Organisationen), Heft 17, Potsdam 1942.

ders.: Die Kriegseisenwirtschaft, in: Inventare des Reichsarchivs, Serie II (Kriegswirtschaftliche Organisationen), Heft 3, Potsdam 1929.

Delbrück, Clemens von: Die wirtschaftliche Mobilmachung in Deutschland 1914 (zitiert: Wirtschaftliche Mobilmachung), München 1924.

Demeter, Karl: Die Kriegsmetall AG, in: Inventare des Reichsarchivs, Serie II (Kriegswirtschaftliche Organisationen), Heft 4, Potsdam 1931.

Denkschrift des Reichskanzlers über wirtschaftliche Maßnahmen aus Anlaß des Krieges mit 11 Nachträgen, Drucksache des Reichstages 13. Leg. Periode, Bd. 315-322 (1914ff.).

Denkschrift des Verbandes Sächsischer Industrieller: Kriegsgesellschaften und Sächsische Industrie, in: Veröffentlichungen des Verbandes Sächsischer Industrieller (XXIII. Heft), Dresden 1918.

Deutschland im Ersten Weltkrieg, hrsg. von der Deutschen Akademie der Wissenschaften zu Berlin, Institut für Geschichte, Band 2 (Januar 1915-Oktober 1917) unter der Leitung von Willibald Gutsche, Berlin 1968, Band 3 (November 1917-November 1918) unter der Leitung von Joachim Petzold, Berlin 1969.

Dhein, Wilhelm: Das Verfahren vor dem Reichsschiedsgericht zur Festsetzung des Übernahmepreises auf Grund der Verordnung über die Sicherstellung von Kriegsbedarf vom 24. Juni 1915 (zitiert: Das Verfahren vor dem Reichsschiedsgericht), Berlin 1918.

Dieckmann, Wilhelm: Die Behördenorganisation in der deutschen Kriegswirtschaft (1914-1918) (zitiert: Behördenorganisation), in: Schriften zur kriegswirtschaftlichen Forschung und Schulung, Hamburg 1937.

ders.: Dt. Rohstoffversorgung im Weltkriege, in: Wirtschaftskrieg. Die Wirtschaft als Kampfträger und Kampfobjekt im totalen Kriege, Schriftenreihe der Dt. Wirtschaftszeitung, Heft 6 (S. 45-57), Berlin 1938.

Dix, Arthur: Wirtschaftskrieg und Kriegswirtschaft. Zur Geschichte des deutschen Zusammenbruchs, Berlin 1920.

ders.: Wirtschaftliche Kriegsorganisationen, in: Deutsche Wirtschafts-Zeitung 1915 (11. Jahrgang), S. 282ff.

Dreher, Friedrich: Die GmbH - Ihr wirkliches Wesen und ihre wirtschaftliche Gestalt (zitiert: GmbH), Stuttgart 1931.

Facius, Friedrich: Wirtschaft und Staat. Die Entwicklung der staatlichen Wirtschaftsverwaltung in Deutschland vom 17. Jahrhundert bis 1945 (zitiert: Wirtschaft und Staat), in: Schriften des Bundesarchivs Band 6, Boppard 1959.

Feldman, Gerald D.: Armee, Industrie und Arbeiterschaft in Deutschland 1914-1918 (zitiert: Armee, Industrie und Arbeiterschaft), Berlin - Bonn 1985, dt. Ausgabe von: Army, Industry and Labor in Germany 1914-1918, Princeton (New Jersey) 1966.

Fischer, Rudolf: Die Aktiengesellschaft, in: Ehrenbergs Handbuch des gesamten Handelsrechts, 3. Band, I. Abteilung, Leipzig 1916.

Flechtheim, Julius: Die rechtliche Organisation der Kartelle, Mannheim - Leipzig 1912.

ders.: Das Zwangssyndikatsgesetz, in: Juristische Wochenschrift 1915 (44. Jg.), S. 885ff.

Frehse, Michael: Ermächtigungsgesetzgebung im Deutschen Reich 1914-1933 (zitiert: Ermächtigungsgesetzgebung), in: Reihe Geschichtswissenschaft, Bd. 2, Diss. Kiel 1984.

Freund, Friedrich: Die „gemischte wirtschaftliche Unternehmung, eine neue Gesellschaftsform (zitiert: Gemischt wirtschaftliche Unternehmung), in: Deutsche Juristenzeitung 1911 (16. Jg), S. 1113-1119.

Geiler, Karl: Gesellschaftliche Organisationsformen des neueren Wirtschaftsrechts (zitiert: Gesellschaftliche Organisationsformen), 2. Auflage, Mannheim - Berlin - Leipzig 1922.

Gieseke, Paul: Die Rechtsverhältnisse der gemeinwirtschaftlichen Organisationen (zitiert: Rechtsverhältnisse), in: Schriften des Instituts für Wirtschaftsrechts an der Universität Jena, Heft 2, Jena 1922.

Goebel, Otto: Deutsche Rohstoffwirtschaft im Weltkrieg, einschließlich des Hindenburg-Programms (zitiert: Rohstoffwirtschaft), in: Wirtschafts- und Sozialgeschichte des Weltkrieges, Deutsche Serie, hrsg. von James T. Shotwell, Stuttgart 1930.

ders.: Kriegserfahrungen im Spinnstoffgewerbe, in: Kriegsamt. Amtliche Mitteilungen und Nachrichten (Nr. 50 vom 02.05.1918).

Gündell, Gisela: Die Organisation der deutschen Ernährungswirtschaft im Weltkriege (zitiert: Ernährungswirtschaft), Kiel 1939.

Gutsche, Willibald: Die Entstehung des Kriegsausschusses der Deutschen Industrie und seine Rolle zu Beginn des Ersten Weltkrieges, in: Zeitschrift für Geschichtswissenschaft 18 (1970), S. 877-898.

Helft, Ernst: Deutsche Kautschukwirtschaft, Das Jahr 1917, in: Kriegsamt. Amtliche Mitteilungen und Nachrichten (Nr. 43 (13.02.1918)).

Henning, Heinz: Der Aufbau der deutschen Kriegswirtschaft im Ersten Weltkrieg, in: Wehrwissenschaftliche Rundschau, Zeitschrift für die Europäische Sicherheit, 6. Jahrgang, Heft 2, S. 49ff., Berlin - Frankfurt/M 1956.

Hesse, Albert H.: Freie Wirtschaft und Zwangswirtschaft im Kriege, in: Kriegswirtschaftlicher Beitrag, Heft 39, Berlin 1918.

Heuß, Theodor: Kriegssozialismus, in: Der Deutsche Krieg, Politische Flugschriften (Bd. 58), hrsg. von E. Jäckh, Stuttgart 1915.

Heymann, Ernst: Die Rechtsformen der militärischen Kriegswirtschaft als Grundlage des neuen deutschen Industrierechts (zitiert: Rechtsformen), in: Arbeiten zum Handels-, Gewerbe- und Landwirtschaftsrechts, Bd. 34, Marburg in Hessen 1921.

ders.: Die Rechtsgrundlagen der Kriegswirtschaft unserer Heeresverwaltung (zitiert: Rechtsgrundlagen der Kriegswirtschaft), in: Kriegsamt. Amtliche Mitteilungen und Nachrichten (Nr. 19 (09.06.1917) und Nr. 20 (18.06.1917)).

Hirschfeld,: Das Zwangssyndikat, in: Deutsche Juristenzeitung 1917, S. 996ff.

Huber, Ernst R.: Deutsche Verfassungsgeschichte seit 1789, Bd. 5: Weltkrieg, Revolution und Reichserneuerung 1914-1919 (zitiert: Dt. Verfassungsgeschichte), Stuttgart - Berlin -Köln - Mainz 1978.

Hueck, Götz: Gesellschaftsrecht - Ein Studienbuch, 19. Auflage, München 1991.

Hüttner, Rudolf: Das Recht der Kartelle in Deutschland (zitiert: Kartelle), Leipzig 1909.

Jaffé, Edgar: Die Militarisierung unseres Wirtschaftslebens (zitiert: Militarisierung), in: Archiv für Sozialwissenschaft und Sozialpolitik, hrsg. von Edgar Jaffé, Bd. 40 (1915), Heft 3, S. 511ff., Tübingen 1915.

Kahn, Richard: Rechtsbegriffe der Kriegswirtschaft. Ein Versuch der Grundlegung des Kriegswirtschaftsrechts (zitiert: Rechtsbegriffe), München 1918.

Koeth, Josef: Kriegsrohstoffbewirtschaftung, in: Handbuch der Politik, hrsg. von Gerhard Anschütz u.a., 3. Auflage, Bd. 2, S. 224-235, Berlin - Leipzig 1920.

Korten, Wilhelm: Der Aufsichtsrat in der GmbH (zitiert: Aufsichtsrat), Köln - Nippes 1930.

Krasny, Arnold: Die gemischt-öffentliche Unternehmung, in: Deutsche Wirtschafts-Zeitung 1914 (10. Jg), S.190ff.

Kriegsamt. Amtliche Mitteilungen und Nachrichten, Nr. 1-69, Berlin 1916-1918.

Kriegsbuch. Die Kriegsgesetze mit der amtlichen Begründung und der gesamten Rechtsprechung und Rechtslehre, hrsg. von Georg Güthe und Franz Schlegelberger, Bd. 1-8: systematische Erfassung der Kriegswirtschaftsgesetze einschließlich ihrer Begründung und der dazu vorliegenden Rechtsprechung, Berlin 1915-1918, Bd. 9-10: Übergangswirtschaft, Berlin 1919-1920.

Le Coutre, Walter: Die Grundgedanken der deutschen Preispolitik im Weltkriege 1914-1918, Berlin 1919.

Lehmann, Heinrich: Die Kriegsbeschlagnahme als Mittel der Organisation der Rohstoff- und Lebensmittelversorgung (zitiert: Kriegsbeschlagnahme), Jena 1916.

Moellendorf, Wichard v.: Der Aufbau der Gemeinwirtschaft, Denkschrift des Reichswirtschaftsministeriums vom 07. Mai 1919, Jena 1919.

ders.: Deutsche Gemeinwirtschaft, Berlin 1916.

ders.: Konservativer Sozialismus, hrsg. und eingeleitet von Hermann Curth, Hamburg 1932.

Mottek, Hans / Becker, Walter / Schröter, Alfred: Wirtschaftsgeschichte Deutschlands - Ein Grundriß, Band III: Von der Zeit der Bismarckschen Reichsgründung 1871 bis zur Niederlage des faschistischen deutschen Imperialismus 1945 (zitiert: Wirtschaftsgeschichte Deutschlands), 2. Auflage, Berlin 1975.

Müller, Alfred: Die Kriegsrohstoffbewirtschaftung 1914-1918 im Dienste des deutschen Monopolkapitals (zitiert: Kriegsrohstoffbewirtschaftung), Berlin 1955.

Neukamp, Ernst: Die Wirkungen der staatlichen Beschlagnahme, der Enteignung, des Kontrahierungszwangs und der Kriegslieferungen auf bestehende Schuldverhältnisse, in: Gruchots Beiträge 59 (1915), S. 769ff, Berlin 1915.

Neurath, Otto: Die Kriegswirtschaft, in: Jahresbericht der Neuen Wiener Handelsakademie, Wien 1910.

Nußbaum, Arthur: Das neue deutsche Wirtschaftsrecht - Eine systematische Übersicht über die Entwicklung des Privatrechts und der benachbarten Rechtsgebiete seit Ausbruch des Weltkrieges, S. 32-35, Berlin 1920.

Passow, Richard: Die Aktiengesellschaft, in: Beiträge zur Lehre von den industriellen, Handels- und Verkehrsunternehmungen, Heft 5, 2. Auflage, Jena 1922.

ders.: Der Aufsichtsrat als Verwaltungsorgan der Aktiengesellschaft, in: Zeitschrift für die gesamte Staatswissenschaft 1909 (65. Jg.), S. 444-457.

ders.: Die gemischt privaten und öffentlichen Unternehmungen auf dem Gebiete der Elektrizitäts- und Gasversorgung und des Straßenbahnwesens (zitiert: Gemischt private und öffentliche Unternehmungen), Jena 1912.

ders.: Kartelle, in: Beiträge zur Lehre von den Unternehmungen, Heft 13, Jena 1930.

ders.: Die wirtschaftliche Bedeutung und Organisation der Aktiengesellschaft (zitiert: Bedeutung und Organisation der Aktiengesellschaft), Jena 1907.

ders.: Zwangskartelle (Zwangssyndikate), in: Zeitschrift für Sozialwissenschaft und Sozialpolitik, 9. Jahrgang (1918), Heft 9/10, S. 507ff.

Plesch, Arpad: Die kriegswirtschaftliche Organisation Deutschlands (zitiert: Kriegswirtschaftliche Organisation), Wien 1918.

Poll, B: Die Abteilung Bern der K.M.A., in: Inventare des Reichsarchivs, Serie II (Kriegswirtschaftliche Organisationen), Heft 2, Potsdam 1928.

Prenzel, Richard: Der Aufsichtsrat bei gemischt-wirtschaftlichen Unternehmungen, in: Gruchot, Beiträge zur Erläuterung des Deutschen Rechts 63. Bd. (1919) S. 55ff., Berlin 1919.

Rathenau, Walther: Die Organisation der Rohstoffversorgung, Vortrag gehalten in der „Deutschen Gesellschaft 1914" am 20. Dezember 1915 (zitiert: Rohstoffversorgung), Berlin 1916.

Reichsarchiv: Der Weltkrieg 1914-1918, Bearbeitung in 14 Bänden, Berlin 1925ff., Band 1: Kriegsrüstung und Kriegswirtschaft - Die militärische, wirtschaftliche und finanzielle Rüstung Deutschlands von der Reichsgründung bis zum Ausbruch des ersten Weltkrieges (zitiert: Kriegsrüstung und Kriegswirtschaft), Berlin 1930.

Reichsgesetzblatt, hrsg. vom Reichsamt des Innern, Berlin 1914ff.

Reichsgetreidestelle, Geschäftsberichte sowie Gewinn- und Verlustrechnungen und Bilanzen für die Geschäftsjahre 1914/15-24/25, Berlin 1916-1925.

RECHTSHISTORISCHE REIHE

Band 1 Studien zu den germanischen Volksrechten. Gedächtnisschrift für Wilhelm Ebel. Vorträge gehalten auf dem Fest-Symposion anläßlich des 70. Geburtstages von Wilhelm Ebel am 16. Juni 1978 in Göttingen. Götz Landwehr (Hrsg.) 1982.

Band 2 Hans Poeschel: Die Statuten der Banken, Sparkassen und Kreditgenossenschaften in Hamburg und Altona von 1710 bis 1889. 1978.

Band 3 Thomas Kolbeck: Juristenschwemmen, Untersuchungen über den juristischen Arbeitsmarkt im 19. und 20. Jahrhundert. 1978.

Band 4 Norbert Hempel: Richterleitbilder in der Weimarer Republik. 1978.

Band 5 Rolf Stratmann: Die Scheinbußen im mittelalterlichen Recht. 1978.

Band 6 Martin C. Lockert: Die niedersächsischen Stadtrechte zwischen Aller und Weser. Vorkommen und Verflechtungen. Eine Bestandsaufnahme. 1979.

Band 7 Joachim Rückert/Wolfgang Friedrich: Betriebliche Arbeiterausschüsse in Deutschland, Großbritannien und Frankreich im späten 19. und frühen 20. Jahrhundert. Eine vergleichende Studie zur Entwicklung des kollektiven Arbeitsrechts. 1979.

Band 8 Peter Bender: Die Rezeption des römischen Rechts im Urteil der deutschen Rechtswissenschaft. 1979.

Band 9 Friedrich Karl Alsdorf: Untersuchungen zur Rechtsgestalt und Teilung deutscher Ganerbenburgen. 1980.

Band 10 Dietmar Willoweit/Winfried Schich (Hrsg.): Studien zur Geschichte des sächsisch-magdeburgischen Rechts in Deutschland und Polen (Sammelband). 1980.

Band 11 Brigitte Hempel: Der Entwurf einer Polizeiordnung für das Herzogtum Sachsen-Lauenburg aus dem Jahre 1591. 1980.

Band 12 Klaus-Detlev Godau-Schüttke: Rechtsverwalter des Reiches. Staatssekretär Dr. Curt Joël. 1981.

Band 13 Rainer Polley: Anton Friedrich Justus Thibaut (AD 1772-1840) in seinen Selbstzeugnissen und Briefen. Teil 1: Abhandlung. Teil 2: Briefwechsel. Teil 3: Register zum Briefwechsel. 1982.

Band 14 Michael Wettengel: Der Streit um die Vogtei Kelkheim 1275-1276. Ein kanonischer Prozeß.1981.

Band 15 Otto Wilhelm Krause: Naturrechtler des sechzehnten Jahrhunderts. Ihre Bedeutung für die Entwicklung eines natürlichen Privatrechts. 1982.

Band 16 Helga Spindler: Von der Genossenschaft zur Betriebsgemeinschaft. Kritische Darstellung der Sozialrechtslehre Otto von Gierkes. 1982.

Band 17 Holger Otte: Gustav Radbruchs Kieler Jahre 1919 - 1926. 1982.

Band 18 Rüdiger Teuner: Die fuldische Ritterschaft 1510 - 1656. 1982.

Band 19 Gerhard Dilcher/Rudolf Hoke/Gian Savino Pene Vidari/Hans Winterberg (Hrsg.): Grundrechte im 19. Jahrhundert. 1982.

Band 20 Karl-Hans Schloßstein: Die westfälischen Fabrikengerichtsdeputationen - Vorbilder, Werdegang und Scheitern. 1982.

Band 21 Birger Schulz: Der Republikanische Richterbund (1921-1933). 1982.

Band 22 Engelbert Krause: Die gegenseitigen Unterhaltsansprüche zwischen Eltern und Kindern in der deutschen Privatrechtsgeschichte. 1982.

Band 23 Meent W. Francksen: Staatsrat und Gesetzgebung im Großherzogtum Berg (1806-1813). 1982.

Band 24 Gerd von Sonnleithner: Bearbeitung des Handelsrechts durch Ignaz von Sonnleithner in seinem "Leitfaden über das österreichische Handels- und Wechselrecht". 1982.

Band 25 Rudolf Palme: Rechts-, Wirtschafts- und Sozialgeschichte der inneralpinen Salzwerke bis zu deren Monopolisierung. 1983.

Band 26 Helen Bosshard: Pestalozzis Staats- und Rechtsverständnis und seine Stellung in der Aufklärung. 1983.

Band 27 Jens Jessen: Die Selbstzeugnisse der deutschen Juristen. Erinnerungen, Tagebücher und Briefe. Eine Bibliographie. 1983.

Band 28 Günter Martin Jensen: Das Domanium Waldeck. Die rechtliche Zuordnung eines Fürstenvermögens. 1984.

Band 29 Johann Heinrich Kumpf: Petitionsrecht und öffentliche Meinung im Entstehungsprozeß der Paulskirchenverfassung 1848/49. 1983.

Band 30 Sabine Frey: Rechtsschutz der Juden gegen Ausweisungen im 16. Jahrhundert. 1983.

Band 31 Dietrich Joswig: Die germanische Grundstücksübertragung. 1984.

Band 32 Andreas Baryli: Konzessionssystem contra Gewerbefreiheit. Zur Diskussion der österreichischen Gewerberechtsreform 1835 bis 1860. 1984.

Band 33 Gerhard Oberkofler: Studien zur Geschichte der österreichischen Rechtswissenschaft. 1984.

Band 34 Rudolf Lauda: Kaufmännische Gewohnheit und Burgrecht bei Notker dem Deutschen. Zum Verhältnis von literarischer Tradition und zeitgenössischer Realität in der frühmittelalterlichen Rhetorik. 1984.

Band 35 Jens Jensen: Die Ehescheidung des Bischofs Hans von Lübeck von Prinzessin Julia Felicitas von Württemberg-Weiltingen AD 1648-1653. Ein Beitrag zum protestantischen Ehescheidungsrecht im Zeitalter des beginnenden Absolutismus. 1984.

Band 36 Horst Schröder: Friedrich Karl von Savigny. Geschichte und Rechtsdenken beim Übergang vom Feudalismus zum Kapitalismus in Deutschland. 1984.

Band 37 Andreas Hatzung: Dogmengeschichtliche Grundlagen und Entstehung des zivilrechtlichen Notstands. 1984.

Band 38 Matthias Klasen: Das Billwerder Landrecht. Landrecht und Landgericht in den Hamburger Elbmarschen. 1985.

Band 39 Rainer Jamin: Aufbau, Tätigkeit und Verfahren der Auseinandersetzungsbehörden bei der Durchführung der preußischen Agrarreformen. 1985.

Band 40 Henry Winter: Teilschuld, Gesamtschuld und unechte Gesamtschuld. Zur Konzeption der §§ 420 ff. BGB - Ein Beitrag zur Entstehungsgeschichte des BGB. 1985.

Band 41 Hermann Eichler: Verfassungsbewegung in Amerika und Europa. 1985.

Band 42 Dagmar Bandemer: Heinrich Albert Zachariae. Rechtsdenken zwischen Restauration und Reformation. 1985.

Band 43 Eva-Christine Frentz: Das Hamburgische Admiralitätsgericht (1623-1811). Prozeß und Rechtsprechung. 1985.

Band 44 Karl Lillig: Rechtsetzung im Herzogtum Pfalz-Zweibrücken während des 18. Jahrhunderts. Ein Beitrag zur Geschichte der territorialen Rechtsbildung. 1985.

Band 45 Walter Weber: Die Entwicklung der Sparkassen zu selbständigen Anstalten des öffentlichen Rechts. Ein Beitrag zur Entwicklung des Anstaltsbegriffs im 19. Jahrhundert. 1985.

Band 46 Bärbel Baum: Der Stabreim im Recht. Vorkommen und Bedeutung des Stabreims in Antike und Mittelalter. 1986.

Band 47 Hans Popp: Die nationalsozialistische Sicht einiger Institute des Zivilprozeß- und Gerichtsverfassungsrechts. 1986.

Band 48 John Karl-Heinz Montag: Die Lehrdarstellung des Handelsrechts von Georg Friedrich von Martens bis Meno Pöhls. Die Wissenschaft des Handelsrechts im ersten Drittel des 19. Jahrhunderts. 1986.

Band 49 Volker D. Anhäusser: Das internationale Obligationenrecht in der höchstrichterlichen Rechtsprechung des 19. Jahrhunderts. 1986.

Band 50 Udo Beer: Die Juden, das Recht und die Republik. Verbandswesen und Rechtsschutz 1919-1933. 1986.

Band 51 Herbert Grziwotz: Der moderne Verfassungsbegriff und die "Römische Verfassung" in der deutschen Forschung des 19. und 20. Jahrhunderts. 1986.

Band 52 Ralf Conradi: Karl Friedrich Eichhorn als Staatsrechtslehrer. Seine Göttinger Vorlesung über "Das Staatsrecht der deutschen Bundesstaaten" nach einer Kollegmitschrift aus dem Wintersemester 1821/22. 1987.

Band 53 Dieter Dannreuther: Der Zivilprozeß als Gegenstand der Rechtspolitik im Deutschen Reich 1871 - 1945. Ein Beitrag zur Geschichte des Zivilprozeßrechts in Deutschland. 1987.

Band 54 Stephan Felix Pauly: Organisation, Geschichte und Praxis der Gesetzesauslegung des (Königlich) Preußischen Oberverwaltungsgerichtes 1875 - 1933. 1987.

Band 55 Rüdiger Schulz: Die Entstehung des Seerechts des Allgemeinen Deutschen Handelsgesetzbuches unter besonderer Berücksichtigung der Bestimmungen über die Reederei, den Schiffer und die Schiffsmannschaft. 1987.

Band 56 Reinhold Reis: Deutsches Privatrecht in den Weistümern der Zenten Schriesheim und Kirchheim. 1987.

Band 57 Jürgen Christoph: Die politischen Reichsamnestien 1918 - 1933. 1987.

Band 58 Gerhard Oberkofler/Eduard Rabofsky: Hans Kelsen im Kriegseinsatz der k.u.k.-Wehrmacht. Eine kritische Würdigung seiner militärtheoretischen Angebote. 1988.

Band 59 Arne Wulff: Staatssekretär Prof. Dr. Dr. h.c. Franz Schlegelberger. 1876-1970. 1991.

Band 60 Gerhard Köbler (Hrsg.): Wege europäischer Rechtsgeschichte. Karl Kroeschell zum 60. Geburtstag. 1987.

Band 61 Rüdiger Hütte: Der Gemeinschaftsgedanke in den Erbrechtsreformen des Dritten Reichs. 1988.

Band 62 Markus Göldner: Politische Symbole der europäischen Integration. Fahne, Hymne, Hauptstadt, Paß, Briefmarke, Auszeichnungen. 1988.

Band 63 Wolfgang Kröner: Freiheitsstrafe und Strafvollzug in den Herzogtümern Schleswig, Holstein und Lauenburg von 1700 bis 1864. 1988.

Band 64 Werner Gaile: Die Norder Theelacht. 1988.

Band 65 Karl v. Kempis: Andreas Gaill (1526 - 1587). Zum Leben und Werk eines Juristen der frühen Neuzeit. 1988.

Band 66 Wolf-Rüdiger Osburg: Die Verwaltung Hamburgs in der Franzosenzeit. 1811-1814. 1988.

Band 67 Christian Schudnagies: Hans Frank. Aufstieg und Fall des NS-Juristen und Generalgouverneurs. 1988.

Band 68 Otmar Jung: Senatspräsident Freymuth. Richter, Sozialdemokrat und Pazifist in der Weimarer Republik. Eine politische Biographie. 1989.

Band 69 Joachim Lohner: Das landeshauptmannschaftliche Gericht in Oberösterreich zu Beginn der Neuzeit. Eine Darstellung des oberösterreichischen Prozeßrechts am obersten Territorialgericht des Landes anhand der oberösterreichischen Landtafel. 1989.

Band 70 Bernd Klemann: Rudolf von Jhering und die Historische Rechtsschule. 1989.

Band 71 Adalbert Langer: Männer um die österreichische Zivilprozeßordnung 1895. Zusammenspiel / Soziales Ziel. 1990.

Band 72 Robert-Dieter Klee: Die Landessuperintendentur Lauenburg. Ursprung und Entwicklung sowie Ende der Sonderstellung des Kirchenkreises Herzogtum Lauenburg durch die nordelbische Kirchenvereinigung. 1989.

Band 73 Heinrich Herrmann: Die Gehöferschaften im Bezirk Trier. 1989.

Band 74 Wilhelm Brauneder, Franz Baltzarek (Hrsg.): Modell einer neuen Wirtschaftsordnung. Wirtschaftsverwaltung in Österreich 1914 - 1918. 1991.

Band 75 Thomas Dreyer: Die "Assecuranz- und Haverey-Ordnung" der Freien und Hansestadt Hamburg von 1731. 1990.

Band 76 Bernhard Sendler: Die Rechtssprache in den süddeutschen Stadtrechtsreformationen. 1990.

Band 77 Brigitte Lehmann: Ehevereinbarungen im 19. und 20. Jahrhundert. 1990.

Band 78 Michael Sunnus: Der NS-Rechtswahrerbund (1928-1945). Zur Geschichte der nationalsozialistischen Juristenorganisation. 1990.

Band 79 Stefan Schulz: Die historische Entwicklung des Rechts an Bienen. (§§ 961 - 964 BGB). 1990.

Band 80 Gerhard Lingelbach, Heiner Lück (Hrsg.): Deutsches Recht zwischen Sachsenspiegel und Aufklärung. Rolf Lieberwirth zum 70. Geburtstag dargebracht von Schülern, Freunden und Kollegen, herausgegeben von Gerhard Lingelbach und Heiner Lück. 1991.

Band 81 Manfred Krohn: Die deutsche Justiz im Urteil der Nationalsozialisten 1920 - 1933. 1991.

Band 82 Angelika Kühn: Privilegierung nationaler Minderheiten im Wahlrecht der Bundesrepublik Deutschland und Schleswig-Holsteins. 1991.

Band 83 Georg Brun: Leben und Werk des Rechtshistorikers Heinrich Mitteis unter besonderer Berücksichtigung seines Verhältnisses zum Nationalsozialismus. 1991.

Band 84 Wolfgang Simon: Claudius Freiherr von Schwerin. Rechtshistoriker während dreier Epochen deutscher Geschichte. 1991.

Band 85 Friedrich-Carl Wachs: Das Verordnungswerk des Reichsdemobilmachungsamtes. Stabilisierender Faktor zu Beginn der Weimarer Republik. 1991.

Band 86 Jens-Uwe Petersen: Die Vorgeschichte und die Entstehung des Mieterschutzgesetzes von 1923 nebst der Anordnung für das Verfahren vor dem Mieteinigungsamt und der Beschwerdestelle. 1991.

Band 87 Ulrike Haibach: Familienrecht in der Rechtssprache. Die historische Entwicklung zentraler Ausdrücke des geltenden Familienrechts. 1991.

Band 88 Joern Christian Nissen: Die Beratungen des Seeversicherungsausschusses der Akademie für Deutsches Recht zu einem neuen Seeversicherungsgesetz (1934-1939). Ein Beitrag zur Entwicklung der allgemeinen Lehren des Seeversicherungsrechts unter besonderer Berücksichtigung des Handelsgesetzbuchs und der Allgemeinen Deutschen Seeversicherungs-Bedingungen 1919. 1991.

Band 89 Diethard Bühler: Die Entstehung der allgemeinen Vertragsschluß-Vorschriften im Allgemeinen Deutschen Handelsgesetzbuch (ADHGB) von 1861. Ein Beitrag zur Kodifikationsgeschichte des Privatrechts im 19. Jahrhundert. 1991.

Band 90 Gerhard Oberkofler: Die Vertreter des Römischen Rechts mit deutscher Unterrichtssprache an der Karls-Universität in Prag. Vom Vormärz bis 1945. 1991.

Band 91 Ulrich Andermann: Ritterliche Gewalt und bürgerliche Selbstbehauptung. Untersuchungen zur Kriminalisierung und Bekämpfung des spätmittelalterlichen Raubrittertums am Beispiel norddeutscher Hansestädte. 1991.

Band 92 Heinz Marcus Hanke: Luftkrieg und Zivilbevölkerung. Der kriegsvölkerrechtliche Schutz der Zivilbevölkerung gegen Luftbombardements von den Anfängen bis zum Ausbruch des Zweiten Weltkrieges. 1991.

Band 93 Kirsten Kraglund: Familien- und Erbrecht. Materielles Recht und Methoden der Rechtsanwendung in der Rechtsprechung des Oberappellationsgerichts der vier Freien Städte Deutschlands zu Lübeck. 1991.

Band 94 Reinhard Lorenz: Die politische und rechtliche Stellung des Proletariats in Preußen in der Zeit zwischen den Reformen und der Revolution 1848/49. 1991.

Band 95 Eric Hilgendorf: Die Entwicklungsgeschichte der parlamentarischen Redefreiheit in Deutschland. 1991.

Band 96 Hans J. Reiter: Die Handelsgesellschaft Villeroy & Boch von der Gründung 1836 bis zum Jahr 1878. 1992.

Band 97 Martin Johannes Heller: Reform der deutschen Rechtssprache im 18. Jahrhundert. 1992.

Band 98 Michael Kotulla: Die Tragweite der Grundrechte der revidierten preußischen Verfassung vom 31.01.1850. 1992.

Band 99 Michael Siefener: Hexerei im Spiegel der Rechtstheorie. Das crimen magiae in der Literatur von 1574 bis 1608. 1992.

Band 100 Andreas Ebert-Weidenfeller: Hamburgisches Kaufmannsrecht im 17. und 18. Jahrhundert. Die Rechtsprechung des Rates und des Reichskammergerichtes. 1992.

Band 101 Enno Bommel: Die Entstehung der Verwirkungslehre in der Krise des Positivismus. 1992.

Band 102 Ralph Steppacher: Die Berücksichtigung der bäuerlichen Postulate bei der Entstehung des ZGB und der Revision des OR. Ein Beitrag zur schweizerischen Kodifikationsgeschichte (1893 - 1912). 1992.

Band 103 Martin Fleckenstein: Die Todesstrafe im Werk Carl Joseph Anton Mittermaiers (1787 - 1867). Zur Entwicklungsgeschichte eines Werkbereichs und seiner Bedeutung für Theorie- und Methodenbildung. 1992.

Band 104 Jörn Eckert: Der Kampf um die Familienfideikommisse in Deutschland. Studien zum Absterben eines Rechtsinstitutes. 1992.

Band 105 Jörg Grotkopp: Beamtentum und Staatsformwechsel. Die Auswirkungen der Staatsformwechsel von 1918, 1933 und 1945 auf das Beamtenrecht und die personelle Zusammensetzung der deutschen Beamtenschaft. 1992.

Band 106 Andreas Rohde: Die Garantiehaftung des Vermieters und ihr Verhältnis zum Unmöglichkeitsrecht in dogmengeschichtlicher und modernrechtlicher Sicht. 1992.

Band 107 Tjark Siefke Kunstreich: Gesamtvertretung. Eine historisch-systematische Darstellung. 1992.

Band 108 Jürgen Krüger: Blindheit und Königtum. Die Blindheit des Königs Georg V. von Hannover als verfassungsrechtliches Problem. 1992.

Band 109 Wolfgang Putschek: Ständische Verfassung und autoritäre Verfassungspraxis in Österreich 1933-1938 mit Dokumentenanhang. Verfassung und Verfassungswirklichkeit. Mit einem Anhang: Denkschriften von Rechtsanwalt Dr. Erich Führer 1936/37. 1993.

Band 110 Klaus Hofmann: Die Verdrängung der Juden aus öffentlichem Dienst und selbständigen Berufen in Regensburg 1933-1939. 1993.

Band 111 Franz Kilger: Die Entwicklung des Telegraphenrechts im 19. Jahrhundert mit besonderer Berücksichtigung der technischen Entwicklung. Telegraphenrecht im 19. Jahrhundert. 1993.

Band 112 Wilhelm Brauneder (Hrsg.): Heiliges Römisches Reich und moderne Staatlichkeit. 1993.

Band 113 Thomas Heinrich: Das preußische Nichtehelichenrecht: Von der Aufklärung zur Reaktion. 1993.

Band 114 Gerald Kohl: Jagd und Revolution. Das Jagdrecht in den Jahren 1848 und 1849. 1993.

Band 115 Christian Schudnagies: Der Kriegs- oder Belagerungszustand im Deutschen Reich während des Ersten Weltkrieges. Eine Studie zur Entwicklung und Handhabung des deutschen Ausnahmezustandsrechts bis 1918. 1994.

Band 116 Elisabeth Bellmann: Die Internationale Kriminalistische Vereinigung (1889-1933). 1994.

Band 117 Julia Pfannkuch: Volksrichterausbildung in Sachsen 1945-1950. 1993.

Band 118 Jörg Offen: Von der Verwaltungsgemeinschaft des BGB von 1896 zur Zugewinngemeinschaft des Gleichberechtigungsgesetzes von 1957. 1994.

Band 119 Dorothee Kohlhas-Müller: Untersuchungen zur Rechtsstellung Theoderichs des Großen. 1995.

Band 120 Monika Rose: Das Gerichtswesen des Herzogtums Pfalz-Zweibrücken im 18. Jahrhundert. Ein Beitrag zur territorialen Gerichtsbarkeit im Alten Reich. 1994.

Band 121 Jörn Eckert / Hans Hattenhauer (Hrsg.): Bibel und Recht. Rechtshistorisches Kolloquium 9. - 13. Juni 1992 an der Christian-Albrechts-Universität zu Kiel. 1994.

Band 122 Robert Martin Mizia: Der Rechtsbegriff der Autonomie und die Begründung des Privatfürstenrechts in der deutschen Rechtswissenschaft des 19. Jahrhunderts. 1995.

Band 123 Walther Graf von Plettenberg: Das Fortleben des Liber Iudiciorum in Asturien/León (8. - 13. Jh.). 1994.

Band 124 Wolfgang Schulz: Das deutsche Börsengesetz. Die Entstehungsgeschichte und wirtschaftlichen Auswirkungen des Börsengesetzes von 1896. 1994.

Band 125 Frank Hagemann: Der Untersuchungsausschuß Freiheitlicher Juristen. 1949 – 1969. 1994.

Band 126 Andreas Rethmeier: "Nürnberger Rassegesetze" und Entrechtung der Juden im Zivilrecht. 1995.

Band 127 Edith Grether: Die Poesie der Throne. Die Juristen in der Fruchtbringenden Gesellschaft. 1995.

Band 128 Anna Bartels-Ishikawa: Der Lippische Thronfolgestreit. Eine Studie zu verfassungsrechtlichen Problemen des Deutschen Kaiserreiches im Spiegel der zeitgenössischen Staats. 1995.

Band 129 Jörg Schmidt: Otto Koellreutter 1883-1972. Sein Leben, sein Werk, seine Zeit. 1995.

Band 130 Christian Hattenhauer: Wahl und Krönung Franz II. AD 1792. Das Heilige Reich krönt seinen letzten Kaiser - Das Tagebuch des Reichsquartiermeisters Hieronymus Gottfried von Müller und Anlagen. 1995.

Band 131 Jutta v. der Decken: Das Seearbeitsrecht im Hamburger Stadtrecht von 1301 bis 1603. 1995.

Band 132 Detlev Schmidt: Die Reform des Rechts der Handelsvertreter von 1953. 1995.

Band 133 Gabi Roßdeutscher: Privatautonomie im Scheidungsrecht. Scheidungsbezogene Vereinbarungen in den letzten 200 Jahren. 1995.

Band 134 Harald Kahlenberg: Leben und Werk des Rechtshistorikers Walther Merk. Ein Beispiel für das Verhältnis von Rechtsgeschichte und Nationalsozialismus. 1995.

Band 135 Michael Steitz: Adelbert Düringer am Reichsgericht (1902-1915). Seine aktienrechtlichen Entscheidungen und sein Einfluß auf das Aktienrecht in Deutschland. 1995.

Band 136 Christian Becker: Beata Justorum Translatio. Juristen in schleswig-holsteinischen Leichenpredigten. 1996.

Band 137 Christoph Seiler: Vom Allgemeinen Landrecht zum Bürgerlichen Gesetzbuch. Dargestellt am Beispiel der höchstrichterlichen Judikatur zum kaufrechtlichen Sachmängelgewährleistungsrecht. 1996.

Band 138 Bernd Mayer: Die Vertrauensmännerausschüsse auf den preußischen Steinkohlegruben an der Saar. Entstehung und Wirken. Eine rechtshistorische Untersuchung. 1996.

Band 139 Rochus Scholl: Juden und Judenrecht im Herzogtum Pfalz-Zweibrücken. Ein Beitrag zur Rechtsgeschichte eines deutschen Kleinstaates am Ende des alten Reiches. 1996.

Band 140 Meike Bursch: Judentaufe und frühneuzeitliches Strafrecht. Die Verfahren gegen Christian Treu aus Weener/Ostfriesland 1720-1728. 1996.

Band 141 Markus Hillenbrand: Fürstliche Eheverträge. Gottorfer Hausrecht 1544 - 1773. 1996.

Band 142 Ulf Häder: Das gemeinschaftliche Oberappellationsgericht thüringischer Staaten in Jena. Ein Beitrag zur Geschichte des Gerichtswesens im 19. Jahrhundert. 1996.

Band 143 Andreas Bauer: Das Gnadenbitten in der Strafrechtspflege des 15. und 16. Jahrhunderts. Dargestellt unter besonderer Berücksichtigung von Quellen der Vorarlberger Gerichtsbezirke Feldkirch und des Hinteren Bregenzerwaldes. 1996.

Band 144 Christian Wirth: Der Jurist Johann Andreas Georg Friedrich Rebmann zwischen Revolution und Restauration. 1996.

Band 145 Stefanie Müller: Die Rechtsprechung des Hanseatischen Oberlandesgerichts zum persönlichen Eherecht in Hamburgischen Gerichtsfällen von 1879 -1900. 1996.

Band 146 Jean-Nicolas Morisset: Der Frachtvertrag in der *Ordonnance de la marine* von 1681. 1996.

Band 147 Dirk Lentfer: Die Glogauer Landesprivilegien des Andreas Gryphius von 1653. 1996.

Band 148 Wencke Mull: Die Haftung für Einsturzschäden nach den §§ 836-838 BGB in der Rechtsprechung des Reichsgerichts. 1996.

Band 149 Renate Zelger: Teufelsverträge. Märchen, Sage, Schwank, Legende im Spiegel der Rechtsgeschichte. 1996.

Band 150 Guido Kraß: Das Arrestverfahren in Frankfurt am Main im Spätmittelalter. 1996.

Band 151 F. Benedict Heyn: Die Entwicklung des Eisenbahnfrachtrechts von den Anfängen bis zur Einführung des Allgemeinen Deutschen Handelsgesetzbuches (ADHGB). 1996.

Band 152 Thomas Lang: Die Staats- und Verfassungslehre Carl Salomo Zachariaes. 1996.

Band 153 Michael Hebeis: Karl Anton von Martini (1726-1800). Leben und Werk. 1996.

Band 154 Gerald Hubert: Die Diskussion um die rechtliche Natur der Bizone in den Jahren 1947-1949. 1996.

Band 155 Christof Horn: Die Rechtsprechung des Reichsgerichts in Ehescheidungssachen der Jahre 1900 bis 1905. 1996.

Band 156 Hermann Nehlsen / Georg Brun (Hrsg.): Münchener rechtshistorische Studien zum Nationalsozialismus. 1996.

Band 157 Jan Otto Clemens Kehrberg: Die Entwicklung des Elektrizitätsrechts in Deutschland. Der Weg zum Energiewirtschaftsgesetz von 1935. 1997.

Band 158 Johannes Tradt: Der Religionsprozeß gegen den Zopfschulzen (1791-1799). Ein Beitrag zur protestantischen Lehrpflicht und Lehrzucht in Brandenburg-Preußen gegen Ende des 18. Jahrhunderts. 1997.

Band 159 Dietmar Olsen: Das kaufrechtliche Sachmängelgewährleistungsrecht des Code civil in der Rechtsprechung deutscher Gerichte im 19. Jahrhundert. Ein Beitrag zur Ablösung der Partikularrechte durch das BGB. 1997.

Band 160 Ulrich Bernhardt: Die Deutsche Akademie für Staats- und Rechtswissenschaft „Walter Ulbricht" 1948-1971. 1997.

Band 161 Claudia Susan Hoppe: Die Bürgschaft im Rechtsleben Hamburgs von 1600 bis 1900. 1997.

Band 162 Franz-Rudolf Ecker: Die Entwicklung des Bergrechts im Saarbrücker Steinkohlenrevier bis zum Ende des 18. Jahrhunderts. Ein Vergleich mit dem älteren deutschen Bergrecht. 1997.

Band 163 Anne Katrin Rückert: Politik und Privatrecht in der „konservativen Revolution". 1997.

Band 164 Gisbert Laube: Der Reichskunstwart. Geschichte einer Kulturbehörde 1919-1933. 1997.

Band 165 Nicolas Lührig: Die Diskussion über die Reform der Juristenausbildung von 1945 bis 1995. 1997.

Band 166 Regula Gerber Jenni: Die Emanzipation der mehrjährigen Frauenzimmer. Frauen im bernischen Privatrecht des 19. Jahrhunderts. 1997.

Band 167 Mischa A. Färber: Das gemeinschaftliche Testament in der höchstrichterlichen Rechtsprechung zum Allgemeinen Preußischen Landrecht und zum BGB. Ein Beitrag zur Ablösung der Partikularrechte durch das BGB. 1997.

Band 168 Catherine Antoinette Gasser: Philipp Lotmar 1850-1922. Professor der Universität Bern. Sein Engagement für das Schweizerische Arbeitsrecht. 1997.

Band 169 Lars Immisch: Der sozialistische Richter in der DDR und seine Unabhängigkeit. Der Versuch eines Rechtsvergleiches zum Unabhängigkeitsbegriff in der bundesdeutschen Rechtsordnung. 1997.

Band 170 Jessica Jacobi: Besitzschutz vor dem Reichskammergericht. Die friedenssichernde Funktion der Besitzschutzklagen am Reichskammergericht im 16. Jahrhundert, dargestellt anhand von Kameralisten. 1998.

Band 171 Ewald Hügemann: Die Geschichte des öffentlichen und privaten Mietpreisrechts vom Ersten Weltkrieg bis zum Gesetz zur Regelung der Miethöhe von 1974. 1998.

Band 172 Lutz Rentzow: Die Entstehungs- und Wirkungsgeschichte der Vernewerten Landesordnung für das Königreich Böhmen von 1627. 1998.

Band 173 Sabine Stürmer: Mühlenrecht im Herzogtum Pfalz-Zweibrücken während des 18. Jahrhunderts. Ein Beitrag zum Wirtschaftsrecht eines deutschen Kleinstaates im Alten Reich. 1998.

Band 174 Mario Bogisch: *Nemo testis in re sua*. Das Problem der Zeugnisfähigkeit bei der Anwendung der deutschen Zivilprozeßordnung von 1877. 1998.

Band 175 Rainer Oßwald: Pactane sunt servanda? Freiwilligkeit, Zwang und Unverbindlichkeitserklärungen im islamischen Vertragsrecht malikitischer Schule. 1998.

Band 176 Bettina Kern: Der preußische BGB-Entwurf von 1842. 1998.

Band 177 Inken Fuhrmann: Die Diskussion über die Einführung der fakultativen Zivilehe in Deutschland und Österreich seit Mitte des 19. Jahrhunderts. 1998.

Band 178 Annette Rieck: Der Heilige Ivo von Hélory (1247-1303). Advocatus pauperum und Patron der Juristen. 1998.

Band 179 Frank Bottenberg: Die Hamburgische Strafprozeßordnung von 1869. 1998.

Band 180 Matthias Krauß: Das kursächsische Postrecht von seinen Anfängen bis zum Ende des Alten Reichs. 1998.

Band 181 Torsten Schmidt: Die Entmündigung von den Anfängen des BGB bis zu ihrer Ablösung durch das Institut der Betreuung. 1998.

Band 182 Christian Nunn: Rudolf Müller-Erzbach. 1874-1959. Von der realen Methode über die Interessenjurisprudenz zum kausalen Rechtsdenken (Leben und Werk). 1998.

Band 183 Christian Ortloff: Das staatskirchenrechtliche System Wilhelm Traugott Krugs. Glaubens- und Gewissensfreiheit – eine Forderung der Vernunft. 1998.

Band 184 Christian Hattenhauer: Schuldenregulierung nach dem Westfälischen Frieden. Der sog. § *de indaganda* und seine Umsetzung im Jüngsten Reichsabschied (AD 1648 und 1654). 1998.

Band 185 Werner Schubert: Preußen im Vormärz. Die Verhandlungen der Provinziallandtage von Brandenburg, Pommern, Posen, Sachsen und Schlesien sowie – im Anhang – von Ostpreußen, Westfalen und der Rheinprovinz (1841-1845). 1998.

Band 186 Silvia Schumacher: Das Rechtsverhältnis zwischen Eltern und Kindern in der Privatrechtsgeschichte. 1999.

Band 187 Kai Sommer: Die Strafbarkeit der Homosexualität von der Kaiserzeit bis zum Nationalsozialismus. Eine Analyse der Straftatbestände im Strafgesetzbuch und in den Reformentwürfen (1871-1945). 1998.

Band 188 Jan Erik Backhaus: Volksrichterkarrieren in der DDR. 1999.

Band 189 Ralf Ruhnau: Die Fürstlich Thurn und Taxissche Privatgerichtsbarkeit in Regensburg. Ein Kuriosum der deutschen Rechtsgeschichte. 1999.

Band 190 Antonio Grilli: Die französische Justizorganisation am linken Rheinufer 1797-1803. 1999.

Band 191 Stephanie Kammerloher-Lis: Die Entstehung des Gesetzes über die religiöse Kindererziehung vom 15. Juli 1921. 1999.

Band 192 Jan Telp: Ausmerzung und Verrat. Zur Diskussion um Strafzwecke und Verbrechensbegriffe im Dritten Reich. 1999.

Band 193 Kurt von Pannwitz: Die Entstehung der Allgemeinen Deutschen Wechselordnung. Ein Beitrag zur Geschichte der Vereinheitlichung des deutschen Zivilrechts im 19. Jahrhundert. 1999.

Band 194 Sylvia Busch: Die Entstehung der Allgemeinen Gerichtsordnung für die Preussischen Staaten von 1793/95. Ein Beitrag zur Geschichte der Kodifikationsbewegung und der Reform des Zivilprozesses in Preußen im 18. Jahrhundert. 1999.

Band 195 Dirk Bieresborn: Klage und Klageerwiderung im deutschen und englischen Zivilprozeß. Eine rechtshistorische und rechtsvergleichende Untersuchung unter besonderer Berücksichtigung der Beeinflussung durch das römisch-kanonische Verfahren. 1999.

Band 196 Andreas Thier / Guido Pfeifer / Philipp Grzimek (Hrsg.): Kontinuitäten und Zäsuren in der Europäischen Rechtsgeschichte. Europäisches Forum Junger Rechtshistorikerinnen und Rechtshistoriker München 22.-24. Juli 1998. 1999.

Band 197 Franz Smola: Die Fürstlich Liechtenstein'sche Kunstsammlung. Rechtsfragen zur Verbringung der Sammlung von Wien nach Vaduz in den Jahren 1944/45. 1999.

Band 240 Claudia Rönnau: Die Beratungen des Wasserrechtsausschusses der Akademie für Deutsches Recht zu einem Reichswassergesetz (1934-1941). Ein Beitrag zur Dogmatik der Begriffe *Gemeingebrauch* und *Sondergebrauch* in der Zeit des Nationalsozialismus. 2001.

Band 241 Momme Rohlack: Kriegsgesellschaften (1914-1918). Arten, Rechtsformen und Funktionen in der Kriegswirtschaft des Ersten Weltkrieges. 2001.